孫子兵法通詮

厲復霖、康經彪、張文杰

著

先秦之言兵者六家，前孫子者，孫子不遺，後孫子者，不能遺孫子。——明人茅元儀《武備志》

由此可見，孫子的確是中國承先啟後的兵學大師；孫子著的《孫子兵法》，可說是最早、也是對後世最有影響力的兵學著作。

五南圖書出版公司 印行

作者序

　　明人茅元儀在其著作《武備志》言：「先秦之言兵者六家，前孫子者，孫子不遺，後孫子者，不能遺孫子。」可見孫子實在是中國承先啟後的兵學大師。多年來，《孫子兵法》課程一直是陸軍官校大一學生必修的通識核心課程，歸屬於「國文」課程（特色課程）之中。在課程屬性上，《孫子兵法》課程又與戰爭史、軍事倫理學、世界通史等課程相鏈結，亦為本校「武德教育」課程之一。為了使教師教學與學生學習更有成效，本校通識教育中心歷年來除不斷精進課程設計、創新教學方法及完善教學環境外，也亟思在教材上有所突破，畢竟教材才是教與學的核心，想要提升教學的品質，首先就要從編撰符合教學需求的教科書著手。

　　《孫子兵法》課程是一個跨域的軍事素養課程。所謂素養，可簡單定義為「人們運用知識，來面對生活情境問題的各種關鍵能力與態度」。在當前時代背景下，現行《孫子兵法》課程之教學，除了在教學方法上繼續採取啟發式、互動式的教學模式上，更能普遍運用現代科技，如電腦、資訊媒體等軟、硬體設備，增益教學之成效，然而這僅是教學技術的改進，尚需要有能夠涵蓋《孫子兵法》文本（章句數要）、義理（哲學、心裡學）、例證（通史、戰史）的教材，作為教師與軍校生教學與學習《孫子兵法》之依據，以提升教學成效，有效達成國軍「武德教育」的目標，而此亦正是作者群編撰此書的初衷。

　　本書由本人、康經彪副教授、張文杰副教授分工合作，依個人教學及研究專長，分別負責全書各章節的撰寫，全書編撰以「導論──《孫子兵法》其人其書」、「本論──《孫子兵法》十三篇釋義」、「綜論──《孫子兵法》思想體系」為編撰綱目，主要目的在藉由對《孫子兵法》各篇的主旨、要義、各篇脈絡關係，採取「議題」（案例教學法）為單元主體的教材模組，並結合《十一家注孫子》各家詮文要義，搭配戰史、戰例對照說明，從而建構出理想的統整式（釋義與運用、原理與體系）教材，作為軍事校院及一般大學、專科校院教授《孫子兵法》課程的教科書。希冀讀者在研讀此

書，或學生在修習本課程後，除能學習孫子戰爭藝術思想、將德論述外，亦期望透過適切的教學活動、學習歷程，磨練學生從《孫子兵法》的內涵中獲致創意性思考和行動的能力，奠定兵學及武德教育的基礎。

最後，要感謝109、110及111年度「國防部補助軍事院校教師從事學術研究案」的經費支持，以及五南圖書公司及編輯群的用心，使本書最終得以順利付梓。

陸軍軍官學校通識中心主任

厲復霖

中華民國一一四年一月一日　謹記於志清樓

CONTENTS
目　錄

導論

一、孫武傳略

孫武，字長卿，後人尊稱其為孫子、孫武子。他出生於西元前540年左右的齊國樂安（今山東惠民），具體的生卒年月日不可考。

依據相關研究，孫武是舜的後裔，所以後說舜是孫子最早的祖先。在西周的時候，舜的後代胡公被封為陳國的侯爵，在齊桓公稱霸的時候被齊國所滅。陳國公子「完」，流亡到齊國受到齊桓公的賞識，做了齊國的大夫，從此改名為「田完」。田完的第五世孫田書（孫武祖父），攻伐莒國有功，齊景公賜姓「孫」，封采地於樂安。孫書的兒子孫馮，也在齊國做官，孫馮的兒子，便是中國古代最偉大的軍事天才──孫武。

孫子出生的年代，約在齊桓公死後一百年，齊國的黃金時代已經過去了，它雖然屢次攻莒侵魯，實際上國勢卻日漸衰落，沒有力量去和晉、秦、楚等強大的國家爭奪霸權了。國勢的衰弱是政治腐敗的結果，政治的腐敗必然產生一批政治改革家。當時齊國姓田的貴族和姓鮑的貴族都有一部分力量，他們想聯合一些不滿現狀的貴族們起來推翻當時的齊王，結果被齊王發覺，便下令捉拿叛黨。孫武和田家是同族，曾經參加政變。所以，在西元

孫子從齊至吳示意圖。
參考《史記‧孫子吳起列傳》、《吳越春秋‧闔閭列傳》、《中國歷史地圖集‧春秋全圖》。

前517年左右，孫武為避難就流亡到了南方的吳國。孫武到了吳國後，潛心鑽研兵法，著成兵法十三篇。司馬遷《史記‧孫子吳起列傳》即以此為起點，記載了孫子的生平事蹟。根據其內容可將孫子生平區分為：㈠獻兵書；㈡吳宮教戰；㈢西破強楚、北威齊晉；㈣急流勇退。以下分別說明：

㈠獻兵書

1. 著兵書；成書的要素：
   (1) 時代背景：內因私人講學風氣盛行；外因諸侯爭霸。
   (2) 孫武的主觀條件：出身軍人世家以及齊國先進的軍事思想。
   (3) 擷取歷史經驗：多引用古籍兵學智慧。

2. 獻兵書於吳王闔閭：

   　　西元前512年，經吳國謀臣伍子胥多次推薦，孫武帶上他的兵法十三篇晉見吳王闔閭。《史記・孫子吳起列傳》記載：「孫子武者，齊人也，以兵法見於吳王闔閭。闔閭曰：『子之十三篇，吾盡觀之矣。可以小試勒兵夫？』對曰：『可。』」此即孫子獻兵書的過程。

㈡吳宮教戰

　　吳王既讚譽孫子之著作後，繼以後宮嬪妃宮女共180人，讓孫武操練陣法，親自驗證孫子的軍事才能。孫武將這些嬪妃分成兩隊，由吳王的兩位愛妾擔任隊長。操演前，孫武先宣布教制令：「三令五申之」，並詢問宮女們是否了解，宮女回答均已了解；此時，執法者也安排就位。但進行演練時，嬪妃們卻嘻笑不已。孫武以「約束不明，申令不熟，將之罪也。」再次「三令五申，而鼓之左，婦人復大笑。」孫子說：「約束不明，申令不熟，將之罪也；既已明而不如法者，吏士之罪也。」乃欲斬左古隊長。吳王從臺上觀，見其斬愛姬，大駭。趣使使下令曰：「寡人已知將軍能用兵矣。寡人非此二姬，食不甘味，願勿斬也。」孫子曰：「臣已受命為將，將在軍，君命有所不受。遂斬隊長二人以殉，用其次為隊長。」於是復鼓之，婦人左右前後跪起，皆中規矩繩墨，無敢出聲。於是孫子使使報王曰：「兵既整齊，王可試下觀之，惟王所欲用之，雖赴水火猶可也。」

㈢西破強楚、北威齊晉

　　闔閭驗證了孫子的軍事才能，任命孫武為將軍，從此展開其軍事生涯，司馬遷說：「西破彊楚，入郢，北威齊晉，顯名諸侯，孫子與有力焉。」

　　西元前506年，吳王闔閭率軍千里伐楚。面對強大的楚國，孫武建議吳王採取擾楚、疲楚的策略，削弱其實力，然後迂迴（不正面攻處）深入楚軍之側

後方，深入楚國，在柏舉會戰中，吳國以3萬劣勢軍隊擊敗了楚國28萬的優勢軍隊，獲得了決定性的勝利，隨後攻下了楚都郢城，使得楚國差一點亡國。然後又北威齊晉；西元前484年，吳軍在艾陵重創齊軍；482年，黃池會盟，吳國取代了晉國霸主的地位，在這些爭戰中，孫武屢建奇勳。吳王闔閭在諸侯間得以顯名，全倚仗孫武的軍事天才和謀略。不過，史書對這些記載僅以寥寥數語簡略敘之，難知其詳。

(四)急流勇退

　　在吳「北威齊晉」時，已是闔閭之子夫差當政。夫差昏聵，窮兵黷武，不受勸諫，吳子胥憤恨自殺，而孫武則不知所蹤，可謂功成、名就、身退，而孫武的軍事成就正如〈軍形篇第四〉所說：「善戰者之勝也，無智名，無勇功。」可謂自證其論。

　　按：司馬遷的《史記》，和趙曄的《吳越春秋》是記載孫子事蹟較爲詳細的兩部書；除此之外，漢代以前的古書關於孫子的記載極少，《荀子‧議兵篇》、《韓非子‧五蠹篇》、《國語‧魏語》，都曾提到孫子善用兵，其他有關家世、出身等，一概沒說，因此孫子的身世實在是一個撲朔迷離的疑案，歷代對於孫子都有不同說法和看法。

二　《孫子兵法》簡介

　　孫子是中國的兵聖，他與古代兵學是分不開的，中國歷代講武論兵，沒有不談《孫子兵法》的，正如明人茅元儀所說：「孫子之前的兵學精義，孫子兵法中都包羅無遺，孫子之後的兵學家，在談論兵學時都不能超出孫子的範圍。」（「先秦之言兵者六家，前孫子者，孫子不遺，後孫子者，不能遺孫子。」語見茅氏《武備志》）可見孫子實在是中國承先啟後的兵學大師。

(一)何謂「兵法」？

1. 兵書：記載兵學的書籍。
2. 兵學：研究軍事、戰爭的學問。
3. 用兵之法：包括戰爭指導、戰爭原則、戰略與戰術、治軍（包括(1)將道：指揮統御、(2)軍隊管理與訓練。）

　　《孫子兵法》又稱「孫子十三篇」。可說是最早、也是對後世最有影響力的兵學著作，宋朝神宗皇帝（1080年）將《孫子兵法》列爲「武經七書」之首，作爲考選武舉必讀的著作，直到明、清仍依例實行。

「武經七書」

1. 宋神宗時期頒布詔書，將七本兵書稱之為「武經七書」。
2. In 1080 CE, Emperor Shenzong of the Song (r. 1067-1085) canonized what would become known as the *Seven Miliary Classics*, These seven texts-

⑴《孫子兵法》*Sun Tzu's Art of War*,
⑵《太公六韜》*Taigong's Six Secret Teachings*,
⑶《司馬法》*The Methods of the Sima*,
⑷《吳子》*Wuzi*,
⑸《尉繚子》*Wei Liaozi*,
⑹《黃石公三略》*Three Strategies of Huang Shigong*,
⑺《唐太宗李衛公問對》*Questions and Replies Between Emperor Taizong of Tang and General Li Jing*.

3. 成為中國軍事傳統（戰略文化）的基石。
Forms the cornerstone of Chinese military tradition (Strategic culture).

李燾《續資治通鑑長編》卷三〇三

(二)《孫子兵法》流傳之淵源與版本

　　《孫子兵法》約完成於春秋戰國之交。《孫子兵法》問世後，在戰國末期和漢初即已廣泛的流傳，《韓非子・五蠹》中說：「今境內之民皆言兵，藏孫子之書者家有之。」其他古書提到孫子者，尚有《荀子・議兵》、《國語・魏語》、《吳越春秋・闔閭內傳》、《越絕書・外傳記吳地傳》等。秦朝末年，陳涉派周章入關攻秦，有輕敵之意，博士太師孔鮒勸諫此舉非良策說：「臣聞：『《兵法》無恃敵之不我功（攻），恃吾之不可攻也。』今恃敵而不自恃，非良計也。」（《孔叢子・答問》）孔鮒所引係出自《孫子兵法・九變》。漢武帝初即位，「徵天下舉方正賢良文學材力之士」，東方朔上書自陳：「十九歲學孫吳兵法。」（《漢書・東方朔傳》）。漢武帝見霍去病「爲人少言不泄，有氣敢往。上嘗欲教之吳孫兵法。」（《漢書・霍去病傳》）除了軍事用途外，根據《史記・貨殖列傳》的記載，春秋戰國時代的范蠡、白圭

等人還將兵法運用於商業方面而獲得卓越的成就。尤其是白圭曾親述其成功經驗：「吾治生產，猶伊尹、呂尚之謀，孫吳用兵，商鞅行法是也。」成書於戰國末年的醫學著作《黃帝內經》，其中〈靈樞經・逆順〉引有：「無迎逢逢之氣，無擊堂堂之陣。」這句話顯然源自《孫子兵法・軍爭》。由此可見《孫子兵法》在戰國以後已成為一本家喻戶曉的兵書，而且運用範圍也不限於軍事用途了。自漢唐以來，《孫子兵法》已成為武學生的教科書，《後漢書》記載：「立秋之日，兵官皆肄孫吳兵法，六十四陣」（〈禮儀志〉），以及《宋史》所載：「習七書兵法，騎射」（〈選舉志・武舉〉）等語，便可了解。

　　《孫子兵法》在版本方面，有不同的說法，今天所保留的《孫子兵法》十三篇應為原始著作，是孫子在未見吳王闔閭時所作，司馬遷記載孫子「以兵法見於吳王闔閭。闔閭曰：『子之十三篇，吾盡觀之矣。』」又說：「世俗所稱師旅，皆道孫子十三篇。」（《史記・孫子傳》）雖然漢班固的《漢書・藝文志》記載：「孫子兵法八十二篇，圖九卷」所以唐張守節於注史記正義，則引梁阮孝緒的《七錄》之說：「七錄云：孫子兵法三卷。按：十三篇為上卷，又有中下卷。」（《史記・孫子傳》），這似乎解決〈藝文志〉所記的篇數真確性的問題。實際上，除十三篇外，稱為孫子的各種遺文是有流傳著的，即：鄭玄的《周禮》「車僕」注有：「孫子八陳，有苹車之陳。」（《周禮・春官宗伯下》）及《隋書・經籍志》載有：「《孫子八陣圖》一卷，亡。《吳孫子牝八變陣圖》二卷。《孫子兵法雜占》四卷。梁有孫子戰鬥六甲兵法一卷，亡。」及《唐書・經籍志》載有：《吳孫子三十二壘經》一卷」等。已逝當代戰略學者鈕先鍾（1913-2004）認為，這些記載只表示孫子在十三篇之外可能還有其他著作，而並不意味著十三篇不是一本完整的書，當時流行的就是「十三篇」文本，更何況自從漢簡出土之後，更可證明原文確為十三篇。

　　《孫子兵法》既然是兩千年的古書，其中不免有後人竄改錯錄之處，從古自今自然會有各種不同的版本。唐朝的杜牧曾說，現存《孫子兵法》十三篇是經曹操「削其繁剩，筆其精切，凡十三篇，成為一篇」而成（《樊川文集・注孫子序》）。自曹操首先註解、刪定《孫子兵法》之後，歷代都有人研究，有的就文字的意義注釋，有的就語句的內容發揮，有的用以往的戰史印證。據陸達節的《孫子考》，《孫子兵法》有八十餘種版本，現存者約三十餘種，這是民國25年（1936）的估計。中國大陸學者許保林、王兆春，據現存書目粗略計算，歷代註解批校《孫子》者有二百一十家，各種版本約有420種。《孫

子兵法》的版本雖多，但現存者大致又可分為是宋代之後的兩大流傳系統：一為「武經七書」本，另一為「孫子十一家注」本（亦稱「武經本」與「十家注」）。這兩大系統現存最早的刻本，是南宋孝宗光宗年間的《武經七書》本，以及南宋寧宗年間的《十一家注孫子》本。雖然兩種版本在文字上有若干差異，並不會因此而對於內容的解釋產生嚴重的歧見。過去研究孫子的人多以「武經」本為依據，而大陸近來則以「十一家注本」較為流行。「武經」本是宋神宗元豐三年（1080年），詔令國子監校訂《孫子兵法》、《吳子兵法》、《司馬法》、《黃石公三略》、《尉繚子》《六韜》、《李衛公問對》等七部兵書合為一集，稱之為「武經七書」。「十一家注」本則是單獨流傳。曹操以後到宋代比較著名的注家主要有梁孟氏，吳沈友，隋張子尚、蕭吉，唐李筌、杜牧、陳皞、賈林，宋梅堯臣、王皙、何延錫、張預、宋奇等人。上述各家，除沈友、張子尚、蕭吉、宋奇四家注已佚，其餘九家注與曹注合為十家注，外加唐杜佑《通典》之《孫子》引文注，皆保存於《十一家注孫子》內。

(三)《孫子兵法》十三篇概要

　　《孫子兵法》共是十三篇，這十三篇是：始計、作戰、謀攻、軍形、兵勢、虛實、軍爭、九變、行軍、地形、九地、火攻、用間，形成一套有系統的戰略戰術思想，因此在這裡先將各篇要旨加以簡單說明，以幫助讀者了解孫子的兵學思想。

1. 始計第一：《孫子兵法》十三篇，以〈始計〉為首，統論戰爭之基本概念，亦即國家最高指導原理，綜貫全書。學者多將〈始計篇〉定位為「國家戰略」、「國防計畫」的位階；就戰爭哲學之義理而言，則涵蓋了「慎戰原理」、「詭道原理」與「將道」（武德）思想。〈始計篇〉的思維理則，以「兵者，國之大事」為起始，說明戰爭之本質，導引戰爭為「死生之地，存亡之道，不可不察也」的慎戰思想。以「五事」、「七計」分析「慎戰」之原理，再以「十二詭道」說明用兵作戰之本質，並於篇尾提出「廟算決勝」之論，即「多算勝，少算不勝」的知勝之法，彰顯孫子對戰爭慎始慎終，「精密分析」的精神。

2. 作戰第二：本篇被視為「動員計畫」。動員包括人員、物質、武器裝備三大類；動員必然涉及成本效益分析。〈作戰〉是以發動「十萬之師」的規模為例說明戰爭所必須耗費的成本。至於戰爭的效益有正與負，「久」戰

孫子兵法十三篇篇名

始計第一 1.Laying Plans	九變第八 8.The Nine Variation in Tactics
作戰第二 2.Waging War	行軍第九 9.The Army on the March
謀攻第三 3.Attack by Stratagem	地形第十 10.Terrain
軍形第四 4.Tactical Dispositions	九地第十一 11.The Nine Varieties of Ground
兵勢第五 5.Energy	火攻第十二 12.Attack by Fire
虛實第六 6.Weaknessed and Strengths	用間第十三 13.The Use of Spies
軍爭第七 7.Manoeuvre	

作者參考《孫子兵法》原文整理自繪

產生「兵久四危」的負效益，「速」戰產生正效益，故說：「兵貴勝，不貴久」、「兵聞拙速，未睹巧之久也」。這種因速戰、久戰而產生正負效益的分析，也就是對「用兵之利」與「用兵之害」的分析。孫子的速決思想，是從戰爭損耗太大，「不宜久戰」的觀點出發，然後帶動研討後勤思想，認為應以「取用於國，因糧於敵」來解決後勤持續力的問題，並藉由以戰養戰來達到「勝敵而益強」的效果。

3. 謀攻第三：本篇主旨為「不戰而屈人之兵」，亦即是〈謀攻〉的核心概念。〈謀攻篇〉主要的綱目是全軍破敵、謀攻四策、謀攻之法、攻戰六法、統帥權（軍政、文武關係）以及知勝五法。全軍破敵就是孫子的全勝思想，以「不戰而屈人之兵」為「善之善者也」。謀攻四策（「上兵伐謀，其次伐兵，其次伐交，其下攻城」）、「謀攻之法」與「攻戰六法」為全軍破敵的途徑。綜觀〈謀攻篇〉中對於「謀攻之法」、「攻戰六法」所論可知，伐謀仍然必須以實力為後盾，只是以避免直接兩軍交戰為宗旨，此即謀攻之法的「三非」原則，惟不得已而戰，必以「全軍」為最高思維原則，並根據敵我的軍力比例採取不同的戰法（戰術行動）以為因應之道。〈謀攻篇〉的討論還涉及統帥權的運用原則（文武關係），統帥權之運用以信任為基礎，對戰場指揮權的不當干預將羈縻部隊行動，與「三軍既惑且疑」的信任危機，而招致「亂軍引勝」的危害。〈謀攻篇〉最後還討論到知勝五要素（「知勝之道有五」），這五要素可以說是就首三篇

對於戰爭致勝之道的總結。

4. 軍形第四：篇旨是「先勝思想」，以「自保全勝」爲核心思維。主張軍事勝利是以實力占優爲基礎，善戰者，絕不輕啟戰端，必先努力提升實力，使我方處於「不可勝」（「自保」）的地位，再伺機戰勝敵人，此乃承接〈謀攻篇〉的「全勝」思想而來，就是要以「先勝」的戰略部署來達到「全勝」的理想目標。〈軍形篇〉所論雖以軍事戰略爲主，然仍涉及政治、經濟等國家戰略的層面。故論及如何構成先勝部署，孫子認爲在政治上要做到「修道而保法，故能爲勝敗之政」，「道」與「法」源自〈始計篇〉所論「五事」的其中二事。在經濟方面則以「度、量、數、稱、勝」作爲衡量國力的方法，孫子認爲「國土幅員」（地）、「人口與物產資源」（度）等經濟狀況是戰爭勝負的重要依據；這與〈作戰篇〉強調經濟（如十萬之師，「日費千金」；久戰則「國貧」，「百姓財竭」，「諸侯乘其弊而起」）實爲國家命脈的戰略思維有關。

5. 兵勢第五：主要闡釋「勢」的運用。「勢」是力量的表現，如水勢、火勢。孫子所論之「勢」是由軍隊之靜態基礎（「形」；萬全的部署，威懾力），迅速運動（奇正之用，衝擊力），所造成的威力，稱之爲「兵勢」。「兵勢」是一種客觀的「潛能」，不分敵我的存在，可爲任何一方所用。關於戰爭藝術的發揮，孫子提出構成「戰勢」（作戰態勢）的四個重要因素：分別爲「分數」、「形名」、「奇正」、「虛實」；此四者具有先後的循環關係。用兵作戰，在戰前固要部署各種先勝形勢，但是如何在戰場上使軍旅的威力發揮極致，也是克敵制勝必不可少的要件，因此戰場之指揮官，應盡其智慧，做「奇」、「正」之布置安排，以變化莫測之手段，達到取勝敵人的目的。

6. 虛實第六：〈虛實篇〉乃申論〈兵勢篇〉「兵之所加，如以碬投卵者，虛實是也」之說，全篇之主旨，在探討主動的爭取——「致人而不致於人」與優勢之作爲——「虛實」之用，可說是《孫子兵法》十三篇全部理論之精粹。誠如唐太宗說：「朕觀諸兵書，無出《孫武》；《孫武》十三篇無出〈虛實〉。」在戰爭的過程中，掌握戰場主動權，常爲左右戰局之重要契機。孫子說：「致人而不致於人」，以今語譯之，就是爭取主動，支配敵人，而不陷於被動，受到敵人的支配。如何爭取主動呢？孫子提出「避實擊虛」，「因敵制勝」，作爲爭取主動，支配敵人的要領與方法。孫子

認爲作戰雙方軍事實力的眾寡、強弱、治亂等虛實態勢,是客觀存在的。然而「兵無常勢」,敵我的虛實態勢並非凝固不變的,其關鍵在於掌握虛實彼己的主動權,即探明敵我虛實現勢,採取優勢作爲,轉變敵我虛實之勢以利於我,使我軍在決戰前處於比敵優(即「避實擊虛」)的戰略態勢,進而針對敵人謀動行止,採取相應對策,「以實擊虛」,取得戰爭的勝利,這即是「因敵而制勝」。

7. 軍爭第七:「軍爭」就是指兩軍相峙爭勝,彼此竭盡全力爭取制勝的條件。〈軍爭篇〉的主旨在論述軍爭的方法,具體內容包括

(1)「以迂爲直」(迂直患利)的間接戰略。

(2)影響「軍爭」(目標達成或與敵爭利)的利弊因素分析,包括

　　① 速度:從「百里」、「五十里」、「三十里」三種強行軍的距離說明,遠程機動之速度與補給、戰力形成牽制關係。

　　② 補給:「輜重」、「糧食」、「委積」等後勤補給與戰力維持。

　　③ 外交,要眞實了解「諸侯之謀」才能「豫交」。

　　④ 地形,列舉「山林」、「險阻」、「沮澤」三類型,並善用「鄉導」獲得地利,以先期掌握行軍地理形勢。

(3)進行會戰(到達戰地與敵軍會戰爭勝、爭利)的準則:

　　①「軍爭之法」,即戰術運用要領,包括「詐立」、「利動」、「分合爲變」三要領,並以「風」、「林」、「火」、「山」、「陰」、「雷霆」爲隱喻。

　　② 指揮作戰要領——用眾之法,其中「勇者不得獨進」,「怯者不得獨退」爲兩個關鍵作爲。

(4)治軍理念,如何有效治理軍隊(臨戰訓練)與進行會戰應避忌之事項:

　　①「四治」,即「治氣」、「治心」、「治力」、「治變」,乃破敵四訣。

　　② 會戰八忌,即「高陵勿向」……「窮寇勿迫」,乃防敗八戒。

8. 九變第八:主旨在闡述爲將用兵之道,其要義可歸結爲「通九變」、「明利害」、「知五危」三項。「通九變」是指地形判斷,即「圮地無舍,衢地交合,絕地無留,圍地則謀,死地則戰,途有所不由,軍有所不擊,城有所不攻,地有所不爭」。「明利害」是指利害損益的判斷,即「智者之慮,必雜於利害」。「知五危」,即針對將領「必死、必生、忿速、廉

潔、愛民」五種危險性格的分析。

9. 行軍第九：行軍是用兵作戰的基礎，其計畫之適切，情報之正確，處置之得當，以及紀律之維持，對於企圖之達成，作戰之勝敗，有極為重大之關係。夏振翼說：「此篇言行軍之道，在於察地形、識敵情、與服士卒而已。」全篇共分五節，第一、二節言「處軍」（知地）之道，即分析部隊在不同的地理環境中的行軍部署要領；第三節言「相敵」（知彼）之法，專論以各種徵候觀察、判斷敵情的要領；第四節言用兵要訣，以輕敵妄動為戒；第五節言治軍得眾（知己），亦即是領導統御（帶兵、練兵）之要領。

10. 地形第十：「地形」，指地理形狀、山川形勢。但本篇所論述的地形並不是按地表面的自然特徵，如山地、江河、平原、沼澤等分類，而是將地理形勢與作戰行動相結合，區分為「通」、「挂」、「支」、「隘」、「險」、「遠」等六種。本篇篇旨可區分為四：

(1) 地有六形。將戰場地形區分為上述六種，並說明其應對之戰術應用。

(2) 軍（兵）有六敗。將軍隊失敗的類型區分為「走」、「弛」、「陷」、「崩」、「亂」、「北」六種。此六種致敗現象。

(3) 上將之道：

① 將帥的重要職責在於料敵、量地以制勝。

② 武德修養。為將者，要能「進不求名，退不避罪」。

③ 領導統御。再論恩威並濟要領，既要對待士卒如「嬰兒」、「愛子」，又不可過度放縱溺愛，導致部隊如驕子般，「不能使」，「不能令」，「不能治」，是無法派赴戰場作戰的。

(4) 全勝之道——全知而後戰。重申並補充〈謀攻篇〉「知彼知己，百戰不殆」的「先知」思想，要求將帥戰前必須明瞭戰爭全局，了解敵我（「知彼知己」，掌握天時（「知天」），熟悉地利（「知地」），乃可穩操全勝（「勝乃可全」）。

11. 九地第十一：本篇主旨如孫子本篇說言：「九地之變，屈伸之利，人情之理，不可不察也。」論述要點如下：

(1) 界定「散地」等九種地勢之意義，並根據不同的地勢提出對策。

(2) 從「重地」、「圍地」、「死地」等之「屈伸之利，人情之理」，推論遠征作戰之指導要領——「投之亡地然後存，陷之死地然後生」，特留

意於危絕地勢對心理之影響，又以「常山之蛇（率然）」，「同舟共濟」、「登高去梯」、「方馬埋輪」、「焚舟破釜」等寓意其中。據以研究部隊投入重地或死地的心理狀態（「人情之理」）與統御之道，以及戰略上應採之應變措施（「屈申之利」）。

(3)戰場領導要領——「將軍之事」——提出「靜、正、密、勇、智」五項將軍必須具有的統率修養。

(4)「霸王之兵」，國家爭勝於天下的全般戰略、軍略，戰場統御與用兵藝術。

(5)宣戰及序戰之要領。

12.火攻第十二：所謂「火攻」，顧名思義，就是以火攻敵，即用火作為攻擊敵人的武器。孫子將「火攻」作為一種配合兵力運用的輔助手段，是謂「以火佐（助）攻」。本篇論述的議題可區分為二：

(1)「火攻方法論」，即將火攻作為一種戰爭手段與方式，其內容包括火攻的種類、實施的條件和具體方法。

(2)「安國全軍慎戰論」，即從火攻引再論〈始計篇〉：「兵者，國之大事，死生之地，存亡之道，不可不察也。」之慎戰思想。蓋兵凶戰危，火攻尤為慘烈，如《左傳‧隱公四年》所記：「夫兵猶火也；弗戢（不加控制止息），將自焚（燒）也。」孫子有鑑於此，特於火攻方法論之後，提出具體、理性的慎重啟戰原則，藉以說明其慎戰核心價值——「安國全軍之道」，作為十三篇之總結。

13.用間第十三：「用間」者，乃運用間諜，蒐集敵人情報之謂也。「用間」既是本篇的篇題，也是本篇的中心論題，其內容首先敘述用間的重要性，次述間諜的類別，再論用間實施的條件（要訣）、方法，以及注意事項等議題；本篇以現代軍語可稱之為「戰略情報研究」，或以「情報戰」、「間諜戰」稱之亦可。孫子開卷談〈始計〉，是知己知彼的通盤考量，卷終論〈用間〉，是知敵察敵的致勝手段，由此可知，〈用間篇〉與首篇〈始計篇〉是前後呼應，邏輯連貫，從而構成完整的兵學體系。

以上是將《孫子兵法》十三篇的要旨，分篇加以說明，希望初習者，能對孫子的軍事思想有一個概括性的認識。

本論

始計第一

孫子曰：兵者，國之大事，死生之地，存亡之道，不可不察也。

故經之以五事，校之以計，而索其情，一曰道，二曰天，三曰地，四曰將，五曰法。道者，令民與上同意，可與之死，可與之生，而不畏危也。天者，陰陽、寒暑、時制也。地者，遠近、險易、廣狹、死生也。將者，智、信、仁、勇、嚴也。法者，曲制、官道、主用也。凡此五者，將莫不聞，知之者勝，不知者不勝。

故校之以計，而索其情。曰：主孰有道？將孰有能？天地孰得？法令孰行？兵眾孰強？士卒孰練？賞罰孰明？吾以此知勝負矣。將聽吾計，用之必勝，留之；將不聽吾計，用之必敗，去之。

計利以聽，乃為之勢，以佐其外；勢者，因利而制權也。

兵者，詭道也。故能而示之不能，用而示之不用，近而示之遠，遠而示之

近。利而誘之，亂而取之，實而備之，強而避之，怒而撓之，卑而驕之，佚而勞之，親而離之。攻其無備，出其不意，此兵家之勝，不可先傳也。

夫未戰而廟算勝者，得算多也；未戰而廟算不勝者，得算少也。多算勝，少算不勝，而況於無算乎？吾以此觀之，勝負見矣！

一　篇旨

「始」，初、先。「計」的本義是「算」，即計算。「算」原做「筭」，也稱「籌」，是古人的計算工具。古人在戰前，君臣集會於宗廟之上，用算籌計算敵我實力，以判斷勝負，稱爲「廟算」。「計」又引申爲「計畫、計謀」，有「分析、比較、評估」等複義。這些觀念都必須以「計算」爲基礎，具有高度互賴關係，所以，也不容易明確的劃分界，如曹操對「計」的註解即概括前述諸義，他說：「計者，選將、量敵、度地、料卒、遠近、險易，計於廟堂也。」「始計」者，就是國家欲興師動眾，必先進行國力與施政成效的評估，其次是詳細計較敵我優劣條件，研判各種國內外有關情勢，以預測勝敗的公算、評估興戰可行性，從而制訂戰爭計畫，構思計謀戰策。劉績注：「始，初也。計，謀也。此言國家將欲興師動眾，君臣必先定於廟堂之上，校量彼我之情，而知其勝負也。故孫子以〈始計〉爲第一篇。」魏汝霖據此認爲本篇篇名，若以今日軍語譯之，應爲「國防計畫」，亦就是美國所謂「國家安全政策」。

誠然「用兵之道，以計爲首」，然而或有人問，用兵作戰貴在能「臨敵制宜」，「因敵制勝」，爲何必須「計必先定於內，而後兵出乎境」（《管子‧七法‧選陣》）呢？這是因爲，戰爭是危險之事，必於未戰之前，進行精密的「審己量敵」，求得眞實的「彼我之情」，使戰爭計畫趨於完備，而不會感情用事、昧於形勢，或掛一漏萬（顧及者少，遺漏者多）。趙本學注：「計之不熟，而以己之短當入之長者，則未戰而先敗矣。」故「廟算」乃戰爭勝利之基

礎，必須於戰前審慎精詳，國家必先操握勝算，然後才能興師作戰；至於「臨敵制宜」之事，則有賴將領兵學素養的發揮，即在正確的戰爭計畫與指導下，能夠在戰場上依據敵情之變化，「不拘常法，臨事遇變，從宜而行」，從而克敵制勝。張預註解說：「或曰：『兵貴臨敵制宜，曹公謂計於廟堂者，者何也？』曰：『將之賢愚，敵之強弱，地之遠近，兵之眾寡，安得不先計之？及乎兩軍相臨，變動相應，則在於將之所裁，非可以隃度（越級指揮調度。隃，音一ㄠˊ，同遙，遠也）也。』」

二、詮文

㈠兵者，國之大事

　　孫子曰：兵者，國之大事，死生之地，存亡之道，不可不察也。

【語譯】孫子說：戰爭是國家的大事，它關係到軍民的生死，國家的存亡，不能不慎重考察研究。

【闡釋】

1. 兵者，國之大事。

　　「兵」，本指兵器、軍械；甲骨文、篆文均作雙手持石斧揮動狀。《說文解字》：「兵，械也。從廾從斤，並力之貌。」後逐漸引申為警戒、兵士，擴大而指軍隊、軍事、用兵、兵法、戰爭。在春秋戰國以前，人們已將祭祀和戰爭列為國家的根本大事，《左傳·成公十三年》：「國之大事，在祀與戎。」《論語·述而》：「子之所慎：齋、戰、疾。」稱戰爭為「大事」，是因戰爭涉及國家興廢存亡，《左傳·襄公二十七年》：「兵之設久矣，所以威不軌而昭文德也。聖人以興，亂人以廢；廢興、存亡、昏明之述，皆兵之由也。」故以「大事」警示世人必須慎重對待，《司馬法·仁本》：「國雖大，好戰必亡；天下雖安，忘戰必危。」

　　孫子以「兵者，國之大事」作為其兵法首篇之首句，正顯示其重戰、慎戰的戰爭觀。劉寅注：「孫子開口，輒致丁嚀，有其難其慎之意；蓋以為君與將者不可不臧（善）其謀也。」夏振翼註解：「首言大事，足徵孫子用兵之

慎。」

2. 死生之地，存亡之道，不可不察：意味戰爭既是涉及國家存亡、人民生死
　的大事，必須審慎考察研究。

　　⑴「地」：

　　　　①場域、空間、戰場。賈林注：「地猶所也。亦謂陳師（調遣軍隊）、
　　　　　振旅（整軍操練）、戰陣（部署作戰）之所。」

　　　　②所繫、相關聯。王晳注：「兵舉，則死生存亡繫之。」

　　⑵「道」：①原理、理則；②政策、戰略；③途徑。賈林注：「道者，權
　　　　機（權衡形勢、掌握時機）立勝之道。得之則存，失之則亡」。梅堯臣
　　　　注：「地有死生之勢，戰有存亡之道。」

　　綜合而言，「地」、「道」互文，皆泛言戰爭與國家、人民的存亡生死關
係密切，是國家的根基道路；「死生之地」，從戰爭場域決定生死立言，「存
亡之道」，從戰爭決定國家存亡立言；皆在強調戰勝則國存民生，戰敗則國亡
民死，戰爭之為大事甚明，故孫子特別叮嚀：「不可不察」。王皙注：「國家
舉兵動眾，事關重大，民命死生，國社存亡，其根基道路皆本於此。若不能敬
慎於始，則無以收功於後，故不可不察。」察，認真考察、詳細研究。《說文
解字》：「覆審也」，猶言反覆（再三）審視也。「不可不察」，意旨指不可
不仔細考察，謹慎對待。凡事經再三考察、詳細研究，就能洞悉問題的全貌，
並能慎重對待、處置。

3. 孫子的「慎戰」思想。

　　戰爭是涉及生死存亡大事、戰爭消耗甚鉅。故開戰原則應合道而戰，理性
用兵：

　　⑴修道保法，為勝敗之政：令民與上同意。

　　⑵謀定而後動：廟算較計，精密計畫與評估。

　　⑶因利制權。包括非利不動，即合於利而動，不合於利而止；其次是非危
　　　不戰；其三是不怒而興師，慍而致戰，按亡國不可復存，死者不可復
　　　生。總之，慎戰核心價值是安國全軍，「明君慎之，良將警之，此安國
　　　全軍之道也。」

(二)五事

　　故經之以五事，校之以計，而索其情，一曰道，二曰天，三曰地，四曰將，五曰法。道者，令民與上同意，可與之死，可與之生，而不畏危也。天者，陰陽、寒暑、時制也。地者，遠近、險易、廣狹、死生也。將者，智、信、仁、勇、嚴也。法者，曲制、官道、主用也。凡此五者，將莫不聞，知之者勝，不知者不勝。

【語譯】所以要從五方面來比較、計算敵我雙方優劣條件，以求得其事實。第一是治道（政治良窳）；第二是天時；第三是地理；第四是將領；第五是法制。所謂「治道」，是使全國軍民與政府之間，具備共同的信念，能在此一信念之下，共生共死，而不畏懼任何危險。所謂「天時」，就是晝夜、晴雨、寒冷、酷熱和四時氣候的變化。所謂「地理」，是指征戰路途的遠近，地勢有險峻或平坦，作戰區域的廣闊或狹窄，以及對於攻守進退上有害和有利的地形。所謂「將領」，是指為將者必須具備：才智、威信、仁愛、英勇、嚴肅等素養。所謂「法制」，是指軍隊組織編制、人事制度、軍需補給等有關的法令規章。以上這五個要素，將帥們沒有不知道的，能深入認知和掌握的就能獲勝，不深知掌握的就無法獲勝。

【闡釋】

1. 經之以五事，校之以計，而索其情。

　　(1)經之以五事：採用五個因素作為研究戰爭的基礎。「經」：量度，在此指分析研究。「五事」，是對戰爭（力量）因素進行分類；其內涵是「道、天、地、將、法。」

　　(2)校之以計：用計算進行比較。「校」：比較、量度（measurement）。「計」：準確計算（calculation）、分析、評估，亦有國力評估（power assessment）之意。

　　(3)索其情：探索敵我之間的優劣情況。「索」：探求、判斷（judgement）。「情」：事實、實際情況。

2. 道者，令民與上同意，可與之死，可與之生，而不畏危也。

(1)道：治國之道。含有政治修明之意。《論語・季氏》：「天下有道，
則禮樂征伐自天子出；天下無道，則禮樂征伐自諸侯出」，指良好政
治（社會）秩序。又《孟子・公孫丑下》：「得道者多助，失道者寡
助」，則謂正義、理想，即符合大多數人民利益的治道。

(2)令民與上同意：使全國軍民與政府之間，具備共同的信念。「民」，全
體軍民。「同意」：同心一意、同一信念。

(3)孫子所認定戰爭之前必須評估的力量因素（物質、精神與組織）：道
（戰略的國內基礎——政治基礎），有道與無道→民心向背；是否與上
「同意」（具有共同的信念）→「師出有名」？「爲誰而戰」？「爲何
而戰」？「道」之意義對軍隊而言，統帥要使全體官兵了解戰爭之目的
及其意義；其次，須與官兵同甘共苦。

(4)關鍵在「令」，「道」是「令」民與上同意的基礎：政府先有「道」而
後才能「令」民與上同意。「令」，有爲所欲爲之意，政府之本領、價
值全在於此。「可與之死，可與之生」，則是「令」的成效驗收，就是
「道」的內涵。

(5)孫子之「道」可以歸納爲兩種意涵：①人事秩序上的「道」；②戰爭規
則上的「道」。[1]
　　①人事秩序上的「道」：
　　②戰爭規則上的「道」：

戰爭理則（原則：「常」）：
「戰道必勝，主曰無戰，必戰可
也。」（〈十、地形〉）

在孫子十三篇中，每篇都可發現孫子經常
見到「凡」、「故」、「必」字句，如
《始計篇》「故用兵之道，校之以計而索
其情」，《兵勢篇》「凡戰者，以正合，
以奇勝」，《謀攻篇》「凡用兵之法，十
則圍之，五則攻之」，《九變篇》「是故
智者之慮，必雜於利害，」……這些都是
以「凡」、「故」、「必」的歸納、演繹
語句，進行用兵作戰常理、常則的論述。

---

[1] 本節參考程國政，《孫子兵法知識地圖》，第三章。

用兵之法：戰略戰術之運用——
「因利制權」（「變」）
　「兵者，詭道也。」
　「兵以詐立，以利動。」
　「避實擊虛」、「正合奇勝」、「以迂爲直，以患爲利」

1. 戰場狀況沒有絕對相同的，意料以外者多，意料之中者少。即使料中，亦不會與所料者完全一致。所以準則、戰史都不是打仗的公式。
2. 將領必須保持高度彈性，因勢而變，因利而制，不拘常則，因敵通變。《孫子兵法》一至七篇之後，接著提出《九變篇》，以提示用兵者，一切戰略戰術原則，均必須針對地形、狀況而活用之，不可「固執不化」。

作者參考《孫子兵法》相關篇章內容整理自繪。

3. 天者，陰陽、寒暑、時制也。
　⑴天：戰爭之時空環境。泛指天文現象，這是行軍作戰必須考慮的因素，不同之天候（地形）必須有不同之裝備攜具。或謂客觀的戰略環境（歷史條件）。
　⑵陰陽：原指陽光之向背，此處指晝夜、晴雨等天象變化。
　⑶寒暑：氣候冷熱（寒冬、酷暑）之變化。
　⑷時制：春夏秋冬四季之更替，「順天時而制征討」。因時制宜，指對季節氣候、歷史環境之適應，亦即順應天時（時節氣候、歷史環境條件背景）發動戰爭，才不會耗盡民力。

作者參考《孫子兵法・始計篇》原文整理自繪

4. 地者，遠近、險易、廣狹、死生也。

　(1)地：空間，包括地理與地略（地緣政治）。地理：戰場之地形、地物。
　　地略：國與國間的區域地理。

　(2)遠近：以距離言，路途（接戰地）之遠近。

　(3)險易：以局部地理言；「險」，地勢險要，「易」，地勢平坦。

　(4)廣狹：以戰場地形言，指接戰地區之廣闊或狹窄。

　(5)死生：以地形或地略配合全部情勢而言，指戰場上有害或有利的地形。
　　其中，「生地」，指可以進退自如的地形；「死地」，指只能前進，後
　　退無路；或者進退兩難的地形。

　　孫子對於地理形勢及空間條件之運用極為重視，〈地形篇〉：「夫地形
者，兵之助也。料敵制勝，計險阨遠近，上將之道也。知吾卒之可以擊，而不
知地形之不可以戰，勝之半也。」地形對勝負影響之鉅，地形可輔助兵力之不
足，亦可以使戰力只能發揮一半，因此在制定野戰戰略時，地形是考慮的第一
因素。詳細分析戰場地形，不陷軍隊於不利地形條件。平時對地理和地誌的調
查與熟悉，必須洞悉作戰地區的一切地形地物，然後才能進退自如。張預注：
「凡用兵，貴先知地形。知遠近，則能為迂直之計；知險易，則能審步騎之
利，知廣狹，則能度眾寡之用；知死生，則能識戰散之勢也。」

　　孫子分別在〈軍爭〉、〈九變〉、〈行軍〉、〈地形〉、〈九地〉各篇
中，將「山、水、澤、陸」，「澗、井、牢、羅、陷、隙」，「通、掛、支、
隘、險、遠」，「散、輕、爭、交、衢、重、圮、圍、死」等廿五種地形，分
別詳細說明，可見他對地形利用之重視程度了。

5. 將者，智、信、仁、勇、嚴也。

　(1)「將」，是指主將、統帥、將領而言，在戰場上，將帥身負指揮全局的
　　重任，同時也是軍旅團結之中心，其才能之高下，影響戰局之成敗甚
　　大，因此將帥本身的素養極為重要。

　(2)將帥非人人可為，須具備「智」、「信」、「仁」、「勇」、「嚴」五
　　種德行，才算是合格的將才。

　(3)關於武德各德目的意義自古以來有不同的見解。

　　① 從德目的效果解：杜牧：A.智：能機權、識變通。B.信：使人不惑
　　　於刑賞也。C.仁：憂人憫物，知勤勞也。D.勇：決勝乘勢，不逡洵
　　　（逡，音ㄑㄩㄣ，往復、循環；逡洵，徘徊不前）。E.嚴：以威刑肅

智	信	仁	勇	嚴
通權變	賞罰分明	仁愛部屬	勇敢果決	治軍嚴明
識謀略	號令無誤	愛民無私	決勝乘勢	以身作則
洞察是非 明辨義利	誠實無欺 忠貞不移	衛國保民 捨生取義	負責知恥 崇尚氣節	公正無私 信賞必罰

作者彙整自《十一家注孫子》、《武經七書直解》、《國軍教戰總則》

三軍。梅堯臣：「智能發謀，信能賞罰，仁能附眾，勇能果斷，嚴能立威。」

② 從德目的重要序次解：A.將：智為始；B.仁、勇其次。杜牧：「先王之道（政治治理），以仁為首；兵家者流，用智為先。」戰略的本質：鬥智（決斷），上兵伐謀。曹操：「為將當有怯懦時，不可但恃勇也。將當以勇為本，行之以智計，但知任勇，一匹夫敵耳。」（《資治通鑑·建安二十四年》）

明朝何守法說：
專任智則賊（奸詐），
固守信則愚（僵化），
惟施仁則懦（軟弱），
純恃勇則暴（暴虐），
一予嚴則殘（苛刻）。

賊、愚、懦、暴、殘五項，正好是智、信、仁、勇、嚴的反面，為將帥者，如走上偏頗之路，輕則身敗名裂，重則喪師辱國。

明朝何守法。
作者自譯，原文出自何守法，《孫子音注》。

③ 五德兼備（平衡）論。

④ 《國軍教戰總則·第二條軍人武德》云：「智、信、仁、勇、嚴，為我軍人傳統之武德。凡我官兵，均當洞察是非，明辨義利，以見其智；誠實無欺，忠貞不移，以昭其信；衛國保民，捨生取義，以盡其仁；負責知恥，崇尚氣節，以全其勇；公正無私，信賞必罰，以伸其嚴。全體官兵更應親愛精誠，明禮義，知廉恥，發揚民族精神，以創造神聖之革命武力。」按歷代對智、信、仁、勇、嚴之註解比較：

注者	智	信	仁	勇	嚴	朝代
王符	智以折敵	信以必賞	仁以附**眾**	勇以益氣	嚴以一令	漢
杜牧	能機權、識變通	使人不惑於刑賞	愛人憫物、知勤勞	決勝乘勢、不逡巡	威刑肅三軍	唐
賈氏	專任智則賊	固守信則愚	惟施仁則懦	純恃勇則暴	一予嚴則殘	唐
梅堯臣	智能發謀	信能賞罰	仁能附**眾**	勇能果斷	嚴能立威	宋
王晢	先見而不惑、能謀慮、通權變	號令一	惠撫惻隱、得人心	徇義不懼、能果毅	以威嚴肅**眾**心	宋
何氏	料敵應機	訓人率下	附**眾**撫士	決謀合戰	服強齊**眾**	宋
張預	智不可亂	信不可欺	仁不可暴	勇不可懼	嚴不可犯	宋
劉寅	智能謀	信能守	仁能愛	勇能戰	嚴能臨	明
教戰總則	洞察是非、明辨義利	誠實無欺、忠貞不移	衛國保民、捨生取義	負責知恥、崇尚氣節	公正無私、信賞必罰	民國

彙整自《十一家注孫子》、《武經七書直解》、《國軍教戰總則》

　　總之，智、信、仁、勇、嚴是評估將帥才能的客觀基準，內涵不僅包涵道德面向（道德能力），還包括將領的指揮、領導等專業才能。

1. 「道」作為政治廟算的首要因素：「道、天、地、將、法」〈一、始計〉），就是強調國君要體恤民意（「道者，令民與上同意者也」）。
2. 〈四、軍形〉：「修道而保法」；唐代杜佑：「道者，仁義也，上有仁施，下能致命也」。

> ### 孫子常談「仁義」
> 1. 〈一、始計〉：「將者，智信仁勇嚴也。」漢代王符注釋說：「仁以附眾，眾附則思力戰。」〈《潛夫論・論將》〉。
> 2. 〈十三、用間〉：「非仁義不能使間」。
> 3. 杜牧對孫子兵法核心思想的詮釋：「大約用仁義，使機權也」。[2]

　　孫子將「道」列為五事之首，足見其對政治條件的重視：
　　《商君書・戰法》：「戰法必本於政勝。」
　　《荀子・議兵》：「故兵要在乎善附民而已」。

6. 法者，曲制、官道、主用也。

　(1)法：即為有關國防軍事的一切法令規章和管理系統。曲制：軍事組織、部隊編制；官道：設官分職之道，即人事制度；主用：軍費預算、軍需後勤的供應管理。「主」，掌管；「用」，度用（預算支出）。

作者參考《孫子兵法‧始計篇》原文整理自繪

　(2)執行法制需拿捏分寸，才能使三軍信服：《六韜‧龍韜‧將威》：「殺一人而三軍震者殺之；賞一人而萬人悅者賞之；殺貴大，賞貴小。」在法制下，賞罰要分明，不因地位高低、官職大小而廢法。

7. 凡此五者，將莫不聞，知之者勝，不知者不勝。

　「將」在國力評估中的角色殊為重要。「聞」，聞知，一般了解；「預

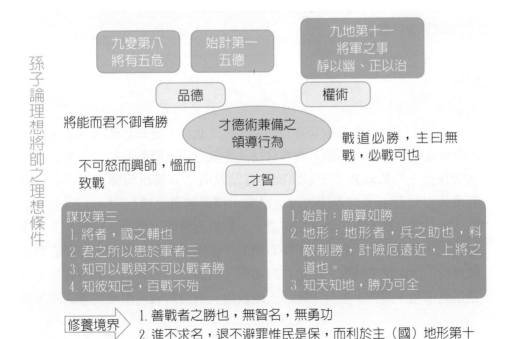

作者參考《孫子兵法》原文整理自繪

聞」，參與、參加。知→知道（know）→了解（understand）；深刻理解。孫子甚為重視「知」，由全文共出現「知」計79次可知。

　　身為將帥者，對於「道、天、地、將、法」這五個基本原則，必定有其獨特的認識與心得。曹操曰：「同聞五者，將知其變極，即勝也。」張預曰：「以上五事，人人同聞；但深曉變極之理則勝，不然則敗。」一知半解者是無法成事的，惟有洞悉並理解這些基本原則後，始能掌握克敵制勝的先機，成為無往不利的名將。

(三)七計

　　故校之以計，而索其情。曰：主孰有道？將孰有能？天地孰得？法令孰行？兵眾孰強？士卒孰練？賞罰孰明？吾以此知勝負矣。

【語譯】所以，為將帥者不僅要懂得「五事」，還要根據由「五事」延伸出來的「七計」，作為分析敵我實力的指標，從而估算出我方勝負之數。「七計」指的是：哪一方的政治清明？哪一方的將領才智過人？哪一方擁有天時地利？哪一方的法令嚴格執行？哪一方的軍隊裝備精良？哪一方的士兵訓練有素？哪一方的賞罰公正嚴明？根據對上述情況的分析對比，就可以判明勝負之數了。

【闡釋】

1. 本節探究依據「五事」——戰爭或戰略五項要素，所延伸出來的「七計」，即七項分析比較敵我實力的指標：「七計」是知己知彼的工夫，也是對敵我情勢的綜合判斷，內容包括「主孰有道？將孰有能？天地孰得？法令孰行？兵眾孰強？士卒孰練？賞罰孰明？」張預解釋說：「上已陳五事，自此而下，方考校彼我之得失，探索勝負之情狀也。」「七計」以「主有道」冠於首，蓋「主有道」，則政治修明，然後「有能」、「能行」、「有強」、「有練」、「有明」，而用兵乃可「有勝」，反之則必敗無疑。自由民主國家，都是以政領軍，所謂「三分軍事，七分政治」就是這個道理。此外，七計中除「天地孰得」所論為戰場環境要素之外，其

他如「主孰有道」、「將孰有能」、「兵眾孰強」、「士卒孰練」等，皆強調戰爭中「人」才是主宰戰場的關鍵。

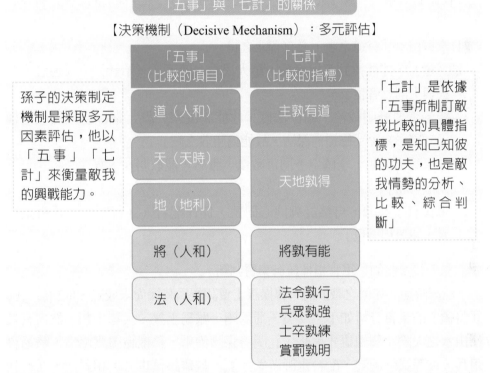

孫子的決策制定機制是採取多元因素評估，他以「五事」「七計」來衡量敵我的興戰能力。

「七計」是依據「五事所制訂敵我比較的具體指標，是知己知彼的功夫，也是敵我情勢的分析、比較、綜合判斷」

「五事」與「七計」的關係

【決策機制（Decisive Mechanism）：多元評估】

「五事」 （比較的項目）	「七計」 （比較的指標）
道（人和）	主孰有道
天（天時）	天地孰得
地（地利）	
將（人和）	將孰有能
法（人和）	法令孰行 兵眾孰強 士卒孰練 賞罰孰明

補充：〈軍形篇〉以「度、量、數、稱、勝」五戰力要素來衡量敵我的軍事實力，以綜合評估戰爭可行性。

作者參考《孫子兵法·始計篇》原文整理自繪

2. 主孰有道：比較何方君主賢明、政治清明，對戰爭目標之號召有力量，是一種政治判斷。

楚漢相爭之初，韓信曾在劉邦面前對楚（項羽）漢（劉邦）的「主孰有道」進行了生動的分析，從而令劉邦展開了統一天下之雄心。他對項羽的評斷：「匹夫之勇，婦人之仁，名雖為霸，實失天下人心。」按「匹夫之勇」指項羽神勇蓋世，「然不能任屬賢將」；「婦人之仁」是見人恭敬慈愛，言語嘔嘔（和顏悅色），人有疾病，涕泣分食飲，至使人有功當封爵者，印刓（磨損）敝，忍不能予；「名雖為霸，實失天下心」則指放逐義帝是為不義；大軍

「所過無不殘滅者，天下多怨，百姓不親附」，這樣的「霸王」，其實已失去天下人心。至於對劉邦的評斷：劉邦入關中時，秋毫無犯，除秦苛法，深得秦民之愛戴，關中人民都期待劉邦能當關中的王。

在制勝因素中，孫子把「主孰有道」列在五事、七計的首位，其涵義如下：

(1)李筌曰：「有道之主，必有智能之將。」

(2)「道」，才能得到人民擁護，讓人民為之效死（〈始計〉：「道者，令民與上同意者也」）。

(3)統治者要修明政治，確保法度，才能夠凝聚共識，掌握勝敗的決定權（〈軍形〉：「修道而保法，故能為勝敗之政」）。

(4)如果政治清明，全國上下同仇敵愾，戰事才能取勝（〈謀攻〉：「上下同欲者勝」）。

(5)軍民有了共識，自然能夠同心同德，協作配合（〈行軍〉：「令素行者，與眾相得也」）。

3. 將孰有能：將帥、軍官指揮統御素質判斷。

三國時期「赤壁之戰」前，曹操謀士賈詡認為時機尚未成熟，他對於三國「將領」的素質分析如下：「吳、蜀兩國，雖為土狹、兵寡小邦，然占有長江山水之天險；劉備雄才大略，孔明善謀國治軍，孫權識虛實之情，陸遜會用兵，彼等據險固守，配合水師游弋江上，誠難謀算也」；相對地，「料我（曹）軍將領中，甚難選出孫權與劉備敵手之人才，雖或以威逼之出戰，實非萬全之策耳！」惟曹操不信賈詡「將孰有能」之敵情判斷，故終有赤壁（江陵）之慘敗。

4. 天地孰得：利用天時（氣候變化）做掩護，或利用地利（地形優勢）克制敵人。

(1)天時克敵：唐朝「安史之亂」後，各地握有兵權的節度使紛紛割地自守，成為唐中葉以後的心腹大患。唐憲宗時期（李純，778-820年），李愬奉命進剿割據最早的淮西藩鎮（蔡州，李希烈節度使），該藩鎮控領位處南北交通要道的淮西地區三十多年。817年9月，李愬乘大風雪之夜，敵人疏於防備之際，一舉攻下蔡州。

(2)地利克敵：諸葛亮赤壁破曹操，即是占了南人擅水戰的地利。

5.法令孰行、賞罰孰明：是對士氣、紀律的判斷。

　⑴士氣判斷：法令孰行？比較何方法律及命令執行徹底而貫徹。孫子「法」的意義有兩層：

　　① 軍制之法，即組織編制（曲制）、人事（官道）、軍費後勤（主用）等法令規範。

　　② 賞罰之法，即信賞必罰。

　⑵紀律判斷：賞罰孰明？比較何方賞罰嚴明，紀律良好。春秋時期齊景公以司馬穰苴爲將，抵禦晉燕之師，並派寵臣莊賈監軍，穰苴與莊賈約定日中會於軍門，結果莊賈全不放在心中，至夕方至，穰苴以其誤失戎時，按軍律斬之，於是三軍振肅，爭先赴戰，擊退晉燕之師，可見法令之徹底執行，賞罰之公正嚴明，與士氣紀律有直接關係。

6.兵眾孰強、士卒孰練：對部隊戰力及訓練的判斷。

　何謂「強」？杜牧曰：「上下和同，勇於戰爲強；卒眾車多爲強。」張預曰：「車堅、馬良，士勇、兵利，聞鼓而喜，聞金而怒。」兵貴精不貴眾，烏合之眾，雖多亦無用，兵之精銳強悍，全仗平素之訓練，所以練步法使之整齊，練戰技使之精熟，練耳目使之不驚，練心志使之不亂，練膽氣使之不懼。（練力、練膽、練心、練指揮）。杜佑：「士不素習，當陳惶惑；將不素習，臨陳闇變（闇，音ㄢˋ，不了解；闇變，不知變通）。」明代戚繼光練兵，常令士卒立於大雨中數小時，不稍動如山嶽，所以百戰百勝，號稱「戚家軍」。可見戰力之強弱，與平時訓練有密切關係。

㈣因利制權

　　將聽吾計，用之必勝，留之；將不聽吾計，用之必敗，去之。

　　計利以聽，乃爲之勢，以佐其外；勢者，因利而制權也。

【語譯】如果將帥肯聽從我的計策（五事七計），並能實際運用於指揮作戰，那就必定可以獲得勝利，而這樣的將帥就可留在戰鬥崗位上，委以重任；如果將帥不肯聽從我的計策，只按他自己的意圖去指揮作戰，就一定

會失敗，那就讓他離開戰鬥崗位。（另譯：如果君主能夠聽從我的計謀，用兵作戰一定勝利，我就留下；如果君主不能聽從我的計謀，用兵作戰一定失敗，我就離去。）

根據五事七計謀劃出有利的戰策已獲得採納，就要創造一種強而有力的態勢，以輔助戰爭計畫的實現。所謂「勢」，是依據國家利益以制定各種臨機應變的權宜措施。

【闡釋】

1. 將聽吾計：「將」有兩種解釋，一是讀「ㄐㄧㄤ」，是「如果」的意思，作為「聽」的助動詞解，這樣的意思是：如果君主能聽從我的計謀。一是讀「ㄐㄧㄤˋ」：指「將帥」、「主將」，也可指一般的將領，這樣的意思是：將領們能聽從我的計謀。本書採「將帥」、「主將」之意。

2. 本節重點在於強調遴選將才的重要性。因為戰場指揮官乃戰爭勝負的關鍵，良將難覓，且培養不易，戰史上常有因指揮不當而招致全軍覆沒的下場，實不得不倍加警惕。

3. 現代民主國家所重視的文武關係，即軍事將領必須服膺文人政府的領導，服從三軍統帥的指揮，不可踰越份際。此為現代軍人必具的基本認識與專業素養。

4. 本段言「勢」為取勝的輔助條件，指出要以「利」為原則而臨機應變。杜牧曰：「計算利害，是軍事根本。利害已見聽用，然後於常法之外，更求兵勢，以助佐其勢也。」

5. 計利以（已）聽：「計利」：計算敵我的利害。「以」：通「已」。「聽」：察也，清楚、明確；從也，採納、接受。
計算敵我的利害已經明確、被接受，等於說戰爭方案已經獲得共識。「計利以聽」：為徹底執行計畫，事前應做之內部協調工作，此乃計畫策定必須經過之程序，如事前無此統一步驟之協調，可能影響將來作戰計畫之實施。

6. 乃為之勢，以佐其外：「勢」：力量蓄積所展現的狀態（態勢）。「乃為之勢」：然後營造（部署）對我軍事行動有利的態勢。「佐」：輔佐、輔助。「佐其外」，是指正規作戰方案之外的輔助行動。梅堯臣說：「定計於內，為勢於外，以助成勝。」此言在內部（我方）策定完戰爭計畫後，

就要造勢（部署不敗的局勢）以佐助保證戰爭的勝利。

7. 勢者，因利而制權也：「權」：古指衡量重量的砝碼或秤錘，以鐵或銅製成，引申爲「權變」（權衡變通）。

「權變」之「權」與「經」相對。「經」指至當不移的道理，「權」則反經行事而得宜；即應變的行動。「制權」，就是採取應變的行動。所謂態勢，就是根據有利於己的條件（國家利益），採取權宜措施，靈活應變，而不拘泥於常法。如何製造有利的形勢並無固定的方法，而必須「因利制權」。《荀子‧議兵》：「權不可預設，變不可先圖，與時遷移，隨物變化。」

8. 「因利制權」在〈始計篇〉中的脈絡關係。

(1)「計」：五事、七計均爲戰前作爲，由我而定（評估）。「勢」：有利態勢，需視敵而動，隨時隨地而變。計爲本，勢爲末，計定而後「爲之勢」，因敵變化，造勢以取勝。張預：「吾所計之利若已聽從，則我當復爲兵勢，以佐助其事於外。蓋兵之常法，即可明言於人；兵之利勢，須因敵而爲。」杜牧：「勢者，不可先見，或因敵之害見我之利（根據敵人的弱點來顯現我方的優勢），或因敵之利見我之害，然後始可制機權而取勝也。」作戰計畫已認爲完善而對我有利，同時全體意見已經一致；內部協調既妥，就轉而著手策定軍事以外的造勢活動（如反間、造謠、輿論、外交等），以營造有利的外部情勢（部署不敗的局勢）。

(2)孫子的戰爭藝術首重「建立力量」，即先計利。

① 〈始計篇〉篇首以：「道、天、地、將、法」五事，作爲戰爭之基礎，這五事即包括政、經、軍、心四大國力之整建。「道者，令民與上同意」，欲教人民同意，必須包括政、經、軍、心。

② 〈作戰篇〉用戰貴勝之「先勝」原理、〈謀攻篇〉「不戰而屈人之兵」之「全勝」原理，這些都是戰略原理之論。

「建立力量」後，再因利運用權謀以勝敵。〈始計篇〉後半段，從「計利以德，乃爲之勢，以佐其外。勢者，因利而制權也。」最終獲得「兵者，詭道也」之結論，而「詭道」十二（十四）法，「能而示之不能，用而示之不用……」也就是戰爭藝術之「變則」。張預：「所謂勢者，須因事之利，制爲權謀，以勝敵耳，故不能先言也。」

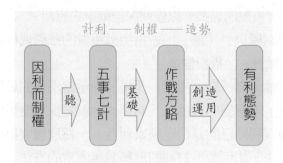

作者參考《孫子兵法‧始計篇》原文整理自繪

㈤十二詭道

　　兵者，詭道也。故能而示之不能，用而示之不用，近而示之遠，遠而示之近。利而誘之，亂而取之，實而備之，強而避之，怒而撓之，卑而驕之，佚而勞之，親而離之。攻其無備，出其不意，此兵家之勝，不可先傳也。

【語譯】指揮作戰，實際上是一種詭詐而又變化多端的作為。因此需要做到：能戰卻佯裝不能戰，想攻卻佯裝不想攻，想從近處攻擊，卻佯裝要向遠處進攻，想從遠處攻擊，卻佯裝要向近處進攻。如果敵人貪利，就用利去引誘他；如果敵營混亂，就要乘機擊滅他；如果敵人實力雄厚，就要加倍防範他；如果敵人兵力強大，就要設法避其鋒銳；如果敵人的將領易怒，就要設法去激怒他，使他失去理智；如果敵人輕視我方，就要設法使敵人更加驕慢；如果敵人休整充分，就要設法使其疲勞；如果敵人內部團結，就要設法離間、分化他們。總之，要千方百計設法在敵人毫無準備的狀態下實施攻擊；要在敵人意想不到的情況下採取行動。這些都是指揮作戰、克敵致勝的奧妙所在。但是，這些都沒有一定的模式可資依循，一切要根據敵我雙方的具體情況而隨機應變。

【闡釋】

1.基於「因利制權」的思維，孫子提出具體的權謀作為：詭道十二（十四）法。本段論「詭道」為用兵策略，列舉「示形」等類十二種戰法，提出

「攻其無備，出其不意」的制勝要訣。曹操曰：「兵無常形，以詭詐為道。」梅堯臣曰：「非譎（詐謀）不可以行權，非權不可以制敵。」

2. 詭道十二（十四）法之句式架構：「利誘」、「亂取」、「實備」、「強避」、「怒撓」、「卑驕」、「佚勞」、「親離」等作為，皆已道出詭道之運用乃兵家常事；「攻其無備，出其不意」則能控制戰爭全局，形成優勢作為，確保有利態勢，為優秀將才之必具條件。

3. 現代戰場中所謂的情報與反情報，實際上就是一種戰場謀略與詭道作為。如何使戰場的敵人行動與意圖透明化，而我之動向能嚴守祕密，使敵難以分辨，為戰場致勝的要素。

4. 《孫子兵法》所說的「詭道」並非特定名詞，乃表示一種隨機應變、制宜得法的形式。此正如《唐太宗李衛公問對》中所云：「千章萬句，不出乎詭道而已。」

5. 詭道十二法：

(1) 能而示之不能：有能力進攻，卻故意裝作沒有力量進攻；有戰鬥力，卻

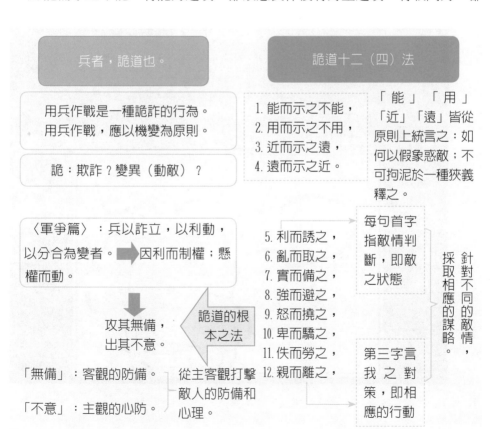

作者參考《孫子兵法・始計篇》原文整理自繪

故意裝作沒有戰鬥力。這是迷惑敵人，使敵人對我力量之判斷發生錯誤。《百戰奇略・強戰》：「凡與敵戰，若我眾強，可偽示怯弱以誘之，敵必輕來與我戰，吾以銳卒擊之，其軍必敗。法曰：『能而示之不能』。」《六韜・發啟》：「鷙鳥將擊，卑飛斂翼；猛獸將搏，弭耳俯伏；聖人將動，必有愚色。」故「能而示之不能」的效用理則有四：①可以解除敵人的戒心，使其喪失警惕，產生驕傲的心理；②可以巧妙地隱藏我的戰鬥力；③能隱蔽我作戰企圖且暗藏殺機；④能給敵以出其不意、措手不及的打擊。誠如春秋時有位吳國的劍客要離，向伍子胥介紹他的取勝經驗時說：「我臨敵先示之以不能，以驕其志；我再示之以可乘之機，以貪其心；待其急切出擊而空其守，我則乘虛而突然進擊。」這可說是「能而示之不能」謀略的整個過程。

戰例　漢高祖被圍白登：漢高祖七年，韓王信降匈奴，常寇邊，因此高祖出兵三十萬親征。初，先派使者去匈奴探虛實，匈奴即將壯士肥馬盡行藏匿，使者返云匈奴不堪一擊。惟婁敬不以為然而進言曰：「兩國交戰，應誇張自己之戰力，暴露其所長；今所見者均瘦馬弱兵，此乃故意對我示弱，必伏有奇兵以爭勝，我認為匈奴不可擊也。」高祖不聽，兵至白登（今山西省大同縣東北）竟被匈奴大軍包圍七日，絕食。後陳平用美人計說動匈奴后闕氏，乃得解圍。此即匈奴用「能而示之不能」之計。

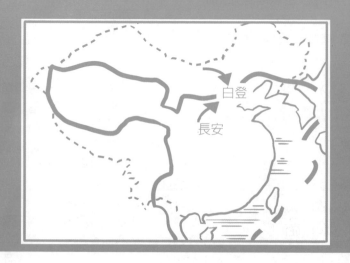

⑵用而示之不用：已有用兵之決心，表面上卻裝著不用之模樣，使敵不備，乘隙而攻之，其具體方式甚爲多元，包括「以強示弱、以勇示怯、以治示亂、以實示虛、以智示愚、以眾示寡、以進示退、以速示遲、以取示捨、以彼示此。」（王晳注）「示之不用」是爲了他日的「用」，是爲了在敵無防之時、無備之處更好地「用」，捨此目的，「示之不用」就將失去它自身的實在意義，所以「示之不用」必先能「藏形」。杜牧說：「此乃詭詐藏形。夫形也者，不可使見於敵；敵人見形，必有應。《傳》曰：『鷙鳥將擊，必藏其形。』」杜牧認爲，「用而示之不用」就是以詭詐的手段隱藏軍形。蓋我之「軍形」是不能暴露給敵人的，因爲敵人一旦查知我之「軍形」，必然得以有所因應。如《左傳》所記：「猛禽在撲向獵物前，必定要先注意隱蔽自己。」

戰例　鄭成功收復臺灣：清順治十七年（1660年），鄭成功在進攻南京失敗後，認識到清統一全國的局勢已經形成，自己勢孤力單，難以與之抗衡，便決心收復被荷蘭人侵占的臺灣，作為新的抗清根據地。為了麻痺敵人，鄭成功在加緊備戰的同時，派人送信給荷蘭總督揆一，故意表示自己並無圖台之心。荷蘭侵略者信以為真，援台艦隊司令樊特朗便率大部分援兵返回印尼雅加達，使得臺灣荷軍防備空虛。經過一年的精心準備，順治十八年（1661年），鄭成功突然揮師進攻臺灣，逐未遇到較大的抵抗力量，一舉收復了臺灣。

⑶近而示之遠。此一謀略的目的如李筌所說是在「令敵失備。」（爲了讓敵人沒有準備）。其運用理則就是利用人們的思維錯覺，以虛張聲勢的佯動遠攻的行動，僞示進攻時間、進攻路線、主攻方向和攻擊重心，迷惑敵人，因此調兵遠應，造成敵人防衛空隙，爲近處殲敵創造有利的條件。人們所熟知的「聲東擊西」、「明修棧道、暗渡陳倉」即屬於此種謀略的運用。《百戰奇略·近戰》：「凡與敵夾水爲陣，我欲攻近，反示以遠，須多設疑兵，上下遠渡，敵必分兵來應，我可以潛師以襲之，其軍可破。法曰：『近而示遠』。」大凡與敵人隔河對陣，我如要從近處進攻敵人，就反而僞裝成從遠處渡河的樣子。爲此，必須多置一些疑兵，裝作從河的上、下游遠處渡河進攻的態勢，敵人一定會分散兵力來應付。這樣，我就可以乘隙暗中出兵從近處襲擊敵人，將敵人一舉擊敗。

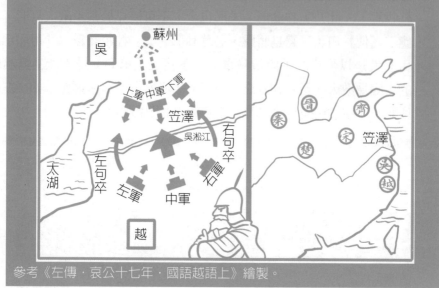

戰例　吳越「笠澤之戰」：春秋時期，越國討伐吳國，吳王出兵於笠澤進行抵抗，而與越軍隔笠澤水對陣相抗。越王勾踐利用夜黑天暗，在主力兩翼，設置左、右佯動分隊，採取兩翼遠處佯渡，調動吳軍遠去應戰。而越軍乘虛搗隙，以中央主力從近處直接突擊，偷渡越河，出其不意地大敗吳軍，為滅亡吳國奠定了勝利的基礎。

參考《左傳‧哀公十七年‧國語越語上》繪製。

⑷遠而示之近。此謀略與「近而示之遠」恰恰相反，本來要在遠處行動的，卻故意裝作在近處行動；本來要稍後行動的，卻故意裝作要馬上行動。故杜佑注云：「欲近而設其遠也，欲遠而設其近也。誆耀敵軍，示之以遠，本從其近，若韓信之襲安邑。」遠與近是屬於不同地域的空間概念。在古代，由於生產力的落後和「冷兵器」的侷限性，空間便成為敵我將帥施展智慧的「戰場」。由此而產生出「空間差」，爭取「時間差」，進而制敵的這類謀略的運用之法。《百戰奇略‧遠戰》說：「凡與敵阻水相拒，我欲遠渡，可多設舟楫，示之若近濟，則敵必並眾應之，我出其空虛以濟。如無舟楫，可用竹木、蒲葦、甕囊、桅杆之屬，綴為排筏皆可濟渡。法曰：『遠而示之近。』」

戰例　韓信襲安邑之戰：楚漢滎陽對峙期間（西元前205年），劉邦派韓信領軍征討反漢的魏王豹。漢軍自首都櫟陽東征，魏王豹用重兵扼守臨晉（蒲坂），並封鎖黃河渡口臨晉關，以阻止漢軍渡河。韓信軍到達臨晉關後，分析地勢，發現除臨晉關外，也可通過上游百餘里處的夏陽過河。作戰經過：①韓信採用聲東擊西、避實就虛的戰略在黃河西岸集結部隊、船隻，宣稱要在敵前強渡黃河；②魏軍集中兵力於晉陽，積極準備迎戰；③韓信率領精銳潛馳夏陽，讓士兵用木罌缶（以空瓶空甕製成木筏）迅速渡過黃河，急襲魏軍後方基地安邑；④魏豹在臨晉（蒲坂）聞訊大驚，回軍迎戰，最終，魏豹兵敗，被漢軍生擒。

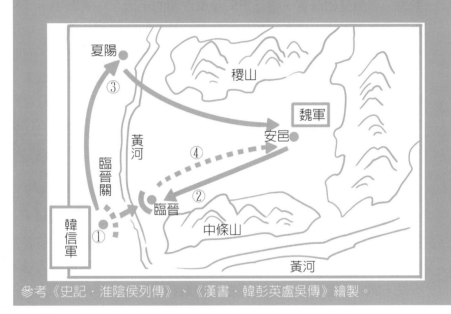

參考《史記・淮陰侯列傳》、《漢書・韓彭英盧吳傳》繪製。

(5) 利而誘之。「利」：貪利，指敵人。「而」：就。「誘」：引誘，指我引誘貪利的敵人。對於貪利的敵人，就用利益好處引誘他們。軍事對峙，就是為利而戰。乘隙取利，捕捉戰機，是每個統帥所共有的主觀願望。利與害常相生相聯，「塞翁失馬，焉知非福。」高明的統帥總是「兩利相衡從其重，兩害相權從其輕」，不因小利而受大害。而魯莽之將帥，貪功圖利心切，就可設法滿足其需要，使其疏於防備，再趁機攻擊而一舉成擒。《百戰奇略・利戰》：「凡與敵戰，其將愚而不知變，可誘之以利。彼貪利而不知害，可設伏兵以擊之，其軍可敗。法曰：『利而誘之。』」

戰例　楚伐絞之戰：春秋時期楚國進攻絞國（周桓王二十年，西元前700年），軍隊駐紮於絞城之南門。當時楚國的莫敖（軍政大臣）屈瑕向楚王建議說：「絞小而輕（國土小而人少），輕則寡謀（就缺少謀略）。請無捍（保護）采樵者以誘之。」楚王採納之。最先，絞軍便輕易捕獲楚軍三十名砍柴人。次日，絞軍又爭相出城，在山中追捕砍柴人以獲得賞金。此時楚軍預先封鎖絞城北門，並在山下埋設伏兵，結果大敗絞軍，逼簽和約後凱旋而歸。

賈林注釋說：「以利動之，動而有形，我所以因形制勝。」用小利引誘對方，要偽裝如真實，這是用假象來取勝的手段。在實戰中，「利而誘之」的表現形式也很多，如假裝敗退，故意將陣地讓給敵人，或退卻時故意拋棄輜重予敵等。釣魚尚且用誘餌，軍事爭戰更不例外。有時付出一點小的代價，犧牲一點局部利益，卻可以換取殲滅更多的敵人，甚至戰爭全局的勝利。如戰國時代的趙將李牧，故意讓兵民滿山遍野的放牧。在匈奴試探性進攻時，又裝作戰敗，並留下數千人讓匈奴俘獲。匈奴單于得知這一情況，十分高興，趕忙率領大軍來攻。李牧這時卻早已布下奇陣，左右夾擊，大破匈奴十多萬鐵騎。

(6)亂而取之。「亂」：指敵人失去節制。敵人昏亂而誘之、取之，可收事半功倍之效。「亂」之現象有二：①陣勢混亂，即部隊無節制；②智謀惑亂，即司令部意見分歧，主帥決心難下。二者相互聯繫，前者常是後者的結果，後者往往是造成前者的主要原因。亂，素為軍中大忌。軍隊一亂，即成一盤散沙，銳氣頓減，不攻自敗。

亂而取之，包括有待機、乘機之意。因此，敵人處於混亂之際，恰恰是我出兵擊敵的最好時機。在複雜的戰場上，導致混亂的因素甚多，如：入境太深，掠奪財物致亂；天時突變，誤入迷谷致亂；或被暫時的勝利沖昏頭腦，忘戰無備致亂；又或部隊久困斷糧，爭搶食物致亂……等。杜牧注：「敵有昏亂，可以乘而取之。《傳》曰：『兼弱攻昧，取亂侮亡，武之善經也。』」當敵人出現混亂時，可以乘亂而攻擊之，即可取得勝利。《左傳》：「兼併弱者，攻擊愚昧者，襲取亂者，欺侮逃亡者，是用兵的典則！」《百戰奇略・亂戰》云：「凡與敵戰，若敵人行

陣不整，士卒喧譁，宜急出兵以擊之，則利。法曰：『亂而取之』。」

隋末李淵起兵之初（隋大業十三年，617年），其部將段志玄隨同劉文靜率軍於潼關抵抗隋將屈突通的進攻。劉文靜所部被屈突通的部將桑顯和打敗，軍營已經潰散。這時，段志玄率領二十名騎兵趕來救援，奮力衝殺，擊斬隋軍數十人；但在回身返還之時，腳部為敵人亂箭所傷。因怕引起部眾不安，所以，段志玄不但忍受傷痛不言，而且三番五次地率先衝入敵陣，奮力拚殺，致使桑顯和軍大亂，劉文靜部隊士氣重新振作，並乘敵軍大亂，勇猛衝擊，大破之。屈突通兵敗而逃，段志玄與眾將跟蹤追擊，最後將他活捉。

此外，還有設計擾亂敵軍、乘機而取勝的。如東漢初年，光武帝劉秀派遣征西大將軍馮異去攻打赤眉軍，馮異命令軍中的勇士改穿與赤眉軍相似的服裝，然後埋伏在他們要經過的道路兩旁。第二天早晨，約有一萬名赤眉軍的將士前來攻打馮異的前鋒部隊。他們見馮異的軍隊人少勢弱，就投入了全部的兵力猛烈地攻擊，馮異指揮士兵奮勇應戰，雙方混戰到了黃昏，赤眉軍才漸漸地氣勢衰竭，這時馮異的伏軍突然殺出，由於伏兵著裝與赤眉軍完全相同，一時間赤眉軍的將士無法辨識敵我，於是，在驚恐中潰散而去。馮異下令全軍乘勝追擊，大破赤眉軍。這種謀略在《三十六計》中也被稱為「混水摸魚」式的「混」戰術。

正如《兵經·混字》中說的「混於虛，則敵不知所擊；混於實，則敵不知所避；混於奇正，則敵不知變化，混於軍、混於將，則敵不知所識。而且混敵之將以賺軍，混敵之軍以賺將，混敵之軍將以賺城營。同彼旌旗，一彼衣甲，飾彼裝束相貌，乘機竄入，發於腹，攻於肉，殲彼不殲我，自辨而彼不能辨者，精於混也。」

⑺實而備之。「實」：充實，指敵人精壯，糧食豐富，行陣嚴整。「備」：備而待其（敵）虛。對於陣容嚴整、力量充實的敵人，要加倍防備他們。孫子集注：「杜牧：『對壘相持，不論虛實，常須為備。』」此言居常無事，鄰封接境，敵若修政治實，上下相愛，賞罰明信，士卒精練，即須備之，不待交兵然後為備也。《百戰奇略·實戰》：「凡與敵戰，若敵人勢實，我當嚴兵以備之，則敵人必不輕動。法曰：『實而備之』。」

戰例　三國蜀魏樊城之戰：東漢建安十九年（214年），劉備派關羽駐守荊州（江陵），以防備東吳入侵。但關羽乘曹操調兵到淮南與孫權作戰之機（219年），除留守少數兵力駐軍公安、南郡外，親率主力北攻據守樊城的曹軍。曹操遣于禁等救曹仁。適逢大雨，漢水暴漲，氾濫成災，于禁所督七軍皆被洪水淹沒，他因畏罪投降關羽，其部將龐德被殺。此時區域之盜匪群眾都接受關羽授予的官銜名號，成為他的另一股力量，聲威大振，整個中原地區都知道關羽的威名，史稱「威震華夏」。儘管關羽一時取得「威震華夏」的重大勝利，由於主力尚與曹軍膠著於樊城，致使其江陵後方空虛，加之關羽「始有大功，意驕志逸」，完全喪失了對東吳的警惕，致使吳軍（呂蒙）率軍襲荊州，最終兵敗麥城，被殺。關羽北攻樊城之戰，對東吳未能「實而備之」，可說是在戰略指導一個重大失策。

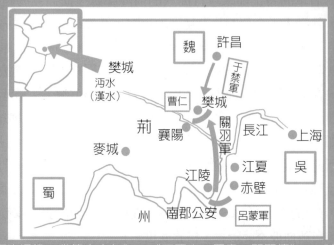

參考《資治通鑑・卷第六十七》、《三國志・蜀書・關羽傳》、《吳書・呂蒙傳》繪製。

「實而備之」，不僅可以作爲防禦的謀略，而且也可以作爲進攻的謀略。在作爲進攻的謀略時，若估計敵人的力量還很強大，就應該先養精蓄銳，充分準備，待機而動。同時，在「備」的過程中，要儘可能做到「祕其謀而不露其象，順其辭而和於眾」，如此才能「進而不蹈其險，退而不陷其伏」，從而達到「備」的目的。

(8)強而避之。「強」：兵力（聯合兵種、武器裝備）強大。「避」：避開

鋒芒。敵人兵力強大，士氣旺盛，來勢洶洶，我則宜暫避其銳；待其疲憊後，再與其交戰。杜牧：「逃避所長。言敵人乘兵強氣銳，則當須且迴避之，待其衰懈，候其間隙而擊之。」杜佑：「彼府庫充實，士卒銳盛，則當退避以伺其虛懈，觀變而應之。」亦如《百戰奇略・避戰》：「凡戰，若敵強我弱，敵初來氣銳，且當避之，伺其疲敝而擊之，則勝。法曰：『避其銳氣，擊其惰歸』。」「避銳擊惰」，是〈軍爭篇〉的「治氣」之說，特別強調士氣的重要性。「士氣」或稱「戰志」，就是精神力量，乃戰勝敵人的重要因素之一。

(9) 怒而撓之。「怒」：偏激易怒。志驕氣盛，自信滿滿，一激即怒。「撓」：原意為彎曲，引申為挑逗、騷擾。用種種方法激怒敵軍將領，以攪亂其理性，使其怒而輕戰，輕戰則舉措失當，盲目用兵，即可乘其智亂而挫敗之，杜牧曰：「大將剛戾（剛烈暴戾）者，可激之令怒，則逞志快意（只顧憑著意氣用事），志氣撓亂（性情一經擾亂），不顧本謀也（不再顧及依循本來的謀劃）。」此屬於「激將法」的謀略。李荃舉例：「將之多怒者，權必易亂，性不堅也。漢相陳平謀撓楚，漢以太牢（中國古代祭祀用三牲）具進楚使，驚曰：『是亞父使邪？乃項王使邪！』此怒撓之者也。」（容易動怒的將領，他的計畫和謀略必定容易混亂，他的性情也必定缺乏堅韌的氣質。漢朝丞相陳平謀劃迷惑項羽，在設宴招待項羽的使臣時，故意驚訝地說：「這是亞父范增派來的呢？還是項羽派來的呢？這就是為了激怒對方進而達到迷惑和攪亂對方的目的。」）

《草盧經略・卷九・怒敵》：「利害在前，人誰不知之？知之而鮮能趨避者，率由躁動無謀之將為敵所激怒，故盛氣所招，曾不顧其後患也。怒之之法：有斬使以示絕；有詈（音ㄌㄧˋ，罵也）言以相犯；有據其名城，示若輕忽；有戮其寵愛，令其必報；有驕傲其禮以菲之；有嫚張其詞以侮之；有敗其偏師以挑之；有驚其人民，有侵其土地，執辱其使以恥之。敵人不悟，斷欲甘心於我，則必淺慮而寡謀：天時不計其順與否也，地利不計其得與否也，事機不計其合與否也，糧餉不計其充與否也，兵刃不計其敵與否也，道路不計其迂與否也，敵情不計其深與密也。即明知之，而明背之，驕橫陵轢（音ㄌㄧˋ，車所踐也），動與勢違。雖有智計忠諫之士，不足以回忿兵之心萬一，然後我得而勝之

矣。」

故將領應修養其性情，若能性寬不受激，則能如司馬懿忍退強敵。三國時，諸葛亮伐魏，司馬懿只是堅守不戰，諸葛亮乃送婦人之衣冠羞辱之，用意在指其怯儒，但是司馬懿不為所動，諸葛亮也只有無功而退，這便是「怒而撓之」（未能成功案例）。《尉繚子‧兵談》：「寬（性情較平和的人）不可激而怒。」即性情平和的人，就不能使用「激將法」來達到戰勝他的目的了。

⑽ 卑而驕之。「卑」：謙下，指謹慎小心；或云輕視，指輕視我方。敵人謙卑慎行，應刻意奉承，使敵產生驕傲之心理，而疏於戰備，俾利我有隙可乘。對輕視我方的敵人，要使其更加驕縱輕敵。王皙注：「示卑弱以驕之，彼不虞我，而擊其間。」《百戰奇略‧驕戰》：「凡敵人強盛，未能必取，須當卑詞厚禮，以驕其志，候其有釁隙可乘，一舉可破。法曰：『卑而驕之』。」

> **戰例** 關羽敗走麥城：三國蜀將關羽北伐，初戰勝利，擒獲了魏國將領于禁，並將曹仁包圍在樊城。鎮守陸口的吳將呂蒙深知關羽自恃驍勇善戰，由於剛立下大功，就更加驕縱、志得意滿，於是以生病為由，推薦當時尚無名聲的陸遜代替他擔任都督。陸遜到駐防地，立即寫信給關羽，重點有二：①久仰關羽的威望，自謙自己只是一介書生，才疏學淺，渴望得到教誨關照；②極力稱頌關羽之功績，超過韓信的智謀，足以萬世流芳、名留千古。關羽看完信，覺得陸遜謙恭有禮，還有請求依託之意，大感安心，遂疏於防備，最終兵敗麥城被殺。

又杜牧嘗舉例：「秦末，匈奴冒頓初立，東胡強，使使謂冒頓曰：『欲得頭曼時有千里馬。』冒頓以問群臣，群臣皆曰：『千里馬，國之寶，勿與。』冒頓曰：『奈何與人鄰國，愛一馬乎？』遂與之。居頃之，東胡使使來，曰：『願得單于一閼氏。』冒頓問群臣，皆怒曰：『東胡無道，乃求閼氏，請擊之！』冒頓曰：『與人鄰國，愛一女子乎？』與之。居頃之，東胡復曰：『匈奴有棄地千里，吾欲有之。』冒頓問群臣，群臣皆曰：『與之亦可，不與亦可。』冒頓大怒曰：『地者，國之本也。本何可與！』諸言與者皆斬之。冒頓上馬，令國中有後者斬。東

襲東胡。東胡輕冒頓，不爲之備，冒頓擊滅之。冒頓遂西擊月氏，南并樓煩、白羊、河南，北侵燕、代，悉復收秦所使蒙恬所奪匈奴地也」。

驕敵的具體方法，如《草盧經略・卷十・驕敵》：「兵驕者敗，從古已然。故設法以驕之，使之目無強敵，然後我得乘其間而攻其弛，所謂勝於易地也。驕之之術：屢佯北以示弱，爲尊禮以示卑，假厚賄以悅其心，因所喜以順其志，藉成事而示若忠之，複甘言而示若親之，陽震怖而示若畏之。外若霽威，內實嚴備；卑詞委聽，廣侈其心。彼以我爲易敵也，故其申令不肅，守御不精。欺敵者亡，此之謂也。然必察敵之平昔，立威以自大，倨傲以陵人，我是以因而驕之，倘其智謀是備，愼動多虞，我用是術，彼必陽作矜高，僞爲弛慢，反足誘我，不可不知。」

⑾佚而勞之。「佚」同逸，安樂之意。「佚」：敵軍兵力充實、補給豐，取守勢，以蓄養其銳氣，待機而動，謂之「佚」。「勞之」：我爲挫其銳氣，可以種種方法使敵不獲安靜之休養，並使其疲於奔命，是謂「勞之」。如長期施以空襲，或夜襲，或游擊，或擾亂敵後方，皆勞敵之法也。王晳曰：「多奇兵也。彼出則歸，彼歸則出，救左則右，救右則左，所以罷勞之也。」何氏曰：「孫子有治力之法，以佚而待勞。故論敵佚，我宜多方以勞弊之，然後可以制勝。」

⑿親而離之。「親」：親密，團結和睦。「離」：離間。與敵人合作（聯盟）之軍隊或國家，或敵人之重臣賢將，須設法離間之，使之互相不信任，上下猜忌，互相攻訐，去賢用愚，終使之陷於孤立、癱瘓、無爲等現象。曹操：「以間離之」。「親」的結果就可能形成「拳頭」，「離」的結局必然分成「五指」。以我方而言，顯然希望敵人分成「五指」，而避免讓其形成「拳頭」，這就需要設法離間。諸如設法造成敵人思想上、組織上、利益上的「裂縫」，使其產生「內耗」，甚至互相殘殺，以達到借刀殺人的目的。

張預：「或間其君臣，或間其交援，使相離貳，然後圖之。應侯（范雎）間趙而退廉頗，陳平間楚而逐范增，是君臣相離也。秦晉相合以伐鄭，燭之武夜出，說秦伯曰：『今得鄭，則歸於晉，無益於秦也。不如捨鄭以爲東道主。』秦伯悟而退師。是交援相離也。」（或是離間他們君臣關係，或是離間他們的交相援救，使他們相互分離，產生二心，然後才可以下手謀取。范雎離間趙國君臣而使趙王換掉老將廉頗；陳平離

間西楚君臣而使項羽猜疑范增，導致范增被迫出走，這都是君臣之間被離間的例子。）

> **戰例** 漢建安二十四年（219年），蜀將關羽統兵圍攻魏國樊城，形勢對曹軍非常不利。司馬懿向曹操獻計，建議利用擴大孫、劉矛盾，以解救曹軍困境。曹操派特使赴吳，「許割江南以封權」。孫權馬上寫信給曹操，表示願意進攻關羽，以解樊城之危，但要求曹操為之保密。曹操與謀士商議後，表面上應允孫權的保密要求，暗中卻向關羽洩露了孫權的動機，結果使孫、劉本有的矛盾更加突出，曹操完全達到了離間的目的。

「親而離之」只是手段，它的目的是「乘隙攻之」。因此，它主張在對敵作戰的過程中，應該隨時注意捕捉和利用敵國君臣之間的裂縫，派遣間諜進行離間，擴大和加深敵人內部的矛盾，然後以精銳部隊乘隙攻之，以達到戰勝敵人的目的。

6. 攻其無備，出其不意。此一謀略是「兵者，詭道也」的精髓，亦即用兵藝術的要旨。「攻其無備」：「備」，有所準（防）備；是指攻擊敵人無準備、無防備，部署不充實而虛弱之處。「出其不意」：「出」，擊；「意」，預料；是指我之行動，出乎敵人想像及意料之外，使敵措手不及，不能應付。孟氏曰：「擊其空虛，襲其懈怠，使敵不知所以備也。故曰：兵者無形為妙（用兵，以沒有固定模式為巧妙）。太公曰：「動莫神於不意，謀莫善於不識。」（行動，沒有比出其不意更神的；謀略，沒有比讓人無法揣測更妙的了）古今中外的戰爭史顯示，在敵人完全喪失戒備之心，或意想不到的時間、地點實施突然襲擊，能在心理上和軍事上取得巨大效果，並且能使敵人在驚慌之中做出錯誤的判斷、制定錯誤的決策。

⑴「出其不意」與「攻其無備」之關係：「出其不意」與「攻其無備」，似乎是同時發生，因為「不意」所以「無備」，因為「無備」，所以可「出其不意」。但詳為解釋，似尚有區別。如日本之襲珍珠港，使美國太平洋艦隊幾乎消滅殆盡，可謂戰果豐碩。實乃一典型出其不意之奇襲。即奇襲其心理上未有防備之空處，此乃無形者。

⑵「攻其無備，出其不意」乃一切「詭道」運用之基礎：「無備」與「不意」是弱點所在，而兵行詭謀非針對敵人之弱點不可，一切欺敵手段之

運用，目的皆在於使敵人暴露弱點，不做防備，或不曾預料，然後我們才能克敵致勝。《草廬經略·卷四·迅速》：「兵者，機以行之者也。攻其無備，出其有意。批亢搗虛，能使敵人前行不相及，眾寡不相恃，貴賤不相救，上下不相收者，非迅速不可也。故『微乎微乎，至於無形，神乎神乎，至於無聲』。若從天降，若從地出，若飛電閃爍，令人倉皇四顧，不可方物。大要料敵欲審，見機欲決，原非履險蹈危，幸功於萬一者也。倘虛實有未知，地利有未熟，敵情有未諳，我勢有未審，徒慕迅雷不及掩耳之名，而以我之輕易，當敵之有備用，率孤軍深入重地，欲進不能，欲退不敢，攻城不得，擄掠無獲。糧道既絕，救援不通，雖韓、白不能善其後。亦有先緩而後速者。緩者，令其弛備；速者，乘彼不虞。彼既弛備而不虞我之至，則往無不克，發無不中也。」

(3) 詭道運用，「乃兵家之勝，不可先傳」的義理：「攻其無備」、「出其不意」以及十二項詭道之運用，軍事家用兵制勝之要訣。何時運用何策，何地運用何計，此無法預先傳授者，要隨敵情之變化，臨機而應變運用之，不能拘泥於常法，運用之妙存乎一心耳！用兵作戰本應臨機應變、捕捉戰機，以求取勝；而詭道之運用，全憑先天之慧根與後天之知識及經驗，看破當時瞬息萬變而複雜之戰況，始克敗敵，故不易先傳。運用詭道最高明者，可使敵深信不疑，即令敵已獲知我方真正意圖和計畫，亦常懷疑其正確性。在實施詭道工作上，必須力求發展新觀念，方法和手段不可重複使用，因敵人甚易識破，而採取適當之對策。

7. 孫子「詭道」論與仁義用兵。

(1) 孫子說：「兵者，詭道也。」對用兵之奧妙一語道破，戰陣用兵雖本乎仁義，然克敵致勝則無不依靠鬥智鬥力，但詭詐計謀並非致勝之惟一要素，為將帥者更不可一味好用詐術，所以孫子先強調「道」、「天」、「地」、「將」、「法」五事，然後才談「詭道」。「五事」是亙久不變的原則，「詭道」是針對一時一地的特殊情況而應變的手段。孫子說：「計利以聽，乃為之勢，以佐其外。」先「計利」（「五事」為主、為本），而後「為之勢」（「詭道」造勢，為從、為末）。如果用兵全以詭謀為主，焉知我能謀人，人不能謀我？必然會陷於危險境地了，作戰斷不能置「詭道」不顧，亦不需全依「詭道」而行，這是孫子強調的原則。

⑵「用兵重道」與「兵者詭道」這兩個重要的軍事命題看似對立，其實並不矛盾。張預注「詭道」論時說：「用兵雖本於仁義，然其取勝必在詭詐。」《乾坤大略・自序》說：「所有既明，則正道在，不必言矣。然不得奇道以佐之，則不能取勝。」這些論述闡明了「用兵重道」與「兵者詭道」這兩個命題處於軍事學的不同層面上。「用兵重道」，是就戰爭性質而言（開戰前提）；「兵者，詭道」，是用兵之手段（戰略戰術），乃在輔佐「正道」而採用「奇道」。如《黃石公三略・中略》總結說：「德同勢敵，無以相傾，乃攬英雄之心，與眾同好惡。然後加之以權變，故非計策無以決嫌定疑，非譎奇無以破奸息寇，非陰計無以成功。」或隱藏用兵的眞實意圖而行動，或掩蓋事實的眞實面目而行動，或順應敵人的某些主觀願望而行動。總之，要以假象掩蓋眞相，以形式掩蓋內容，造成對方的錯誤，達到出奇制勝的目的。運用得當，可以不戰而屈人之兵，或降低戰爭傷亡。

⑶孫子列舉的「詭道」計十二項，而以「攻其無備，出其不意」作爲總結（亦有稱含此二項應爲十四詭道）。嚴格說來，這些所謂「詭道」其實並不詭詐，除了「亂而取之，親而離之」可歸類爲「分化離間」的詐術外，應該都算是戰場上正常的欺敵、誘敵手段。如果用兵見不及此，那就不是一個眞正的「知兵者」了。

㈥廟算知勝

夫未戰而廟算勝者，得算多也；未戰而廟算不勝者，得算少也。多算勝，少算不勝，而況於無算乎？吾以此觀之，勝負見矣。

【語譯】在開戰之前，先在宗廟裡計算比較敵我雙方的優劣，計算的結果，如果我方優勢條件多，取勝的機會就較大；如果我方所占優勢少，則得勝機會亦較少。多做比較計算，對敵我情勢就越有把握；少做比較計算，就沒有把握；何況毫無計算比較呢？從這個觀點來看，勝敗的結果也就顯而易見了。

【闡釋】

1. 中國古代有敬天法祖的優良傳統，用現代名詞來說，即是一種「戰略文化」（strategic culture）。所以，有關國家大事的決策必須在太廟（宗廟）中行之，此即「廟算」。

2. 此節爲全篇（〈始計〉）之結論，言國家於策定國防計畫後，認爲有必勝把握時，就是計畫周詳；反之若認爲無確勝之把握時，即是計畫不周詳。故計畫越周詳，則對取勝越有把握，因此多算勝於少算，少算勝於無算也。由此觀之，國防計畫之良否？實爲決定戰爭勝負之基礎。張預：「籌策深遠，則其計所得者多，故未戰而先勝。謀慮淺近，則其計所得者少，故未戰而先負。多計勝少計，其無計者，安得無敗？故曰：『勝兵先勝而後求戰，敗兵先戰而後求勝』。有計無計，勝負易見。」

3. 廟算：指戰前的最高軍事決策，亦即戰略決策。廟，指太廟（宗廟），古代祭祀祖先與商議國事的建築。算，指計算、精密分析（critical analysis），原爲計數用的竹籌，這裡引申爲勝利之條件。得算多：即取勝之條件充分，或取勝之公算大。見：預見；顯現無算：未曾具備取勝之任何條件。古時候興師作戰之前，要在廟堂舉行會議，分析戰爭的利害得失與取勝條件，謀劃作戰方略，預測戰爭勝負，這一作戰準備程序，稱爲「廟算」。廟算之涵義：求祖先佑助、統一君臣意志、防謀略之外洩。

4. 從〈始計篇〉全篇來看，孫子的「算」應包括兩層涵義：

   (1) 計算（多元評估）：即敵我雙方的力量對比和條件權衡，看誰的優勢多，如「經之以五事」、「校之以（七）計」；這些是從宏觀戰略層面，來進行多元的勝負決算。

   (2) 謀算（具體方案）：根據雙方的綜合實力與具體條件來謀劃制訂作戰方案。〈始計篇〉後半段所謂「因利而制權」、「詭道十二（十四）法」，均爲具體的作戰方略、戰略（術）的謀劃。

作者修改自鈕先鍾，《孫子三論》

只有將戰爭要素（五事）進行多元計算評估，並結合具體方案（詭道）的謀算（「因利制權」）運用，才是真正周全的「多算」。

5. 〈始計篇〉爲《孫子兵法》十三篇之首，居於統覽全書的地位，也構成全部思想體系的樞紐。本篇結尾處又強調「多算勝」的觀念，更顯示其對「精密分析」的重視。這種愼始愼終、力求精密、實事求是的精神，實爲孫子留給後人最寶貴的思想遺產。不論用於平時或戰時，都越發彰顯出孫子對於戰爭一事的敬畏與謹愼。誠如本篇開宗明義所云：「兵者，國之大事，死生之地，存亡之道，不可不察也。」

6. 孫子系統性的分析勝負之間的關鍵，有三個要件：知我（己）、知敵（彼）、知天地；即〈地形篇〉：「知己知彼，勝乃不殆；知天知地，勝乃可全。」

7. 廟算愼戰。

作戰第二

孫子曰：凡用兵之法，馳車千駟，革車千乘，帶甲十萬；千里饋糧，則內外之費，賓客之用，膠漆之材，車甲之奉，日費千金，然後十萬之師舉矣。

其用戰也，貴勝，久則鈍兵挫銳，攻城則力屈，久暴師則國用不足。夫鈍兵，挫銳，屈力，殫貨，則諸侯乘其弊而起，雖有智者，不能善其後矣！故兵聞拙速，未睹巧之久也；夫兵久而國利者，未之有也。

故不盡知用兵之害者，則不能盡知用兵之利也。善用兵者，役不再籍，糧不三載，取用於國，因糧於敵，故軍食可足也。國之貧於師者遠輸，遠輸則百姓貧，近師者貴賣，貴賣則百姓財竭，財竭則急於丘役。力屈、財殫，中原內虛於家，百姓之費，十去其七；公家之費，破軍罷馬，甲冑矢弩，戟楯蔽櫓，丘牛大車，十去其六。

故智將務食於敵，食敵一鍾，當吾二十鍾，萁稈一石，當吾二十石。故殺

4. 獎賞有功
5. 善待俘虜（卒善
　　而養之）→則能
　　「勝敵而益強」

四 知兵之將的重要
　　性

敵者怒也，取敵之利者貨也。故車戰，得車十乘以上，賞其先得者，而更其旌旗，車雜而乘之，卒善而養之，是謂勝敵而益強。

　　故兵貴勝，不貴久；故知兵之將，民之司命，國家安危之主也。

一、篇旨

1. 孫子可能是史上第一位注意到戰爭與經濟有著密切關係的兵學家。他在〈始計篇〉中，對於國力的綜合評估，即著眼於經濟條件（「主用」，軍費預算）。

2. 本篇篇名「作戰」，然究其內容，並非現代習知的在戰場與敵人進行交戰，所載的內容，而是遂行戰爭所需的財力、物力、人力等後勤整備問題，即曹操注〈作戰〉篇旨：「欲戰必先算其費，務因糧於敵也。」因此本篇實為〈始計篇〉之延伸。

3. 〈始計篇〉從政治風險出發，警告戰爭如果失利，將會導致國家滅亡。本篇接著從財政風險出發，警告戰爭將大量損耗經濟資源，如果戰事延宕，將導致國貧民困，故從發動戰爭的角度談「速戰」，內容涵蓋了財政與補給層面的戰爭計畫。本篇篇次，如張預注曰：「計算已定，然後完車馬、利器械、運糧草、約費用，以作戰備，故次〈計〉。」

二、詮文

(一)日費千金

　　孫子曰：凡用兵之法，馳車千駟，革車千乘，帶甲十萬；千里饋糧，則內外之費，賓客之用，膠漆之材，車甲之奉，日費千金，然後十萬之師舉矣。

【語譯】孫子說，我們所進行的戰爭乃是以車戰為主的作戰方式，因此興兵作戰，一般需要動用裝載士卒的輕型戰車千輛，運載軍械的重型戰車千輛，出動穿戴甲冑的兵卒十萬，再加上千里運送給養的必要物資。這些前方和後方消耗的費用，外交事務的開支，購買製作、維修弓矢箭戟等器械所需膠、漆材料的開銷，再加上供給和保養戰車、盔甲等裝備的費用，每天就要耗費千金之巨，當具備如此龐大的財力和物力條件之後，十萬大軍才能啟程出征。

【闡釋】

　　戰爭的根本問題，就是國力之計算、後勤之支援，否則國防計畫，可能成為空中樓閣與無源之水而無法實施，故戰爭涉及國家整體資源之運用，亦即戰爭對經濟形成依附之關係。本節即從戰爭的經濟風險出發，以動員十萬軍隊出征為例，說明戰爭對於人力、物力、財力的依賴關係，論證興師動眾，用兵征戰，對國家整體資源耗費甚鉅。

1. 耗費物力：馳車千駟，革車千乘，帶甲十萬，千里饋糧。

　　凡國家動員作戰，首先就要動員最大限額的物力，包括「馳車千駟，革車千乘，帶甲十萬，千里饋糧」。「馳車」：輕車，即快速輕便的戰車。革車：輜重車輛，載器械、財貨、衣裝等。駟，乘也，一車駕四馬叫做駟。按古代稱駕一輛車的四匹馬為「駟」，遂引申將套有四匹馬拉的一輛車稱為一駟。又「乘」，輛也，故「乘」又稱「駟」。帶甲：穿戴盔甲的士卒，指軍隊而言。「甲」，鎧甲。饋糧：運送糧食。饋，贈也。此解為供應、運送。

2. 耗費財力：內外之費，賓客之用，膠漆之材，車甲之奉，日費千金。

　　「內外」：指前方、後方，或指國內、國外。「賓客」：指各國之使節往來。「膠漆之材」：指製作、保養弓矢甲楯等作戰器械所需之各種物資（泛指修造軍械所需的物質）。膠漆，古代製作車甲弓箭不可缺少的材料。「車甲之奉」：指車輛武器之保養補充。「奉」，通俸，與上文之「費」、「用」意同。「千金」：鉅額錢財。

3. 耗費人力：然後十萬之師舉矣。

　　古代周朝作戰的主要方法為車戰。故各諸侯國之大小，以能派出的戰車數量區別之。如萬乘之國、千乘之國、百乘之國是也。與今日海空軍，以比噸數、架數，陸軍比軍團、師數相同。何以「馳車千駟」意即擁有十萬之師？「馳車」係用以攻擊之戰車，每車四馬，配甲士三人（中國古代的戰車成員有三員，包括持矛手、御手、射手。車左──射手：主要以弓箭殺傷遠距敵人；車右──持矛手：主要負責近處格鬥；御手：即駕馭車輛者。如果是負責指揮的主將戰車，一般主將是站在車左的位置，車上會配備指揮用的旗和鼓），步兵七十二人，合計七十五人。「革車」（副車、守車）專載兵器糧食等軍需品隨行補給，每車兩馬，或以牛拉行，有炊子五人、守裝五人、廄養五人、樵汲十人，共二十五人。合馳車、革車各一輛，共得一百人（古稱一卒）。故馳車千駟（含革車千乘），意即有十萬之師。

單位配備			千乘之國	
馳車一駟75人	射弓手	1人	「馳車行駟」 75,000人	「帶甲十萬」 100,000人
	持矛手	1人		
	駕車手	1人		
	步卒	72人		
革車一乘25人	炊夫	10人	「革車千乘」 25,000人	
	警備	5人		
	飼養	5人		
	雜役	5人		

程國政，《孫子兵法知識地圖》

(二)兵久四危

　　其用戰也，貴勝，久則鈍兵挫銳，攻城則力屈，久暴師則國用不足。夫鈍兵，挫銳，屈力，殫貨，則諸侯乘其弊而起，雖有智者，不能善其後矣！故兵聞拙速，未睹巧之久也；夫兵久而國利者，未之有也。故不盡知用兵之害者，則不能盡知用兵之利也。

【語譯】用兵作戰，以速戰獲勝為第一要務。因為，時間拖延過久就會使武器裝備鈍弊，軍隊士氣受挫，若採取攻城（攻堅）策略，就會使戰力消耗殆盡，加以長期的對外用兵，必然使國家財力不繼。一旦武器裝備鈍弊、軍隊士氣受挫、戰力耗盡、財源枯竭，鄰近敵國就會乘此重重危機，舉兵入侵。在這種嚴峻的態勢下，即使智謀再高明的人，也難以挽回頹勢了。所以用兵作戰，只聽說過寧可速戰速決以求勝的情況；卻未曾見過為執意於戰略戰術技巧，而將戰爭時間拖延持久的現象。因為長期用兵作戰反而有利於國家的事，從來沒有出現過。所以，一個不能完全了解戰爭（久戰）危害的人，也就無法完全了解兵貴神速的益處。

【闡釋】

1. 孫子看到戰爭對國家經濟的耗損與破壞，尤其是時間越長，損害就越大，而有「不盡知用兵之害，則不能盡知用兵之利」之論。孫子以「惡性循環」的概念，來說明大軍作戰耗費甚鉅與物質缺乏的狀況，他對於「用兵之害」的論述可歸納為「兵久四危」：⑴軍力受挫：「鈍兵、挫銳」；⑵國貧：「屈力、殫貨」、「久暴師則國用不足」；⑶民窮：「遠輸、貴賣，百姓財竭」；⑷引發外患：「諸侯乘其弊而起」；最終導致救亡無策（「雖有智者，不能善其後」）。

2. 其用戰也，貴勝。「其用戰也」，「其」字指上文「十萬之師舉矣」。「用戰」：⑴表面意義：用兵作戰；⑵實際涵義：戰略指導。「用」作指導之意；「戰」作戰爭或戰略之意；「貴」：最重要、最緊要，主要之意。動員十萬大軍對敵施行攻勢作戰，對於戰略指導最要緊之著眼，在求得決定性之勝利為前提。故本節為大軍統帥之用兵理論，藉此分析「勝」、「久」、「速」之間的關係，指出「速決」為決戰主要手段，配合攻勢與機動，以達成「殲敵」之目的。

3. 兵久四危，救亡無策。

⑴軍力受挫：久則鈍兵挫銳。戰爭之目的在求勝利，要贏得勝利必須用新銳之兵力，始得克敵致果。倘若戰事曠日持久，則兵器即不鋒利，官兵之銳氣亦將為之挫折而喪失戰鬥力。「鈍」，刀口不鋒利之意，「鈍兵」，武器裝備弊鈍；「挫銳」，士氣嚴重受挫。

(2)國貧：「屈力，殫貨」；「攻城則力屈，久暴師則國用不足」。「屈力，殫貨」：力盡財竭。「殫」，音ㄉㄢ，竭盡。「貨」，財貨，指國家的財力、物力。「攻城則力屈」：「屈」，竭盡，窮盡。「力屈」：戰力用盡；尤以攻城戰，如時日一久，則死傷必大，而兵力必消耗殆盡。此處之「力屈」，除指攻城戰引發之戰力耗損外，尚可包涵整體國力（國家資源）的耗損。「攻城則力屈」的道理，可詳見於〈謀攻篇〉「其下攻城」，「攻城之法，爲不得已」的闡釋。「久暴師則國用不足」：「暴」，暴露。「久暴師」，軍隊長期在外征戰。「國用」，國家財政開支。張預解釋：「日費千金，師久暴，則國用豈能給？」其例證如漢武帝派兵深入匈奴去作戰一樣，久久不能結束，以致國庫空虛，最後只好沉重哀痛地宣告失敗。

(3)民窮：百姓財竭。國家的財政空虛，就會向老百姓多收賦稅，百姓因此貧窮，長久以往國家就會陷入內憂外患、動盪不安之中。關於久戰所引發的國貧民窮，詳見下段：「國之貧於師者遠輸，遠輸則百姓貧，近師者貴賣，貴賣則百姓財竭，財竭則急於丘役，力屈財殫，中原內虛於家，百姓之費，十去其七，公家之費，破車罷馬，甲冑矢弩，戟楯蔽櫓，丘牛大車，十去其六。」

(4)引發外患：諸侯乘其弊而起。國家因久戰引發的戰力耗損（「鈍兵挫銳」）、國貧、民窮（「屈力殫貨」、「百姓財竭」）的危機，將提供鄰近敵國一個襲擊入侵的機會（螳螂捕蟬，黃雀在後）。「乘」，趁機；「弊」：疲困，指危機而言。

(5)救亡無策：雖有智者，不能善其後矣。「其後」，就是指久戰不勝，而引發「諸侯乘其弊而起」的危機。「善其後」，挽救既成的（鄰國入侵）危機敗局。杜牧註解：「蓋以師久不勝，財力俱困，諸侯乘之而起，雖有智能之士，亦不能於此之後，善爲謀畫也。」其例證如春秋末期，吳王闔閭攻打楚國一樣，當攻下楚國郢都後，卻長期不回師，於是越國的軍隊就趁機攻入吳國。當時吳國雖有伍子胥、孫武這樣的高明人物，也沒有任何智謀良策可以挽救這一後患危機。

4. 兵聞拙速，未睹巧之久也。本句在極力強調「兵貴勝，不貴久」，「兵久而國利者，未之有也」的義理。何謂「拙速」、「巧久」？見解常有不一。

⑴「拙」與「巧」是工藝方面褒貶好壞的相對用語。「拙」，本義為「愚笨」，「不靈活」，又引申為樸實的、未加修飾的意義。「巧」，技藝精妙、高妙、聰明，又引申為虛偽、狡詐。就「拙」、「巧」本義言，就是笨拙與巧妙，在引申運用上，又常有「巧偽」與「拙誠」、「弄巧成拙」之寓意，如《老子・四十五章》：「大巧若拙。」《淮南子・人間》：「事有所至，而巧不若拙。」

⑵若從「拙」、「巧」的本義直解，則「拙速」是指「指揮（計謀）雖笨拙，但求速勝」；「巧久」就是「講求指揮技巧而將戰爭拖延持久」。如杜牧所註：「攻取之間，雖拙於機智，然以神速為上。」李贄的注釋：「寧速勿久，寧拙勿巧；但能速勝，雖拙可也。」這樣的解釋絕非孫子以「拙速」勝「巧久」的思想真諦。因為既然「拙於機智」，如何求其能「速勝」呢？

⑶〈作戰篇〉的「拙」，並無真拙——無謀無策之意。孫子本義在極言「兵貴勝，不貴久」的義理，所以借用「拙」、「巧」兩字來褒貶「速」與「久」。故「拙」有紮實、平凡實用，直截了當之意；「拙速」就是平實精確，掌握戰機，併氣積力，一舉殲敵。「巧」，過於慎重、以詭道取巧的意思。「巧久」，為求計謀周全，以致使戰事延長；或是但求以詭道取巧得勝，未能適時捕捉戰機，尋求決戰致勝，導致戰事遷延久拖不決。在〈始計篇〉已有說明，詭道可用於一時，必無法一再使用，若一昧取巧運用，終將被敵人洞察識破，同時也有貽誤戰機，導致戰事曠日持久的危害。其實，「速」與「久」即時間問題，「打仗就是打時間」，戰機稍縱即逝，勝負決於傾刻，更何況「兵久而國利者，未之有也。」所以用「拙速」二字，就是強調用平實簡易之手段，儘速結束戰爭。作戰必須「精確務實」，掌握戰機，迅速決戰，不能過度慎重，或取巧繁複，否則弄巧成拙，貽誤戰機，一敗塗地。

⑷「拙速」、「巧久」之另解。古今兵家學者對「拙速」、「巧久」之意，大抵如上所釋，惟亦有現今學者提出較為創意的見解，可資參考：

　①許競任從對戰前與戰時的準備態度來闡釋「拙速」，他說：「拙是笨拙、紮實之意，是指平時的準備戰爭；速是速戰速決，是指戰時的遂行戰爭，戰時要做到速戰速決，須有平時笨拙的準備戰爭為基礎，未見平時備戰投機取巧，而戰時仍能支撐長久者。」這一見解來自王

陽明：「兵貴拙速，要非臨戰而能速勝也，須知有個先著，在校之以計而索其情是也。」其例證：1967年「第三次以阿戰爭」中，以色列所以能探淩厲之攻勢，六日內即擊敗阿聯，主因即在於以色列平時備戰指導的落實。（許競任，《孫子探微》，臺北市：揚智，2002年8月，頁57）

② 日本學者守屋淳從孫子力言惟有速戰速決，才能降低經濟損耗，避免他國乘虛而入，乃是風險最小的作戰方式。本此觀點，「拙」的意思是「戰爭早點結束，戰果少一點也無妨。」因為戰爭不可能讓你占盡對方的利益，卻不必付出代價。有的人取得勝利的果實之後，變得更為貪心，造成戰事越拖越久。為了避免讓戰事無止境地拖延下去，孫子特別強調「拙」，也就是「速戰速決」的重要性；亦即惟有「拙」才能確保國家利益。本此而論，所謂「拙速」者，是指「只要能獲得勝利，即使戰果不多，但對國家利益有幫助，還是可以早點結束戰爭。」（守屋淳，《百戰不敗讀孫子》，蕭自強譯，臺北縣新店市：智富，2006年9月）

5. 不盡知用兵之害者，則不能盡知用兵之利也。本句為〈作戰篇〉的核心句式，涵容全篇主旨要義。劉績註解：「為將者不能盡知用兵屈力殫貨之害，則不能盡知用兵拙速之勝。」「盡知」，完全了解。「用兵之害」是指戰爭所造成的經濟風險，尤其是長期作戰，即使獲勝，仍然不免於害。凡戰爭耗費甚鉅，運輸補給艱難，若久戰必然造成軍力、士氣耗損——「鈍兵挫銳」；國貧——「屈力殫貨」、「國用不足」；民窮——「百姓財竭」；外交危機——「諸侯乘弊而起」等四項危害，所以孫子說：「兵久而國利者，未之有也」。知用兵之害，然後能知其利之所在，從而避害以取利（或轉害以得利），「用兵之利」，在〈作戰篇〉的指涉二：

⑴ 速勝，如「其用戰也，貴勝」；「兵聞拙速，未賭巧久」；「兵貴勝，不貴久」。從經濟的觀點，「速勝」旨在「節流」，節約戰爭成本，即是以速戰速勝的方式，撙節開支，減少國家資源（人力、物力、財力）之耗費。

⑵ 以戰養戰（「因糧於敵」），以及據此衍生而得的激勵戰志（「殺敵者，怒也」；「取敵之力者，貨也」），善待俘虜（「卒善而養之」）等戰場領導要領，除可抵銷戰損外，更能創造「勝敵而益強」的效益。

「不盡知用兵之害者，則不能盡知用兵之利」之意義

「用兵之害」——戰爭的經濟風險：

耗費甚鉅
勞民傷財　　　「兵久四危」：

1. 「鈍兵、挫銳」。
2. 「屈力、殫貨」。
3. 「遠輸、貴賣、百姓財竭」。
4. 「諸侯乘其弊」。

「用兵之利」——「用兵之害」的對策：

1. 速戰速勝（節流之利）：「兵貴勝，不貴久」；
　　　　　　　　　　　　　「拙速」勝「巧久」。

2. 補給因敵（開源之利）：「因糧於敵」；
　　　　　　　　　　　　　「納編擄獲」。

勝敵而益強

收支兼顧的經濟戰略觀

作者參考《孫子兵法·作戰篇》原文整理自繪

6. 國力較小，或缺乏強大之縱深戰力及軍事潛力，一旦開戰，宜採速戰速決之戰略攻勢；然而，敵人若以戰略持久相對抗，無法達成速戰速決之目的時，戰爭中途就極可能因戰力不繼，面臨攻勢受挫，而處戰略被動。**國力強大一方，若無慎密的持久作戰計畫，貿然打持久戰，亦可能變主動為被動，喪失作戰先機。故大軍統帥，必須關照戰爭全局，全程考量、創機造勢，以掌握戰場主動優勢。**

7. 孫子不斷提醒統兵將帥，不知大軍作戰的限制，則不能發揮大軍作戰強大的統合戰力，甚至將陷部隊於危亡之境。這段話強調將帥的指揮道德，更指出選拔優秀將才對戰爭致勝的重要性，為政者必須謹慎為之。

戰例　《百戰奇略·速戰》：「凡攻城圍邑，若敵糧多人少，外有救援，可以速攻，則勝。法曰：『兵貴拙速』」。「速戰」為「緩戰」之對，亦即「速戰速決」戰法。凡是敵方兵少糧多、外有強援又堅守不出時，就必須速戰速決，才不致腹背受敵、夜長夢多。因為守城者糧食充足、城牆堅固又有外援，兵力雖少，但可以維持長久時間；若不速戰速決，久圍不下即易師老兵疲，反為敵人所乘。三國時魏將司馬懿圍攻孟達的「上庸之戰」，就是速攻取勝的成功案例。

本戰例中的孟達原爲蜀將，後叛蜀降魏（魏黃初元年七月，220年），被任命爲新城太守，駐防於上庸，但在諸葛亮的策動下，他又「陰許歸蜀」。司馬懿獲知孟達「欲舉兵叛」的情報後，一方面「以書慰解之」，企圖穩住孟達；另一方面不待上報魏明帝，立即派軍攻伐。司馬懿集中了四倍於孟達軍的優勢兵力，祕密「倍道兼行」（魏太和元年十二月，227年），一千二百里的路程，僅用八天即兵臨上庸城下。吳、蜀兩國各遣將救援孟達，卻被司馬懿「分兵拒之」。此外，上庸城雖然三面臨水，地勢險要，孟達也在城外爲起圍起木柵以加強防禦，惟司馬懿仍能出其不意，揮軍渡河，衝破尚未加固的木柵，直抵城下，分兵八路攻城，迫使孟達部下斬其首而開城投降。本戰，從行軍到進占上庸，僅用了半個月的時間就解決了問題。後來，司馬懿解釋道：「孟達眾少而食支一年，吾將士四倍於達而糧不淹月，以一月圖一年，安可不速？」（參見《晉書·宣帝紀》）此例說明了「兵聞拙速」的巨大威力。

事實上，孟達也因未能料敵從寬而遭到敗亡。孟達在叛魏附蜀之初，曾給蜀相諸葛亮寫信說：「宛城離洛陽有八百里，距離上庸則有一千二百里。駐守宛城的司馬懿得知我起兵舉事後，必先上報洛陽的魏明帝，等到批覆下來已過一個月了。那時，我的城防已經加固，各部隊也完成部署。況且，我軍駐防於深遠而險要之處，司馬懿必定不會帶兵前來；若派其他將領前來進攻，我是一點都不怕的。」但當司馬懿親自率部兵臨城下時，孟達又慌忙地給諸葛亮寫信，感歎道：「吾舉事八日，而兵至城下，何其神速也。」

㈢用兵之利

善用兵者，役不再籍，糧不三載，取用於國，因糧於敵，故軍食可足也。

【語譯】善於用兵作戰的將帥，既已了解速戰速決的可貴，在指揮作戰時，經一次徵召動員士兵後，即可戰勝敵人，糧秣也不用第三次運送，即可結束戰爭。出征敵國，軍需用品當然取之於國內，但糧秣食物則可在敵國就地徵用，如此軍糧即可不虞匱乏。

【闡釋】

1. 自本段以下所論乃知用兵之利的方式：戰爭必然帶來耗損，如何轉害為利，乃「智將」所必知。如何轉害為利呢，如前所述，一是講求速戰致勝，此即「節流」以得利；二指以「役不再籍，糧不三載」與「因糧於敵」（「因補於敵」）兩補給原則，以獲致降低補給雙重耗損，此外，據此衍生而得的激勵戰志、善待俘虜等戰場領導要領，除可抵銷戰損外，更能創造「勝敵而益強」的效益；此即「開源」以得利。

2. 不反覆動員、運糧：役不再籍，糧不三載
   (1)不重複徵兵：役不再籍。「役」，是發兵役。「籍」：
      ① 本義為名冊，也就是現在所謂的戶口名簿。
      ② 此處用作動詞，即登記、召集、動員之意。「再」，第二次。
      「役不再籍」旨在減輕兵役、節省民力。古代社會以農業生產為重心，農事稼穡最需要人力，如果農民都徵調去作戰，田地荒蕪，必導致國家經濟之崩潰，所以動員必要兵力之後，即應迅速殲滅敵人、迅速結束戰爭，儘可能不再徵召動員，以免民勞怨生。
   (2)不多次運糧：糧不三載。「三」，多次。「載」，運送之意。春秋時代，軍隊出征時，載糧送至國境；至凱旋時，則載糧迎之於國境。一送一迎，僅有兩次，無第三次。「糧不三載」旨在強調軍糧徵集自民間，超過兩次，則民無餘糧度日，必造成民間之混亂。遠道運糧支援前方作戰，在交通不便的古代，是一件很不方便的事，即使要大量支援前線，在運輸的能力上，恐怕也是不可能順遂，惟有速戰速決，才是致勝之道。

3. 「取用於國，因糧於敵」：乃是古代戰爭中之慣用策略。軍隊開赴至何處，糧秣補給必先於當地開設完畢，並優先使用當地的資源。萬不得已，儘量不動用國內補給，以免遠道運輸既擾民、消耗量大，又易動搖軍心。「取用於國」：「取」，動詞，領取、供給；「用」，作名詞，指糧秣以外的其他軍需物質，如武器、裝備、彈藥、被服、各式零附件等；亦即孫子所提「馳車」、「革車」、「膠漆之材」、「甲冑矢弩、戟楯蔽櫓」、「旌旗」等。各類軍需物資及其零附件，或因特性、制式之不同，或為本國所特有，或為敵國所缺，皆須由本國供給補充，故曰「取用於國」。

「因糧於敵」：「因」，動詞，就；依靠、憑藉。「因糧於敵」，糧食給養依靠在敵境就地解決（徵收）。糧秣需要量大而笨重，又因「糧道」（補給線）易被敵軍斷絕，若採取「因糧於敵」，從作戰前線就地補給，則可以克服這一困難。正如《草廬經略・卷三・因糧於敵》所言：「守則須屯田，進擊則謹糧道，深入則必因糧於敵，古今之定理也。」承上並提因糧於敵四策：

(1)「分眾掠地，取其秋穀」：使部隊分頭搶占土地，奪取敵人秋收穀物。

(2)「破地降邑，取其倉糧」：攻占要地和城池，奪取敵人倉庫糧食。

(3)「德盛而恩深，民咸饋獻」：我軍仁德愛民，獲得百姓饋送。

(4)「權而濟事，抄獲為資」：靈活權變，相機成事，查抄（暗藏）所獲，納為軍資。

4. 因糧於敵的反制──「堅壁清野」：拿破崙的征俄之役。在1811、1812年間，當時形同「歐洲皇帝」的拿破崙，發動侵俄戰爭。志得意滿的拿破崙率領五十萬大軍，長驅直入的攻入俄羅斯，俄軍採取了「堅壁清野」的不抵抗戰術；當法軍攻入莫斯科，俄軍即以火焚莫斯科來迎接拿破崙的大軍。兵疲糧絕的拿破崙大軍只好班師回法，俄羅斯部隊尾隨攻擊，再加上「冬將軍」的嚴寒攻勢，出征時的五十萬大軍，回到法國時只剩下一萬名殘兵敗將，拿破崙的神話也就此破滅。

5. 現代戰爭的補給線開設越加困難，因此，如無萬全準備，大軍作戰極有可能因補給線開設不易或遭敵阻斷，而影響戰爭全局。故補給線之建立與鞏固，為境外作戰必須面對的嚴肅課題。

6. 今日戰爭之發起，軍隊裝備需求複雜，非作戰地境能獲得完全補充；同時敵人對軍需物資及生產常作戰略性自毀（堅壁清野），或毀於我軍攻擊，故欲「因糧於敵」以維持戰力，繼續作戰，則須先有縝密之計畫及準備，以確保敵境物資能為我所用。

(四)用兵之危

　　國之貧於師者遠輸，遠輸則百姓貧，近師者貴賣，貴賣則百姓財竭，財竭則急於丘役。力屈、財殫，中原內虛於家，百姓之費，十去其七；公家之費，破軍罷

馬，甲胄矢弩，戟楯蔽櫓，丘牛大車，十去其六。

【語譯】國家之所以因用兵而導致貧困，主要是由於遠道運輸，這是顯而易見的道理。軍隊遠征必然要遠道運輸，而遠道運輸又一定會給百姓帶來沉重負擔；靠近軍隊駐守的地區，物價必然高漲，這就導致百姓財富枯竭，財富枯竭就急於加增賦稅。可見，軍隊長期征戰在外，必然造成民物力耗盡、財富枯竭，國內家家空虛。百姓因戰爭而交納的賦稅，耗去其總財產的十分之七。國家的軍事開支，由於戰車的損壞、戰馬的疲病、鎧甲、頭盔、箭弩、戟盾的製作和補充、輜重車輛的徵調，因而消耗掉十分之六。

【闡釋】

1. 本段乃在闡釋大軍作戰補給原則採取「因糧於敵」的理由，亦即是對「用兵之危」──久戰遠輸導致國貧民窮的原因做更具體的說明。孫子指出若不採取「因糧於敵」的補給原則，國家經濟將會被長途的補給線所拖累，人民負擔也將日益沉重。為了挽救戰時經濟不致陷於崩潰，而又不影響戰爭之遂行，所以力主「因糧於敵」，以戰養戰，此為軍隊作戰中後勤支援之最佳策略。

2. 國之貧於師者遠輸，遠輸則百姓貧。「師」：用兵征戰。「遠輸」：長途運輸。「百姓」，本指百官，古代對貴族的總稱；此處指平民。《詩經·小雅》鄭玄箋注曰：「百姓，百官族姓也」（百姓就是以官職或職務而作為家族的眾多的姓）。戰國以後用為平民的通稱。國家為出師作戰而致國貧財困者，即因遠距離運輸補給之故；同時平民亦因疲於遠程運輸之勞役，而減少生產，又增繳軍糧而致貧窮。《黃石公三略·上略》：「夫運糧千里，無一年之食；二千里，無二年之食；三千里，無三年之食，是謂國虛。國虛則民貧。」

3. 近於師者貴賣，貴賣則百姓財竭，財竭則急於丘役。「近於師」，鄰近駐軍的地區。「貴賣」：物價昂貴、物價上漲。「急於丘役」：「急」，這裡有「加重」之意。「丘役」，按「丘」的行政單位徵集稅賦（即人力、獸力、財力、物力之徵收）。古代地方組織（井田制），八戶為井，四井

戰爭造成國貧、民窮的原因

1. 維持遠征作戰的補給線，必然耗費大量資金。
2. 大軍集結地區（戰區），會導致物價昂貴，通貨膨脹，人民生必困難。

國之貧於師者遠輸，遠輸則百姓貧。近於師者貴賣，貴賣則百姓財竭，財竭則急於丘役。

國家財政枯竭，必急於對人民派捐增稅強迫徵用

戰爭持久之害

因戰爭持久與遠輸而消費於公私者，平均都在百分之六、七十以上之多，其影響人民生計與國家財政之重大，可知矣。

力竭財殫，中原內虛於家，百九一家之言費，十去其七。公家之費，破車罷馬，甲冑矢弩，戟楯蔽櫓，丘牛大車，十去其六。

「百姓之費，七去其七，公家之費，十去其六。」諸句，極言其影響於人民經濟與國家財政也。

作者參考《孫子兵法・作戰篇》原文整理自繪

為邑，四邑為丘，四丘為甸。依據《司馬法》原來以「甸」為單位攤派賦稅；現因戰況需用急迫，改由一「丘」（128家）的人，來攤派一「甸」的負擔，因此負擔增加了四倍，此即謂之「丘役」。「近於師者」導致「百姓財竭」之因：大軍作戰，自軍隊集中地區至進入敵國，凡鄰近駐軍的地區，因需求失去平衡，則物價暴漲，又不得不以高價購買軍需，以致軍費膨脹；國庫財源必將耗盡，因而必須加重國內的軍賦，原來一個「甸」應出的軍賦，現由一個「丘」來負擔，如此終將導致百姓財富枯竭。總之，百姓因受貴賣之苦而「財竭」。賈林註解可作參考：「師徒所聚（軍隊集中地區），物皆暴貴。人貪非常之利（人們貪圖不正常的厚利），竭財物以賣之，初雖獲利殊多，終當力疲貨竭。又云：既有非常之欲（既然有不正常的聚財機會），故賣者求價無厭（商人會無止境抬高物價），百姓竭力買之，自然家國虛盡也。」

附記：「急於丘役」另解。一般注家作「國家需用急迫，於是加增稅賦。」這是將國家作為「急於丘役」的主體解。惟有學者主張「急於丘役」的主體不應是「國家」，仍舊是「百姓」，若以國家為主體，「似覺

主語淆亂，且上下文難通。」故認為「急於丘役」者，主體承前句「遠輸則百姓財竭」，依然是百姓，不是國家。「急」者，難也；感到為危急、困難；於是汲汲疲於奔命。依此而言，「急於丘役」之意指：物價上漲就會使百姓資財枯竭，資財枯竭就會汲汲於應付賦役。（周亨祥譯注，《孫子》，臺北市：五南，2015年4月，頁20）張預的註解就蘊含這樣的意思，他說：「財力殫竭，則丘井之役急迫而不易供也（急迫的賦稅就不容易徵收得到）。」

4. 力屈、財殫，中原內虛於家。百姓之費，十去其七。「遠輸」、「貴賣」，導致百姓「力屈」、「財殫」，所以「中原內虛」。「力屈」：屈，萎縮、耗盡；人民因運糧草導致精疲力竭。「財殫」：殫，竭盡；人民因政府加重賦稅導致資財耗盡。「中原內虛於家」：國內家家戶戶力盡財空。「中原」：指國內。「百姓之費，十去其七」，正是上承力盡財空的情況而說的，意思是：百姓用錢糧和勞力來奉養軍隊的消耗，使他們的資財損失了十分之七。古代農業社會以人力耕種為生計維生之本，又農民為主要兵源，軍隊的本體。農民既徵召入伍，自無法從事耕稼農務，其家人生計自然拮据貧困。《管子・八觀》對此論述甚詳：「什一之師，什三毋事（一國有十分之一的人從軍，就有十分之三的無法務農），則稼亡三之一（莊稼也就要歉收三分之一）。稼亡三之一，而非有故積（沒有舊年存糧）也，則道有捐瘠（被棄屍體）矣。什一之師，三年不解（三年不解除兵役），非有餘食也（如果沒有餘糧），則民有鬻（賣）子矣。」

5. 公家之費，破軍罷馬，甲冑矢弩，戟楯蔽櫓，丘牛大車，十去其六。「公家之費」：政府的支出（耗費）。「公家」，相對於「百姓」而言，指國家。軍隊作戰以各類運輸載具、各式武器裝備為基本物資，這些也是戰爭支出的主要項目。「破車罷馬」：破，損毀；罷，同「疲」字；意思是戰車損毀，戰馬疲憊。古代軍隊作戰輸送載具，包括攻戰的「馳車」與運載輜重的「革車」。此處先言馳車的戰損狀況，後言「丘牛大車」，即革車的耗損狀況。「甲冑矢弩，戟楯蔽櫓」，均為古代戰具名稱（泛指當時的攻防兵器與裝備）。「甲冑矢弩」：甲，護身鎧甲。冑，頭盔。矢，弓箭。弩，用機械力量發射的強弓。「戟楯蔽櫓」：戟，古代戈、矛功能合一的一種兵器；楯，音ㄕㄨㄣˇ，同「盾」，即盾牌，作戰時用於防身；蔽櫓：用於攻城時抵禦敵人矢石的大盾牌。蔽，遮蔽、屏蔽；櫓是攻城用

的大盾牌。「丘牛大車」：指輜重車輛而言，丘牛即是大牛。

(五)勝敵而益強

故智將務食於敵，食敵一鍾，當吾二十鍾，萁稈一石，當吾二十石。故殺敵者怒也，取敵之利者貨也。故車戰，得車十乘以上，賞其先得者，而更其旌旗，車雜而乘之，卒善而養之，是謂勝敵而益強。

【語譯】所以有智謀的將領，務必要在敵國境內解決糧秣的補給問題。因為消耗敵國一鍾糧食，等同於從本國運送二十鍾糧食；消耗敵國一石草料，等同於於從本國運送二十石草料。要使軍隊英勇殺敵，就要激起士卒仇敵怒氣；要使士卒勇於奪取敵方的軍需物資，就要以繳獲的財物做獎賞。所以，在車戰中，凡擄獲敵人戰車達十輛以上者，就要獎勵首先奪得戰車的人，然後將所擄獲戰車上之旗幟更換為我軍之旗幟，並將戰車與降卒混編於我軍車隊中共同作戰，同時還要善待敵俘，為我所用。此即所謂戰勝敵人後，還能使自己更加強大的道理。

【闡釋】

1. 本段上承「用兵之利」而言，藉由「得敵一鍾一石，皆有二十倍之利」的詳析較論，探討「智將」力求「因糧於敵」的補給原理，以及據此衍生而得的激勵戰志、善待俘虜等戰場領導要領，除可抵銷戰損外，更能創造「勝敵而益強」的效益，此乃「盡知用兵之利」的義理。

2. 「因糧於敵」的補給原理：智將務食於敵，食敵一鍾，當吾二十鍾。古代運輸極不便，千里饋糧，其中大部分都被運送人員中途吃掉，或因天候及掠奪而耗損，所以若能因糧於敵，一方面可節省我方消耗；另一方面又可使敵方受損失，一舉兩得，利莫大焉。孫子提出了敵我資源消耗（以戰養戰）的換算法（敵糧可抵二十倍）：「食敵一鍾，當吾二十鍾，萁稈一石，當吾二十石。」如果在敵境能夠以對方的糧草，來作為自己的資源，那麼在一來一往之間，若消耗敵方一單位的糧草，就相當於能為我方省了二十單位的糧草，這種效益是非常巨大的，既可補充自己的軍需，免除運

輸的耗費，又可連帶消滅敵方的物資。「智將」，有智謀的將領。將有五德，此處專以「智」言：

(1)蓋智將以「知己知彼」為條件，故其戰前必先計謀「因糧於敵」之可能性後，才出境征戰。

(2)智將者，乃能「盡知」用兵之利害者，是故智謀之將，不患「用兵之害」，其用兵作戰，必先「預慮百姓之財竭，公家之費繁，而常以取食於敵為專務。」（夏振翼解）

　　「務」，專力、力求；強調為將者必須專注於「食於敵」此一補給要領，以求必得之意。「食於敵」，在敵境取得糧秣給養，其目的是節約自己的財費。「鍾」：古代容量單位，每鍾是六斛四斗；六百四十升。「石」：通「擔」，重量單位，一般以一百二十斤為一石。「萁稈」：萁，音ㄐㄧ丶，同「其」字，是豆稭，豆類作物脫粒後去皮後的莖稈；「稈」，音ㄍㄢˇ，是禾稈。萁稈均為牛馬牲畜的飼料。

3. 智將戰場領導要領：

(1)激勵戰志：僅知「因糧於敵」、「務食於敵」之理者，仍不算「盡知」用兵之利的「智將」，更應力求殺敵速勝之法，此即「殺敵者，怒也。」如夏振翼所說：「敵之糧草，雖已為我有，然或相持日久，亦非所利，要必激發士卒之怒心，使之殺敵而速勝。」「怒」，動詞，激怒；激起敵愾心（仇敵戰志），即誘發官兵對敵憤慨。要使軍隊官兵奮勇殺敵，必須先激發官兵同仇敵愾的心理；尤其是在兩國尚未有深仇大恨之際（或有一些意識形態、政治（聯盟）、經濟、邊界、領土等異議爭端），卻因形勢所迫，將引發戰事之際，更須用盡各種「藉口（理由）」，挑起軍民仇敵情緒。張預注釋：「激吾士卒，使上下同怒，則敵可殺。」《百戰奇略・怒戰》：「凡與敵戰，須激勵士卒，使忿怒而後出戰。」要如何激起官兵的敵愾心呢？具體作法就是想盡各種理由，積極營造一個能挑起仇敵情緒的形勢，杜牧說：「萬人非能同心皆怒，在我激之以勢使然。」

戰例　田單守即墨：戰國時期，燕王以樂毅為將，率六國聯軍伐齊（西元前284年），拔城七十餘座，齊國首都臨淄亦被攻占；僅剩即墨和莒兩城，情勢危急。田單臨危受任，被公推為將軍，率眾守即墨城。田單多謀，先施反

間計，使燕王撤換名將樂毅，改派騎劫圍城，然後裝神弄鬼，放出流言說：「即墨人最怕燕軍將所俘齊人鼻子割掉，排列城下示眾，那將使即墨人喪膽。」燕軍中計，齊國降卒鼻子都被割掉。即墨軍民見同袍受到這種酷刑，「皆怒，越堅守。」惟恐被燕軍所俘。田單又偽稱：「我擔心燕軍挖掘城外的墓葬，屠辱先人遺體，那將使即墨人心寒。」燕軍得訊，即將墳墓掘開，並焚燒屍體。即墨軍民從城上望見，「皆泣涕，其欲出戰，怒自十倍。」最後，田單「知士卒可用」，又派遣使節燕軍呈遞詳書，鬆懈燕軍戒備，又巧設火牛陣直陷燕軍營壘，大獲全勝，一舉收復了失去的七十多座城池。（事見《史記・田單列傳》）本戰例，驗證了張預所說：「氣怒則人人自戰」的道理。

戰例 東漢班超使西域：東漢明帝時期（永平十六年，73年），名將班超奉命出使西域，來到鄯善國，鄯善王先是禮敬迎接；但是，隨後不久，態度忽然轉變，禮遇明顯疏懈。班超料知是因為匈奴也派使臣到鄯善，鄯善王猶豫不決，不知要臣屬哪一方。班超於召集隨行吏士三十六人會餐，酒酣之時，他先以眾人「俱在絕域（絕遠荒城）」，正面臨被逮捕遣送匈奴，死無葬身之地的危險（「骸骨長為豺狼食矣」），使群情激憤；又以「立大功，求富貴」之時機已到，激勵他們。隨行吏士果受感召，皆以既身陷於「危亡之地」，而願意誓死追隨班超。班超更以「不入虎穴，不得虎子」的誓死決心，提振眾人士氣。適逢當天吹起大風，班超決定趁夜以火攻奇襲匈奴營舍，其部署如下：①令隨行軍士速往匈奴使者營地掌握其動態。②令十名士兵持鼓藏到匈奴營後，約定：「見火燃，皆當鳴鼓大呼。」其餘人員，攜帶兵器弓弩，埋伏敵營門外。部署既定，班固順風縱火，士兵擊鼓吶喊，前後呼應，匈奴人驚恐不安，亂成一團，逃避不及，除三人被班超親自殺死外，其餘匈奴使臣全被燒殺。班超用匈奴使節首級懾服鄯善王，使之歸降。此一火攻夜襲匈奴使節的壯舉，震懾西域諸國，於是各國紛紛斷絕與匈奴的關係，而改歸降漢；自始與漢朝斷絕往來關係已達六十二年的西域，恢復了往常的正常關係。（見《資治通鑑・卷四十五・漢紀三十七・明帝永平十六年》）

戰例　龐統勸劉備襲益州牧劉璋：東漢建安十六年（211年），益州牧劉璋協請當時據守荊州的劉備入蜀北征割據漢中的張魯。軍師龐統勸請劉備在與益州牧劉璋會面時，可取而代之，進占益州，作為興復漢室的根據地。劉備以「此大事，不可倉卒」，遂未採取行動，然而仍採納龐統趁機襲取進占益州的計策。等到劉璋派遣劉備攻擊張魯，劉備希望劉璋能增援一萬軍隊和軍需物質，準備出師作戰。惟劉璋未能慷慨供應，「但許兵四千，其餘（軍需物質）皆給半。」劉備遂以此作為「激怒」將士的藉口：「吾為益州征強敵，師徒勤瘁（軍隊徒勞賣命），不遑寧居（顧不上安居）。今積帑藏之財（劉璋卻積蓄國庫資財），而惜於賞功，望士大夫為出死力戰，其可得乎！」於是先誘殺劉璋部下名將，掃除障礙，進兵成都；終為成都之主，形成三國鼎足的形勢。

「殺敵以怒」，就是運用人們心理不認輸、不受威脅、不受委屈、面臨瀕臨絕境等境況的激將之計。它與「怒而撓之」（〈始計篇〉）有相似之處，只是「怒而撓之」是刺激敵人貪功妄動，「殺敵以怒」則是針對己方而言。運用「殺敵以怒」（「怒戰」）要注意情勢與方法，可以正激（正面鼓勵）或反激（反面刺激），運用之對象不僅可用於我軍，還可用於同時並肩作戰的友軍。

戰例　垂惠之戰：東漢建武四年（28年），漢光武帝劉秀命令王霸與馬武兩將共同率軍討伐割據垂惠稱雄的周建。周建友軍蘇茂率軍四千餘人前來救援。蘇茂先遣精銳騎兵攔擊馬武的軍糧，馬武率軍前往救援；此時，周建從垂惠城中出兵與蘇茂精騎夾擊馬武。馬武認為友軍王霸會來支援，未能賣力奮戰，遂被擊敗。當馬武率眾潰逃經過王霸營壘時，大呼救援，王霸認為「敵軍勢盛，貿然出兵援救，必然連同馬武軍兩敗俱傷」，遂不予理會，採取「閉營堅守」策略。王霸的部下都力爭出援馬武，王霸解釋說：「蘇茂軍都是精兵銳騎，而且人數又多，我軍官兵心懷恐懼；而馬武只想依賴我軍救援，兩軍應戰理念不同，這正是初戰失敗的原因。現在我若閉營固守，讓敵友軍雙方（蘇茂、馬武）都以為我不會出兵救援，敵人必定乘勝貿然追擊；馬武及其部將恨我見死不救，只好加倍圖存奮戰。如此，蘇茂部隊在面對頑

強抵抗後，就會逐漸疲憊勞困，我軍乘其困敝不堪之時再出兵攻擊，就可一戰而勝。」其後，蘇茂、周建果然出動全部兵力進攻馬武，雙方激戰良久；王霸將士亦氣憤至及，甚至斷髮向他請求出戰，王霸見「激怒」策略已經奏效，部隊士氣銳盛，出戰時機成熟，於是就打開營門，出動精銳騎兵攻擊敵軍背後，蘇茂、周建部隊在漢軍的前後夾擊下，大敗而逃。（事見《後漢書·王霸傳》）

⑵重賞有功：激勵戰志可以是精神層面的「殺敵以怒」，也可運用物質（財貨）鼓勵其奮勇殺敵，此即「取敵之利者，貨也。」這些都是力求殺敵速勝之法。夏振翼說：「既有計謀以激怒之，又必有財貨以鼓舞之，使之奮勇前進，爭取敵之利，而為我獲也。」「利」，財貨，此處指戰利品。「貨」，此處指用財貨獎賞的意思。這裡孫子提出另一個激勵戰志，提高戰力的方法，就是善用奪取自敵人的軍需物資（戰利品），重賞俘獲者，使官兵勇於奪取戰利品。這種藉由財貨激勵軍心戰志的領導策略，歷代兵家學家都有所闡述。曹操說：「軍無財，士不來；軍無賞，士不往。」（「來」，到軍隊服役。「往」，到戰場奮勇作戰）。杜牧進一步解釋：「使士見取敵之利者，貨財也（讓官兵看得到攻打敵人的好處，那就是能得到財物）。謂得敵之財貨（戰前申明凡奪取敵人財物者），必以賞之，使人皆有所欲，各自為戰（每個官兵都能發揮出自己的戰鬥力）。」《百戰奇法·賞戰》則有更詳細的闡述：「凡高城深池，矢石繁下，士卒爭先登；白刃始合，士卒爭先赴者；必誘之以重賞，則敵無不克焉。法曰：『重賞之下，必有勇夫。』」這裡還要申明者，其實「取敵之利者，貨也」，也是「因糧於敵」或「以戰養戰」的延伸，如《孫臏兵法·行篡》所言：「吾所以為賕（積聚財富），此兵之久（支持長期作戰）也。」

以戰利品激勵軍心的具體辦法是：「車戰，得車十乘以上，賞其先得者。」「十乘」，旨在綱要列舉，並非以此為固定之數。按理而言，能得車十乘以上，是眾人奮戰所得的戰果；而在車戰中，凡能繳獲敵得車十乘以上者，都會獲得賞識，為何特別強調「賞其先得者」？這是什麼道理？獎勵資源有限，若平均分配，財源有限（杜佑注：「若偏（普遍）賞之，則力（財）不足」），難以完全滿足眾人的預期（梅堯

臣注：「偏賞則難周」），無法達到勸勵士卒的目的；既然「重賞之下，必有勇夫」（《黃石公‧三略》），特別指明「賞其先得者」，乃蘊含「以重賞而勸進」（用重賞來激勵士卒奮勇）」（李荃注）、「使人爭先」（趙本學注）、「勸未得者，使自勉」的意義，以達「獎一而勵百」（梅堯臣注）的效果。張預對此有詳細的解說：「車一乘，凡七十五人。以車與敵戰，吾士卒能獲敵車十乘以上者，吾士卒必不下千餘人也。以其人眾，故不能遍賞，但以厚利賞其陷陳先獲者，以勸餘眾。古人用兵，必使車奪車，騎奪騎，步奪步（如此才能徹底解除敵人的武裝）。故吳起與秦人戰，令三軍曰：『若車不得車，騎不得騎，徒不得徒，雖破軍，皆無功。』」

> **戰例**　三國時期的曹操，堪稱是位善用獎賞勵士的軍事家。《三國志‧魏書‧武帝紀第一》：「漢末大將曹操，每攻城破邑，得靡麗（華麗貴重）之物，則悉以賞有功者。若勳勞宜賞（功勳大而應受重賞者），不吝千金。無功妄施（無功而妄圖要賞者），分毫不與。故能每戰必勝。」

(3) 納編擄獲。以戰養戰是一種「取敵之利」的理則，不惟指「因糧於敵」，對於擄獲之車輛、士卒也應循此理則，此即「更其旌旗，車雜而乘之，卒善而養之。」「更其旌旗」：更，換。趙本學注：「更旌旗，易以我之旗號也。」將繳獲敵戰車上的旗幟，更換為我方的。「車雜而乘之」：雜，摻雜，混編。乘，駕、使用。將俘獲敵戰車混編入我軍部隊中而乘用之。王晳注：「謂得敵車，可與我車雜用之也。」「卒善而養之」：卒，車中（俘獲）之族。善，善待；不可欺凌、侮辱降卒。養，收養，使歸附為己所使用。此句謂所俘士卒應以恩信對待，並依據其專長派任，使之能為我所用，且不會叛逃離歸。張預注：「所獲之卒，必以恩信撫養之，俾為我用。」梅堯臣注：「獲卒則任其所長，養之以恩，必為我用。」夏振翼註解：「以恩信固結，使不思歸叛離。」《司馬法‧仁本第一》：「入罪人之地，……見其老幼，奉歸勿傷；雖遇壯者，不校（抵抗）勿敵（不以敵人對待），敵若傷之，醫藥歸之（給予醫治，送其回家）。」能從心理上感化敵兵，當其處於絕境時，他們出於求生的本能欲望就會自動地放下武器，甚至為曾是他們的敵人

效勞。《陸軍作戰要綱》：「徹底殲滅之精義，在迫敵放棄戰鬥意志，且將其人員裝備物資轉化爲我用，並非絕對將敵全部殺害。」

⑷勝敵而益強。藉由轉變敵人力量，爲自己力量的方法，而能越戰越強，此即是「既戰勝敵人，又增強我戰力」的用兵境界。「益」，增加、增強。就狹義而言，本句乃承「車雜而乘之，卒善而養之」而論。張預注：「勝其敵，而獲其車與卒，既爲我用，則是增己之強。」顧福棠注：「是謂勝敵而益強，言得敵車敵卒並爲我用，則是因敵之資，以益我之強。」若從〈作戰篇〉要旨——「兵貴勝，不貴久」（「勝敵而益強」下一段）而言，本句乃綜合「因糧於敵（務食於敵）、殺敵以怒、取敵利以貨、納編擄獲、善待俘虜」等以戰養戰之法而論，就其本義仍爲「速戰決勝」之法。如陳啟天所說：「本節所論戰爭速勝之法，計有：因糧於敵，一也，鼓勵士卒之敵愾心以殺敵，二也；獎賞士卒爭先奪取敵之地利及戰利品也，三也，利用戰利品以增強我軍之戰鬥力，四也；優待俘虜，以潛消敵軍之鬥志，五也。凡此五者，不惟古代戰爭宜用之，即近代戰爭亦須善用之，以求能獲速勝焉。」

戰例 東漢光武帝平定銅馬軍：東漢光武帝劉秀於稱帝前（24年），曾接連擊敗收服「銅馬」等流寇（變民）集團，並封其首領爲列侯，以充實自己的兵力。但是劉秀之將領與降敵相互猜疑彼此之誠心（「諸將未能信賊，降者亦不自安」），人心不安，情況緊繃，隨時爆發衝突之可能。劉秀察覺這種情緒，爲穩定軍心，特命降將歸營統軍，他則只帶數名隨從，巡視降敵軍營，以示信任，降敵被劉秀誠意感動，紛紛傳話：「蕭王（劉秀）推赤心置人腹中，安得不投死乎！」劉秀遂得以盡編銅馬等數十萬降軍，兵力因以壯大，成爲其爾後進取洛陽、長安兩京及平定群雄的資本，且在日後長期戰爭中，不必再徵民丁擾民。（見《資治通鑑卷三十九‧漢紀三十一‧淮陽王更始二年》；「推心置腹」成語語源）本戰實深合孫子所主張納編敵軍俘虜，充實戰力，而能「勝敵而益強」的補給因敵論要旨。

㈥貴勝不貴久

故兵貴勝，不貴久；故知兵之將，民之司命，國家安危之主也。

【語譯】總之，用兵作戰貴在能速戰決勝，應力求避免採取曠日持久的消耗戰。因此真正懂得兵法的將帥，既是人民命運的掌握者，也是國家安危的主宰者！

【闡釋】

　　本段言簡意賅，以「兵貴勝，不貴久」統括本篇主旨，並以此申明惟有知曉持久戰之害，速戰決勝之利的將帥，才可稱其為「知兵之將」，才稱得上是「能掌控民眾之生死和國家之安危的人」。

1. 兵貴勝，不貴久。本句強調用兵作戰以講求勝利為第一要務，非不得已應避免長期在外征戰，或進行曠日持久的消耗戰。

　　⑴「兵貴勝」：兵，戰爭、用兵。貴，貴重、推崇、重視；這裡有「以講求……（某事務）為第一要務」的意思。勝，指速勝。勝與久並不對應，速與久才對應。故《孫子十一家注》多注為「兵貴速勝」。重點在「勝」，既速且勝，孫子於此但言「貴勝」，不言「貴速」，焦六露的註解：「不曰貴速，而曰貴勝，用字最有斟酌；速而不勝，何貴於速，惟速而能勝，斯為貴也。」

　　⑵「不貴久」：避免進行曠日持久的消耗戰。久戰則不利；所謂「不利」即本篇第二段「兵久四危」之論。張預注：「久則師老（將士疲憊）財竭，易以生變（容易發生意外變故），故但貴其速勝疾歸（迅速撤軍返國）。」當知「勝敵而益強」（「因敵之資，以益我之強」）諸方法，並不一定可靠，若久戰將會因敵之反制措施（如反資敵或堅壁清野）而失效，趙本學注：「遠輸艱難，因糧於敵，一不得已也；士不用命，姑行激勸，二不得已也；車破馬斃，用人車卒，三不得已也。是皆久師所致，故孫子斷之如此。愚謂我欲因糧而敵人先清其野，則何所掠乎？我欲必戰，敵人高壘，雖激賞何能為乎？且得人之卒，必如光武以義兵而臨盜賊，料入本無為惡之心，故能撫而用之，若敵國之卒安得其無變乎！足見久師之無善策也明矣。」

　　⑶「久」與「速」相對，除指作戰時間的長短外，還蘊含用兵「次數」之多寡，如鄧廷羅注：「貴勝不貴久，總結言速勝之意。吳起曰：五勝者禍，四勝者弊，三勝者霸，二勝者王，一勝者帝，蓋言速也。」

(4)有兵家學者（如陳啟天，魏汝霖等）主張，本篇（〈作戰篇〉）「貴勝不貴久」之結論，此乃就一般戰爭，採取主動攻勢而言；若在守勢或出於不得已不應戰者，則必須先採取持久消耗敵人，而後方能獲勝。如輕於速戰速決，適中敵人之計；如我國八年抗日戰爭，即其一例。此戰我國雖終獲勝利，但以長期久戰，民生凋敝，戰後中共趁機武裝叛變，引發內戰，又借美國馬歇爾之調處，更予中共以坐大之機會，終將勝利果實，為中共所掠奪，益足證明孫子所謂「貴勝不貴久」之重要性。

2. 知兵之將，民之司命，國家安危之主。將帥統軍，負國家之重任，繫天下之安危，因此將帥必須能能深刻認識戰爭的本質（用兵之利害）、戰爭的原則（「貴勝，不貴久」）、補給的要領（「因糧於敵」）、最高戰略目標（「勝敵而益強」），以期能遂行其任務，完成其使命。

(1)「知兵之將」：謂能深知戰爭持久之害與速戰之法的優秀將帥。「知兵」，深知「不盡知用兵之害者，則不能盡知用兵之利」；「智將務食於敵……，是謂勝敵而益強」；「兵貴勝，不貴久」之相關義理者。張居正說：「智將能因敵而益強，又能速勝，故國家賴以安而不危，斯為國家安危之主。武侯生則蜀興，死則蜀亡。子儀以一身係天下安危二十年，皆主國家安危之將者。」

(2)「民之司命，國家安危之主」：速勝則國安，久戰則國危，故「知兵之將」，乃「國家安危」之所繫。杜牧注：「民之性命，國立安危，皆由於將也。」錢基博所注甚詳：「正與上《計篇》起語『兵者國之大事，死生之地，存亡之道』云云，一脈相承。倘但知「勝」之利，而不睹「久」之害，屈力殫貨，鈍兵挫銳，則失於所以為計，而不可謂『知』，民以之死，國以之亡矣，可不慎其所謂『知』哉！」於此又有一問，即將帥統率軍隊，按理應是「軍之司命」，為何孫子卻說是「民之司命」呢？這主要是強調民為國本，將賢則民保其生，而國家安，否則民被荼毒，國家必危。李贄說：「知兵之將，民之司命。……所謂民命者，非止三軍之命也，十萬之軍興，則七十萬家之民，不得事農畝，而七十萬家之命，皆其所司矣。」郭廷羅的註解亦甚得其理，他說：「知兵之將，不曰三軍司命，而曰民之司命？蓋軍興者，國之大事，無一不取辦於民。假使師老財匱，民何以堪？苟為將而不以民命為重，何足以言知兵？」「司」，主（掌）管；「司命」，古代傳說中可掌管人

類壽命的星座，猶言「救星」，此處借喻爲將帥的作用，意爲人民生死命運的掌握者。「主」，主宰、所繫之意。

謀攻第三

孫子曰：凡用兵之法，全國爲上，破國次之；全軍爲上，破軍次之；全旅爲上，破旅次之；全卒爲上，破卒次之；全伍爲上，破伍次之。是故百戰百勝，非善之善者也；不戰而屈人之兵，善之善者也。

故上兵伐謀，其次伐交，其次伐兵，其下攻城。攻城之法，爲不得已；修櫓轒轀，具器械，三月而後成，距闉，又三月而後已；將不勝其忿，殺士卒三分之一，而城不拔者，此攻之災也。

故善用兵者，屈人之兵，而非戰也；拔人之城，而非攻也；毀人之國，而非久也。必以全爭於天下，故兵不頓，而利可全，此謀攻之法也。故用兵之法，十則圍之，五則攻之，倍則分之，敵則能戰之，少則能守之，不若則能避之。故小敵之堅，大敵之擒也。

夫將者，國之輔也，輔周則國必強，輔隙則國必弱。故軍之所以患於君

2. 干軍三患（君主
　 干預軍隊的三
　 個危害）：(1)縻
　 軍、(2)惑軍、(3)
　 疑 軍 → 亂軍引
　 勝。

五 孫子兵法首三篇
　 的總結—全勝與
　 先知：

1. 知勝五法
2. 知彼己

者三：不知三軍之不可以進，而謂之進；不知三軍之不可以退，而謂之退；是謂縻軍。不知三軍之事，而同三軍之政，則軍士惑矣。不知三軍之權，而同三軍之任，則軍士疑矣。三軍既惑且疑，則諸侯之難至矣，是謂亂軍引勝。

故知勝者有五：知可以戰與不可以戰者勝，識眾寡之用者勝，上下同欲者勝，以虞待不虞者勝，將能而君不御者勝；此五者，知勝之道也。

故曰：知己知彼，百戰不殆；不知彼而知己，一勝一負；不知彼，不知己，每戰必敗。

一、篇旨

「謀」，本義是「諮詢」、「商量」。《說文解字》：「謀，慮難曰謀。」有難事提出商量叫「謀」，所以從「言」部；引申為計策、方法，稱之為計謀、謀略。「謀攻」的意義有二：

1. 「以謀略攻敵」：猶今日所謂「政治作戰」，亦即是運用計策、方法降服敵人，而不僅依賴武力勝敵。這樣的意義是根據孫子於本篇所提「不戰而屈人知兵」的「全勝」思想，其論戰爭指導要旨重在謀略——「上兵伐謀」，以達「全軍」勝敵之目的。孫子以為作戰貴速勝，但不一定要透過武力戰（「伐兵、攻城」），若能以智謀（「伐謀、伐交」）使敵人屈服而獲全勝是最理想的。如王晳說：「謀攻者，言以智謀取人之國、伐人之軍，不假兵力也。兵雖貴乎速勝，然興師動眾，終

非善道，以謀攻之，乃用兵之上策也。」張預即採此義，論本篇篇次，他說：「計議已定，戰具已集，然後可以智謀攻（用智慧，設謀攻敵），故次〈作戰〉。」魏汝霖認為本篇篇名，若以今日軍語譯之，應為「國家戰略」或「政略」。

2. 「謀劃攻敵的策略」：採此說者認為孫子所說的「謀」，其意義就是「計」，如何守法說：「謀亦計也；攻，擊也。」而本篇通篇的內容即在討論「如何計畫發動攻擊」。曹操註解：「欲攻敵，必先謀。」這就是說，想要向敵人發動攻擊則必先有所計畫（謀）。發動攻擊前必先進行利弊分析，並擬定出一個全勝的策略來戰勝敵人，不應只專注於野戰或攻城的戰術運用上。王皙說：「謀（思謀；計算）攻敵之利害，當全策以取之，不銳於伐兵、攻城也。」杜牧本此義，論本篇篇次，他說：「廟堂之上，計算已定，戰爭之具，糧食之費，悉已用備，可以謀攻（謀劃進攻），故曰〈謀攻〉也。」

二、詮文

(一)全勝

　　孫子曰：凡用兵之法，全國為上，破國次之；全軍為上，破軍次之；全旅為上，破旅次之；全卒為上，破卒次之；全伍為上，破伍次之。是故百戰百勝，非善之善者也；不戰而屈人之兵，善之善者也。

【語譯】孫子說：一般用兵的指導原則是：以能保全「國」力完整為上策，殘破受損則是次等選擇；保全全「軍」戰力完整為上策，殘破受損則是次等選擇；保全全「旅」戰力完整為上策，殘破受損則是次等選擇；保全全「卒」戰力完整為上策，殘破受損則是次等選擇；保全全「伍」戰力完整為上策，殘破受損則是次等選擇。因此，百戰百勝，在軍事行動中，並不是高明中的最高明，能夠不經交戰就能使敵人屈服，這才是高明中的最高明。

【闡釋】

1. 全國爲上，破國次之。「全」與「破」是兩個相對觀念。「全」，完整無損；「破」，損毀。國，先秦時諸侯的封地稱國，即諸侯國。孫子的理想是希望既能擊敗對方，而又能避免造成損毀。

2. 全軍爲上，破軍次之。此與下文「旅」、「卒」、「伍」，都是古時軍隊的編制單位。一萬二千五百人爲軍，五百人爲旅，一百人爲卒，五人爲伍。

3. 從孫子「全勝思想」的涵義言，「全」之指涉對象如下：

　⑴全己：「全軍」，確保我軍戰力完整；「破敵」，消滅敵人。「全國爲上，破國次之」，戰爭的法則，以保全國家不受損失爲上策，國家受損失，雖戰勝也只是次等用兵策略。

　⑵全敵：「全」，意味「使……全服」。「全國爲上，破國次之」，凡用兵的原則，使敵舉國不戰而降是上策，擊破敵國使之降服是次等用兵策略。曹操注：「興師深入長驅，距其城廓、絕其內外，敵舉國來服爲止；以兵擊破，敗而得之，其次也。」

　⑶全敵即是全己。不必經過大軍經年累月之大會戰，去攻陷敵國國都，俘虜敵國元首，而是以不流血方式，獲得一國之國家戰略目標，亦正所以保全自己國家免受戰火蹂躪之禍，保全自己軍隊避免大量傷亡損耗之慘，而其獲致勝利之成果也；此即謂之「全勝」。

　⑷孫子戰爭全勝論：孫子深知戰爭對於物質之消耗固鉅，但對於精練兵卒之傷亡，人力之損耗，亦必大傷國家元氣。爲避免戰爭中補充訓練之困難，以及精練之兵卒損失減至最低限度，惟一辦法，只有在大戰略運用上保全國力及戰力，乃緊要之步驟和措施。其全勝思想要點有二：

　　① 用兵境界、最高理想—不戰而屈人之兵：保全自己也保全對方。全國→全軍→全旅→全卒→全伍。最大戰果：敵舉國臣。

　　② 策略運用——伐謀全勝：伐謀→伐交→伐兵→攻城。

4. 孫子所倡導「不戰而屈人之兵」的「全勝」觀念，深刻影響中國歷朝歷代的用兵哲學，此乃「謀攻」藝術的最高境界。「謀攻」與「不戰」兩者理應相對，然孫子以高深的哲理及全般戰略眼光，將「不戰」巧妙地與軍事上的攻勢相連結，以「全勝」爲著眼，促使將帥能思考戰爭中更爲重要的道德問題，並凸顯「不戰而屈人之兵」的戰略價值。

用兵境界、最高理想 —— 不戰而屈人之兵

〈作戰篇〉：保全國力 —— 防止物力之消耗

產生

動員和速戰之戰爭指導原則

〈謀攻篇〉：保全軍力 —— 防止兵力之消耗

產生

全勝和謀攻之戰爭指導原則

大戰略指導方針

不戰而屈人之兵

手段：謀攻之法

伐謀、伐交

作者參考《孫子兵法‧謀攻篇》原文整理自繪

5. 孫子主張「慎戰」，反對「久戰」，更強調「不戰」。但孫子強調「不戰」，而非「不攻」。從戰略角度觀點言，必須採取攻擊行動，始能達到積極目的；不過，此種行動並不一定要使用武力，也不一定要採取戰爭的形式。孫子正是以此種大智慧看待戰爭問題的。

㈡謀攻四策

　　故上兵伐謀，其次伐交，其次伐兵，其下攻城。攻城之法，為不得已；修櫓轒轀，具器械，三月而後成，距闉，又三月而後已；將不勝其忿，殺士卒三分之一，而城不拔者，此攻之災也。

【語譯】所以，用兵上策是及早察明敵之動向，從智謀上戰勝敵人，即在計謀上勝敵一籌，使敵屈服；其次是從外交上挫敗敵人，即聯合自己的盟友，分化敵國的同盟，使敵處於孤立無援的困境；再次便是攻打敵人的軍隊，以武力戰勝敵人；而下策則是攻奪敵人的城堡，這是用兵之法中不得已而為之的策略。因為攻城所需器械，如櫓（音ㄌㄨˇ，攻城用的大盾牌）

和轒轀（音ㄈㄣˊ　ㄨㄣ，上蒙牛皮、下容數十人的四輪攻城車），需要三個月才能製成，構築在敵人城下用以登城的闉（音ㄧㄣ，土山），也需要三個月才能完成。如果指揮攻城的將領不等完成以上的攻城準備，就倉促驅使士卒像螞蟻一樣攀爬城牆來進行攻城，其結果士卒有三分之一被殺，而城池仍攻不下來，這就是攻城所帶來的災難。

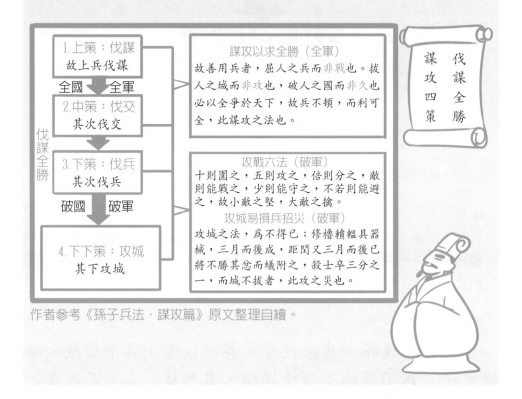

作者參考《孫子兵法・謀攻篇》原文整理自繪。

【闡釋】

1. 上兵伐謀。孫子把「伐謀」列為戰略中的首位，也就是「鬥智」。最高明的戰略就是設法打亂敵方的戰略計畫（謀），使敵無法按既定步驟進行戰爭，迫敵放棄原有企圖，接受我方條件而與我談判。

   (1) 「伐謀」，即指以己方之謀略挫敗敵方，不戰而屈人之兵。孫子認為屈敵有「智勝」和「力勝」兩種方式，相應的也有「全勝」和「破勝」兩種結果。「智勝」代價小，「力勝」代價大；「智勝」可使軍、國兩全，「力勝」則難免國弊兵疲。所以，他主張以智謀用於軍事力量，

智、力結合，力爭做到「屈人之兵而非戰也，拔人之城而非攻也，毀人之國而非久也；必以全爭於天下，故兵不頓而利可全。」故「伐謀」最爲有利，名曰：「上兵伐謀」。

(2)「伐謀」的實質是對敵人正在計畫或剛剛開始實行其謀劃時，便能窺破其謀，揭穿其謀，破壞其謀，藉以實現己方的政治軍事目的。**曹操**曾根據自己用兵的作戰經驗，對此解釋道：「興師深入長驅，據其城廓，絕其內外，敵舉國來服爲上。」由於「上兵伐謀」具有以最小的代價，取得最大的勝利，達到使敵人全部降服的目的。因此，古往今來的軍事家無不重視此一謀略，期望先以謀略戰勝敵人，兵不血刃便能達到利可全之目的。《百戰奇略・謀戰》：「凡敵始有謀，我進而攻之，使彼計衰而屈服。」

2. 其次伐交。「伐交」，外交戰，利用外交策略，分化敵人之盟友，聯合我方之友邦，使敵人陷入孤立無援，而放棄交戰企圖。透過外交的途徑迫使敵屈服的要領：

(1)正確分析諸侯國的意向。「不知諸侯之謀者，不能豫交」（〈軍爭篇〉）。

(2)掌握外交的重點（地緣政治）。「衢地」：「諸侯之地三屬，先至而得天下之眾者」；「爭地」、「交地」亦同，不能單持武力奪取，必佐以外交手段。

(3)編列大量經費從事輿論戰。戰爭籌畫中要將「賓客之用」列入軍費計畫之內，不惜「爵祿百金」，廣泛使用遊說者（輿論）、間諜，支配他國外交意向。

3. 「伐謀」與「伐交」都屬「全國」、「全軍」之策，著重於精神或心理壓力，使敵國陷於進退兩難、不知所措的癱瘓境地，而我方乘此良機，予取予求。英國戰略大師李達哈特對此論述甚詳：「儘管戰鬥是一種物質上的行爲，可是其指導，卻是一種心理上的程序，戰略越高明，則越容易把握有利機會，而只須付出最低的成本。在戰爭之最高階層中，對於一個國家之政府，若能加以心理上之壓迫，更足以癱瘓其所有一切作戰力量，即如一個人之手掌癱瘓，則刀劍當然會從其手中落下。」

4. 其次伐兵。「伐兵」：直接訴諸武力──「攻戰六法」。「伐兵」爲不得已的下策之舉。戰爭往往起於雙方失去理智的結果，此爲最後也最無奈的

選擇；所以，使用武力、進行會戰也就勢在必行，儘管那是最差的戰略。

5. 其下攻城。「攻城」之舉，曠日廢時，且兵力耗損難以估算，須視對方城池、堡壘構築的堅固程度、守軍意志與訓練等有形、無形戰力而定。然而，攻城一方，必須有萬全準備與絕對優勢，否則徒勞無功，反而使得優勢變爲劣勢，重挫戰鬥意志與軍心士氣。孫子說：「攻城之法爲不得已。」其理由如下：

(1)古代攻城的方法：挖掘地道，想辦法超越十幾公尺高的城牆，直接蟻附破城。攻城必須經過曠日費時的準備，「修櫓轒轀，具器械，三月而後成，距闉，又三月而後已」。櫓：大盾牌，攻城時用來防矢石之攻擊。轒轀：攻城用的四輪戰車，用巨木造成，車頂蓋以生牛皮或犀牛皮，其中可容十人，推至城下，進行破壞。距闉：積土爲山曰闉，也就是土壘。古代攻城時築土爲山以窺望城內敵情，謂之距闉，既可施放火器，也便於登城。

(2)攻擊城池必經惡戰，惡戰必有重大傷亡，且又曠日費時（將不勝其忿，殺士卒三分之一，而城不拔者，此攻之災也」），與「兵貴拙速」的原則相違，也與「全勝」原則相反，當然是最後不得已才用的軍事手段。蒙古軍素稱驍悍，戰無不勝，縱橫歐亞大陸，惟獨於南宋末年攻打釣魚城，十年無功，元憲宗蒙哥亦在圍攻中傷亡。

6. 「謀攻四策」的運用理則：多元評估，多方致勝。

(1)「伐謀」與「伐交」都是沒有戰場的戰鬥，都是利用敵人的心理弱點及現實利害，步步進逼、處處主動，因此在實行過程中，很難區分其先後層次，不過善「伐謀」者必善「伐交」，善「伐交」者亦必善「伐謀」，兩者常交互爲用。例如蘇秦、張儀之「合縱」、「連橫」，是謀略戰與外交戰的統合運用，「謀」著眼於政略方針，「交」著眼於利害取捨，各有重點，但是在實際運用上，須相互配合，才能收相得益彰之效果。

(2)「伐謀」與「伐交」固然是戰爭的最高境界，但是必先具備可勝之戰力與決心，否則一味空談謀略、外交，沒有軍事戰力做後盾，就會流於虛張聲勢。

(3)在「國家利益」的戰爭使命下，孫子制訂決策是採「政治」、「經濟」、「軍事」、「社會」等多因素決策，抗爭對象則是採多敵化意

識，如「諸侯乘其弊而起」（〈作戰〉）、「威加於敵，則其交不得合」（〈九地〉）等，不斷強調在戰爭中必須密切關注第三國的企圖與動向。籌畫戰事則運用「廟算」、「謀略」、「外交」、「地緣」、「諜報」等多元致勝手段，在這種多因素決策、多敵化意識、多元致勝手段的決策意識下，才可為戰爭全局做長遠打算。

㈢兵不頓而利可全

　　故善用兵者，屈人之兵，而非戰也；拔人之城，而非攻也；毀人之國，而非久也。必以全爭於天下，故兵不頓，而利可全，此謀攻之法也。

【語譯】所以，善於指揮作戰的將領，不是靠武力戰使敵人屈服；奪取敵人的城池不是靠強攻；滅亡敵國也不是靠久拖不決的消耗戰。因此，運用全勝謀略迫使敵國完全降服，軍隊不受頓挫而能取得完全勝利，這就是運用謀略降服敵人的法則。

【闡釋】

1. 本段是孫子對「謀攻」的總結。他連續用了兩個「全」字，即顯示求「全」乃是謀攻的最高指導原則。在擬定攻擊計畫時，應採取包括伐謀、伐交在內的總體戰略，亦即所謂「以全爭於天下」。

2. 「謀攻」指以己方之謀略挫敗敵方，不戰而屈人之兵──即全勝的戰略。只要能達到屈服敵人的目的，最好不要動用武力──採取全勝的戰略的手段──「必以全爭於天下」──非戰、非攻、非久之法，就能「屈人之兵」、「拔人之城」、「毀人之國」──達到用兵的最高境界：「兵不頓而利可全」──戰力不挫損，又能取得圓滿的勝利（保全完整的戰果）。

3. 孫子其實乃是以隱喻方式告誡將帥，勿直接使用武力，至少不可以久戰，尤其不可輕言攻城。又「兵不頓，而利可全」是一個理想目標，在真實戰爭中雖難以實現，然而孫子認為關鍵在於將帥用兵須發揮高度彈性，多思考直接用兵之外的其他方法，或多種案同時進行，以節約用兵，減少無謂損失。

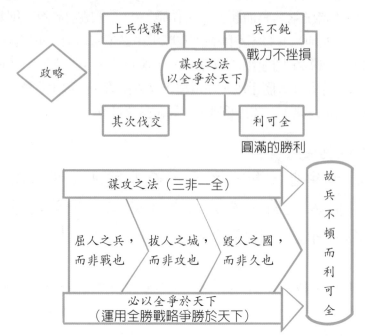

作者參考《孫子兵法・謀攻篇》原文整理自繪。

㈣攻戰六法

　　故用兵之法，十則圍之，五則攻之，倍則分之，敵則能戰之，少則能守之，不若則能避之。故小敵之堅，大敵之擒也。。

【語譯】所以用兵的原則是，有十倍於敵的兵力就圍殲他，有五倍於敵的兵力就進攻他，有兩倍於敵的兵力就設法各個擊破他，與敵人兵力相等時，要設法分散敵人的兵力，如果我方兵力少於敵，那就要盡可能地採取防守策略，如果我方戰鬥力不如敵，那就要盡可能地避免與敵人交戰。千萬要記住，兵力薄弱的一方倘若魯莽地和強大的敵人拚殺，不懂得保存自己的實力，就勢必會被強大敵人所擒虜。

【闡釋】

1.「攻戰六法」：一旦採取「伐兵、攻城」的軍事手段，首先要考慮的是敵

絕對優勢 攻弱	較小優勢或均勢劣 善戰	劣勢 避強
10倍 圍（圍而殲滅）	倍則分之 2倍 分（分割後殲滅）	少則能守之 少（兵力少） 守（防禦）
5倍 攻（正面攻擊）	敵則能戰之 兵力實力相當 戰（出奇而制勝）	不若則能避之 不若（實力劣） 避（避戰，另求戰機）

作者參考《孫子兵法‧謀攻篇》原文整理自繪

我兵力優劣因素，孫子提出「攻戰六法」作爲野戰（作戰）指導原則。

2. 十則圍之。就是有十倍於敵人的絕對優勢的兵力，就要四面包圍，迫使敵人投降。「十則圍之，五則攻之，倍則分之」等，都是一個概略數，並不是一定要十倍於敵，才圍之；五倍於敵，才攻之；倍於敵，則分之等。實際作戰時，當結合多方面因素靈活掌握，總而言之，是以眾擊寡、以強擊弱。曹操注釋說：「以十敵一，則圍之；是爲將智勇等，而兵利鈍均也。若主弱客強，操所以倍兵圍下邳生擒呂布也（如果敵弱我強，那麼也可以只用一倍的兵力圍殲他們，比如我就曾經這樣包圍下邳而生擒呂布）。」這是對孫子關於「十則圍之，五則攻之，倍則分之」謀略的活用。

3. 倍則分之。是指有一倍於敵人的兵力，就要設法分散敵人，以便在局部上造成更大的優勢。《百戰奇略‧分戰》注釋說：「凡與敵戰，著我眾敵寡，當擇平易寬廣之地以勝之。若五倍於敵，則三術爲正，二術爲奇；三倍於敵，二術爲正，一術爲奇。所謂一以當其前，一以攻其後。法曰：『分不分爲縻軍』。」大凡對敵作戰，如果我軍兵多而敵軍其少時，就應當選擇平坦開闊的地區來戰勝敵人。如果兵力對比我五倍於敵時，就要用五分之三的兵力爲「正兵」去進攻敵人的正面，而以五分之二的兵力爲「奇兵」去攻擊敵人的側後；如果兵力對比我三倍於敵時，就要用三分之二的兵力爲「正兵」去進攻敵人的正面，而以三分之一的兵力爲「奇兵」去攻擊敵人的側後。這種分兵擊敵的進攻部署，就是通常人們所說的，以主要兵力進行正面進攻，而以部分兵力進行側後襲擊的前後夾擊戰法。誠如《兵法》所說的：「應當分散使用兵力時而不分兵，就成爲自己束縛自己的『縻軍』了。」

4. 不若則能避之。「不若」：實力居於劣勢。非僅兵數而言，即士氣、訓練、裝備均不如敵人。「避」：避戰，待利而動。一指各方面的條件均不如敵人，就要設法避免與敵人交戰。杜牧注釋說：「言『不若』者，勢力交援俱不如也，則須速去之，不可遲延也；如敵人守我要害，發我津梁，合圍於我，則欲去不復得也。」（「不若」指氣勢，當自己的兵力以及援兵都不如敵人時，那麼就必須迅速退卻，不允許拖延時間；如果敵人把守著我方的要害，控制了我方的橋梁和通路，合兵包圍我軍，那時想退卻也不可能了。）於此可知，不論是「少則能逃之」，或「不若則能避之」，都不能作消極的、被動的去理解，而應從積極的、主動的方面去考慮。故賈林注釋說：「彼眾我寡，逃匿兵形，不令敵知；當設奇伏以待之，設詐以疑之；亦取勝之道。」（在敵眾我寡的情況下，那就要逃避並且隱匿兵形，不讓敵人知道；還應當埋設奇陣伏兵以等待敵人的到來，或者是設置詐術以使敵人疑惑不前；這都是取得勝利的訣竅啊！）

5. 小敵之堅，大敵之擒。即指弱小的軍隊，如果自不量力，只知道死守硬拼，就會成為強大敵人的俘虜。張預注釋說：「小敵不度強弱而堅戰，必為大敵之所擒，息侯屈於鄭伯，李陵降於匈奴是也。孟子曰：小固不可以敵大，弱國不可以敵強，寡固不可以敵眾。」

6. 「攻戰六法」野戰要領：**主動與彈性。**

   ⑴「主動」：先發制人的處理行動。「彈性」：隨機應變的變化能力。戰場狀況瞬息萬變，無論居於優劣勢均應掌握「主動」以殲敵。在我軍占優勢時，固然要主動捕捉敵人主力以殲滅之，在劣勢情況時，更須採取主動，在戰術上形成局部之優勢，以空間換取時間，積小勝而為大勝，然後逐漸爭取戰略上之主動。

   ⑵「主動」必須與「彈性」相互配合：在爭取主動的過程中，常有不可預料的狀況出現，因此絕不能墨守成規，一成不變，必須把握戰機，彈性伸縮，相機應變。

   ⑶依據敵我情勢，掌握主動與彈性原則，運用「攻戰六法」（依據戰力的差距改變戰法）：「十圍」、「五攻」、「倍分」，均為優勢兵力之戰法，適當指揮自能獲勝。「能戰」、「能守」、「能避」者，必須以優良之指揮，方能達成「戰」、「守」、「避」之目的，否則即有慘敗被殲之危險。「圍之」、「攻之」、「分之」、「戰之」、「守之」、

「避之」，無一不是主動原則和彈性原則的運用，依據敵我兵力之優勢，判斷何時用「圍」、「攻」、「分」，何時用「戰」、「守」、「避」，而贏取最後的勝利，此即「識眾寡之用者勝」。少康以一旅中興，田單以兩城復國，班超以三十六人縱橫西域，都是在量的方面處於絕對劣勢，而最後扭轉劣勢而為優勢。其成功固有其他相關因素配合，關鍵則在掌握主動與彈性原則。

(4)現代戰爭，已非昔日僅算計投入戰場兵卒數量，再決定將採用何種戰術、戰法。現代戰爭乃是強調統合戰力與戰力整合，兵員多寡已非戰場決勝的關鍵因素，如何在傑出指揮官的指揮下，整合訓練精良的戰士與武器系統，發揮強大的統合戰力，才是現代戰場的決勝要件。

7. 不戰而屈人之兵的真義：

(1)不是「非戰主義」：孫子固然強調「不戰而屈人之兵」的「全勝」觀念，但是「不戰」並非「無戰」，尤其在實行謀略與外交時，必先具備可勝之戰力及必戰之決心，才能形成較敵人優越的戰略態勢；否則，一昧空談謀略或外交，缺乏貫徹的決心和實力，是起不了任何作用的。

(2)「不戰」而「全勝」（兵銳利全），是用兵最高境界，然須以武力——「伐兵」為基礎。孫子在「伐謀」、「伐交」之後，還舉出「伐兵」，而且說：「兵不頓而利可全。」可見「伐謀」、「伐交」之目的，在保全兵之「不頓」（沒有重大傷亡），以及利之「全」（戰果完整）。即如〈九地篇〉所說：「威加於敵，則其交不得合」，威攝敵之軍心士氣，破壞敵之外交，以造就不戰而屈的心理基礎。

(3)「伐兵」仍為最後（必要）之手段：「伐謀」、「伐交」、「伐兵」、「攻城」是一貫的順序，「伐謀」、「伐交」是謀略、外交手段，使敵人認識到戰爭無益，以達成全勝的目標；這是大戰略及國家戰略最高戰略目標。「伐兵」、「攻城」是軍事手段，如果「不戰」（「伐謀」、「伐交」）不能達到目的時，則須採用「十則圍之」、「五則攻之」的強大力量，迫使敵人認識到抗爭無效，以達成破勝（次等）的戰略目標。「不戰」只是不流血之戰而已，「伐謀」、「伐交」是達到不流血之目的而使用之手段，最後仍需要憑藉武力做最後的解決。

㈤擇將輔國

夫將者，國之輔也，輔周則國必強，輔隙則國必弱。

【語譯】作為軍隊的統帥，要清楚意識到自己是國家的支柱、君主的助手，和國君的關係是否密切，協調是否綿密，往往決定國家的安危。如果輔助周密、協調一致，國家就會強盛；如果離心離德、關係疏遠，國家就會衰亡。

【闡釋】

1. 孫子於本段與下一段又再次提出，一國得賢將則國泰民安，不得賢將則兵弱國衰，意在闡述「統帥權」或「軍文關係」的問題，亦即是再次檢視戰爭勝負的決定因素——「人」，即將帥。孫子一方面認為君王統御軍事的第一要務就是「擇將輔國」，而領導人與輔佐者關係是否理想對戰爭勝負影響甚鉅，即將之「輔周」、「輔隙」攸關「全勝」思想能否貫徹而奏全功。其次是必須建構良好的君將關係，以今與而言就是建構良好的「軍文關係」。因此提出「干軍三患」以警示君王必須充分授權將帥軍事統御權。

作者參考《孫子兵法‧謀攻篇》原文整理自繪

2. 擇將輔國：夫將者，國之輔（輔佐）也；輔周（輔助週備無缺）則國必強，輔隙則國必弱。「輔」就是馬車的輻木，馬車失去輻木就會傾頹崩裂。國家若無良將輔佐，將會動盪危墜。漢高祖劉邦：「夫運籌於帷幄之中，決勝於千里之外，吾不如子房（張良）；鎮國家，撫百姓，給餽饟，不絕糧道，吾不如蕭何；連百萬之軍，戰必勝，攻必取，吾不如韓信。三人者，皆人傑也。吾能用之，此吾所以有天下也。」

3. 孫子的論述，也相當程度印證了現代民主國家所熱烈討論的文武關係。簡言之，將領與國君之間，彼此若能互信互賴（周）則國必強；若不能致此（隙）則國必弱。此與現代文武關係中，主張軍事組織必須服膺文人政府的領導，文人政府必須尊重軍事專業，兩者相輔相成，嚴守份際，國家始能長治久安的道理相通。

㈥干軍三患

　　故軍之所以患於君者三：不知三軍之不可以進，而謂之進；不知三軍之不可以退，而謂之退；是謂縻軍。不知三軍之事，而同三軍之政，則軍士惑矣。不知三軍之權，而同三軍之任，則軍士疑矣。三軍既惑且疑，則諸侯之難至矣，是謂亂軍引勝。

【語譯】一國之君主，要尊重統率軍隊的將領威信，絕不能憑一己好惡任意干擾。一般來講，由於君主不了解軍隊實際作戰情況，而干預作戰行動的危害有三種：第一種是不了解三軍不應進攻而強迫進攻，不應後退而強迫後退，這是典型干擾牽制軍隊的行為。第二種是不了解三軍的內部事務（如管理、訓練、賞罰等）而任意干預，必然引起軍隊上下的困惑。第三種是不懂得軍事上的權宜機變，而干預軍隊指揮，這也必然會使三軍上下產生各種疑慮。一旦軍隊上下處於困惑不解、疑慮重重的狀況，列國諸侯趁機來犯的災難也就必不遠矣。以上三種情況就叫做「亂軍引勝」，即先亂了自己的軍隊，使敵人有隙可乘，從而導致敵人的勝利。

【闡釋】

1. 將帥統軍，負國家之重任，繫天下之安危，惟君王作為一個政治領袖，在授予將帥軍事大權時，往往會有諸多顧忌，所以對軍權的授予常懷戒心，因此形成了軍權無法獨立的問題。

2. 孫子深知其弊，而有「干軍三患」之論。他認為國君若侵犯軍隊之「進」、「退」，軍務之「事」、「政」、「權」、「任」等統帥權，將產生「縻軍」、「惑軍」、「疑軍」三種禍患，並導致「亂軍引勝」的結果。

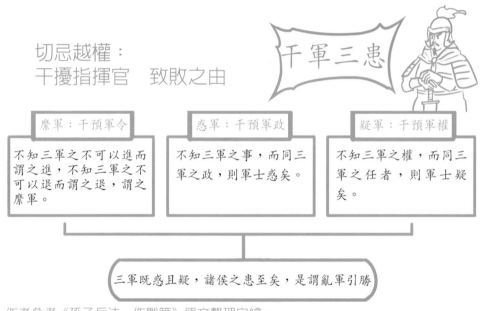

切忌越權：
干擾指揮官　致敗之由

干軍三患

縻軍：干預軍令	惑軍：干預軍政	疑軍：干預軍權
不知三軍之不可以進而謂之進，不知三軍之不可以退而謂之退，謂之縻軍。	不知三軍之事，而同三軍之政，則軍士惑矣。	不知三軍之權，而同三軍之任者，則軍士疑矣。

三軍既惑且疑，諸侯之患至矣，是謂亂軍引勝

作者參考《孫子兵法·作戰篇》原文整理自繪。

(1) 縻軍：干預軍令。不知三軍之不可以進而謂之進，不知三軍之不可以退而謂之退，謂之縻軍。未全面了解戰況，卻干預將領的作戰計畫，使其進退失據，稱為牽制用兵。縻：羈絆、束縛；原指穿鼻控牛之繩。

(2) 惑軍：干預軍政。不知三軍之事，而同三軍之政，則軍士惑矣。不懂軍隊事務，卻妄行干涉軍政，將使將士迷惑，無所適從。同：參與、干涉。

(3) 疑軍：干預軍權。不知三軍之權，而同三軍之任者，則軍士疑矣。不懂兵法權謀變化，卻干涉軍事指揮，使將士產生疑慮。

(4)君王干軍惡果：亂軍引勝。三軍既惑且疑，則諸侯之患至矣，是謂亂軍引勝。君王任意干預軍事，使軍隊產生疑惑，敵國將容易乘隙入侵，這就是擾亂自己的軍旅，導致敵人勝利的惡果。

(七)知勝五法

　　故知勝者有五：知可以戰與不可以戰者勝，識眾寡之用者勝，上下同欲者勝，以虞待不虞者勝，將能而君不御者勝；此五者，知勝之道也。

【語譯】作戰勝利的成功公算有五個前提要件：
1. 對敵我情況瞭若指掌，知道在什麼情況下可以打，什麼情況下不可以打，具備了這種準確判斷力，就會取得勝利。
2. 既能指揮大部隊作戰，也能夠指揮小部隊作戰，具有這種應戰能力就會取得勝利。
3. 全國上下團結一心，三軍同仇敵愾，就會取得勝利。
4. 以有充裕準備對付防禦鬆弛的敵軍，具有這樣條件，就會取得勝利。
5. 將帥具有指揮才能，而國君又不妄加干預牽制，就會取得勝利。
以上這五項原則，就是預知勝利的依據。

【闡釋】
1. 本段孫子提出「知勝五法」（五種知勝之道），以在戰爭之先，判斷能否戰勝攻取。「知勝五法」屬孫子「先知」思想之一部，相關論述分見於各篇。「知戰」乃知戰機，是根據「廟算」而獲得的結論（〈始計〉）；「識眾寡之用」即「兵眾孰強」的比較（〈始計〉）；「上下同欲」即「令民與上同意」（〈始計〉）；「以虞待不虞」即「修道而保法」（〈軍形〉）；「將能而君不御」，就是國君對軍事不妄加干涉，否則即為「干軍」，並有「亂軍引勝」之虞（〈謀攻〉）。
   (1)知戰之機：知可以戰與不可戰者勝。所謂「知戰」，即知戰之機，知可以戰與不可以戰之機會。可以戰而戰，乃乘其虛，所以「勝」；不可以戰而不戰，是避實而待擊其虛，所以亦可「勝」。孟氏注釋：「能料知

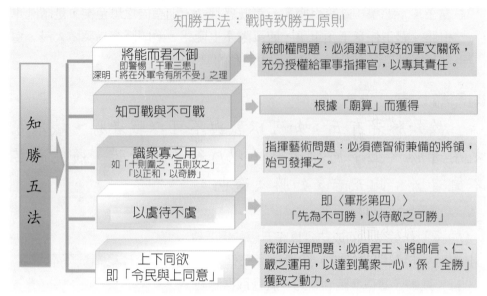

知勝五法：戰時致勝五原則

作者參考《孫子兵法・謀攻篇》原文整理自繪

敵情，審其虛實者勝也。」能夠預測到敵情，並能夠揣度他們的虛實的，就能夠取得勝利。「知戰之機會」乃根據「廟算」而獲得「五事、七計」的廟算決策，正確的政治決策才能引領出軍事勝利。

戰例 東漢獻帝建安三年（197年）三月，曹操到宛縣（今河南省南陽市），張繡向曹操投降，不久又反悔。曹操在與張繡、劉表作戰之際，聽說袁紹乘機進攻曹軍大本營許昌，決定回師救許昌。此時，張繡想立即率領部隊追擊。謀士賈詡說：「現在不能追，若追則非敗不可。」張繡不聽，親率精銳追擊，結果大敗而歸。這時，賈詡說：「你現在可以收拾敗卒再追，保證打勝仗，如不能取勝，可殺我頭。」張繡照計而行，果然獲勝。張繡、劉表問賈詡取勝的道理，賈詡回答說：「你雖善於用兵，但不是曹操的對手，曹軍因回救許昌而主動撤退，必有強將精兵斷後，所以我知你追必敗。但他擊退你的追擊後，以為已無後顧之憂，必將加速撤退，留下斷後的將領必定不是你的對手，你乘其不備而追之，因此能夠得勝。」賈詡所言追與不追，均根據敵情而定。

⑵了解兵力部署與運用：**識眾寡之用者勝**。如「十則圍之，五則攻之」；

「以正合，以奇勝」。「識眾寡之用」，就是「了解用眾（兵）之法」：了解兵力在各種戰略、戰術情況下，多寡部署適切者，定可獲得勝利。「識眾寡之用」，涉及戰爭雙方兵力眾寡強弱之用，不只是兵力、兵器數量多寡、兵軍種組合狀態的用法，還應該根據時間、地點、條件而定。「識眾寡之用」包括「以寡擊眾」、「以眾擊寡」兩個基本戰法。一般規律是以多勝少，以優勝劣，但在特定的條件下也有以少勝多。以劣勝優的可能性。這就需要能掌握時機，確立作戰目標，亦即「集中」與「節約」原則之活用。杜牧解釋：「言兵之形，有眾而不可擊寡，或可以弱制強，而能變之者勝也。」張預註解說：「用兵之法，有以少而勝眾者，有以多而勝寡者，在乎度其所用，而不失其宜則善。」這樣的解釋是認為「以寡擊眾」、「以眾擊寡」都可勝敵，端視是否可以精準料敵，掌握機變。無論是「十圍五攻」或是「少則守」、「不若能避」之兵力布局，國家要衡量整體的軍事實力，打一場實力相符的戰爭。

(3) 上下同心：上下同欲者勝。政治有道，軍民團結一心的精神戰力。李筌注釋：「觀士卒心，上下同欲，如報私仇者勝。」了解士兵們的心理，能夠上下同心同德，就像為自己去報仇一樣去參戰，就能取得勝利，即〈始計篇〉的「令民與上同意」。〈始計篇〉之重點是讓全國人民在戰爭問題與中央政府同意，本篇（〈謀攻篇〉）重點則是闡明軍隊內部的團結、互助問題，這種團結對於取得作戰勝利是至關重要的。

(4) 戰備嚴整：以虞待不虞者勝。以有準備對付沒有準備的，就會取得勝利。虞：有準備。孟氏注釋：「《左傳》：『不備不虞，不可以師。』待敵之可勝也。」就是沒有準備，不可以用兵，要等待敵人疏漏，然後才可能戰勝它。《百戰奇略‧備戰》：「凡出師征戰，行則備其邀截（防備敵人中途截擊），止則禦其掩襲（防備敵人突然襲擊），營則防其偷盜（防備敵人偷營劫寨），風則恐其火攻（有風時要防備敵人實施火攻），若此設備，有勝而無敗。法曰：『有備不敗』。」

戰例　三國時期的魏將滿寵，就是一個善於防敵突襲和以突襲反突襲的將領。黃初六年（225年）十月，滿寵隨魏文帝曹丕南征東吳，他率領前軍進至精湖宿營時，與吳軍隔水對陣。其時正值「夕風甚猛」天氣，滿寵預料吳軍

晚上一定會來燒營劫寨，於是便對諸將說：「今天晚上風很大，敵人必定要來火燒我們營寨，大家應當做好準備。」眾將聽後都加倍警戒。到了半夜時分，吳軍果然派遣十個分隊前來燒營，滿寵指揮魏軍突然出擊，一舉而打敗了敵人，創造了史上以突襲反偷襲的成功戰例。

⑸不干預軍事指揮權：將能而君不御者勝。「能」：有才能。「御」：干涉。這項原則強調充分授權不干軍的政治領導之道；延續了前兩項君王統御的心法：「擇將輔國」與「干軍三患」，國君謹守政治分際而不干預軍權，才能取得勝利。

① 古訓有：「將在外，軍令有所不受。」及「軍中聞將軍令，不聞天子昭。」皆言君主不能干涉前方軍事作戰指揮之意。《尉繚子》：「夫將者，上不制乎天，下不制乎地，中不制乎人。」尉繚子說：當將領的人，上不受天制約，下不受地制約，中不受別人制約。曹操引「《司馬法》：『進退惟時，無曰寡人。』」戰時用兵的前進與後退，要根據戰機決定，主帥不必請示國君。蓋「臨敵乘機，間不容髮，安可遙制之乎」。

② 杜牧引《尉繚子》的話說：「夫將者，上不制於天，下不制於地，中不制於人。」曹操補充說：「《司馬法》寫道：戰時用兵的前進與後退，要根據戰機決定，主帥不必請示國君。」賢明的國君，必定能夠了解他的將領，本當委以重任，責成他做出成效來。攻戰的事，要求專一，不能從中干預，這才能使軍隊揚威，讓將帥施展才幹。更何況臨敵之際，如何捕捉機遇，絲毫不能耽誤，怎麼能容許在很遠的都城內加以制約呢？春秋時，吳國攻打楚國，吳王闔閭的弟弟夫差要求發兵攻擊楚國子常的部隊，吳王不答應，夫差說：「常言道見義而行，不必等待君王命令。現在我如果決一死戰，楚國都城便指日可下了。」於是，夫差率領精兵五千，先行攻擊子常的主力，果然擊敗了楚軍。根據這件事來看，將領有才幹膽略，國君想干預也干預不了。

③ 「將能而君不御」是統帥權問題：必須建立良好的軍文關係，充分授權給軍事指揮官，以專其責任。「知可戰與不可戰」、「識眾寡之用」、「以虞待不虞」，三者是指揮藝術問題，必須德智術兼備的將領，始可發揮之。「上下同欲」，是統御治理問題：必須君王、將帥

信、仁、嚴之運用，以達到萬眾一心，係「全勝」獲致之動力。

2. 孫子綜合前論而強調「知勝」為「廟算」的結果，也是「謀攻」的先決條件。若非已能預知勝券在握，又何必對敵發動攻勢？反之，在無勝算條件下，貿然發動攻勢，實乃輕舉妄動，則鮮有不敗者。君主與將帥豈可不知、不察而陷國家於危亡哉？

㈧知彼知己，百戰不殆

故曰：知己知彼，百戰不殆；不知彼而知己，一勝一負；不知彼，不知己，每戰必敗。

【語譯】綜上所述，可以得出如下的結論：既了解敵情又深知己方狀況，每次作戰都不會處於險境，更不會遭致失敗。雖不了解敵人情況，但熟悉己方情況，打起仗來勝負各半。既不了解敵方情況，又不熟悉己方情況，每次作戰都會處於險境，則必敗無疑。

【闡釋】

1. 本節為〈謀攻篇〉之結語。「知彼知己，百戰不殆」，「殆」者，危也；「不殆」，即無失敗之危險。「一勝一負」之意，即僅有一半的勝算，而無必勝之把握。「每戰必殆」，在《武經》本上作「每戰必敗」，孫子則較含蓄，乃認為每戰必定走向危險（殆），而遭致失敗。
「知彼」：知敵之情。「知己」：除自己度德量力外，還要由戰爭要素（五事、七計所列因素）中力求改進。王晳注：「殆，危也。謂校盡彼我之情，知勝而後戰，則百戰不危。」

2. 戰爭既為國家存亡安危之所繫，那麼究竟能不能打這一場戰爭？打了之後能不能獲得勝利？這就是戰爭前的「先知」。
〈用間篇〉：明君賢將所以動而勝人，成功而出眾者，先知也。「動而勝人」：取勝之公算，「成功而出眾」指勝利之戰果。

3. 「先知」原理。「先知」在提供決策者「一切與戰爭決策有關的資訊」（情報），是「百戰不殆」與「全勝」的基礎。〈謀攻篇〉：「知己知彼，百戰不殆。」〈地形篇〉：「知彼知己，勝乃不殆，知天知地，勝乃

可全。」「知天知地」：與戰爭中軍事行動有關的天時（歷史條件）、地理（地緣）知識。

4. 「先知」之道：

　　⑴正確獲取情報：

　　　　① 正確的運用間諜（〈用間篇〉）。

　　　　② 根據客觀環境變化推測：如「相敵三十三法」（〈行軍篇〉）中「半進半退者，誘也」、「殺馬肉食者，軍無糧也」。

　　　　③ 利用戰術行動偵測而得：〈虛實篇〉提出了「策之」（推算敵計）、「作之」（挑撥試敵）、「形之」（示形誘敵）、「角之」（角力探敵）四種測敵虛實的方法。

　　⑵比較計算：「五事七計」、「知勝五法」。

　　⑶「先知」三不可：

　　　　① 不可取於鬼神：不可靠祈求鬼神（如占卜算卦）來獲取情報。

　　　　② 不可象於事：不能用以往的經驗或類似的事情去推測情報。

　　　　③ 不可驗於度：不可企圖用日月星辰的運行規律去解釋或預測情報。「必取於人，知敵之情者也」，情資必取自於人的「理性」的知，實事求是的知。

　　　　「先知」的目的在於知敵之可敗，我之可勝。假如已知敵之可敗，但是自己沒有可勝的實力，這種「知」實無助於克敵，因此孫子之「先知」含有知而行之必勝，不知而行之必敗的意義。

5. 〈始計〉、〈作戰〉、〈謀攻〉三篇之關係：從第一篇〈始計〉，到第二篇〈作戰〉，再到第三篇〈謀攻〉，十三篇中的前三篇構成了一個完整的思想體系。孫子指出：一切戰略思想都必須以「計」為起點，謀定而後動；廟算精確、明辨利害，即掌握了是否可以開啟戰端的關鍵要素，此為君主、將帥所必具的「知」──智慧。第二、三篇乃指進入戰爭的實際狀況，人、物、財力的耗費，會拖垮國內財政，久戰，更不利戰事進行與國家發展。基此，速戰速決為用兵原則，但戰爭本身並無法確保交戰雙方能在一定時間內完成，此為主政者及將帥們必須明瞭而嚴加評估者。而〈謀攻篇〉，更進一步闡釋用兵之法，貴在「不戰而屈人之兵」；「全勝」須成為將帥的核心用兵理念，亦是將帥的指揮道德。君主與將帥必須以蒼生為念，嚴守份際，相輔相成，在「知彼知己」的前提下，始可有全勝的保

證；反之，若「不知彼，不知己」，則不應輕啟戰端，否則將招致兵敗國亡的下場。

6. 首三篇提供後世在「啟戰」與「作戰」上一個絕佳的衡量標準，寓意深遠。孫子的用兵理論不僅別出心裁，合理可行，並奠定一種量化的數學性分析模式，其「戰爲不戰」、「以戰養戰」、「不戰而戰」、「戰之勝負」、「全軍破敵」等概念，已成爲現今主政者面對戰爭時應具備之思維理則。

7. 知彼知己，百戰不殆。東漢獻帝建安元年（196年），曹操任命劉備爲鎮東將軍封宜城亭侯。後來，在新野的劉備，三往隆中求計於諸葛亮。諸葛亮依據對曹操、劉備、孫權以及劉表、劉璋諸方的政治、軍事、經濟、地理等條件的精闢分析，爲劉備制定了「聯吳抗曹」的總戰略。爲實現這一戰略計畫，提出首先奪取荊、益兩州以建立基地，安撫西南各族，聯合孫權，整頓內政，加強實力；爾後待條件成熟時，從荊、益兩路北伐曹操，奪取中原，統一中國。後來劉備正是根據這個戰略計畫，建立了蜀漢政權，成爲三國時期三足鼎立者之一。諸葛亮與劉備討論天下大勢的「隆中對」，可謂是知彼知己、瞭若指掌的千古佳話。

軍形第四

孫子曰：昔之善戰者，先為不可勝，以待敵之可勝；不可勝在己，可勝在敵。故善戰者，能為不可勝，不能使敵必可勝；故曰：勝可知，而不可為。

不可勝者，守也；可勝者，攻也。守則不足，攻則有餘。善守者，藏於九地之下；善攻者，動於九天之上；故能自保而全勝也。

見勝，不過眾人之所知，非善之善者也；戰勝，而天下曰善，非善之善者也。故舉秋毫，不為多力；見日月，不為明目；聞雷霆，不為聰耳。古之善戰者，勝於易勝者也；故善戰者之勝也，無智名，無勇功。故其戰勝不忒，不忒者，其措必勝，勝已敗者也。故善戰者，立於不敗之地，而不失敵之敗也。是故勝兵先勝，而後求戰；敗兵先戰，而後求勝。

善用兵者，修道而保法，故能為勝敗之政。兵法：「一曰度，二曰量，三曰數，四曰稱，五曰勝；地生度，度生

成數量優勢）

4. 以形勝 —— 若決
積水千仞之谿勝

量，量生數，數生稱，稱生勝。」故勝
兵若以鎰稱銖，敗兵若以銖稱鎰。勝者
之戰，若決積水於千仞之谿者，形也。

一、篇旨

【題解】

　　「軍形」的「形」，即「體」，一般字義概指事物恆常的、固定的、靜止的、客觀的、外顯狀態。事物皆有形，有了具體的形後，才能發展出概念，如人形、地形、物形，百物百形，各有其體。

　　《孫子兵法》中「形」的涵義：

1. 旌旗：指揮作戰用的旗幟（符號）。〈兵勢篇〉：「鬥眾如鬥寡，『形』名是也。」曹操註「旌旗曰形。」旌旗是軍力的象徵，通常只要能掌握旌旗的符號涵義、數量、動向，也就能充分掌握軍隊之大小與動態。

2. 陣形：古代作戰部署的外觀形式。杜牧說：「形者，陣形也。」〈兵勢篇〉：「渾渾沌沌，『形』圓而不可敗也。」《雜兵書》稱古代有八種陣形：「八陣者，一曰方陣，二曰圓陣，三曰牝陣，四曰牡陣，五曰衝陣，六曰輪陣，七曰浮沮陣，八曰雁行陣。」

3. 地形：地表形貌。〈軍爭篇〉：「不知山林、險阻、沮澤之『形』者，不能行軍。」〈地形篇〉「地形有通者，有挂者，有支者……。」

4. 軍形：〈軍形篇〉所稱之「形」，乃指軍事上的客觀實力，即戰略態勢上，強弱的形勢，包括軍兵種組成、兵力眾寡、武器優劣、訓練程度、軍紀士氣等。王晳註：「形者，定形也，謂兩敵強弱有定形也。」〈兵勢篇〉：「強弱，形也。」又軍力之強弱形勢是藉由「攻守」來顯現，故軍形即攻守之形。張預註〈軍形篇〉：「兩軍攻守之形也。隱於中，則人不可得而知；見於外，則敵乘隙而至。形因攻守而顯，故次〈謀攻〉。」

　　另外，軍形之「形」也常為動詞，如「形之，敵必從之」（〈兵勢篇〉）；「故形兵之極，至於無形」（〈虛實篇〉），動詞之「形」的概念是從名詞之「形」的概念引申而來。名詞的「形」是「我所以勝之形」，乃原來所具有的，是靜態的；動詞的「形」是「吾所以制勝之形」，乃是人為創造

的，是動態的：動態的「形」，與「勢」的涵義已經無區別。曹操說：「兵無常形，以詭詐爲道。」軍事實力（強弱）固有其定形，然而善於用兵者，能針對敵情，以「攻守」變化其軍形，使自己先立於不敗之地，再趁勢取得勝利。

【篇旨】

《孫子兵法》首三篇主在探討戰爭概念或戰略通覽，代表孫子全部的思想基礎，而以下各篇則都可說是首三篇的延伸和發展。從第四至六篇（〈軍形篇〉、〈軍爭篇〉、〈虛實篇〉）論述的內容大至是以「伐兵」爲範圍，亦即古人所謂的「用兵」，以西方術語來表達，即爲「作戰」（operation），或我國現行軍語稱之爲「軍事戰略」或「戰略」，此外也可總稱爲「戰爭藝術」。

〈軍形篇〉的篇旨是「先勝思想」，以「自保全勝」爲核心思維。主張軍事勝利是以實力占優爲基礎，善戰者絕不輕啟戰端，必先努力提升實力，使我方處於「不可勝」（「自保」）的地位，再伺機戰勝敵人，此乃承接〈謀攻篇〉的「全勝」思想而來，就是要以「先勝」的戰略部署來達到「全勝」的理

〈軍形〉先勝思想（「建軍備戰」）的思維邏輯

形勝境界：決戰態勢之形成
以鎰稱銖——若決積水千仞之谿
（絕對優勢戰力的形成）

形勝建構：修道保法——能為勝敗之政
地生度、度生量、量生數、
數生稱、稱生勝

形勝理則：先勝後戰
勝於易勝、勝己敗者
立於不敗之地，而不失敵之敗

形勝要旨：自保而全勝(二)善用攻守
善守者，藏於九地之下
善攻者，動於九天之上

形勝要旨：自保而全勝(一)先勝部署
先為不可勝——在己——可知
以待敵之可勝——在敵——不可為

作者參考《孫子兵法・軍形篇》原文整理自繪

想目標。夏振翼說：「孫子以此篇列於〈謀攻〉之後，蓋以謀攻而不可得，必主用兵；用兵之道，形與勢，最為首務，故次第及之。」這就是說建立可恃的軍力「備戰自保」，是「伐謀全勝」的軍事後盾，「伐謀全勝」是戰爭最高目標，「備戰自保」則是安國全軍的底線。

〈軍形篇〉所論雖以軍事戰略為主，然仍涉及政治、經濟等國家戰略的層面。故論及如何構成先勝部署，孫子認為在政治上要做到「修道而保法，故能為勝敗之政」；「道」與「法」源自〈始計篇〉所論「五事」的其中二事。在經濟方面則以「度、量、數、稱、勝」作為衡量國力的方法，孫子認為「國土幅員」（地）、「人口與物產資源」（度）等經濟狀況是戰爭勝負的重要依據；這與〈作戰篇〉強調經濟（如十萬之師，「日費千金」；久戰則「國貧」，「百姓財竭」，「諸侯乘其弊而起」）實為國家命脈的戰略思維有關。

二、詮文

㈠勝可知，而不可為

孫子曰：昔之善戰者，先為不可勝，以待敵之可勝；不可勝在己，可勝在敵。故善戰者，能為不可勝，不能使敵必可勝；故曰：勝可知，而不可為。

【語譯】孫子說：從前善於用兵的人，總是先創造有利形勢，使自己不被敵人戰勝，然後再靜待可以戰勝敵人機會的到來。要使敵人無法勝我，取決於我方的作為；我能否戰勝敵人，則取決於敵方有無犯錯。因此，善於用兵的人，能創造不被敵人戰勝的條件，卻不一定能左右敵人而給我有可勝之機。所以說，戰爭的勝負雖然可由各種狀況判斷而預知，但是敵人有無可乘之隙，卻無法依我主觀意願而硬造。

【闡釋】

1. 本段與下一段所論為孫子的先勝思想要旨。「先勝」是指若欲戰勝敵人，就必先於戰前創造必勝的力量與條件，如孫子所說：「勝兵先勝，而後求戰」。從〈軍形篇〉可知「先勝思想」要旨或運作理則是透過敵我（主

客）力量的整備與評估，既能「自保」（「先爲不可勝」、「先立於不敗之地」），然後盱衡形勢，善用攻守之策，又能達到「全勝」（「勝於易勝」、「勝已敗者」）的境界。故「先勝思想」是依循「全勝思想」而得，即透過「知己」、「知彼」的情資，運用謀攻四策（〈軍形篇〉主論「伐兵」──「攻守」），務期以最少損耗獲致最大戰果，終極臻於「不戰而屈人之兵」的理想。綜合上述，可將「先勝」做如下定義：「先求勝形，再捕捉戰機以制勝。」「形」，軍形，主要由戰爭要素（力量）、戰略（攻守）態勢、兵力結構與部署（配置）所構成。

2. 本段主論「備戰自保」──即透過「先勝部署」，先使自己在整體態勢上「立於不敗之地」──這就是在建軍備戰上與戰略規劃上，先求完備萬全，然後再俟敵情，掌握戰機，克敵致勝。此即獲得「先勝」之戰略指導方針。究其論理如下：

(1) 先爲不可勝──在己──能爲。

　　「爲」，做、從事、創造、造成。「不可勝」，是說使自己不會被敵人戰勝。其涵義有二：一是指戰爭準備完善，創造不可被敵戰勝之條件；〈始計篇〉說「經之以五事」，就是主張先從事建設國力以鞏固國防；又如王晳註解：「不可勝者，修道而保法。」一是指鞏固守勢，使敵人無法戰勝我，即「不可勝者，守也」、「先爲不可勝」，就是用兵作戰要從整體態勢上，先爲自己創造不被敵人戰勝的條件。戰爭是雙方綜合實力的較量，孫子認爲戰爭之首要就是先能「自保」，不被敵人所敗，方有取勝於敵（擊敗敵人）之可能；亦即一國之戰爭政策，應從增強自身的實力爲起始，須在各種條件（政經軍心）上，先立於不敗之地，使敵人無可乘之隙，不被敵人所戰勝。上述「不可勝」的戰備條件，我方是否已先立於不敗之地，端視自己對各種戰略因素（「五事」）的經略程度而定，所以說「不可勝在己」，由此可見「不可勝」者是「知己」的功夫。又因「不可勝」是操之在己，乃屬於我方主觀努力之事，所以「能爲」之──善戰者能夠做到使敵人不可勝我之形勢。杜牧註：「不可勝者，……所謂修整軍事、閉形藏跡（隱藏軍形、行動）是也。此事在己，故曰能爲。」

(2) 以待敵之可勝──在敵──不可爲。

　　「待」，乘也，有等待、伺機、尋求、掌握、捕捉等意思。「待」何事

呢？待敵出現敗象（敗形）、弱點、錯誤。「敵之可勝」，指敵人可被我戰勝的時機。如敵人外交形勢孤立、內部意見分歧、士氣低迷不振，其他一切戰爭準備尚未完成，都是敵人弱點之所在，讓我有勝敵的機會。因此，善戰者必須「知彼」——不斷掌握敵情，「以待敵之可勝」。《呂氏春秋・決勝》：「凡兵之勝，敵之失也。」《唐太宗李衛公問對・卷下》：「大凡用兵，若敵人不誤，則我安能克哉？」然而，敵人是否犯錯、露出破綻，讓我有可勝之隙，乃取決於敵方，所以說：「可勝在敵」。既然「可勝在敵」，則我方就不一定能左右敵人，強令敵人暴露敗象，讓我有可勝之機，因敵亦力爭「不可勝」，所以說：雖是善戰者，也「不能使敵必可勝」。

(3) 勝可知，而不可為。

「知」，預知、預判；指主觀的勝算研判。「為」，強求；指強使敵人犯錯或顯露敗象。「勝可知，而不可為」有二種詮釋方式：

① 區分敵我「可勝」條件而言。「勝可知」，乃接續「不可勝在己」而立論。杜牧註解：「知者，但能知己之力，可以勝敵。」就戰前決策言，勝算可以由我方所掌握的各種情報研判而預知，如〈始計篇〉：「校之以五事，而索其情」；「未戰而廟算勝者，得算多也。」〈謀攻篇〉：「知勝有五：知可以戰與不可以戰者勝……。」〈軍形篇〉：「地生度……稱生勝。」「（勝）不可為」，乃接續「不能使敵必可勝」而立論，是說若敵人戰備完善，無可乘之隙，則我方無法超越客觀條件去硬造勝敵之形，因為「可勝在敵」，不是由我主觀之勝算可以強求而得。杜牧註解：「言我不能使敵人虛懈，為我可勝之資（依據、憑藉）。」

② 針對敵方「可勝」條件而言。杜佑註解：「已料敵見敵形者，則勝負可知；若敵密而無形，亦不可強使為敗。故范蠡曰：『時不至，不可強生（勉強去做）；事不究（研究透徹），不可強成（勉強求得成功）。』」梅堯臣說：「敵有闕（缺失），則可知；敵無闕，則不可為。」鄭友賢申論：「或問『勝可知而不可為』者，以其在彼者也。……蓋吾觀敵人無可乘之釁（破綻，缺失），不能彊使（無法硬要敵人讓我看到他的破綻；因為敵是否有破綻取決於敵人自己）為吾可勝之資（成為我取勝的條件）者，『（勝）不可為』之義也。敵人

既有可乘之隙，吾能置術（運用策略方法）於其間，而不失敵之敗者，『（勝）可知』之義也。使（假使）敵人主明而賢，將智而忠，不信小說（小道消息、坊間流言）而疑，不見小利而動，其佚（安穩備戰）也，安能勞之！其親也，安能離之。」

③ 綜理以上，孫子說：「勝可知，而不可爲。」「勝可知」是指：A.自己有「制勝之形」，勝利可以預計得知；B.獲勝的手段，可以預先謀劃；亦即敵若有隙，我能捕捉戰機，不失敵之敗，其勝可知。但是，戰爭是一種相對行爲——敵我雙方意志的活動，同時戰爭行動是一種「蓋然性的計算」，充滿了「不確定性」、「偶然性」，而無法正確預測其結果，彼此都在待機，彼此都可能犯錯。因此，獲勝的手段，固然可以事先謀定，惟戰爭中的蓋然性因素，使戰爭不可能完全按照我方的計畫來進行，此中敵人會因應形勢之變化而變化其對策；換言之，戰爭中任何人所能確定的只有己方的行動，敵方的行動則無從確定，若敵方戰備完善，領導有方，無隙可尋，則我方雖有「不可勝」之形，卻無法依照我主觀願望，令敵失誤，「製造」一個勝利，所以說「（勝）不可爲」。杜牧說：「敵若無形可窺，無虛隙可乘，則我雖操可勝之具，亦安能取勝敵乎？」

㈡自保而全勝

不可勝者，守也；可勝者，攻也。守則不足，攻則有餘。善守者，藏於九地之下；善攻者，動於九天之上；故能自保而全勝也。

【語譯】要想不被敵人戰勝，在於防守嚴密；想要戰勝敵人，在於進攻得當；當實力不足時則實施守勢，當實力充足時則採取攻勢。善於防守的人，能隱蔽自己的兵力，如同深藏於極深的地下；善於進攻的人，攻擊行動好像來自極高的天上，勢不可擋，所以，既能保全自己，又能獲得完全的勝利。

【闡釋】

1. 「攻」與「守」是兩種相反對峙、又相互依存的作戰形式。就戰略層面言，「攻」指「攻勢」；「守」指「守勢」，另有「持久」一詞，爲攻守交併使用之持續。就戰術、戰鬥層面言，「攻」指「攻擊」；「守」指「防禦」。不論運用層面爲何，一般而言，「攻」是積極的作戰行動，其目的是殲滅敵人、擴展領土；「守」則是抵禦敵之攻擊，待時反擊，或易守爲攻。

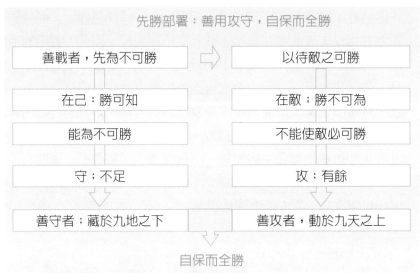

作者參考《孫子兵法・軍形篇》原文整理自繪

2. 由於「勝可知而不可爲」，所以必須依據不同條件轉換作戰方式：

(1) 不可勝者，守也。「者」，有二義：一指「方法」，意指使敵人不能戰勝我的方法，是採取守勢作戰。杜牧說：「言未見敵人有可勝之形，己則藏形，爲不可勝之備，以自守也。」二猶「時（時候）」，是說當我不可能戰勝敵人時，應採取守勢。張預說：「知己未可以勝，則守其氣而待之。」

《百戰奇略・守戰》從「知己」的角度，說明採取守勢的道理：「凡戰，所謂守者，知己者也，知己有未可勝之理（理：條件），則我且固守，待敵有可勝之理，則出兵以攻之，無有不勝。法曰：『知不可勝，則守。』」可見，守勢不是消極固守，仍要窺破好機，反守爲攻。

⑵可勝者，攻也。有兩個解釋：一是戰勝敵人的方法，是攻勢作戰；二是當可以戰勝敵人之時，應採取攻勢作戰。杜牧說：「敵人有可勝之形，則當出而攻之。」無論如何，若欲戰勝敵人，非採取攻擊行動。唐李靖曾謂：「攻者，守之機（轉機）；守者，攻之策（策略、手段）。」（《唐太宗李衛公問對·卷下》）實已道盡攻守作戰之奧妙。蓋欲達成戰勝敵人、結束戰爭之目的，非採取攻勢不可。

《百戰奇略·攻戰》從「知彼」的角度，說明採取攻勢的道理：「凡戰，所謂攻者，知彼者也。知彼有可破之理，則出兵以攻之，無有不勝。法曰：『可勝者，攻也。』」

⑶守則不足，攻則有餘。

① 「守」者，常感兵力不足，是因所守之面極廣，不知敵人從何處攻，以致於備多力分，如〈虛實篇〉所說：「……備前則後寡，備後則前寡，備左則右寡，備右則左寡，無所不備，則無所不寡。」「攻」者，已發現敵人可乘之機會，攻擊其弱點，故常覺兵力「有餘」裕也。

② 二句承「不可勝者，守也；可勝者，攻也」之理則，進一步分析我採取「守」、「攻」的原因。

A. 依據戰（兵）力強弱決定攻守。曹操說：「吾所以守者，力不足也；吾所以攻者，力有餘也。」（李筌、梅堯臣亦作類似的解釋）這就是說「守」、「攻」是依據我方「兵（戰）力」條件而定：採取守勢，是因自感兵（戰）力不足、較弱，或戰略態勢居於劣勢；採取攻勢，是因確信兵（戰）力充足、強大，或戰略態勢居於優勢。

B. 依據「勝算（率）」條件決定攻守。《六韜·軍勢》：「見勝則起（勝算大，發動攻勢），不勝則止（勝算不大，採取攻勢）。」這其實就是依循「不可勝，在己」，「可勝，在敵」的義理決定攻守，而不是以戰力強弱決定攻守。《李衛公問對·卷下》說：「孫子云：『不可勝者，守也；可勝者，攻也。』謂敵未可勝，則我且自守，待敵可勝，則攻之爾。非以強弱為辭也。」張預亦採此理註解：「吾所以守者，謂取勝之道有所不足（勝算不足），故且待之。吾所以攻者，謂勝敵之事已有其餘（已有充足必勝的把握），

故出擊之。言非百勝（沒有必勝條件）不戰，非萬全不鬥也。後人謂不足爲弱，有餘爲強者，非也。」

在戰爭實況中，處於守勢的一方，通常是立於被動的地位，往往要在尚未充分「知彼」（如敵人的攻擊意圖、攻擊方向、攻擊兵力……等）的情況下，來權衡敵可能行動（可能受敵方向、地區），以擬定己方的戰略。爲了不致失利，而要多處設防，仍感覺兵力不足，處處薄弱；反之，處於攻勢的一方，通常已充分了解敵情，則能尋求對守方的薄弱、要害部位攻擊之。在這種情況下，確實是攻者有餘而守者不足。春秋末年吳楚之戰，吳軍以精兵三萬，破楚二十萬眾。其理在於，若以三萬兵力被動採守勢，兵力自然會有所不足；若能掌握主動，而以三萬兵力進攻，則由於有攻擊時間、地點的主動權，集中兵力進攻分散之敵，致使攻則有餘。蔣中正說：「軍旅之事，不是攻勢與守勢的戰略關係，而是主動與被動的地位。只要居於主動地位，則因時制宜，攻守均可得勝。若是陷於被動，則應接不暇，就攻守兩難了。」

另解：「守則不足，攻則有餘」，漢竹簡本作「守則有餘，攻則不足」，常爲漢代兵家學所引用，如《漢書・趙充國傳》：「臣聞兵法，攻不足者，守有餘。」《後漢書・馮異傳》：「夫攻者不足，守者有餘。」又《潛夫論・救邊》：「攻常不足，而守恆有餘也。」「守則有餘，攻則不足」的意義如下：

A. 循上下文意，「先爲不可勝」、「不可勝者，守也」，「守」幾爲「不可勝」的同義語；「不可勝」（「守」）是我方轉移「攻」的前提條件，只有在不被敵人戰勝，力有裕如的情況下，方能於敵一出現「可勝」之隙，便可立即進攻。

B. 「不可勝在己，可勝在敵」，前句針對己方而言，後句針對敵方而言，其義理是：取守勢操之在己，取攻勢則視敵情之虛實而定。

C. 本句意謂：「守，應做到不被戰勝，力有餘裕；攻，要針對敵方不足，舉兵必克。」（周亨祥譯注，《孫子》，台北：五南，頁39）

(4)自保而全勝。孫子以「善守者，藏於九地之下；善攻者，動於九天之上」爲喻，說明「善守」和「善攻」的運用要領；即採守勢時必須祕與固，採攻勢時必須猛與速，以達到「自保而全勝」的目的。

① 「九」，虛數，泛指多，古人常用「九」來表示數之極大者，如「九牛二虎之力」，形容費力之大。杜牧說：「九者，高深數之極（表示高和深都到了極點）。」「九地」，形容極深的地下；「九天」，形容極高的天空。何氏：「九地九天，言其深微。《尉繚子》曰：『治兵者，若祕於地，若邃於天。』（〈兵談第二〉）言其祕密邃遠之甚也。」「九地、九天」均是對戰場空間形勢的形容，亦即是〈始計篇〉所提「天」、「地」兩個戰爭要素的運用。

② 善守者，藏於九地之下。完善的守勢部署，就要「藏於九地之下」，即能夠充分地理形勢，以絕對地隱藏兵（實）力或軍隊的活動，如藏物於極深之地下，令敵方莫測虛實；故能守而必固。杜牧說：「守者，韜聲滅跡（掩藏聲音、行跡），幽比鬼神（幽祕得如同鬼神），在於地下，不可得而見之。」杜佑進一步解釋：「善守備者，務因其山川之阻、丘陵之固，使不知所攻，言其深密藏於九地之下。」

③ 善攻者，動於九天之上。果敢的攻勢行動，就要「動於九天之上」，即〈軍爭篇〉：「動如雷霆」之意，如同閃電般的攻擊，使敵措手不及，無從防備；故能攻而必取。杜牧注釋說：「攻者，勢迅聲烈（聲勢猛烈），疾（迅速）若雷電，如來天上（如同自天而降），不可得而備也（使敵人根本無從防備）。」「九天」亦意味著利用各種有利的天候、時機發動攻擊，以充分發揮自己的力量和優勢。杜佑說：「善攻者，務因天時、地利、為水火之變（比喻能夠靈活虛實變化），使敵不知所備。言其雷震發動，若於九天之上也。」

④ 故能自保而全勝。既能善守，又能善攻，固可達成守則可「自保」，攻則可「全勝」的目的。張預曰：「藏於九地之下，喻幽而不可知也；動於九天之上，喻來而不可備也。《尉繚子》曰：「若祕於地，若邃（深藏）於天」是也。守則固，是自保也；攻則取，是全勝也。」

以上是從攻守的條件、目的、要領解。從攻守的關係言，攻守本為一體，其策略運用，是取攻擊之策，還是用防守之法，不能憑主觀臆斷，而要依據敵我雙方不同的意圖與條件而定，惟能善用攻守，方能自保而全勝，因此李靖有「攻守兩齊（兼備）」之論，他說：「攻是守之機，守是攻之策，同歸乎勝而已矣。若攻不知守，守不知攻，不惟二其事，抑又二其官，雖口誦《孫》、

《吳》，而心不思妙，攻守兩齊之說，其孰能知其然哉？」（《唐太宗李衛公問對・卷下》）

(三)勝兵先勝

　　見勝，不過眾人之所知，非善之善者也；戰勝，而天下曰善，非善之善者也。故舉秋毫，不為多力；見日月，不為明目；聞雷霆，不為聰耳。古之善戰者，勝於易勝者也；故善戰者之勝也，無智名，無勇功。故其戰勝不忒，不忒者，其措必勝，勝已敗者也。故善戰者，立於不敗之地，而不失敵之敗也。是故勝兵先勝，而後求戰；敗兵先戰，而後求勝。

【語譯】一般人都能預判的勝利，不是最高明的勝利；經過激戰而取得的勝利，縱然人人都稱讚說好，也不是最高明的勝利。就像能撿拾起秋毫那樣輕的東西，算不得力量大；能看得見日月，不能說是視力佳；能聽得見雷聲響，也稱不上聽力靈敏一樣。古時善於作戰的人，總是在易於取得勝利的條件下戰勝敵人。因此，善戰者所取得的勝利，既沒有為其贏得足智多謀的聲譽，也沒有為其贏得勇敢善戰的戰功。因此，善戰者戰必勝，是不會發生差錯意外的；不會發生差錯意外，是因其戰前的措施是建立在必勝的基礎上，既能計畫周全，兵力部署完善，又能掌握敵情，自然能戰勝已具失敗因素的劣勢敵人。所以善於作戰的人，首先使自己立於不敗的地位（處境），使敵人無機可乘，同時也能掌握任何可以打敗敵人的機會。因此，成功的用兵，總是先造成優勢掌握勝算，然後再與敵人作戰；失敗的用兵，總是先貿然應戰，而後寄望於僥倖得勝，當然必敗無疑。

【闡釋】

1. 本段提出「勝於易勝」、「勝於已敗」兩個「全勝」的境界（類型），論述「勝兵先勝，而後求戰」的理則，並以「善戰者，立於不敗之地，而不失敵之敗」，重申「善戰者，先為不可勝，以待敵之可勝」的備戰「自

保」論。

2. 孫子依據「全軍破敵」的思維——戰力運用與耗損的程度，將獲勝的方式（或勝利的境界），區分爲「破勝」——「戰勝」與「全勝」——「易勝」、「勝已敗」兩類。

⑴「破勝」——戰勝，而天下曰善，非善之善者也。「戰勝」又稱「難勝」，是指經過激烈兵力交鋒，浴血奮戰而獲得的勝利。張預說：「交鋒接刃而後能制敵者，是其勝難也。」孫子的戰爭觀是從「全勝」理論出發的，故以「不戰而屈人之兵」爲著眼。孫子認爲「戰勝」係一般戰略、戰術取得的勝利，其智不出眾，稍有戰略素養的人就可預判得知，所以說「見勝，不過眾人之所知，非善之善者也」。由於「戰勝」既未見微察隱，取勝於無形；又未能「不戰而屈人之兵」，「全軍破敵」；這種「眾人之所知」、經過鏖戰，造成生命財產相當損傷的勝利，即使獲得大眾的讚譽，也不能稱之爲最卓越的勝利。李荃說：「爭鋒力戰，天下易見，故非善也。」杜牧說：「言天下人皆稱戰勝者，故破軍殺將者也。」孫子並生動地以「舉秋毫，不爲多力；見日月，不爲明目；聞雷霆，不爲聰耳」三種譬喻來申明其理。「秋毫」：原指鳥獸在秋天新長的細毛，此處係比喻極細極輕。「不爲」：不算；「多力」：力量大。「明目」：目明，視力佳。「聰耳」：耳聰，聽力好。三句喻說上文的「眾人所知」的勝利、「天下曰善」的「戰勝」，就如同「舉秋毫」、「見日月」、「聞雷霆」三者皆常人所能、常人可見，怎能稱之爲高明卓越呢！梅堯臣：「力舉秋毫，明見日月，聰聞雷霆，不出眾人之所能也。故見於著（只看到敵人外顯的軍形），則勝於艱（取勝就艱難）。」

⑵「全勝」——與「戰勝」相對的是「勝於易勝」、「勝於已敗」兩種全勝的境界與方式。

①「勝於易勝」的直接理解是「戰勝容易被擊敗的敵人」。若從「先勝」與「全勝」思維而論，則是指「勝敵於無形」或「在容易取勝的時機戰勝敵人」，亦即是運用「伐謀」、「伐交」之策，於敵人兵力部署未完成、戰略優勢未形成之前，就將敵人擊敗；因爲不須經過短兵相接，激烈戰鬥即可克敵制勝，故稱爲「易勝」。杜牧說：「敵人之謀，初有萌兆、（初顯徵候），我則潛運（暗中運籌對策）以攻

之，用力既少，制勝既微（又能及時的勝敵），故曰『易勝』也。」
張預說：見微察隱（能看見敵人的微妙變化和隱祕軍情），而破於未
形者（在敵軍軍形尚未形成時擊滅他），是其勝易也。故善戰者常攻
其易勝，而不攻其難勝也。」由於善於指導戰爭的軍事家，都是全勝
於未戰、全勝於平時，表面看起來非常容易，即所謂「勝於易勝者
也」，而這種先勝之理——幕後「先為不可勝」的諸多謀略與戰備作
為（與下文「修道而保法」相呼應），無法被一般不懂戰略的「眾
人」所預見、理解，使得「善戰者」的取勝成為「無智名，無勇功」
之勝——既無法獲取「足智多謀」的名聲，亦無從彰顯赫赫勇武的戰
功。

② 「勝於已敗」。「已敗者」，指處在失敗形勢中的敵人。孫子主張預
見勝利要超出眾人之上，故善戰者在下達作戰決心前，既先能「立於
不敗之地」，即「先為不可勝之計」，使敵不能勝我；又能充分掌握
敵情，戰勝已具失敗因素（暴露弱點）的劣勢敵人。孫子說：「故其
戰勝不忒。不忒者，其所措必勝，勝已敗者也。」善戰者指導作戰，
往往能常勝而無失。常勝無失的原因在於他能採取兩個「必勝」的措
施：A.戰前先妥善（「先勝」）部署，已有必勝公算。B.獨具慧眼，
能洞察敵人弱點，捕捉戰機。故善戰者未交戰即已在態勢上勝過敵
人，其所戰勝者乃是已具敗形的敵人。「忒」，差錯、失誤、意外；
「不忒」，沒有差錯，此處意指完美無缺。陳皞注：「籌不虛運（籌
算精準），策不徒發（戰策至當）。」「措」，措施、處置、作為；
此處意指取勝的謀略與部署；「所措必勝」，所採取的謀略與部署是
必然可以獲勝的。

③ 「勝已敗者」可以說是比「勝於易勝者」更容易取勝的另一種勝利形
式。「易勝者」似指敵尚有一些反擊得勝的機會，但「已敗者」則
指敵人已毫無扭轉戰局的可能了。二者對於「善戰者」的區別在於勝
利的代價尚有所差別。如果可以進一步削弱對手，讓「易勝者」變成
「已敗者」，就更容易取得全面的勝利。波灣戰爭中，以美國為首的
多國部隊就是通過三十八天（1991年1月7日-2月24日）的大規模空襲
之後，先將伊拉克從「易勝者」變成「已敗者」，然後才開始地面進
攻的。

⑶「善戰者，立於不敗之地，而不失敵之敗也」。孫子的先勝戰略思維是先能「自保」不敗，再求「全勝」。是以「善戰者」必須有「先勝」的諸般作爲，即自爲「不可勝」，如修武備、嚴政令、明賞罰、存戒懼，常「立於不敗之地」；而又能「不失敵之敗」——隨時掌握敵情，及時發現敵之弱點，不錯失時機擊敗敵人，亦即是「以待敵之可勝」的更進一步說明。杜牧：「不敗之地者，爲不可勝之計，使敵人必不能敗我也。不失敵人之敗者，言窺伺敵人可敗之形，不失毫髮也。」「立於不敗之地」的「地」可以有兩種解釋。

①　具體的地理位置、戰略要域，如李荃注：「地者，要害之地。秦軍敗趙，先據北山者勝。」李荃此說引自戰國時期秦與趙的關與之戰，趙將趙奢因先占據北山高地，乃大破秦軍。依李荃之見，趙奢「先據北山」，便是「立於不敗之地」，「地」指北山，乃眞實之地。

②　是譬喻之義，張預注：「審吾法令，明吾賞罰，便吾器用，養吾武勇，是立於不敗之地也。」顏福棠注「『地』字當虛解，言我能深溝高壘，糧足兵精，無隙可入，是即立於不敗之地也。」亦即下文「勝兵先勝而後求戰」的戰略思維。

⑷「先勝後戰：是故勝兵先勝，而後求戰；敗兵先戰，而後求勝」。本句是「先勝」思想之結論。孫子依「先勝」思維，將軍隊區分爲「勝兵」——常勝軍、勝利的軍隊與「敗兵」——常敗軍、失敗的軍隊兩類。兩者差別在於戰前是否已確實能知己知彼，而有必勝之計。曹操注「有謀與無慮也。」何氏：「凡用兵先定必勝之計，而後出軍。若不謀，惟欲恃強（單憑自認強大即出兵），勝未必也。」賈林：「不知彼我之情，陳兵輕進，意雖求勝，而終自敗也。」常勝軍通常勝於未戰之先，「眞正的戰爭是打在開火之前」；「最後的勝利取決於準備之日」。所以善戰者不存倖勝心理，開戰之前一定先能「立於不敗之地」，然後「不失敵之敗」，找到敵人可乘之機，方求與敵決戰。常打敗仗之軍隊，乃「先戰而後求勝」；因彼常存僥倖心理，戰備整備欠完善，臨戰不察敵情，不知敵之弱點所在，盲目追求勝利，未戰之前已藏敗機。張預注：「計謀先勝，然後興師，故以戰則克。《尉繚子》曰：『兵不必勝，不可以言戰；攻不必拔，不可以言攻。』（〈攻權〉第五）謂危事不可輕舉也，又曰：『兵貴先（先制，有勝算的把握），勝

於此（較敵有勝算把握），則勝彼（勝敵）矣；弗勝於此，則弗勝彼矣。』（〈權戰〉第十二）此之謂也。若趙充國常先計而後戰，亦是也。不謀而進，欲幸其成功（僥倖勝敵），故以戰則敗。」

關於「先勝而後求戰」、「先戰而後求勝」之區別，杜牧解釋甚詳，可供參考：

① 「先勝而後求戰」的義理：「凡攻伐之道，計必先定於內，然後兵出乎境。不明敵人之政（策略），不能加（用兵）也；不明敵人之積（軍備；後勤補給），不能約（宣戰）也；不明敵人之將，不見先軍（不暴露先鋒部隊）；不明敵人之士（兵力部署），不見先陳（不暴露陣形）。故以眾擊寡，以治擊亂，以富（軍實充裕）擊貧，以能擊不能，以教士練卒（以訓練精良的士卒）擊毆眾白徒（攻擊被驅趕上陣、未受訓練的士兵），故能百戰百勝。」

② 「先戰而後求勝」的義理：「衛公李靖曰：『夫將之上務，在於明察而眾和，謀深而慮遠，審於天時，稽乎人理。若不料其能（掌握敵人的能力），不達權變，及臨機對敵，方始嶷趄（音ㄗㄐㄩ，或前或退、拿捏不定），左顧右盼，計無所出，信任過說（心中沒有主張），一彼一此，進退狐疑，部伍狼籍（凌亂不整），何異趣（驅趕）蒼生而赴湯火，驅牛羊而啗狼虎者乎？』」

㈣修道保法

善用兵者，修道而保法，故能爲勝敗之政。兵法：「一曰度，二曰量，三曰數，四曰稱，五曰勝；地生度，度生量，量生數，數生稱，稱生勝。」故勝兵若以鎰稱銖，敗兵若以銖稱鎰，勝者之戰，若決積水於千仞之谿者，形也。

【語譯】古代計算軍事實力，決定勝敗的法則：1.「度」，度量敵我領土的幅員面積與判斷戰區或戰場的地理形勢；2.「量」，度量敵我人口數目與物產資源；3.「數」，計算敵我可動員的兵力數（眾寡）；4.「稱」，

衡量敵我的軍事力量（強弱）；5.「勝」，根據上述的估計推算勝負。敵我所處的地域不同，產生了不同的幅員大小（不同的「度」）──「地生度」；敵我地幅大小（「度」）的不同，產生了雙方人口多寡與資源豐瘠不同的「量」──「度生量」；敵我「量」（人口數，資源豐瘠）的不同，產生了不同眾寡的兵力數──「量生數」；不同眾寡的兵力數，產生了不同強弱的軍力對比（「稱」）──「量生稱」；經過敵我軍事實力的通盤衡量，就可以了解勝負所屬──「稱生勝」。

所以，勝利的軍隊作戰，就像用鎰（重）那樣的優勢去打擊銖（輕）那樣的劣勢，失敗的軍隊作戰，就像以銖（輕）那樣的劣勢硬去進攻鎰（重）那樣的優勢。

勝利者指揮軍隊作戰時，就像從八千尺高處決開山澗積水一樣，其勢凶猛不可擋，這是強大軍事實力──「形」的表現。

稱生勝

數生稱
不同眾寡的兵力數，產生了不同強弱的軍力對比（「稱」）

地生度
敵我所處的地域不同，產生了不同的幅員大小（不同的「度」）

經過敵我軍事力的通盤衡量，就可以了解勝負所屬。

量生數
敵我「量」（人口數，資源豐瘠）的不同，產生了不同眾寡的兵力數

度生量
敵我地幅大小（「度」）的不同，產生了雙方人口多寡與資源豐瘠不同的「量」

作者參考《孫子兵法・軍形篇》原文整理自繪

【闡釋】

1. 本段承接「勝兵先勝」的理則，從政治（以道勝）、經濟（以算勝）、兵力（以量勝）與陣形（以形勝）四個層面，討論落實先勝部署（建構勝形）的要訣。

2. 以道勝──修道而保法。先勝部署之首要就是藉由政治部署──「修道而保法」的手段，蓄積實力，立於不敗之地，達到「以道勝」──「能爲勝

敗之政」的目的。此處所謂的「道」與「法」，一般是指〈始計篇〉中「令民與上同意」之「道」與「曲制、官道、主用」之「法」。「政」，同「正」，引申為「支配」、「主宰」的意思；「勝敗之政」，支配戰爭的勝敗結果。曹操之解釋：「善用兵者，先自修治（加強自己的軍政治理）為不可勝之道，保法度（確保法令制度之實行）不失敵之敗亂也。」

戰爭與政治實為不可分的關係，西方兵學家克勞塞維茨說：「戰爭無非是政治通過另一個手段的延續。」平時施政方略，盡力於修明政治，以獲民心；建立法治，充實國防，則一至戰時，方有獲勝之可能。所以善戰者，務求於平時修明政治，以為戰時必勝之準備。誠如唐杜牧的註解：「道者，仁義也；法者，法制也。善用兵者，先修理仁義，保守法制，自為不可勝之政；伺敵有可敗之隙，則攻能勝之。」

「修道保法」亦涉及戰爭倫理規範（開戰正義）、軍隊倫理規範（交戰正義）的遵守與戰時軍紀的維護（治軍之道）。所以，李筌注釋說：「以順討逆，不伐無罪之國，軍至無虜掠，不伐樹木、汙井灶，所過山川、城社、陵祠，必滌而除之（滌，打掃；除，修治），不習亡國之事，謂之『道法』也。軍嚴肅，有死無犯，賞罰信義立，將若此者，能勝敵之敗政也。」「以順討逆（順應天道人心去討罰叛逆），不伐無罪之國……不習（做）亡國之事」，是開戰正義；「軍至無虜掠，不伐樹木、汙井灶」，屬於交戰正義。戰前若「先修飾道義」（遵循上述戰爭與軍事倫理規範），則可「和其眾」，獲得人民（國際）的支持與認同。「軍嚴肅，有死無犯（寧死也不違犯軍法紀），賞罰信義立」，就是戰時軍紀的維護，是軍人倫理的一環。凡能戰前修治上述「道法」者，自然能夠取勝於有錯誤決策的敵人（「能勝敵之敗政」）。

另解：從用兵治軍的層面理解「修道而保法」，意指「善用兵者」，必須於平時即須通曉戰爭藝術（用兵——戰略戰術修養）與軍隊領導統御（帶兵、練兵）之道，戰時則能主宰戰場，克敵致勝。賈林註解：「常修用兵之勝道，保賞罰之法度，如此，則當為勝。不能則敗。故曰勝敗之政也。」張預註解：「修治為戰之道，保守制敵之法，故能必勝。或曰先修飾道義，以和其眾，後保守法令，以戢其下。使民愛而畏之，然後能為勝敗。」

3. 以算勝——兵法：「一曰度，二曰量，三曰數，四曰稱，五曰勝；地生

度，度生量，量生數，數生稱，稱生勝。」孫子論兵以「慎戰」爲起始，因戰爭乃涉及軍民「死生」、國家「存亡」之大事，故發動戰爭前必須精密計算，以詳實獲得「勝算（率）」。

⑴孫子先於〈始計篇〉以「五事」、「七計」作爲「廟算知勝」的要素與具體校（比較）核指標，在〈軍形篇〉則引「兵法」，提出「度、量、數、稱、勝」作爲先勝部署的五個計算程序，亦是國家建軍用兵的五項基本法則。凡國家經國整軍，廟算決策，以至作戰用兵，皆適用此法則，以準確估算出國力（經濟實力）與軍力是否相稱──國家戰略資源是否足以支持軍事作戰？雖未戰已知勝負誰屬。

⑵孫子所引「兵法」有三義：

①泛指用兵的法則。包括戰爭政策（國家戰略）制定，軍事戰略、戰術的運用原則。曹操註解：「勝敗之政，用兵之法，當以此五事稱量，知敵之情。」

②指《孫子兵法》以前的兵書或兵論。孫子除引證《兵法》外，在〈軍爭篇〉徵引《軍政》文。可見孫子之前已經有軍事典籍存在。何氏的註解：「上五事，未戰先計必勝之法，故孫子引古法以疏勝敗之要也。」

③上文「修道而保法」中「法」的具體內容。如王晢的註解：「法者，下之五事也。」

⑶戰爭之根本問題就是國力之計算，後勤之支援，故戰爭涉及國家整體資源之運用。孫子在〈作戰篇〉從戰爭的經濟風險出發，以動員十萬軍隊出征爲例，說明戰爭對於人力、物力、財力的依賴關係，論證興師動眾，用兵征戰，對國家整體資源耗費甚鉅。在〈軍形篇〉則主張發動戰爭前必須量力而行，而國家軍事實力要以國家的經濟或綜合實力爲基礎。孫子提出一條公式，採取「度、量、數、稱、勝」五個計算程序，即以土地（戰場）幅員、戰略資源（物產、人口）、軍隊數量（兵力結構與數量大小），軍事實力（強弱），勝率決算五項連續思考步驟，作爲經濟部署或衡量綜合國力的判斷要素與估算勝負的依據。

土地幅員＋戰略資源＋軍隊數量＋軍事實力＝勝率（綜合實力）決算

①度：地生度。「度」，測量（物體之長短、面積、體積）、判斷。這裡是指土地幅員（面積大小），賈林曰：「度，土地也。」「生」，

產生、決定、推測。「地生度」，是對地理（形）作全盤的了解，曹操：「因地形勢而度之。」具體而言即是

A. 測量國土的幅員，包括大小、疆界、縱深、空間（地緣）關係，以確認其國家安全的影響與價值。

B. 判斷戰區或戰場地理形勢，即依「遠近，險易、廣狹，死生」（〈始計篇〉）等形勢而產生的「地形判斷」。

決定任何軍事行動都必須以地理為基礎，一個成功的戰略指導者，必須經常而充分的認知和掌握地理環境：建軍宜考慮國土面積，用兵須注意戰場地理形勢。王晳曰：「地，人所履也。舉兵攻戰，先本於地，由地故生度。度所以度長短，知遠近也。凡行軍臨敵，先須知遠近之計。」何氏：「地者，遠近、險易也。度，計也。未出軍，先計敵國之險易，道路迂直，兵甲孰多，勇怯孰是，計度可伐，然後興師動眾，可以成功。」

② 量；度生量。「量」，容量，容積，此指一國人口與物產資源的總量。賈林曰：「量，人力多少，倉廩虛實。」人口和資源是一個國家國力，也就是國家能力的根源。國家平時建軍，戰時動員，以及作戰用兵，皆與人口數量（人力）、物產資源（物力）有極重要的關係，「廣土眾民，資源豐富」，往往是一個強權國家的基礎條件，《管子・重令第十五》說：「地大、國富、人眾、兵強，此霸王之本也。」此外，從用兵作戰而言，「量」乃指戰場的容積（兵力部署的容納量）。「度生量」具體而言即是

A. 國家幅員的大小決定了資源（人力、物力）的多少。杜牧曰：「度者，計也。言度我國土大小，人戶多少，征賦所入，兵車所籍，山河險易，道里迂直。自度此事，與敵人如何，然後起兵。夫小不能謀大，弱不能擊強，近不能襲遠，夷不能攻險，此皆生於地，故先度也。」

B. 根據地理形勢（戰場大小；險易、遠近、廣狹、死生等地形狀態）來推測不同地區可部署的兵力容量，此即「用兵構想」、「用兵腹案」或「戰略構想」：如某一作戰區的機動空間能容納多少數量之部隊？集結地區能集中多少部隊？

③ 數；量生數。「數」，數目，以數字推算，如個、十、百、千、萬，

按十累進。於此猶言軍隊之編制：伍、卒、旅、師，軍；現代的班、排、連、營、團、旅、師、軍，按編制定額順序晉級。故以「數」字代表編制與組織，以此可知軍隊數量、軍兵種結構。賈林曰：「（數），算數也。以數推之（用算數推算彼我軍情），則眾寡可知，虛實可見。」凡平時建制或戰時編組，以及軍事與行政各種組織，皆稱「數」。〈兵勢篇〉：「治眾如治寡，分數是也」；又曰「治亂，數也」。《管子》：「治眾有數，勝敵有理。」「量生數」具體而言即是A.資源的多少，決定國家所能負擔的武裝力量。梅堯臣說：「因量（資源數量）以得眾寡之數（兵力規模）。」B.根據戰場的容納量，來決定兵力部署的數量。張預曰：「地有遠近、廣狹之形，必先度知之，然後量其容人多少之數也。」這裡的「數」，就是兵力部署之意。

④ 稱：數生稱。「稱」，度量衡的「衡」，權衡，用以衡量輕重，於此又有「比較計算」（敵我雙方實力孰優孰劣）的意思。輕重，屬於素質（質量），故「稱」是指對敵我雙方綜合國力與軍備素質的衡量比較。賈林註解：「既知眾寡，兼知彼我之德業輕重（經國治軍的成效）、才能之長短（人力素質的優劣）。」「數生稱」具體而言即是

A. 依據武裝力量的多寡，比較衡量雙方軍力的優劣。

B. 依據兵力部署的數量，權衡雙方戰力的強弱。曹操曰：「『稱』，量己與敵孰越（哪一方更強）也。」

⑤ 勝：稱生勝。「勝」，優勢，勝算，勝利；「稱生勝」，軍事實力的強弱決定了戰爭的勝負。王皙註解：「重勝輕也。」「勝」的反面為「劣」與「敗」。優勝劣敗，原是必然的定律，而戰爭的勝率，是由敵我雙方的實力衡量比較而得。曹操曰：「稱量之（衡量結果），故知其勝負所在（就知勝負屬誰）。」從用兵作戰而言，若兵力依地形部署得宜（相稱），在決定點上的壓倒優勢即為勝利之保證。張預曰：「稱，宜也。地形與人數相稱，則疏密得宜，故可勝也。《尉繚子》曰：「無過在於度數（不犯錯誤，在於依地形精準部署兵力）」。度以量地，數以量兵；地與兵相稱則勝。」

4. 以量勝——勝兵若以鎰稱銖，勝兵若以鎰稱銖。這是承前「勝於易勝」、「勝於已敗」之理的比喻。「鎰」、「銖」為古代計算重量之單位，

「鎰」約為二十兩，「銖」，約一兩之二十四分之一。「鎰」是言其重，「銖」是言其輕，兩者相差約四百八十倍；「以鎰稱銖」或「以銖稱鎰」，均是形容實力懸殊。「以鎰稱銖」，意在形容優勢兵力打擊敵人，猶如以鎰稱銖，壓力重大；「以鎰稱銖」，意謂以劣勢兵力對抗敵人，猶如以銖稱鎰，無力抵禦。簡言之，勝利屬於擁有數量優勢的一方，古今中外的戰略家，未有不同意此項基本觀念者，亦即以絕對優勢的兵力，採取勇猛的攻勢，發揮戰鬥的衝擊力，此乃戰爭最高指導原則；孫子用極重（「鎰」）與極輕（「銖」）的強烈對比（480：1），來喻示假使雙方兵力的數量相差如此巨大，則勝負之分自屬不言而喻。若不能形成絕對優勢以勝敵，將形成戰略僵局，《呂氏春秋・慎勢》說：「權鈞（均）則不能相使，勢等則不能相并（兼併），治亂齊（相同）則不能相正（匡正）。故小大、輕重（優勢與劣勢；重量較重的一方是優勢，較輕的一方則居劣勢）、少多、治亂，不可不察，此禍福之門也。」

5. 以形勝──勝者之戰，若決積水於千仞之谿者，形也。「勝者」：即戰爭之勝者，指綜合實力居優的一方。「決」：掘開；「積水」指蓄積的水，猶現代的水庫；寓意「綜合實力居優者，於平時採取守勢，祕匿軍形（實力）」。「仞」為古代計算長度之單位，八尺為一仞，千仞就等於八千尺，形容山之高。「決積水於千仞之谿」，若掘開八千尺高山上的水庫，水流往下直瀉，具有猛烈無比的衝擊力；寓意「綜合實力居優者，能掌握契機，一旦發動攻勢，其威力強大迅猛，敵人難以抵禦。」杜牧註解：「夫積水在千仞之溪，不可測量，如我之守不見形也。及決水下，湍悍奔注（以急促浩瀚之勢，奔湧而下），如我之攻不可禦也。」張預註解：「『千仞之谿』，謂不測之淵，人莫能量其淺深。及決而下之，則其勢莫之能禦。如善守者，匿形晦跡（隱密軍形，不露任何跡象），藏於九地之下，敵莫能測其強弱；及乘虛而出，則其鋒莫之能當也。」「形也」，歸納全篇之結論，意謂所以能造成「若決積水於千仞之谿」這樣的形勢，並非一朝一夕就能形成的，必須經過長年累月的努力，於平時「修道保法」，儲備國力，蓄積戰力，既能「善守」，又能「善攻」，才能建立「自保而全勝」的國防形態。即謂強大的實力永遠是勝利的最可靠保障。

另解：前句「以鎰稱銖」寓意靜態的壓倒性決勝形勢，本句承前句義理，從動態寓意壓倒性的決勝形勢。孫子以為勝者之兵，他所發動的攻勢，猶

如「決積水於千仞之谿」，就是要先把兵力（水）集中（積）在決定點上（千仞之谿），然後以洪水般迅猛之勢，將軍隊投入戰場（決積水），敵人根本無從抵抗。這種優勢之所以能出現，即由於兵力部署（形）之適當。簡言之，交戰之前的兵力部署實爲決定勝敗之基礎。梅堯臣註解：「水決千仞之谿，莫測其迅；兵動九天之上，莫見其跡，此軍之形也。」

兵勢第五

孫子曰：凡治眾如治寡，分數是也。鬥眾如鬥寡，形名是也。三軍之眾，可使必受敵而無敗者，奇正是也。兵之所加，如以碬投卵者，虛實是也。

凡戰者，以正合，以奇勝。故善出奇者，無窮如天地，不竭如江河，終而復始，日月是也；死而復生，四時是也。聲不過五，五聲之變，不可勝聽也。色不過五，五色之變，不可勝觀也。味不過五，五味之變，不可勝嘗也。戰勢不過奇正，奇正之變，不可勝窮之也。奇正相生，如循環之無端，孰能窮之哉！

激水之疾，至於漂石者，勢也。鷙鳥之疾，至於毀折者，節也。是故善戰者，其勢險，其節短，勢如張弩，節如發機。

紛紛紜紜，鬥亂，而不可亂也。渾渾沌沌，形圓，而不可敗也。亂生於治，怯生於勇，弱生於強。治亂，數也；勇怯，勢也；強弱，形也。故善動

三「任勢」：運用
兵勢的理則
「造勢」（創造兵
勢）之後，就必須
將此有利的情勢予
以運用，稱為「任
勢」──「擇人任
勢」

敵者，形之，敵必從之；予之，敵必取
之。以利動之，以實待之。

　　故善戰者，求之於勢，不責於人，
故能擇人任勢；任勢者，其戰人也，如
轉木石，木石之性，安則靜，危則動，
方則止，圓則行。故善戰人之勢，如轉
圓石於千仞之山者，勢也。

一、篇旨

(一)「勢」的一般概念：

　　「勢」：「盛力，權也。」（《說文
新附·力部》）→「勢」，本義為權力、
權勢。引申：

1. 威力、能量→運動之力，一種突發的衝
　擊力量，如「水勢」、「火勢」、「風
　勢」。
2. 力的展現，如流水之於行船，風向之於風箏，是蘊藏在宇宙萬物裡的「潛
　能」。
3. 動作的狀態→態勢，如「手勢」、「軍事態勢」。
4. 形貌，如：「山勢」、「地勢」。
5. 情形、狀況→政治、軍事或其他社會活動方面的狀況，如：「時勢」、
　「當前局勢」、「趨勢」。

「勢」是力量的象徵

靜止時→威懾的力量。
運動時→衝擊的力量。

作者自行整理繪製。

6. 機會，《孟子・公孫丑上》：「雖有智慧，不如乘勢；雖有鎡基（農耕器具），不如待時。」

總之，「勢」是力量的象徵，靜止時是威懾的力量，運動時是衝擊的力量。

(二)「勢」的軍事概念：

1. 敵我雙方軍事情勢。《三國演義・第四十六回》：「爲將而不通天文，不識地利，不知奇門，不曉陰陽，不看陣圖，不明兵勢，是庸才也。」
2. 兵力部署情況。《韓非子・十過》：「秦穆公迎而拜之上卿，問其兵勢與其地形。」
3. 用兵布陣。《南史・曹武傳》：「世宗性嚴明，頗識兵勢，未遂封侯富顯。」
4. 猶兵（軍）力。司馬光《涑水記聞・卷十一》：「陝西四路，自來只爲城寨太多，分卻兵勢。《清史稿・饒餘敏郡王阿巴泰傳》：「兵勢單弱，不能長驅。」

(三)孫子論「兵勢」

由軍隊之靜態基礎（「形」；萬全的部署，威懾力），迅速運動（奇正之用，衝擊力），所造成的威力，稱之爲「兵勢」。「兵勢」是一種客觀的「潛能」，不分敵我的存在，可爲任何一方所用。

兵勢必須靠人去創造

〈始計篇〉	〈兵勢篇〉
1. 計利以聽，乃爲之「勢」──動詞，造勢。 2.「勢」者，因利制權──名詞，造勢布局的指導原則。	對威猛之「勢」的隱喻： 1. 激水之疾，至於漂石者，勢也。 2. 勢如張弩。 3. 善戰人之勢，如轉圓石於千仞之山者，勢也。

作者參考《孫子兵法・始計篇》、《孫子兵法・兵勢篇》原文整理自繪

王晢註解：「勢者，積勢之變也（累積多種因素造成的態勢）。善戰者，能任（憑藉）勢以取勝，不勞力（消耗兵力）也。」

孫子論「勢」shi

軍隊之靜態基礎

迅速運動
用力：奇正之用
衝擊力所造成
的威力

勢

「形」→建力
萬全的部署，威懾力

力量蓄積所展現的狀態（態勢）

作者自行整理繪製。

　　綜合而論，「勢」是以軍事實力爲基礎，藉由兵力部署與運用（奇正、詭道），所形成的破敵態勢，也就是「戰略態勢」。將帥在擁有一定的軍事實力的基礎上，要充分發揮作用，而造成一種「勢險節短」能戰勝敵人的態勢。聰明的人懂得去運用各種不同的「勢」，而達到事半功倍的效果，稱爲「勢如破竹」。孫子以「五聲」、「五色」、「五味」之變爲喻，來說明「奇正」的運用，其意在申明「勢」的運用，絕非數學可計算，亦非言語所能形容，誠乃最高之藝術。故本篇篇名，若以今日軍語譯之，可名爲「戰爭藝術」。

(四)〈兵勢篇〉與各篇章之關係

1. 明朝兵學家趙本學的解釋：「孫子以此〈軍形篇〉次於〈謀攻篇〉之後，何也？蓋謀攻而不可得，必主用兵，主兵之道，『形』與『勢』最爲首務。故以〈軍形篇〉次〈謀攻篇〉，而〈兵勢篇〉次於〈虛實篇〉。」

《孫子淺說》

2. 近代兵學家蔣百里對於「兵勢」的解讀是：「勢者，即詭道。然詭道之界說有二：一曰奇正，一曰虛實。此篇專論奇正之詭道，以兵勢不過奇正一句，爲一篇之綱領也。」本篇與上篇（〈軍形第四〉）、下篇（〈虛實第六〉）連貫成一個用兵規則的體系：〈軍形〉：軍隊動能所積蓄的

「形」；〈兵勢〉：軍隊動能釋放的「勢」；〈虛實〉：軍隊動能著力點的「虛實」。這三篇是不可分割的姐妹篇。

「軍形」之義專以自固（先強化軍力），立言若以詐形反示，敵人而誤之者，則詭譎之計，精實以後之事（再造勢誤敵）。故至〈虛實篇〉而後發之（造勢之後則要知敵之虛實，以擇人任勢），此亦序次之所在也。

二、詮文
㈠治（鬥）眾如治（鬥）寡

孫子曰：凡治眾如治寡，分數是也。鬥眾如鬥寡，形名是也。三軍之眾，可使必受敵而無敗者，奇正是也。兵之所加，如以碫投卵者，虛實是也。

【語譯】孫子說：統治大軍有如統治小部隊一樣，乃因軍隊編組層層節制，如臂使指，使各部皆能發揮應具功能，這是組織與編制的問題。要想使指揮大軍作戰如同指揮小部隊一樣，乃因有既定之陣形，並以鐘鼓和旌旗為信號，使各部按部就班，這是指揮與調度的問題。三軍部隊無論在任何情況下遭受敵人攻擊而不致於潰敗者，這是「奇正」戰術的變化問題；要使軍隊進攻，如同以石擊卵、勢如破竹，這屬於以我之實擊敵之虛原則的正確運用問題。

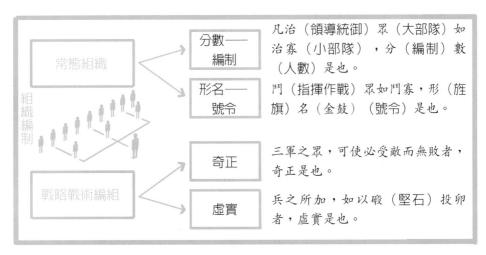

作者參考《孫子兵法‧兵勢篇》原文整理自繪。

【闡釋】

1. 關於戰爭藝術的發揮，孫子提出了四個範疇，分別為「分數」、「形名」、「奇正」、「虛實」。這四者的先後順序，非隨意排列，他認為在指揮關係上「分數」居首位，能否治理全軍，首先要使軍隊部署處於相互配合的有利狀態；其次是「形名」，也就是作戰隊形的排列之法，惟有陣形整齊有序、按部就班，才能攻防兼備；第三是「奇正」，也就是隨時靈活變換戰術和使用兵力；最後是「虛實」，即避實擊虛的作戰指導。在守勢作戰中運用奇正，攻勢作戰中運用虛實。戰勢不過奇正，奇正之變，不可勝窮，故為將者須觸類旁通、舉一反三。

2. 組織編制：治眾如治寡，分數是也。在戰爭之際，要使數百、千、萬之大軍，毫不紊亂的指揮掌握，必須要靠組織（編制）。如此即使百萬大軍也可成為一體：意志統一，隊形不亂，指揮時能如臂使指般順暢。《吳起兵法》：「短者持矛戟，長者持弓弩，強者持旌旗，勇者持金鼓，弱者為廝役，智者為謀主。」部隊依各人所長，分配職務，予以編組。

   (1)「治」，治理，管理，亦即領導統御。「眾」，大部隊。「寡」，小部隊。「分數：分」：部隊的層級區分→部隊的組織編制；排、連、營。「數」：部隊個層級區分的人數→各級部隊編制之人數；如每班十人。

   (2)杜牧註解：「分者，分別也。數者，人數也。言部曲行伍（各級部隊）皆分別其人數多少（按其階層區分編制人數），各任偏裨長伍（分別委任各級部隊長統軍隊），訓練升降，皆責成之（給予訓練、升遷、降級等統御權責）。故我所治者寡也（所以統帥管理一軍的人就不多了）。」

   (3)陳皥註解：「若聚兵既眾（一旦徵集的數目眾多的軍隊），即須多為部伍（就要全數編入伍班排基層部隊之中）。部伍之內，各有小吏（伍長、班長）以主之，故分其人數（全軍既依照人數多寡區分部隊階層之高低），使之訓齊決斷（使部隊訓練齊一，依各級指揮官決斷或命令執行任務），遇敵臨陳，授以方略（計謀策略），則我統之雖眾，治之益寡（管理起來不顯得多）。」

   (4)依《周禮》古代部隊編組分為：五人為伍，五伍為兩，四兩為卒，伍卒為旅，五旅為師，五師為軍（一萬二千五百人），另把十人稱為火，

五十人稱爲隊。而漢制爲：一人曰獨，二人曰比，三人曰參，比參爲伍，五人爲列，二列爲火，五火爲隊，二隊爲官，二官爲曲，二曲爲部，二部爲校，二校爲裨，二裨爲軍，一軍計三千二百人。

張預註解：「統眾既多，必先分偏裨之任（分別委任偏將、裨將統領部隊），定行伍之數（制定各級編制單位與人數），使不相亂（使組織嚴密），然後可用（部隊才能發揮戰力）。故治兵之法（管理部隊的方法），一人曰獨，二人曰比，三人曰參，比參爲伍，五人爲列，二列爲火，五火爲隊，二隊爲官，二官爲曲，二曲爲部，二部爲校，二校爲裨，二裨爲軍，遞相統屬（一級統領一級），各加訓練。雖治百萬之眾，如治寡也（管理百萬部隊就像管理班排小部隊一樣）。」

3. 指管系統：鬥眾如鬥寡，形名是也。指揮大部隊作戰，彷如率領小部隊般，掌握有序，使士卒同心協力、進退有節，端賴指揮系統的嚴謹（指揮管制系統明確、暢通）。古時主帥下達的命令難以傳布，所以設置旗幟，高舉於手中，讓將士知道前進或後退等命令，而用金鼓來節制將士進行戰鬥或終止戰鬥，則全軍皆能有條不紊、渾然一體，戰時定能摧枯拉朽。「鬥」：動詞，戰鬥；指揮作戰。「鬥眾」：指揮大部隊作戰。「形名」：「旌旗曰形，金鼓曰名。」（曹操注）

形：旌旗　　　　名：金鼓

(1)古代軍隊作戰爲何以「形名」作爲指揮管制部隊的工具呢？陳暤解釋：「夫軍士既眾，分布必廣（部隊人數多，部署範圍必然廣大），臨陳對敵，遞不相知（各部隊位置無法傳遞通報），故設旌旗之形，使各認之。進退遲速（各部隊前進、後退，進展快速順利、緩慢延遲）又不相聞（彼此無法相互通報），故設金鼓以節（協調節制）之。所以令之曰：『聞鼓則進，聞金則止』。」

(2)張預徵引〈軍爭篇〉相關內容，做進一步的說明：「《軍政》曰：『言不相聞，故爲鼓鐸（一種形如鈴的金屬製響器）。視不相見，故爲旌旗。』今用兵既眾，相去必遠，耳目之力所不聞見，故令士卒望旌旗之

形而前卻（前進後退），聽金鼓之號而行止，則勇者不得獨進，怯者不得獨退，故曰：『此用眾之法也』。」

4. 奇正——三軍之眾，可使必受敵而無敗者，奇正是也。「奇正」古代軍事術語，是兵力部署列陣的戰術編組與運用，只要「奇正」的戰術編組奏效，即使遭受敵人全面性的攻擊也不會戰敗。賈林註解：「當敵以正陳，取勝以奇兵，前後左右俱能相應（策應配合），則常勝而不敗也。」

奇正是一組在字義上相反對立，在運用上卻是相輔相成的概念。一般說來，一般的、常規的、傳統的為「正」；特殊的、變則（變通或例外的原則）的、非傳統的為「奇」。「奇正」，指用兵作戰的常法與變則，歷來兵家學者對「奇正」之界定，不盡相同，大體可區分為兩大類型：第一類是認為「奇」、「正」有別，可分而解釋；第二類是認為「奇」、「正」之用，難以區分，端視敵人的認知判斷而定。兩種界定都很重要，因為明確的界定「奇」、「正」之別，乃部署運用兵力的基礎，然而若執意於「奇」、「正」之義而用兵，恐難以因應瞬息萬變的敵情與戰況，故須審時度勢，不應拘泥於「奇」、「正」，彈性變換運用為要。

(1)「奇」、「正」有別的註解：

註解者	正	奇	備註
《孫臏兵法》	形以應形（用陣形對陣形），正也	無形而制形（用非常規陣形去應戰常規陣形），奇也	依運用戰法之性質分
《尉繚子》	正兵貴先（專注於開啟戰局）	奇兵貴後（專注於戰況變化而出擊）	依部隊任務分
曹操	先出合戰（首先出擊與敵會戰）為正	後出為奇	依應戰時機分
李荃	當敵（正面應敵）為正	傍（旁、側；非正面）出為奇	依兵力部署位置分
賈林	當敵以正陣	取勝以奇兵	依兵力部署目的分
梅堯臣	靜（守勢備戰）為正；靜以待之（敵）	動（攻勢制敵）為奇；動以勝之（敵）	依戰略態勢分
李靖	兵以前向（前進）為正	後卻（佯退）為奇	依接敵應戰策略分

作者彙整自《孫臏兵法》、《尉繚子》、《十一家注孫子》

(2)「奇」、「正」因敵而釋用（界定與運用）的註解：

① 何氏註解：

  A. 不嚴加區分「奇」、「正」的理由：「兵體（用兵的整體形勢）萬變，紛紜混沌（複雜多變，混亂無序），無不是正，無不是奇（奇正之部署不拘泥於形式，必須彈性界定）。」

  B. 區分的理則：

    (a) 依開戰理由與應戰策略而分：「若兵以義舉者（以正當名義開戰）正也，臨敵合變者（順應敵情變化，採取適當的戰法）奇也。」

    (b) 依敵情應戰而分：「我之正使敵視之爲奇，我之奇使敵視之爲正，正亦爲奇，奇亦爲正。」

② 張預註解：

  A. 反對嚴加區分的理由——《尉繚子》等「以正爲正，以奇爲奇（正就是正，奇就是奇）的界定」，「曾不說相變循環之義（全然無法闡釋孫子「奇正相生」、「循環無端」的義理）。」

  B. 唐太宗的界定最適當（與何氏概同）：「以奇爲正，使敵視以爲正，則吾以奇擊之。以正爲奇，使敵視以爲奇，則吾以正擊之。」這樣的界定，是將奇正「混爲一法（合爲一個），使敵莫測，茲最詳（透徹）矣。」

  C. 三軍之眾」：所有軍隊；「必受敵」：能承受住敵人全面性的攻擊，即「先爲不可勝，以待敵之可勝。」「必」：(a)「畢」的同音假借，意爲「皆」，完全，全部；(b)「若」，一但。「必受敵」：(a)皆受敵，亦即四面受敵；(b)一旦臨敵作戰。

5.虛實——必勝戰略戰術：兵之所加，如以碬投卵者，虛實是也。

(1)「虛實」：係指力量的強弱分布。①領導者盱衡情勢後，重點使用力量的一種形式部署；②基於力量的節約及效益等概念所形成的戰略戰術。「碬」，堅石也，「以碬投卵」，集中絕對優勢兵力打擊敵人的薄弱處。曹操注：「以至實擊至虛（以絕對優勢兵力，打擊敵人最虛弱的地方）。」

(2)如果「虛實」的戰術編組奏效，一但敵人之攻勢不能得逞，我則適時轉移攻勢，一經轉移攻擊，即如以石擊卵，攻無不克，戰無不勝，這是因

能洞悉敵之弱點，趁勢集中優勢兵力給予敵人致命的一擊。李荃註解：「碬實卵虛，以實擊虛，其勢易也（造成一個可以很輕易擊敗敵人的戰略態勢）。」何氏註解：「碬實卵虛，以實擊虛，其勢易也（造成一個可以很輕易擊敗敵人的戰略態勢）。」

(3)孟氏指出，軍隊「以碬投卵」的條件有三：

①「訓練重（嚴）整」。

②「部領分明（組織嚴整）」。

③「審料敵情，委知虛實分明（確實知道敵之虛實）」，「後以兵而加之（然後對敵用兵），實同以碬投卵也。」

(4)張預徵引〈虛實篇〉中「善戰者致人而不致於人」的理則，提出「虛實彼我之法（使敵人虛弱，使自己力量充實的方法）」。

①「致人」，支配敵人──「引致敵來（誘引敵前來我所設之戰場），則彼勢常虛。」

②「不致於人」，不被敵人支配──「不往赴彼（不被敵誤導，前往敵所設之戰場），則我勢常實。」

③「以實擊虛，如舉石投卵，其破之必矣（必能擊敗敵人）！」

(5)《唐太宗李衛公問對‧卷中》──論奇正、虛實運用之理：

李靖：「奇正在我，虛實在敵。」

①「奇正」：主觀方面，「奇正在我」。

②「虛實」：客觀方面，「虛實在敵」。

③二者關係：「奇正」之變，在「致（探查）敵之虛實」。

將領必須精熟「奇正」編組與靈活變換之法，理由是「苟將不知奇正，則雖知敵虛實，安能致之哉（如何能支配敵人並擊敗他）？」判明敵之虛實後，靈活使用兵力，適當變換奇正之勢，避實擊虛，出奇制勝，「敵實，則我必以正（助攻，牽制）」；「敵虛，則我必為奇（集中兵力，主攻）」。

李靖結論：「千章萬句，不出乎『致人而不致於人』而已。」

6. 分數、形名、奇正、虛實之關係──創造與運用兵勢（有利態勢、布局）的基礎：

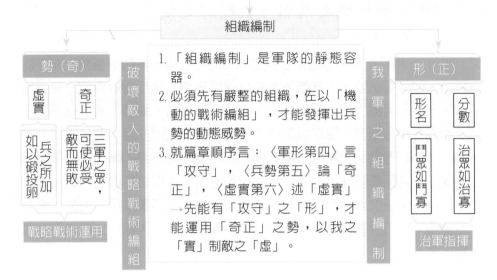

作者參考《孫子兵法·軍形篇》、《孫子兵法·兵勢篇》、《孫子兵法·虛實篇》原文整理自繪

張預註解：「夫合軍聚眾，先生分數（健全組織）；分數明，然後習形名（熟習號令、指揮管制）；形名正（確立），然後分奇正（靈活部署兵力）；奇正審（分明），然後虛實可見矣（虛實的態勢就可顯現了）。四事所以次序也。」

結論：分數、形名、奇正、虛實具有先後的循序關係。先建力──完成軍隊編成（「分數」）、指管通情系統的建置（「形名」）；而後能用力──接著進行戰勢（「奇正」，戰略戰術）部署，最後形成壓倒性的優勢（「虛實」，以破擊卵，以至實擊至虛），徹底殲滅敵人。

(二)以正合，以奇勝

凡戰者，以正合，以奇勝。故善出奇者，無窮如天地，不竭如江河，終而復始，日月是也；死而復生，四時是也。聲不過五，五聲之變，不可勝聽也。色不過五，五色之變，不可勝觀也。味不過五，五味之變，不

可勝嘗也。戰勢不過奇正，奇正之變，不可勝窮之也。
奇正相生，如循環之無端，孰能窮之哉！

【語譯】凡用兵作戰，總是用正兵當敵，用奇兵取勝。所以善於出奇制勝
的將領，他的戰法變化，就像天地那樣運行無窮，像江河般奔流不息。終
而復始，如日月的交替，死而復生，如四季的更迭。樂音不過五個音階，
然而將五音組合編曲，卻可以創造出永遠也聽不完的曲目；顏色不過五種
色調，然而將五色調和配色，卻可創造出永遠也看不完的顏色；口味不過
五種味道，然而將五味組合調配，卻可創造出永遠品嘗不盡的味道。戰爭
的形勢僅「奇正」兩種而已，但奇正的組合變化，卻是無窮無盡的。奇正
相互轉換，如同沿著圓環環繞，永遠無始無終，任何人都無法窮盡它的戰
法變化啊！

作者參考《孫子兵法‧兵勢篇》原文整理自繪

【闡釋】

1. 本段與下一段所論爲創造兵勢（戰爭藝術化）的要領。

2. 孫子論「兵勢」時，首先提出一個致勝通則：「凡戰者，以正合，以奇勝。」凡是用兵作戰，都是運用正兵（常法）與敵正面交戰，然後隨戰場狀況的變化，掌握戰機，運用奇兵（變則）取得勝利。「以正合」：「以」，運用；「合」，交戰；「以奇勝」：出奇制勝；即靈活變化戰術以取勝；「勝」，克敵取勝。

(1) 杜佑註解：「正者當敵，奇者從傍擊不備。以正道（常規戰法）合戰，以奇變取勝也。

(2) 張預註解：「兩軍相臨，先以正兵與之合戰；徐發（其後伺機派遣）奇兵，或擣（猛擊）其旁，或擊其後以勝之。若鄭伯（春秋時期的鄭莊公）禦燕師（南燕軍隊），以三軍軍其前（主力列陣於南燕軍正面），以潛軍軍其後（分遣埋伏部隊於南燕軍後面）是也（見《春秋左傳・隱公五年》，西元前718年）。」

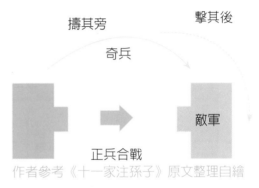

作者參考《十一家注孫子》原文整理自繪

(3) 何氏列舉秦趙長平之戰等四個「皆以奇勝之跡」的例證：

戰例　秦趙長平之戰：戰國時期（西元前260年），趙將廉頗率軍在長平對抗秦軍（王齕爲將）之攻擊。秦軍遠來，利在速戰速決，惟趙將廉頗採取守勢，堅壁不戰，使兩軍陷入對峙與膠著局面（廉頗堅壁以待秦，秦數挑戰，趙兵不出），戰略態勢對「遠輸」之秦軍甚爲不利。秦相范雎派人持千金行反間計於趙，散布謠言說：「秦之所惡（不希望），獨畏趙括耳。廉頗軍易與（容易對付），且降（況且已算投降）矣。」趙王既怒廉頗多次失敗，士兵死傷不少，反而堅壁不戰，又中了秦國的反間計，以趙括代廉頗爲將（趙王既怒廉頗軍多亡失，數敗，又反堅壁不戰，又聞秦反間之言，因使括代頗）。秦王獲知後，即密令名將白起取代王齕爲主將，全權指揮長平戰場。

作戰經過：趙括一到前線，就大舉出兵向秦軍發起攻擊（至則出軍擊秦）。白起利用趙括驕傲輕敵的弱點，交戰時佯敗後退，同時部署兩支奇兵伺機行動（秦軍佯敗而走，張二奇兵以劫之）。趙括以為秦軍已敗，率領趙軍乘勝追擊，一路攻至秦軍營壘。秦軍據營堅守，趙軍不能攻入（趙軍逐勝追造秦壁，壁堅，拒不得入）。白起乘勢對脫離有利陣地的趙軍予以分割包圍，先以二萬五千人斷絕趙軍補給線，又以五千騎兵切斷趙軍退回營壘之路（秦奇兵二萬五千絕趙軍後，又五千騎絕趙壁間），將趙軍分割為二，趙軍只能築壘頑抗，數次突圍無效，被圍困四十六天，糧盡援絕（趙兵分為二，糧道絕），最終趙括親自率軍突圍，失敗，中箭身亡，四十萬趙軍被俘。

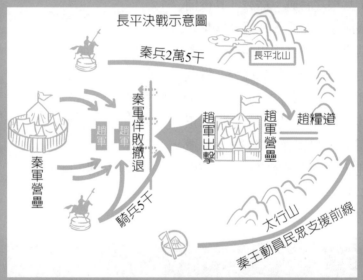

參考《資治通鑑・卷第五》、《史記・白起列傳》繪製。

戰例 李淵擊突厥之戰：隋朝時期突厥多次侵擾北方邊塞，隋煬帝命令李淵同馬邑太守王仁恭防守邊境（616年）。當時，東突厥汗國力量正強，而李淵、王仁恭二人集結的軍隊，還不滿五千人，王仁恭恐懼憂慮。李淵說：「今主上邈遠（現在皇帝距離我們甚遠），孤城絕援（我們奉命固守孤城無法獲得救援），若不死戰，難以圖全（很難保全自己）。」於是採取以下應敵作為：

1. 「親選精騎四千出為游軍（特遣部隊），居處飲食，隨逐水草，一同於突厥（練突厥的飲食起居，一舉一動，都跟突厥軍一樣）。」

2. 「見虜候騎（看到偵巡騎兵），但馳騁獵耳（只須繼續馳馬射獵），若輕之（像是不將他們放在眼裡一樣）。」
3. 「及與虜相遇（與敵部隊遭遇），則掎角置陳（就分列成兩翼互相呼應的陣勢），選善射者為別隊（突襲部隊），持滿以待之（拉滿弓箭伺機射敵），虜莫能測（敵人無法洞悉我方意圖與行動），不敢決戰。」
4. 「縱奇兵擊走之（乘敵疑慮不決之際，出動奇兵，多次擊敗敵人）。」
於是東突厥對李淵深感畏懼，再不敢妄為，侵犯北疆。

戰例　唐太宗創玄甲軍：唐太宗李世民在未即位之前，即以勇敢善戰著稱，又精研兵書戰策，可謂智勇雙全的將領。他在建軍方面有一個重要的功績，就是創立了一支量少、質精、戰力強的「玄甲軍」，這支軍隊也為他贏得「天可汗」的稱號。

編制組成：玄甲軍是一支由數千驍勇將士所組建而成的精銳騎兵，制服為黑色戰袍與戰甲，因此取名「玄甲軍」。玄甲軍區分為左右兩個作戰大隊，擔任奇襲任務，由秦叔寶、程知節等將領分別統領之（秦王世民選精銳千餘騎為奇兵，皆黑衣玄甲，分為左右隊，使秦叔寶、程知節、尉遲敬德、翟長孫分將之）。每次與敵軍遭遇時，李世民都會親自披掛黑甲，一馬當先，率領這支奇兵伺機進攻，所向披靡，常常以少勝多，令敵人膽寒（每戰，世民親被玄甲，帥之為前鋒，乘機進擊，所向無不摧破，常以少擊眾，敵人畏之）。（《資治通鑑・卷一百八十八・唐紀四・武德四年》）

戰術運用：根據記載，李世民對於「玄甲軍」的戰術運用主要有側翼突擊、正面突擊與埋伏襲擊。

1. 側翼突擊：側翼突擊是李世民的慣常戰法。所謂側翼包括敵陣的側面、敵人的薄弱處（如接合處）或是迂迴到敵陣之後。側翼突擊的接戰程序如下：先以正面部隊與敵人對峙或戰鬥，待敵人銳氣受挫，兵力有所減損之後，李世民即親率「玄甲軍」突擊敵人之側翼（薄弱處、直接迂迴敵後），對敵形成前後夾擊之勢。這樣的攻擊，往往是致命一擊，能讓敵人就此崩潰。
2. 正面突擊：以「玄甲軍」為前鋒，大軍主力為後繼，直接對敵陣實施衝擊（突穿），將敵人的陣形部署衝亂、衝散，從而最終達到殲滅敵人的目的。

3. 埋伏襲擊：預伏「玄甲軍」於敵必經之處襲擊敵人。此一戰法對受襲擊敵軍具有霎時的震懾效果，敵人在無防備的狀況下，突然遭受精銳騎兵的包圍和攻擊，必然會立即陷入恐懼與混亂失序之中，自然可以輕易將其殲滅。

戰績軍功：唐朝（高祖李淵）於建立之初，天下尚未完成統一，與鄭朝王世充、夏朝竇建德，形成鼎足三分的形勢（620-621年），此期間李世民親率之「玄甲軍」屢立戰功。

1. 增援唐軍營壘遇襲之戰（621年1月）。唐武德三年（620年）7月，唐高祖李淵命李世民率軍對鄭朝發動攻勢，逐漸對鄭朝形成包圍之勢，至次年1月，唐軍已近迫至鄭朝首都洛陽。正當此時，唐中央政府官員屈突通（行台僕射）、竇軌（贊皇公爵），率軍巡視各軍營壘陣地，突然遭受鄭帝王世充率軍襲擊，戰況不利。李世民率「玄甲軍」救援，王世充大敗，李世民生擒鄭軍騎兵將領葛彥璋，斬殺及俘虜六千餘人，王世充逃回首都（行臺僕射屈突通、贊皇公竇軌將兵按行營屯，猝與王世充遇，戰不利。秦王世民帥玄甲救之，世充大敗，獲其騎將葛彥璋，俘斬六千餘人，世充遁歸）。（《資治通鑑·卷一百八十八·唐紀四·武德四年》）

2. 武牢關（又稱虎牢關、汜水關）之戰。唐武德四年（621年）3月，唐軍對鄭都洛陽完成包圍圈，挖掘壕溝，興築長牆堡壘，切斷鄭軍與外界來往，夏王竇建德統率十多萬大軍前來洛陽救援。李世民盱衡情勢，為避免腹背受敵，決定迅速率軍據守戰略要地武牢關，阻殲夏軍增援；另一方面則繼續阻斷鄭軍與外界的聯絡，藉以持續打擊鄭軍士氣與消耗其糧食，若能擊潰夏軍，鄭軍自然不戰自潰。於是李世民將所屬部隊區分為二，以主力繼續加強洛陽包圍圈；李世民則親率「玄甲軍」三千五百人，向東前往武牢關。李世民進抵武牢關後，採取以下應敵措施：

⑴ 親往臨近敵營，襲擾敵軍，探敵虛實；預伏兵力，阻殲追擊敵軍。

① 為確實掌握夏軍虛實，李世民親率精銳騎兵五百人，出武牢關，東行二十餘里，偵察夏軍動向，沿路分別留下騎兵，命部將率領，在道路兩邊埋伏（將驍騎五百，出武牢東二十餘里，覘建德之營。緣道分留從騎，使李世勣、程知節、秦叔寶分將之，伏於道旁）。

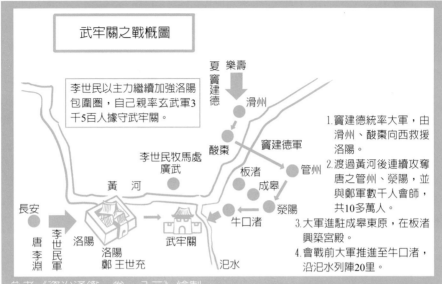

武牢關之戰概圖

李世民以主力繼續加強洛陽包圍圈，自己親率玄武軍3千5百人據守武牢關。

夏竇建德　樂壽
滑州
酸棗　竇建德軍
李世民牧馬處　廣武
黃　河
板渚　管州
成皋
長安　榮陽
唐李淵　李世民軍　牛口渚
洛陽　武牢關
洛陽鄭王世充　氾水

1. 竇建德統率大軍，由滑州、酸棗向西救援洛陽。
2. 渡過黃河後連續攻奪唐之管州、榮陽，並與鄭軍數千人會師，共10多萬人。
3. 大軍進駐成皋東原，在板渚興築宮殿。
4. 會戰前大軍推進至牛口渚，沿氾水列陣20里。

參考《資治通鑑・卷一八三》繪製。

② 李世民僅率四人隨從，繼續前進。當李世民近距夏軍大營三里多遠時，被夏軍游騎兵發現，以為他們是偵查騎兵。李世民隨即以弓箭射死一個將領，夏軍大營驚駭震動，五、六千名騎兵蜂擁出擊（才餘四騎，與之偕進。……去建德營三里所，建德遊兵遇之，以為斥候也。……引弓射之，斃其一將。建德軍中大驚，出五六千騎逐之）。

③ 李世民沉著應戰，以弓箭射敵，壓制敵軍進逼，並徘徊後退，最後把夏軍引導至伏兵陣地，大破夏軍，殺三百餘人，擄獲夏軍勇將二人，回守虎牢關（於是按轡徐行，追騎將至，則引弓射之，輒斃一人。追者懼而止，止而復來，如是再三，每來必有斃者，……。世民逡巡稍卻以誘之，入於伏內，世勣等奮擊，大破之，斬首三百餘級，獲其驍將殷秋、石瓚以歸）。

(2) 虎牢關決戰：

① 夏軍受阻於武牢關，不能前進，歷經月餘，發動數次攻擊，皆無法取勝，不耐久候，將士逐有歸心（竇建德迫於武牢不得進，留屯累月，戰數不利，將士思歸）。夏朝官員凌敬（國子祭酒）向竇建德提出更改作戰線的戰略構想，以解除目前「頓兵挫銳」、「師老費財」的僵局：

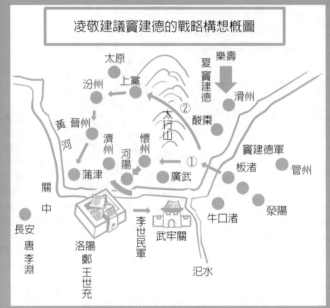

參考《資治通鑑・卷一八三》繪製。

戰略構想：「大王悉兵濟河（大王統率全軍，渡黃河北上），（向西）攻取懷州、河陽，使重將守之（派高級將領鎮守）。」「更鳴鼓建旗（大張旗鼓），逾太行（穿越太行山），入（進占）上黨，徇（奪取）汾、晉，趣（指向）蒲津。」

效益評估：「如此有三利：一則蹈無人之境，取勝可以萬全；二則拓地收眾（開疆拓土），形勢益強（我之戰略形勢更為強大）；三則關中（唐政府核心地區）震駭，鄭圍自解。為今之策，無以易此（以目前的情勢而言，沒有比這更好的戰略）。」

竇建德本將採納此一戰略構想，皇后也極力贊同，認為這是「唐必還師自救，鄭圍何憂不解」的最佳方略。可是王世充一再告急求救，其高級將領又都收受王世充官員的賄賂，一致批評說：「凌敬書生，安知戰事？其言豈可用也！」以阻撓上項戰略。於是竇建德最終斷然拒絕採納凌敬的戰略，理由有二：「眾心甚銳（當前軍心銳不可擋），天讚（助）我也，因之決戰，必將大捷。」「吾來救鄭，鄭今倒懸（處境極為艱難），亡在朝夕，吾乃捨之而去，是畏敵而棄信也，不可。」

② 5月，唐軍密探回報李世民：「竇建德探聽到唐軍餵馬草料已經吃
完，將在黃河以北放牧，竇建德準備利用這個時機，襲擊武牢。」
（諜者告曰：「建德伺唐軍芻盡，牧馬於河北，將襲武牢」）於是
李世民率軍北渡黃河，先偵查夏軍形勢，故意留下千餘匹馬放牧於
河邊，引誘竇建德，當天傍晚再率軍返回虎牢（秦王世民北濟河，
南臨廣武，察敵形勢，因留馬千餘匹，牧於河渚以誘之，夕還武
牢）。

③ 竇建德果然中計，率領全軍於虎牢關所在之黃河至汜水地區間，築
營列陣，正面寬達二十里，在戰鼓聲中向前推進（建德果悉眾而
至，自板渚出牛口置陳，……，亙二十里，鼓行而進）。唐軍諸將
面敵之龐大陣勢心生恐懼。李世民為激勵戰志，解除將領疑懼，親
登高丘偵查敵陣，並對諸將進行戰場簡報：

就敵情而言：「賊起山東（敵人從山東起兵），未嘗見大敵（沒遇
過真正的強敵）。今度險而囂（如今身涉險境卻喧譁紛亂），是
無紀律，逼城而陳（在近距我們的守城之外列陣紮營），有輕我
心。」

我軍應戰策略：「我按甲不出（按兵不動），彼勇氣自衰，陳久卒
饑（列陣戰備太久，官兵飢餓），勢將自退，追而擊之，無不克
者。與公等約（我與各位篤定），甫過日中，必破之矣（時間一到
中午，必可破敵）！」

④ 面對夏軍攻勢，李世民按兵不動，僅派二百多人的小部隊與敵短暫
接戰，準備以逸待勞，以飽待飢，靜待夏軍因列陣備戰過久，導致
士氣低落、飢餓力竭，再乘機發起攻擊。

⑤ 時至中午，夏軍士卒果然飢疲交加，紛紛坐下休息，又爭搶水喝，
秩序大亂（建德列陳，自辰至午，士卒饑倦，皆坐列，又爭飲水，
逡巡欲退）。李世民立即趁夏軍疲憊騷動之際發起全面攻擊，以
三千鐵騎直衝敵營，竇建德正和群臣議事（世民帥輕騎先進，大軍
繼之，東涉汜水，直薄其陳。建德群臣方朝謁），唐軍不斷往復於
敵陣前後衝殺，夏軍無從防備，全線陣勢大亂，迅速崩潰，將士全

部逃散，唐軍追擊三十里，竇建德受傷被俘（竇抗引兵擊之，……世民帥騎赴之，所向皆靡。……於是諸軍大戰，塵埃漲天。世民帥史大奈、程知節、秦叔寶、宇文歆等卷旆而入，出其陳後，張唐旗幟，建德將士顧見之，大潰；追奔三十里，斬首三千餘級）。（《資治通鑑·卷一百八十九·唐紀五·武德四年》）

本戰，唐軍斬殺夏軍三千多人，俘虜五萬餘人，當日即將其釋放，命其返回家園。唐軍主力再回師洛陽城，並且押竇建德至洛陽城下與王世充對話，王世充見竇軍被殲，獻城投降。

虎牢之戰，徹底扭轉唐初中原三雄鼎立之勢，李世民一舉擊滅竇建德、王世充兩大勢力，統一中國北方，奠定唐朝版圖基礎，軍功顯赫，唐高祖特設「天策上將」冊封李世民。

戰例　後晉開運三年（946年）冬，遼太宗（契丹君主）耶律德光統軍大舉南下，不久即攻陷首都汴洲（開封），滅亡後晉。河東節度使劉知遠在獲知遼軍攻陷汴洲後，隨即派軍分別防禦四周邊界，以防遼軍入侵。由於遼軍貪婪殘暴，大肆剽掠，不得人心。有人向劉知遠建議在遼軍立足未穩之際，主動出軍攻擊。劉知遠不同意，他分析說：「用兵有緩有急，當隨時制宜。今契丹新降（剛剛降伏）晉軍十萬，虎據京邑（以強勢的力量，控制京城），未有他變（在發生對我有利變化前），豈可輕動哉！且觀其所利（作為），止於貨財，貨財既足，必將北去。況冰雪已消（天已入春，冰雪開始消融），勢難久留，宜待其去，然後取之，可以萬全。」

次年（947年）二月，劉知遠在太原稱帝，建立後漢政權，是為後漢高祖。時逢（四月）遼帝耶律德光於渡過黃河北返遼國途中，在安陽城（相州）受阻，遂令遼軍攻擊屠殺安陽城軍民。劉知遠即時派遣部將郭進奪取安陽，遼帝耶律德則棄城北逃，病死於途中，遼軍則繼續北行。後漢位於河北之承天軍（娘子關）前方衛戍部隊聽說遼軍北還，鬆懈下來，沒有戒備，遼軍突然發動襲擊，衛戍部隊驚恐潰散（留兵千人戍承天軍。戍兵聞契丹北還，不為備契丹襲擊之，戍兵驚潰）。遼軍縱火焚燒城池街市，一天之內，告警的狼煙烽火，有一百多次，傳向劉知遠駐軍處（太原）（契丹焚其市邑，一日狼煙百餘）。劉知遠判斷：「此虜將遁，張虛勢也！」於是採取以下措施，以趁勢掃平河北平原：

1. 派遣部將葉仁魯率步騎兵三千人向承天軍之遼軍出擊（遣親將葉仁魯將步騎三千赴之）。遼軍當時正於該地區剽掠，大營空虛，未有防備，葉仁魯稱攻擊，大破遼軍，收復了承天軍（會契丹出剽掠，仁魯乘虛大破之，丁丑，復取承天軍）。

2. 令部將郭進率由小路先進入洺北（位於河北省南部）地區警戒，劉知遠則率奇兵從井陘出軍，奪取地區重要州縣，於是河北平定（高祖出奇兵井陘，進以間道，先入洺北，因定河北）。（參見《資治通鑑·卷二百八十六·後漢紀一》）

3. 奇正的部署要領：無窮性，循環性→奇正相生，循環無端。

「以正合，以奇勝」既為兵力部署的致勝通則，然而要如何才能「以奇勝」呢？其關鍵是要「善出奇」才能取勝。所謂「善出奇」，是指善於應變運用奇謀妙策。孫子從「無窮性」、「循環性」來闡釋兵勢（「奇」「正」、「常」與「變」）部署的要領。此外，又以「天地」、「江河」、「日月」、「四時」、「五聲」、「五色」、「五味」等具體事物現象，譬喻奇正運用之變化無窮，運用不竭的用兵理則。

(1) 無窮性——無限的奇正組合：

① 孫子認為戰場上的情勢，若徹底加以分析，大抵不過是奇正二法所組成的，而審時度勢，因應敵情，其戰法之組合與運用則是變化無窮的，孫子說：「戰勢不過奇正，奇正之變，不可勝窮之也。」所謂「不可勝窮」，意指在用兵作戰中，沒有一成不變的戰法，也沒有拘泥於固定模式的戰術，只有隨機應變，採取適切的奇正組合，出奇制勝，才能戰勝對方。「戰勢」：作戰之態勢；指作戰方式與兵力部署的形式。張預註解：「戰陳之勢，止於奇正一事而已。及其變而用之，則萬途千轍（可以組合成數千數萬個戰法來運用），烏可窮盡也。」李筌曰：「邀截（阻攔襲擊）掩襲（乘敵不備而襲擊之），萬途之勢（途徑萬端），不可窮盡也。」

② 無窮性的譬喻：「天地」、「五聲」、「五色」、「五味」。

A. 「無窮如天地」：比喻戰法（奇正的組合）就像宇宙萬物那樣變化無窮。「無窮」，沒有極限。「天地」：指宇宙萬物。

B. 「五音」，古樂音音階有五，分別為宮、商、角、徵、羽；「五色」分別為青、黃、赤、白、黑；「五味」分別為酸、苦、甘、辛、鹹；「聲」、「色」、「味」，組合雖少，卻能變化出無限首音樂歌曲、無數幅藝術畫作、無數道美味佳餚。用以比喻戰勢雖只有奇正二法，卻可組合成無數的制勝戰法。五聲之「變」：指調配、調和所產生的組成變化。不可「勝」聽：盡也。梅堯臣註解：「奇正之變，猶五聲、五色、五味之變無盡也。」

(2) 循環性——持續的創新奇正變化：

① 孫子雖然強調「以奇勝」，但這不表示可以忽視「正兵」，事實上，正兵與奇兵是相輔相成，不可偏廢。孫子恐用兵者誤解其意，「惟務奇兵，不知由正而生」（夏振翼註），因此提出「奇正相生」之論，他說：「奇正相生，如循環之無端，孰能窮之哉！」所謂「奇正相生」，意指奇正相互變換，靈活運用。因應戰場形勢的需要，正兵和奇兵可以互相變換：正兵變成奇兵，奇兵變成正兵；欲用奇，則示敵以正；欲用正，則示敵以奇；在一定條件下為正（如某常規戰法），在另一條件下為奇（如敵人以為不會使用），均屬「相生」。總之，在實際運用中常以奇為正，以正為奇，變化莫測，在相生相變中創造戰機，給敵人出其不意的打擊，使之措手不及，從而收到出奇制勝的效果。「如循環之無端」寓意，若能洞悉與靈活運用「奇正相生」之理則，就能在每一場會戰中，因應戰場情勢，持續不斷（如「循環」般）的創造出新的戰法來，而這些創新的戰法會永無止境的被構思出來與運用，沒有人可以創造出一個供世人永矢咸遵的經典戰法，從此終結新的制勝之法（「孰能窮之哉」）。這也就是〈虛實篇〉所說：「故其戰勝不復，而應形於無窮」；「兵無常勢，水無常形，能因敵變化而取勝者，謂之神」的道理。「生」，變也。「環」：原是一種圓形而中間空的玉器，也可以說它是圓形中空形狀的物體，如銅環、鐵環、玉環。「循環」：順著環形旋轉運動；這裡比喻持續不斷的創造新的戰法。「無端」：無始無終。王晢註解：「奇正者，用兵之鈐鍵（關鍵），制勝之樞機（核心）也。臨敵運變（運用變化），循環不窮（持續不斷的創新奇正變化），窮則敗（終止創新必然失敗）也。」

② 循環性的譬喻：「江河」、「日月」、「四時」「終而復始，日月
（日月之升沒）是也，死而復生，四時（四季之循環）是也。」
    A.「不竭如江河」：比喻「奇正相生」的理則，就如江河奔流不息那
       樣，可持續不斷的創造出新的戰法來。「竭」，乾涸、窮盡。
    B.「終而復始，日月是也；死而復生，四時是也」。比喻「奇正相
       生」的理則，就如日月每日不斷的交替升落運行般，亦如四季不
       斷的循環更替般，可連續不斷的創造出新的戰法來。「終」：日、
       月之落下。「始」：日、月之升起。「死」：猶終止，指某個季節
       過去了。「生」：猶起始，指某個季節又來了。「四時」：春、
       夏、秋、冬四個季節。「死而復生」，意旨四季不斷的循環更替。
       張預註解：「日月運行，入而復出（落下後又升起）。四時更互
       （替），盛而復衰（繁盛之後又重回衰敗）。喻奇正相變，紛紜渾
       沌（複雜難測），終始無窮也。」

4. 以正合，以奇勝的義理：「正」、「奇」都必須重視，不可偏廢。
  ⑴《孫子兵法》中，向來都是以常經（「正」）為主體，而以權變
    （「奇」）為輔佐，奇正變化亦復如此。
  ⑵用兵有正常的原則，也有非常的手段：依正常原則部署，可以「必受
    敵而無敗」；用非常的手段，出其不意，攻其無備，則能「無失敵之
    敗」。
  ⑶無論如何善戰，不能處處用「奇兵」：必要有「正兵」為主力（當
    敵），才能以「奇兵」（側翼）襲敵、勝敵。
  ⑷「正」與「奇」是互變的。「故善出奇者，無窮如天地，不竭如江
    河。」正是因為奇變正，正變奇，使人捉摸不定，無從窺知，故戰場之
    指揮官應盡其智慧，做「奇」、「正」之部署，適應各種狀況，作無窮
    之變化以取勝。
  ⑸用奇兵時，必先要考慮自己有沒有用奇的條件，也就是孫子在本篇中說
    的「治」、「勇」、「強」（這三者是正），假如沒有具備這些條件，
    勉強用奇，必畫虎不成反類犬了。
    何氏註解：「大抵用兵皆有奇正，無奇正而勝者，幸勝（僥倖取勝）
    也，浪戰（輕率地作戰）也。如韓信背水而陳，以兵循山，而拔趙幟，
    以破其國；則背水正也，循山奇也。信又盛兵臨晉，而以木罌從夏陽襲

安邑，而虜魏王豹；則臨晉正也，夏陽奇也。由是觀之，受敵無敗者，奇正之謂也。《尉繚子》曰：『今以鏌　之利（如鏌　寶劍般鋒利的兵器），犀兕之堅（如犀甲般堅厚的戰衣），三軍之眾（雄厚的兵力），有所奇正（又有奇正的戰術運用），則天下莫當其戰矣（那就天下無敵了）。』」

戰例　漢高祖三年（西元前204年）10月，韓信率五萬餘漢軍攻擊趙國。趙王歇和趙軍統帥（代王）陳餘在太行山區的井陘口（今河北井陘東）部署二十萬兵力把守，準備與韓信決一勝負。

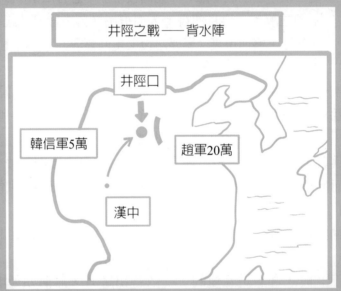

井陘之戰 —— 背水陣

井陘口

韓信軍5萬

趙軍20萬

漢中

參考《資治通鑑‧卷一○》繪製。

趙軍作戰方略：以仁義之師自居，寧用「正兵」勝敵，而不用詭道奇兵。戰前，趙軍謀士李左車認為漢軍遠征作戰，進則生，退則死，勢不可當，然而補給困難，而且井陘口道路狹窄，車馬不能並行。漢軍一入井陘，行列勢將拖長數十百里，而糧草必然又在大軍之後。建議作戰構想如下：

1. 陳餘以主力堅守要塞，拒絕迎戰。
2. 由李左車帶領騎兵三萬人從小道出擊，堵截漢軍補給糧道，這樣漢軍勢必不攻自破。

陳餘一向自稱他的軍隊是「仁義之師」，不肯使用詭計奇謀，他說：「韓信的軍隊，數量既少，又十分疲憊，對這樣的敵人，不給他一個迎頭痛擊，各國都會輕視我們，恐有謀我之心。」

韓信作戰方略：韓信獲報陳餘未接受李左車建議而要與其正面決戰，且有輕敵傾向，非常高興，乃率兵下井陘道，距井陘口三十里宿營。是夜即作進擊井陘之部署：

1. 選拔了二千輕騎，每人帶一面漢軍的紅旗，乘天黑迂迴至趙軍大營側後方，等天明趙軍出擊漢軍，營壘空虛之時，攻入趙軍大營，然後拔旗易幟，換上漢軍紅旗。（奇兵）

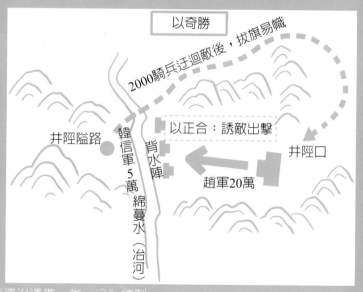

參考《資治通鑑‧卷一○》繪製。

2. 命令中軍主力到綿蔓水（冶河，今河北井陘縣境內）東岸背靠河水布列陣勢，以此來迷惑趙軍，增長其輕敵情緒，以誘敵出壘對戰。（正兵）

戰爭經過與結果：

1. 趙軍在營壘望見漢軍背水列陣，嘲笑一番。《兵法》：背水之地是一種「絕地」，軍隊一旦背靠河川，就成為「廢軍」，絕地廢軍，非死不可。蓋前有強敵、後無退路。陳餘素知兵法，看到敵人犯下如此重大錯誤，不得不笑。

2. 韓信進入背水陣後，率軍死戰堅守。此時韓信所遣之二千輕騎己入據趙營壘。

3. 趙軍以前攻背水陣不能破，後方營壘又為韓信軍所據，因而全軍驚潰，趙將雖斬潰逃者，卻不能阻止敗逃。韓信因趙軍潰亂，揮軍夾攻之，遂大破趙軍，最後擄獲趙王。

戰例　楚漢滎陽對峙期間（西元前205年），劉邦派韓信領軍征討反漢的魏王豹。漢軍自首都櫟陽東征，魏王豹用重兵扼守臨晉（蒲坂），並封鎖黃河渡口臨晉關，以阻止漢軍渡河。韓信軍到達臨晉關後，分析地勢，發現除臨晉關外，也可從上游百餘里處的夏陽過河。

參考《史記·淮陰侯列傳》、《漢書·韓彭英盧吳傳》繪製。

韓信採用聲東擊西、避實就虛的戰略，在黃河西岸集結部隊、船隻，宣稱要在敵前強渡黃河。魏軍集中兵力於晉陽，積極準備迎戰。韓信率領精銳潛馳夏陽，讓士兵用木罌缶（以空瓶、空甕集結製成木筏）迅速渡過黃河，急襲魏軍後方基地安邑。魏豹在臨晉（蒲坂）聞訊大驚，回軍迎戰，最終，魏豹兵敗，被漢軍生擒。

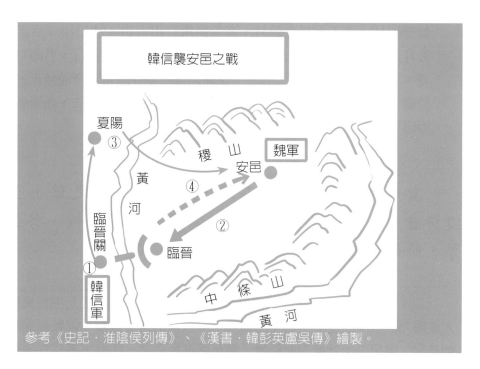

參考《史記‧淮陰侯列傳》、《漢書‧韓彭英盧吳傳》繪製。

5. 《唐太宗李衛公問對》——奇正之變：

　　(1)奇正並用，密不可分。奇正：「正面、側翼」的部署？「正兵當敵，奇
　　　兵從傍擊不備也」（曹操）李靖：「大軍所合爲正，將所自出爲奇。」
　　　「正兵受之於君，奇兵將所自出。」大軍與敵人交戰是正兵，將領根據
　　　具體戰況捕捉戰機用兵是奇兵。善於用兵的將領們，沒有不用正兵的，
　　　也沒有不用奇兵的。他們究竟用奇還是用正，使人莫能揣測。因此，對
　　　於他們所指揮的戰爭來說，正兵也勝，奇兵也勝。李靖：「善用兵者，
　　　無不正無不奇，使敵莫測。故正亦勝，奇亦勝。」「分合爲變。……孫
　　　子所謂：『形人而我無形』，此乃奇正之極致。」

　　(2)奇者機也，見機而動唐太宗問：「黃帝兵法世傳《握奇文》，或謂《握
　　　機文》，何謂也？」李靖：「『奇』音『機』，故或傳爲『機』，其義
　　　則一。」李靖認爲：「握奇陣」名稱的由來，其大要：以天、地、風、
　　　雲四陣爲四正，布置於四面；以龍、虎、鳥、蛇四陣爲四奇，布置於四
　　　角；不屬於八陣的部隊稱之爲「餘奇」。故「奇」爲剩餘（預備）的兵
　　　力，即爲中軍，由主將親自掌握，所以「握奇」爲「握機」。李靖：
　　　「奇，餘零也，因此音機。臣愚謂兵無不是機，安在乎握而言也？當爲

餘奇則是。夫正兵受之於君，奇兵將所自出者也。法曰：『令素行以
教其民者，則民服。』此受之於君者也。又曰『兵不豫言，君命有所不
受。』此將所自出者也。凡將，正而無奇，則守將也；奇而無正，則鬥
將也；奇正皆得，國之輔也。是故握奇、握機，本無二法，在學者兼通
而已。」

㈢勢如張弩，節如發機

激水之疾，至於漂石者，勢也。鷙鳥之擊，至於
毀折者，節也。是故善戰者，其勢險，其節短，勢如張
弩，節如發機。

【語譯】湍急的流水以飛快的速度奔瀉，致使石頭漂移，這是由於具有巨
大沖擊力的水勢所使然；凶猛的鷙鳥，以飛快的速度搏擊，以致能捕殺其
他鳥獸，這是由於牠能控制時機、節奏適度所使然。因此，善於指揮作戰
的將帥，他所造成的態勢是居高臨下、勢如破竹，他所掌握的行動節奏是
短促猛烈，猝不及防。這種態勢，就像張滿的弓弩，這種節奏，猶如觸發
弩機。

【闡釋】

1. 創造兵勢（戰爭藝術化）的要領→奇襲：勢險節短。作戰取勝，必須在
決勝點上形成兵（戰）力之優勢，然戰力之發揮，又在於如何巧妙運用
「力、空、時」諸要素，而使之產生雷霆萬鈞，銳不可擋的統合戰力，以
殲滅敵人。

2. 孫子本節提出「勢險節短」作為闡述創機造勢的要領，並以「激水」、
「鷙鳥」、「張弩」、「發機」為譬喻，來說明善戰者的兵力部署，具有
壓倒性的優勢，又能掌握稍縱即逝的有利時機，出其不意，擊潰敵人。

(1)勢險：形容軍事行動迅猛有力，銳不可擋。《孫子參同·卷五》：「勢
險，其勢險峻，不可阻遏也。」「勢」，力量的蓄積與展現，即態勢、
氣勢，這裡是指兵力（奇正）部署所形成的戰略態勢。「險」，峻——
形容山高而陡；這裡引申為疾速迅猛，意旨力量對比懸殊，具有銳不可

擋的攻擊力。曹操、李筌注：「險，猶疾也（險等於說是迅疾）。」《武經直解》注：「險者，敵不能當。」王晳補充勢與險的關聯性：「險者，所以致其疾也（創造險峻的戰略態勢，可以促使部隊發揮迅疾猛烈的戰力）。如水得險隘（經過險隘的地段）而成勢（造成強勁的流動水勢）。」杜牧則說明險峻的戰略態勢（即壓倒性的戰略優勢），可達成的戰略成效：「險者，言戰爭之勢（只要能夠創造險峻的戰略態勢），發則殺人（出擊必能殲滅敵人），故下文喻如『彍弩』。」

孫子認為用兵者可從「激水之疾，至於漂石」的自然現象中，領悟出創造險峻之戰略態勢的道理來。「激水」，湍急的水流。「疾」，急，形容水流猛烈急速。「漂」，浮、流動。湍急的水流，如何能漂移石塊呢？因為它儲蓄著極大的能量，此種能用現代物理學名詞來表示，即所謂「勢能」（potential energy）。水的勢能來自以下地理形勢：

① 「自高注下（水從高處往下流），得險疾之勢（得到險峻迅疾的力量），故能漂石也。」（杜牧注）。

② 「水性柔弱，險徑要路（平靜的水流經陡峻狹窄的地段），激之疾流（就會激發成迅疾的波流），則其勢可以轉巨石也。」（張預注）

(2)節短：形容猝然對敵人發起精準而致命的打擊，無從防備。《孫子參同·卷五》：「節短，其節短促，不可預備也。」「節」：節奏、控制、衡量；這裡是指適度的調節時間與空間，亦即是能有效掌握所欲攻擊目標的時機。「短」：距離近，時間少；距離近就容易擊中目標，時間少，就短促有力，無從防備；引申為迅速、精確。《武經直解》注：「短者，敵不能避。」善戰者之取勢，亦如「鷙鳥之擊，至於毀折」，這是因為猛禽能有效衡量與獵物的距離、精密計算出擊時機所造成的，此之所謂「節」，亦即節奏（撲擊動作）恰當適切（迅速、精確）：太近、太遠或時機不對就是節奏或管制不適切。蓋猛禽所欲捕獲之獵物，乃是隨時活動之目標，並不容易擒獲，可供搏擊之時機是短暫的；而之所以能擊中毀折獵物，是準確掌握了擊發之機，以喻「兵無常勢」，猶獵物之稍縱即逝，在最佳的時空因素下必須迅速發起攻擊。「鷙鳥」，鷹鴟一類的猛禽。「毀折」，毀其骨，折其翼。

① 李筌註解：「彈射（彈丸射出）之所以中飛鳥者，善於疾而有節制（能迅速而精準的掌握射擊時機）。」

② 王皙註解：「鷙鳥之疾（迅猛出擊），亦勢也。由勢然後有搏擊之節（衡量計算搏殺獵物的時空因素）。鷙之能搏者，發必中，來勢遠（來勢雖遠）而所搏之節至短（撲擊動作非常迅速而精準）。兵之乘機（作戰捕捉戰機），當如是耳（應當如猛禽捕獲鳥雀那樣）。」

③ 張預註解：「鷹鸇之擒鳥雀，必節量遠近（衡量距離），伺候審（判斷與等待獵殺時機）而後擊，故能折物。《尉繚子》曰：『便吾器用（完成武器裝備的檢整，以利兵士作戰運用），養吾武勇（部隊勤訓苦練，鍛鍊出勇猛的戰志），發之如鳥擊。』李靖曰：『鷙鳥將擊，卑飛斂翼（低飛收斂翅膀）。』皆言待之而後發也（等待時機然後出擊）。」

3. 結論：「勢如張弩，節如發機。」基於「激水」、「鷙鳥」這兩種比喻，孫子遂指出善戰者必須營造出「勢險節短」的有利戰勢，「勢險」始能儲蓄大量勢能，「節短」始能轉變為適當的動能（momentum），由此可知，「勢險」與「節短」是創造兵勢的兩個連續體，不可區分為二，於是孫子又舉「勢如張弩，節如發機」為例，作為總結，以明其義。夏振翼解釋：「孫子恐人視勢與節為二，而不知合而成之；故又以『　弩』、『發機』為喻。夫機弩一物（一體），必先　（張）而後發耳。」

(1) 勢如張弩：強弓射發弓箭之前，必先拉滿弓弦，以來積蓄勢能，使之強勁有力。以此諭示「勢險」之義——具有不可遏阻的攻擊力，一般所稱「勢不可當」。夏振翼注：「險則不可遏（阻止、禁絕），故如曠（張）弩。」「弩」，古代軍用強弓，弓身裝有發條機，用以發矢。

(2) 節如發機：等待時機，扣引弩機（發射裝置），一觸即發，射向目標，就能產生最大的殺傷力。以此諭示「節短」之義——節奏短急，無從防備。夏振翼注：「短則不及避，故如發機。」「發機」，撥動弩弓的發矢機。「發」，撥動、扣引。「機」，為弓之發條機，如今步槍之板機。

① 王皙註解：「戰勢如弩之張者，所以有待也（力）。待其有可乘之勢，如發其機（時、空）。」

② 夏振翼註解：「戰陣之勢（奇正部署的態勢），弩之張者似之；奇兵之勢（奇襲制勝的態勢），機之發者似之。」（夏氏取自賈林注：「戰之勢，如弩之張；兵之勢，如機之發。」）

㈣以利動之，以實待之

　　紛紛紜紜，鬥亂，而不可亂也。渾渾沌沌，形圓，而不可敗也。亂生於治，怯生於勇，弱生於強。治亂，數也；勇怯，勢也；強弱，形也。故善動敵者，形之，敵必從之；予之，敵必取之。以利動之，以實待之。

【語譯】兩軍交戰之時，敵我雙方旌旗混亂，人馬雜沓：在混亂中作戰，因訓練有素、部署有方、指揮若定，方使軍隊不致紛亂；戰場上戰車疾駛，步騎奔馳，我軍在渾沌不明的情況下作戰，似乎彼此失去銜接與連繫，但如能運用「奇正」變化使態勢和部署嚴整有序，正如圓環旋轉，環環相扣，使敵人無機可乘。看似混亂之形態，其實是從嚴整部署中產生出來的。看似怯懦之行為，其實是從勇氣中佯裝出來的。看似弱小，是為了欺騙敵人，以隱匿我方真正形勢。軍隊之嚴整或混亂，此均是「數」，亦即作戰組合之運用，明則整治，否則混亂。士兵的勇敢或怯懦，大半因於兵勢的得失，得勢雖怯亦勇，失勢則雖勇亦怯；軍隊的強弱，大半因於軍形的態勢，軍形不為敵人所知則強，反之則弱。簡言之，這些都是奇正運用的作戰方式。

因此，善於誘敵之將領，能以假象迷惑敵人，故意示以亂、怯、弱之形勢，使敵為我所欺，然後以小利引誘之，敵就會因貪利而來進攻。總之，只要以利相誘，使敵貪心，便可用部署好的精銳部隊以逸待勞，收殲敵之功。

【闡釋】

1. 造勢的理則就是從「示形」達到「動敵」，再透過「動敵」達到「造勢」的結果，故孫子說：「紛紛紜紜，鬥亂，而不可亂也。……以利動之，以實待之。」本段即孫子的「造勢」論。依其段落內涵可區分以下幾個要項：

　　⑴詭道偽裝──隱真示假、毀形匿情：

　　　①二條件：戰陣「不可亂、不可敗」。

A. 臨陣不亂，指揮若定：「紛紛紜紜，鬥亂，而不可亂也。」軍隊
　　在旗幟交錯、人馬眾多的紊亂的狀態下戰鬥，因有分數形名，節
　　制其行動，仍可發揮指揮管制的效能，故戰陣不會被打亂。「紛紛
　　紜紜」，即「紛紜」，眾多而紊亂的樣子。這裡指戰場上旗幟人馬
　　眾多而雜亂的樣子。「鬥亂」：在紊亂的戰鬥中指揮戰鬥。「不可
　　亂」，猶言可以不亂，亦即要能指揮若定，不可慌亂。

　　(a) 杜佑曰：「紛紛，旌旗像（是指旌旗紛雜的樣子），紜紜，士
　　　　卒貌（是指戰士混戰的樣子）。言旌旗翻轉（紛雜飛揚），一
　　　　合一離（相互交錯），士卒進退，或往或來。視之若散（旌
　　　　旗紛亂看似渙散不嚴整），擾之若亂（戰士騷動看似混亂無
　　　　序）。然其法令素定（戰場交戰規則已於平時律定施行），度
　　　　職（部隊單位階層）分明，各有分數，擾而不亂者也。」

　　(b) 李荃：「紛紜而鬥（在紛亂中戰鬥），示如可亂（一切都顯
　　　　得很混亂）；（實際上）建旌有部（各部隊都有建置旗號識
　　　　別），鳴金有節（以聲號節制部隊戰鬥），是以不可亂。」

　　(c) 何氏曰：「此言鬥勢（戰鬥的態勢）也。善將兵者，進退紛
　　　　紛，似亂，然士馬素習（部隊平時有良好的訓練），旌旗有節
　　　　（以旌旗節制部隊戰鬥），非亂也。」

B. 周密部署，攻防有序：「渾渾沌沌，形圓，而不可敗也。」在混沌
　　不明的戰況下，仍能周密嚴整的部署，攻防有序。「渾渾沌沌」，
　　即渾沌，狀況模糊不明，這裡喻指戰況不明，勝敗難分的混亂
　　場面。「形圓」：「形」指部署攻防的陣形而言，或專指攻擊之
　　方陣。「圓」，指攻防陣形轉換靈活，或專指防禦之圓陣。「形
　　圓」：部署成防備周密的圓陣。圓陣四面外向，前後連貫，可依戰
　　況旋轉應敵自如，既有利於堅守阻敵，又可伺機轉移攻勢，出擊殲
　　敵，是難以戰敗的陣形。何氏註解：「渾沌形勢（戰場情勢紛亂不
　　明），乍離乍合（接戰部隊有時散亂，有時集中），人以為敗，而
　　號令素明，離合有勢（部隊的分合是依照戰場情勢變化而定），非
　　可敗也。「形圓」另解，指陣形渾然一體的狀態。意為在混戰中，
　　我軍陣形必須保持渾然一體，各部都能相互策應，保持聯絡，不可
　　被敵軍割裂、沖散而失敗。

② 三基礎：「治，勇，強」——「亂生於治，怯生於勇，弱生於強。」
此三句在說明造勢的基礎，即想要在用兵作戰中示形動敵——僞裝
欺敵，軍隊應具有「治、勇、強」三基礎，才能僞裝示敵以「亂、
怯、弱」的假象。曹操注：「皆毀形匿情也（僞裝和掩飾自己的眞實
軍情）。」張預注：「能示敵以紛亂，必己之治也；能示敵以儒怯，
必己之勇也；能示敵以羸弱，必己之強也。皆匿形以誤敵也（掩蓋實
情以誤導敵人作出錯誤的決策）。」軍隊的治或亂、勇或怯、強或弱
的情況，決定於「數」（組織編制）、「勢」（作戰態勢）、「形」
（軍事實力）的優劣。夏振翼注「奇取勝者，要在分數形名之預立。
而後可以勝敵，而不至於或失。」

A. 亂生於治；治亂，數也。
　　⒜ 嚴整才可僞亂。戰時要能僞裝混亂以誘敵，則平時必須號令嚴
　　　整，行動有序，此即「亂生於治」。梅堯臣註解：「治則能僞
　　　爲亂。」杜牧註解：「欲僞爲亂形，以誘敵人，先須至（極，
　　　非常）治，然後能爲僞亂也。」
　　⒝ 組織決定治亂（組織治理）。軍隊之治亂有其產生之因素——
　　　「數」，軍隊或治或亂，因「分數」而定。具體言之，臨陣指
　　　揮調度有序還是混亂無章，取決於組織編制與組織系統的優劣
　　　變動，此即是「治亂，數也」。
　　　「數」，即首段所言「分數」，指軍隊的組織編制。「治」，
　　　嚴整有序。「亂」，散漫無序。
　　　張預註解：「實治而僞示以亂，明其部曲行伍之數（部隊有
　　　嚴密的組織編制）也。上文所謂『治眾如治寡，分數是也
　　　僞。』」
　　　杜牧註解：「言行伍各有分畫（各級部隊編制確定），部曲皆
　　　有名數（各級部隊都有自己的指揮信號），故能爲治，然後能
　　　爲僞亂也。」杜牧舉例說明僞亂的具體方式：
　　　甲.「出入不時（部隊作息行動，沒有依照時間管制）」。
　　　乙.「樵採縱橫（陣地附近任由百姓撿拾木柴）」。
　　　丙.「刁斗不嚴（沒有嚴格的警戒。「刁斗」，古代軍中用以夜
　　　　　間巡邏敲擊的器具，形狀像鍋子或鈴鐺）」。

B. 怯生於勇；勇怯，勢也。

(a) 勇敢才可僞怯。戰時要能僞裝怯懦以誘敵，則平時必須勇敢無
畏，此即「怯生於勇」。梅堯臣曰：「勇則能僞爲怯。」杜
牧註解：「欲僞爲怯形以伺敵人，先須至勇，然後能爲僞怯
也。」

(b) 兵勢決定勇怯（戰志與士氣）：軍隊之勇怯有其產生之因
素——「勢」，軍隊或勇或怯，因戰勢而異。具體言之，戰士
勇敢還是膽怯，取決於兵勢（精神力量）營造的成敗，此即
「勇怯，勢也」。依據〈兵勢篇〉的諭示可知，處於「張弩」
的地位必然勇，即或有怯者，亦能被激勵出勇氣；處於「張
弩」標的之地位者必然怯，即或有勇者，亦將心生膽怯。李筌
曰：「夫兵得其勢，則怯者勇，失其勢，則勇者怯。兵法無定
（沒有確切的用兵準則），惟因勢而成（轉化勇怯）也。」王
皙補述：「勇怯者，勢之變（勇怯是因戰略態勢之優劣而改
變）。」

(c) 陳皞註解：「勇者，奮速（奮勇速進）也；怯者，滯緩（遲疑
緩進）也。敵人見我欲進不進，即以我爲怯也，必有輕易（輕
忽大意）之心；我因其懈惰，假勢（藉助有利的形勢）以攻
之。」「怯生於勇」，表面是「示怯」，意在誘使敵方驕橫輕
我，而放鬆警惕，進而對我形成有利的戰機，爾後用己「勇」
攻其弱處，致敵人於不利境地，直至死地。

(d) 張預註解：「實勇而僞示以怯，因其勢也。魏將龐涓攻韓，齊
將田忌救之。孫臏謂忌曰：『彼三晉之兵素悍勇而輕齊，齊號
爲怯。善戰者因其勢而利導之。』使齊軍入魏地，日減其灶，
涓聞之，大喜曰：『吾素知齊怯。』乃倍日併行逐之，遂敗於
馬陵。」

戰例 馬陵之戰──減灶誘敵：戰國時期（西元前341年），魏惠王以龐涓
為將率領大軍攻韓，韓國無力抵抗，向齊國請求救援。齊威王派田忌為將，
孫臏為軍師，率兵十萬往救，仍採桂陵之戰（西元前353年）「圍魏救趙」戰
略，直趨魏都大梁（今河南開封）。龐涓獲報齊軍準備襲擊國都大梁後，立

即撤軍回援。魏惠王又增派兵力，以太子申為上將軍，與龐涓會師十萬，東進迎擊齊軍。

齊軍進入魏境後，孫臏向田忌提出「因勢利導」——「避戰示怯、減灶誘敵、設伏聚殲」的作戰構想：

1. 「避戰示怯」：孫臏深知魏國將士向來剽悍勇敢，看不起齊軍，貶稱齊軍為怯戰無勇的部隊（彼三晉之兵，素悍勇而輕齊，齊號為怯），所以不須貿然與魏軍決戰，而是應利用魏軍向來輕視齊軍和龐涓狂妄自大、求勝心切的弱點，誤導其誤判情勢，走向錯誤（「善戰者，因其勢而利導之」）。具體作為就是與魏軍接戰後，隨即佯敗，向北退卻，以誘敵深入，消耗其戰力。孫臏並引用《孫子兵法・軍爭篇》的內容說：「百里而趨利者，蹶上將，五十里而趨利者，軍半至」以證其議（孫臏所言與〈軍爭篇〉內容略有不同，可查閱該篇相關內容與之比較）。

2. 「減灶誘敵」：為成功引誘魏軍追擊，採取「減灶示弱」之計，以迷惑魏軍，即逐日減少駐紮營地的爐灶數量，從目前煮食十萬人用的爐灶數量，第二天減少至只足五萬人用，第三天又減少至僅足二萬人用（「使齊軍入魏地為十萬灶，明日為五萬灶，又明日為二萬灶」），營造齊軍士卒四散逃走，兵力不足的假象，使龐涓確信齊軍怯戰，可促使龐涓相信勝券在握，毫無疑慮的追擊齊軍。

3. 「設伏聚殲」：減灶誘敵的最終目的是要誘陷魏軍到預設的伏擊陣地——馬陵道：馬陵是個山谷，道路狹窄難行，兩側是險峻斜坡，樹木茂密，是設置「伏擊陣地」的理想地形（「馬陵道狹而旁多阻隘，可伏兵」）」。孫臏推斷魏軍行軍速度，將於第三日晚上進抵馬陵道，即埋伏一萬名神射手預備突襲殲敵。

作戰經過與結果：齊軍與魏軍接戰後，隨即佯敗退卻，龐涓見齊軍不堪一擊，立即隨後追擊，見齊軍營地遺有煮食十萬人的爐灶數量，大為吃驚，逐判斷齊軍有十萬之眾，不容小覷；追擊第二天，估算爐灶數量只剩供給五萬人用量；追擊第三日，爐灶數更少，僅剩二萬人用量。龐涓見狀，認定齊軍怯戰，逃亡嚴重，不禁大喜，認定齊軍怯戰，大為高興說：「我固知齊軍怯，入吾地三日，士卒亡者過半矣（士兵已逃亡一半了）！」於

是，不顧太子申的勸誡，將輜重、步兵部隊留置於後，只率領兩萬精銳騎兵，倍道兼行，快速追擊齊軍（乃棄其步軍，與其輕銳，倍日并行逐之。）」。

齊軍於退卻至馬陵道後，孫臏判斷魏軍將於日落追至，立即命士卒伐木堵路，依計畫部署一萬名神射手埋伏於道路兩側的山上，約定以火光為號，萬箭齊發（「令齊師善射者萬弩，夾道而伏，期日暮，見火舉而俱發」）。並將路旁一棵大樹的樹皮剝掉，在樹幹上寫上「龐涓死此樹下」（「又斫大樹，白而書之曰：『龐涓死此樹下！』」）。

日暮時分，龐涓果然率軍進抵馬陵道，經長途追擊的魏軍已顯疲憊不堪。龐涓發現路旁一棵被剝掉樹皮的大樹，上面隱約有字，就點火照明，以閱讀樹上的文字。但他還未讀完，齊軍已萬弩俱發，伏兵四起，魏軍猝不及防，在視線昏暗的狀況下，陷於混亂而潰敗。眼見無法改變局勢，龐涓只得大嘆「遂成豎子之名」，憤愧自殺。齊軍乘勝追擊，又大敗魏軍主力，俘獲太子申，全殲魏軍。

孫臏故意示弱，使魏軍誤以為齊軍兵員減損，以引誘魏軍出擊，並在馬陵以逸待勞，痛擊魏軍，因此大獲全勝。

C. 弱生於強；強弱，形也。

強大才可偽弱。戰時要能偽裝弱小以誘敵，則平時必須有強大的實力，此即「弱生於強」。梅堯臣註解：「彊則能偽為弱。」杜牧註解：「欲偽為弱形，以驕敵人，先須至彊，然後能為偽弱也。」

實力決定強弱：軍隊戰力之強弱有其產生之因素——「形」，軍隊或強或弱，因軍形而顯。具體言之，軍隊戰力是強大還是弱小，取決於力量的對比，包括兵力大小、軍兵種結構、攻守陣形、兵力部署之顯現，此即「強弱，形也」。強弱兩種戰鬥力量，或是軍隊固有的，或是偽裝出來的。

杜牧曰：「以彊為弱，須示其形。匈奴冒頓示婁敬以羸老，是也。」梅堯臣曰：「以彊為弱，形之以羸懦。」張預曰：「實強而偽示以弱，見其形也。漢高祖欲擊匈奴，遣使覘之，匈奴匿其壯士肥馬，見其弱兵羸畜，使者十輩來，皆言可擊，惟婁敬曰：兩國相

攻，宜矜誇所長，今徒見老弱，必有奇兵，不可擊也。帝不從。果有白登之圍。」

戰例　白登之圍：漢高祖劉邦擊敗項羽，建立漢朝後，北方匈奴出現一位卓越的領導者冒頓單于，大肆擴張勢力。漢高祖七年（西元前200年），冒頓單于率領大軍，會同投降匈奴的韓王信，侵略中原，漢高祖劉邦親率領三十二萬大軍征討冒頓單于。

漢匈交戰初期，冒頓單于採取「示弱誘敵」的策略，在幾個戰役中佯裝戰敗逃走，誘使漢軍向漠北進軍。劉邦未察覺這是冒頓的誘敵之計，故一路乘勝向北追擊。時值冬季，戰場寒風冷冽，大雪紛飛，漢軍士兵不斷凍傷，十人之中就有二、三人失去手指。

冒頓知道這種情形後，採取進一步的「示弱誘敵」之策，於漢匈兩軍停戰整補期間，故意「匿（隱藏）其壯士、肥牛馬，但見（顯現）老弱及羸畜（老弱士卒、瘦弱牛馬）」，亦即將精銳部隊隱藏在後方，將老弱殘兵部署於陣前。與此同時，劉邦在發動決戰前，為進一步了解敵情，劉邦接連派遣十批使者前往匈奴駐地偵察其虛實，均未能詳查敵情，全都向劉邦回報可以對匈奴發動攻擊了。劉邦為了慎重起見，又派遣謀士婁敬前往敵營偵察。不過，劉邦未等婁敬回報敵情，即率領全軍繼續北上，向匈奴駐地進軍。婁敬於漢軍行軍途中向劉邦回報偵察見解，他認為匈奴「必伏奇兵，不可擊（不可輕易出擊）」，理由是：「兩國相擊，宜矜誇，見所長（應該誇耀自己的戰力、彰顯優勢）；今……徒見羸瘠老弱（瘦馬弱兵），此必欲見短，伏奇兵以爭利（故意對示弱，密伏奇兵以爭勝）。」

由於大軍已經在征途，劉邦又胸有成竹，故拒絕婁敬的建言，以至在白登山遭遇冒頓單于的四十萬騎兵圍困七日，史稱「白登之圍」。最後劉邦採用陳平祕計（賄賂冒頓單于妻子閼氏以及對匈奴和親、納貢策略）突圍，得以保全而退。

陳皞曰：「楚王毀中軍以張隨人，用為後圖，此類也。」

戰例　速杞之戰：春秋早期（魯桓公六年，西元前706年），楚武王想要統一漢東地區（漢水流域的東部），首先率軍迫臨隨國（位於楚國東北方）邊

境，欲以武力為後盾屈服隨國與其定盟。漢東地區大多為周室（姬姓）分封的小侯國，隨國是其中最大的一國。在當時周室王權已衰，是弱肉強食，大國欺凌小國的時代，小國為了自己的生存與發展，往往結盟對抗強敵。

楚武王在率軍出發之前，先派使臣到隨國議和，隨後將楚軍進駐於瑕地，以等待談判的結果。隨國則派遣少師主持和談；少師為人驕傲自大，又逐漸獲得隨侯的寵信。楚臣鬬伯比針對少師人格特質，向楚武王提出「毀軍示羸」的欺敵戰略，用以迷惑少師，助長隨國自傲氣勢，認為單憑己力即可抗擊楚國，擯棄與盟國聯合抗楚，便於楚國將來各個擊破。鬬伯比的分析如下：

1. 楚國一直無法在漢東地區宰制諸國，擴張領土的原因，主要是由於楚國相信藉由擴展軍備，運用武力，即可征服它國。然而這樣的戰略反而促使漢東諸國害怕被消滅而聯合抗楚，也就難於離間他們了（我張吾三軍，而被吾甲兵，以武臨之。彼則懼而協以謀我，故難間也）。

2. 隨國是漢東諸小國中最大的國家，若能讓他自傲，以為僅憑己力即可抗擊楚國，必然摒棄與小國間的同盟關係，小國因缺乏領導就會逐漸分裂，這就有利於楚國宰制漢東的願望（漢東之國，隨為大。隨張，必棄小國，小國離，楚之利也）。

3. 可利用隨國使臣少師為人一向狂妄自大，楚國可隱藏精銳、挑選老兵弱卒編組成軍，陳列疲弱不整的軍容供其校閱，使其誤判楚軍不堪一擊而更加自傲，認為隨軍戰力遠遠超越楚軍（少師侈，請羸師以張之）。

4. 目前隨國有賢臣季梁，可能會識破楚國之計而一時不會成功，但從長遠看，少師終將超越季梁獲得隨侯的寵信（以為後圖，少師得其君），楚軍疲弱不整的軍容已讓他印象深刻，等到時機成熟，少師將會影響隨侯誤判形勢，貿然的與楚國決戰。

楚武王採納鬬伯比的計策，依計在接待少師時，隱藏精銳，陳列「羸師」供其校閱（王毀軍，以納少師）。少師果然中計，認為楚軍根本沒有想像的強大，議和會議結束回去後就主張追擊楚軍。隨侯準備採納，但被紀梁識破而極力諫阻，他說：「楚之羸，其誘我也。」惟有「修政而親兄弟之國（結盟漢東諸國以為援），庶免於難（才是免除楚國侵犯的良策）。」隨侯採納季梁的策議，從此修德安民，「楚不敢伐。」

不過，楚、隨和平相安兩年之後（魯桓公八年，西元前704年），少師果然獲得寵信，隨侯對其幾乎是言聽計從。鬭伯比見時機成熟，力勸楚武王興兵伐隨。楚王以隨侯未參加當年的會盟（沈鹿之盟）為由，再次親率大軍征討隨國，進軍駐紮於漢水、淮水之間。面對楚軍壓境，季梁建議先向楚王表示降服，待對方不答應而後戰，可以激怒我軍，提高士氣，並懈怠敵軍的鬥志（季梁請下之，弗許而後戰，所以怒我而怠寇也）。」但少師卻錯估形勢，提出相反意見：「必速戰。不然，將失楚師（將失去戰勝楚師的機會）」隨侯採納少師建議率軍出戰。

戰前，季梁瞭望楚軍的兵力部署，提議採取避強擊弱的戰術，理由如下：楚王位於左軍，為精銳部隊之所在，不可與其正面決戰；右軍則為一般部隊，沒有精兵良將，必然可以擊敗。一旦擊敗右軍，左軍陣勢隨即被削弱，我乘勝擊之，楚軍就會敗散了（季梁曰，楚人上左，君必左，無與王遇，且攻其右，右無良焉，必敗，偏敗，眾乃攜矣）。」但少軍再次反對季梁之提案，他認為「不和楚王正面決戰，就是貶抑自己（不當王，非敵也）。」隨侯否決季梁的戰術，率軍與楚王正面決戰（速杞之戰），結果隨軍大敗，隨侯逃離戰場，少師則被楚軍俘虜。隨侯最後只能向楚王乞和、結盟。

　　D. 小結。「治亂、勇怯、強弱」，是造勢的三個基礎，亦是奇正部署，以詭道欺敵，支配敵人之運用。從〈始計篇〉：「兵者，詭道也」的戰略思維言，「亂生於治」即「治而示之以亂」，是以亂為正，以治為奇，孫臏「治為亂奇」是也。「怯生於勇」即「勇而示之以怯」，是以怯為正，以勇為奇。「弱生於強」即「強而示之以弱」，是以弱為正，以強為奇。何氏註解：「亂生於治……。言戰時為奇正形勢以破敵也。我兵素（從來、一向）治矣，我士素勇矣，我勢素彊矣，若不匿治、勇、彊之勢，何以致敵。須張（顯現）似亂、似怯、似弱之形以誘敵人，彼惑我誘之之狀（若敵方被我方誘使他們的假象所迷惑，因而採取錯誤的行動），破之必矣。」

(2) 造勢三戰術：既能運用治亂，勇怯，強弱之變化，作為造勢的基礎，所以可以造成敵人難以辨識的假象，於是就能「動敵」。換言之，善於用

勢者還須掌握以外部示形動敵有效手段。「動敵」，支配敵人，即誤導
敵人，使之依我意志而行動。

① 示形致（支配）敵：「形之，敵必從之」。「形」，動詞，即示形；
「形之」，示敵以亂、怯、弱之偽形（假象）。「從」，相信、跟
隨；「從之」，跟隨採取相應的措施。此言，使敵人隨著我方所顯示
之假象，作出錯誤的判斷與行動。何氏註解：「移形變勢（運用治
亂、勇怯、強弱變換形勢），誘動敵人，敵昧於戰（不明實情的情況
下應戰），必落我計中而來，力足制之（憑藉預置兵力即可制伏敵
人）。」

李筌曰：「善誘敵者，軍或彊，能進退其敵也。晉人伐齊，斥山澤之
險，雖所不至，必斾而疏陳之，輿曳柴從之。齊人登山而望晉師，見
旌旗揚塵，謂其眾而夜遁，則晉弱齊為彊也。齊伐魏，將田忌用孫臏
謀，減灶而趨大梁，魏將龐涓逐之，曰：「齊魯何其怯也，入吾境，
亡者半矣。」及馬陵，為齊人所敗，殺龐涓，虜魏太子而旋。形以弱
而敵從之也。」

戰例 平陰之戰：春秋時期（襄公十八年，西元前555年），齊國自恃人眾
地險，背棄盟約，連年侵襲魯國，所以晉平公會同十一國諸侯討伐齊國（靈
公）。齊靈公是位無勇、又無謀的君主，他率軍至平陰抵禦，僅令部隊在城
門外挖約一里長的壕溝據守，卻未能採納部屬固守泰山險隘的建議，因而陷
入被動挨打的處境。晉平公首先以優勢兵力，突破齊軍城外戰壕，齊軍傷亡
慘重。在突破齊軍城外戰壕後，為了順利攻城，晉平公採取虛張聲勢、示形
造勢的手段，藉以威懾、欺騙齊靈公，使其誤判形勢，做出錯誤的決策。

1. 虛張聲勢：揚言魯、莒兩國正準備各自率領「千乘」（七萬五千人）兵力
   攻入齊國，齊靈公獲報此一訊息甚為恐懼。

2. 示形造勢：

   (1) 在山澤險要之處，布旗為陣：「使司馬斥（克服）山澤之險，雖所不至
   （在平陰南面山澤險要、即使部隊不到的地方），必斾（旌旗）而疏陳
   （陣）之（必須豎立旗幟，稀疏布置陣地，作為「疑兵」）」。

   (2) 兵車拖樹揚塵，似大軍奔馳：「使乘車者左實右偽（左邊乘坐真人，右

邊裝設假人），以旆先（用大旗做前導），輿曳柴而從之（兵車後拖著樹枝跟著大旗前進，引起塵土飛揚，如同大軍奔馳）」。

齊靈公登高地（巫山）遠望晉軍，果然中計，誤判晉軍眾多，不可抵抗，先自逃歸（齊侯見之，畏其眾也，遂逃）。據守平陰的齊軍，也利用無月光之時，連夜逃跑。晉平公乘勢揮軍追擊，大敗齊軍。（《左傳‧襄公十八年》《百戰奇略‧晝戰》）

杜牧註解：「言我強敵弱，則示以羸（疲弱）形，動之使來。我弱敵強，則示之以強形，動之使去。敵之動作，皆須從我。」

戰例 雁門之圍：隋朝末年〔大業十一年（615年）〕，東突厥始畢可汗趁隋煬帝出巡雁門時，率領十萬騎兵將其包圍。隋煬帝下詔，向全國徵募兵馬。李世民（年十六歲）響應招募，投身軍旅，隸屬於屯衛將軍雲定興。援軍出發前，李世民向雲定興獻策：「必須攜帶大量的旌旗戰鼓，造成馳援軍隊數量龐大的假象（必齎（攜帶）旗鼓以設疑兵）。」理由是：「始畢可汗既然敢率全國部隊出軍包圍天子，一定估計我方倉卒之間，無法立即援救（始畢可汗舉國之師，敢圍天子，必以國家倉卒無援）。我們可將部隊行軍長徑拉至數十里長，讓旌旗張揚連綿不絕，夜間則讓鑼聲鼓聲，此起彼伏，相互呼應，敵人必然以為大批救兵像雲團一樣湧來，看見路上塵土飛揚而逃竄（我張吾軍容，令數十里，晝則旌旗相續，夜則鉦鼓相應，虜必以為救兵雲集，睹塵而遁）。不然的話，敵眾我寡，若他們全軍迎擊，我軍將難以持久抵禦（不然，彼眾我寡，悉軍來戰，必不能支矣）。」

雲定興採納李世民的策略。正當隋朝援軍於途中駐紮時，突厥始畢可汗接獲偵察騎兵「隋朝大軍已到」的情資，立即解除包圍，退兵回國。

張預曰：形之以羸弱，敵必來從。晉楚相攻，苗賁皇謂晉侯曰：「若欒、范易行以誘之，中行、二郤，必克二穆。」果敗楚師。又楚伐隋，羸師以張之。季良曰：「楚之羸，誘我也。」皆此二義也。

戰例 鄢陵之戰：春秋時期（周簡王十一年，西元前575年），楚國誘使鄭國背叛晉國。晉厲公出兵伐鄭，鄭國聞晉師來伐，即向楚告急，楚共王率師援鄭，兩軍相遇於鄢陵。

楚軍於清晨迫近晉軍營前布列戰陣，晉將苗賁皇向晉厲公進言迎戰策略：

1. 作戰構想：楚軍的精銳位於中軍（王族部隊），左、右軍兵力薄弱。晉軍
　　應先以精銳部隊擊破楚左、右軍之後，再合軍攻擊其中軍，必可大敗之。

2. 接戰程序：

　　⑴ 即刻在營壘內填井平灶，擴大列陣的空間，調動上、中、下軍及新軍就
　　　　地布列陣勢。

　　⑵ 改變中軍嚴整陣勢，減少兵力、縮減列陣規模，引誘楚中軍全力攻擊，
　　　　而忽略左、右翼的安全。

　　⑶ 加強左右兩翼（上、下軍）戰力，以利先擊敗楚軍中薄弱的左、右軍。

　　⑷ 擊敗楚之左、右軍後，合集全軍（上、中、下、新軍），圍殲楚中軍。

作戰經過與結果：

1. 晉厲公採納苗賁皇的計策，立即調整兵力配置，即由中軍將、佐各率精銳
　　一部加強左右兩翼，並完成部署列陣，晉軍遂在營內開闢通道，迅速出
　　營，繞營前泥沼兩側向楚軍發起進攻。

2. 楚共王望見晉中軍兵力薄弱，即率中軍迎戰，卻被射傷左目，迫使楚中軍
　　後退，未及支援兩翼。楚軍得知楚王負傷，軍心動搖。晉軍乘勢猛攻楚
　　左、右軍，楚軍抵擋不住，紛紛向潁水北岸方向敗退，楚中軍帥子反自
　　殺；晉軍大獲全勝。（《左傳·成公十六年·襄公二十六年》）

《草廬經略·卷七·誤敵》：「從古兵家之取敗，率由一誤。誤則斯須（片
刻、短暫）之錯謬，勝負之相懸。譬若弈者，兩敵相當，並稱國手，其下人
誤下一著，敵必乘之，而全局皆失。故良將之於敵，每我方以誤之。誤敵之
法，難容悉數：激之使躁於動；誘之使人貪於得；激之使不得不往；緩之
使坐安其患；欲東而佯擊其西；實進而謬為之退；使敵當守而不守，當趨而
不趨；趨其所不必趨，守其所不必守。我有無不如意之算，彼有不可復追之
悔。所謂「形之，而敵必從之」，如「怒敵」、「誘敵」、「驕敵」、「懈
敵」之類，皆是也。」

②布餌（小利）誘敵：「予之，敵必取之」。「予」，同與；「予
　之」，指以小利誘敵。「取」，上鉤、奪取。我方欲戰，應誘敵深
　入，待其進入我方的有利地形中，再予殲擊。曹操註解：「以利誘

敵，敵遠離其壘（堅固陣地），而以便勢（我可以最有利之態勢）擊其空虛孤特（最孤立無援的地方）也。」誘敵之術，關鍵在一個「字」。魚能咬鉤，因有香餌；人要上當，因有利益。善於支配敵人者，就要「餌敵」（王晳注）、「示畏怯」（梅堯臣注）、「誘之以小利」（張預注）等，使之充滿自信，誤判形勢，輕敵或貿然深入我預設之戰場。

戰例 東漢末年，歷經「黃巾之亂」〔（184年），黃巾軍以宗教意識，結合農民，反抗政府〕，董卓專政後，形成「群雄割據」的時代。經過相互攻伐兼併後，中國北方（中原）形成曹操、袁紹爭霸的局面。建安五年（200年）2月，袁紹率精兵十萬，騎萬匹，舉兵南下，目標許昌；與位於官渡之南的曹操兵團（「兵不滿萬，傷者十二三」）對峙。曹軍的兵力部署：曹操親率主力駐防官渡。以部將于禁、劉延各領一部駐守要點與官渡主力結為犄角：1.于禁：屯守黃河南岸重要渡口延津（步騎二千）；2.劉延：駐守白馬。

袁紹遣謀士郭圖、大將顏良進軍圍攻白馬（劉延駐守），企圖奪取黃河南岸要點，以保障主力渡河。自己親率大軍進至黎陽，準備渡河直搗許昌。曹操為爭取主動，求得初戰的勝利，親自率兵北上解救白馬之圍。曹操採用謀士荀攸聲東擊西戰略，以分散袁紹兵力。1.先引兵至延津，偽裝渡河攻袁紹後方，使袁紹分兵向西；2.遣輕騎（張遼、關羽統軍）迅速襲擊進攻白馬的袁軍，攻其不備，擊敗顏良（關羽迅速迫近顏良軍，衝進萬軍之中殺死顏良，袁軍潰敗）。

曹操解白馬之圍後，遷徙白馬的百姓沿黃河向西撤退。袁紹則率軍渡過黃河追擊曹操，進抵延津紮營，派大將文醜與劉備繼續率兵追擊曹軍。與此同時，曹操也將部隊駐紮於延津南面的高坡，只有騎兵六百，而袁軍達五、六千騎，步兵在後跟進。面對優勢敵軍，曹操準備「以利誘敵」，設伏殲敵，即令士卒解鞍放馬，並故意棄輜重於道旁。諸將不解曹操之意，紛紛認為敵騎兵眾多，應該退守營寨。只有荀攸了解曹操這些馬鞍、輜重是用來「餌敵」的。

袁軍中計，紛紛爭搶財物。曹操突然發起攻擊，擊敗袁軍，主將文醜死於亂軍之中。初戰勝利後，曹操主動撤兵，退守官渡，袁軍連折顏良、文醜兩名將，士氣沮弱。

以下同樣也是欺敵、誘敵、誤敵的實例：

1. 吳王僚與楚戰，先以未經訓練的罪徒三千，進攻楚的盟軍胡國、沈國和陳國軍隊，罪人交戰即敗，狂奔亂突，盟軍爭相捕捉，陣勢一片混亂。吳國大軍乘機掩殺過來，盟軍大敗。這是假裝戰術失誤誘敵。

2. 吳國攻打越國，兩軍在檇李對峙。戰前勾踐令罪犯排成三行，都把劍擱在脖子上，說：「兩位國君出兵作戰，我們這些下臣觸犯軍令，在君王的對列前顯示出無能，不敢逃避刑罰，謹以死謝罪。」於是一齊自殺。吳國的軍隊一時驚訝、不知所措，越王乘機下令攻擊，大敗吳軍。吳王闔閭受了傷，不久即不治死去。

3. 戰國時，李牧委匈奴以牛馬，誘其進入伏擊圈，然後大敗之。這是以牛羊以及小部分士兵來誘敵。

4. 西漢末年，光武帝大將鄧禹追擊赤眉軍，赤眉軍佯北，以車載土，覆以大豆，棄之於道。鄧禹軍乏食，爭相取食，一片混亂。赤眉伏兵突襲，大敗禹軍。這是用敵人最需要的糧食誘敵。

5. 《六韜·武韜·發啟》：「鷙鳥將擊，卑飛斂翼；猛獸將搏，弭耳俯伏；聖人將動，必有愚色。」猛禽撲擊前必先低飛斂翼，猛虎搏殺前必先縮耳低俯，所以攻擊前先露「愚色」可收欺敵之效，這與孫子的造勢戰術有異曲同工之妙。

③以實殲敵：「以利動之，以實待之。」「形之」、「予之」等動敵之術，旨在誘敵──「以利動之」，誘敵的最終目的是殲滅敵人，因此「以利動之」的同時，還要「以實待之」。即以利（「亂、怯、弱」）誘敵，使陷於我所部署之有利態勢中（以正合），而以「治、勇、強」之實力待機殲滅之（以奇勝）。張預曰：「形之既從，予之又取，是能以利動之而來也，則以勁卒待之。」

㈤擇人任勢

　　故善戰者，求之於勢，不責於人，故能擇人任勢；任勢者，其戰人也，如轉木石，木石之性，安則靜，危則動，方則止，圓則行。故善戰人之勢，如轉圓石於千

仞之山者，勢也。

【語譯】所以善於指揮作戰者，常在兵勢運用上力求勝敵之道，他懂得如何運用形勢，不苛求於人，也不責備部屬，所以良將既要能任用人材又善於指導部屬，使部屬發揮所長，使部隊發揮戰力，以造成對我有利之戰爭形勢。懂得運用自然兵勢之良將，在指揮作戰時，就如同滾動木石。木頭和石頭的特性是：方型的較穩定，置於平坦之處，比較平穩，如軍隊之靜止；圓型的較靈動，置於險峭之地，就會滾動，如軍隊面臨危險境地，兵卒為保全性命，則可生出無比之勇氣。所以善戰的良將所造成的形勢，就是使軍隊有如自萬丈高的山頂滾落下來的石頭一般，衝力十足，這就是最有利的作戰態勢。比如用兵勇猛迅速，可形成令人望而生畏之氣勢，所向披靡，克敵致勝。

【闡釋】

　　「造勢」（創造兵勢）之後，就必須將此有利的情勢予以運用，稱為「任勢」。孫子的「任勢」論：「擇人任勢」。

1. 故善戰者，求之於勢，不責於人；故能擇人任勢。

　　⑴「求之於勢，不責於人」：在整個戰略戰術的形勢上，力求超越敵人，而不苛求兵員比率之多寡、素質之強弱，或責成於下級部屬。「勢」，戰勢。「責」，要求、苛求。「人」，將士、官兵、下級部隊。將士為戰勢所使，人人皆作殊死之戰，所以「善戰者」以戰勢之威力求勝，不以將士的勇怯求勝，若韓信之背水陣，即求之於勢。事實上，戰略態勢有利，下級之戰術戰鬥在戰略指導下，勝利公算必增大；態勢不利，下級之戰鬥無論如何奮力，終難扭轉敗局。杜佑註解：「言勝負之道，自圖於中（反省自己是否能形塑必勝戰勢），不求之下（而不是一昧要求部屬勉強而戰），責怒師眾（如果在不利戰勢之下，遷怒三軍），強使力進也（又強迫他們全力奮戰，只會招致失敗）。」

　　⑵「擇人任勢」：

　　　① 選擇適當的人才，充分利用形勢。

　　　② 選擇各種不同專業的軍兵種或專長的人才，揚長避短，有效運用，構

　　成必勝的「戰勢」。

賈林註解：「讀爲『擇人而任勢』，言示以（應該造就出）必勝之勢，使人從之（讓部屬依令行動），豈更外責於人（而不是超越這種態勢之外），求其勝敗。」「擇」，選。「任」，運用、利用、掌握。「任勢」，即運用戰勢。應該注意的是「勢」在前，「人」在後。善戰的將帥要能謀形造勢，再選用合適的人才、部隊來任勢而爲。「造勢」是高階將帥的責任，「任勢」是中階校尉的職責，高明的將帥不會求勝於人，而是先行造勢，讓人任勢而爲，勝利自在囊中。陳皞註解：「善戰者，專求於勢，見利速進，不爲敵先（不讓敵人搶先），專任機權（自己掌握整個戰場形勢與應變），不責成於人。苟不獲已（不得已）而用人，即須擇而任之。」杜牧註解：「言善戰者，先料兵勢（評估軍事情勢），然後量人之材，隨短長以任之（依據才能專長賦予任務），不責成於不材者也（不會委派任務給不符合該任務之專長者）」李筌注：「得勢而戰（處於優勢而戰），人怯者能勇，故能擇其所能任之（依照專長派遣任務）。夫勇者可戰，謹愼者可守，智者可說（貢獻計謀），無棄物（都能發揮各自的專長）也。」張預註解：「任人之法，使貪（使用貪利的）、使愚、使智、使勇，各任自然之勢（各隨其人格特質與專長而派遣任務），不責人之所不能。故隨材大小，擇而任之。《尉繚子》曰：『因其所長而用之。』言三軍之中，有長於步者（步戰），有長於騎者（騎戰），因能而用，則人盡其材。」

軍隊當然要裝備好、訓練好，始克戰勝攻取；但指揮不精、運用失策，亦必致敗。相較於個人能力，整體之勢更爲重要。①不求於勢，專責於人之下場：楚霸王之兵非不勇也，終敗於烏江；德國之兵，雄冠全球，因希特勒不諳節短勢乃險之理，終致覆滅。②勢強則兵強：周文王渭水得姜尙；蕭何月下追韓信；劉備三顧茅廬，得諸葛亮隆中對策；可謂擇人任勢之典範。拿破崙善識戰機，長於內線作戰，對兵勢運用有獨到之處，雖在傷亡累累、危急之秋，亦能轉敗爲勝。所以勢強則兵強，勢勝則兵勝。

另解：

①責於「人」。「人」：與「己」、「我」相對，指「別人」、「他人」、「敵人」。如：「人不犯我，我不犯人」。不責於人：不責求

敵方順從己方的意思，與「不可勝在己，可勝在敵」同義。

② 「擇」人任勢。

　　A.「擇」：除「選擇」外，還有「區別」之意。如「目不樂色，口不
　　　　甘味，與死無擇」。

　　B. 區別敵情的不同而正確地使用自己的兵力（勢）。

　　善戰者，應當致力於自己的建軍備戰上，而不是寄希望於敵方的作為
　　上。敵方是按照他本身的情況從事奮戰，並不受己方指揮，所以善戰
　　者能夠對於不同的敵軍有不同的用兵方法。即所謂「擇人而任勢」。

2. 兵勢運用原理——以木石之象為喻。

　　「木石因勢而易轉，部隊因勢而易戰。」

　　〈兵勢篇〉末段，孫子又用比喻，即以木石之象為喻，來說明兵勢運用的
原理，他說：「任勢者，其戰人也，如轉木石。」「任勢者」，善於運用戰勢
變化以取勝者。「戰人」，以人作戰，即用兵作戰。「木石」，木頭、石頭。
善於運勢作戰者，指揮軍隊與敵作戰，就好像轉動木石一樣，因勢而利導。梅
堯臣註解：「木石重物也，易以勢動（容易順著地勢來轉動），難以力移（僅
憑人力難以推移）。三軍至眾（三軍部隊，是人數最多的組合體）也，可以勢
戰（可讓他們憑藉態勢作戰），不可以力使（不可只靠勇力戰鬥），自然之道
也（這才符合自然的法則）。」

　　木石是重物，無法自己移動，然而卻有其共同的特性，那就是木石會因所
處的位置與形狀的不同而產生靜止或移動的狀態。處於「安則靜，危則動」，
形狀「方則止，圓則行」。「安」，平穩，這裡指平坦的地勢。「靜」，安定
不動。「危」，高峻、傾斜，這裡指高峻陡峭的地勢。「動」，事物改變原來
位置或脫離靜止狀態，與「靜」相對，這裡意旨滑動。「止」，停住、不動。
「行」，移動、滾動。

　　人性與部隊行動亦如木石之性般，會因所處之位置、情勢而產生士氣與戰
志上的變化。如於安地則偷生，於危地則死戰。善用兵者，知此勢而用之，則
可轉怯為勇，轉弱為強，如〈九地篇〉說：「兵士甚陷則不懼……不得已則
鬥。」；「投之亡地然後存，陷之死地然後生。」就是這樣的意思。所以用勢
應注意掌握「動」的因素（以動為奇），排除一切阻力，故尚圓而不尚方，選
危而不選安。張預註解：「木石之性，置之安地則靜，置之危地則動，方正則
止，圓斜則行，自然之勢也。三軍之眾，甚陷則不懼，無所往則固，不得已則

鬪，亦自然之道。」

(1) 安則靜。軍隊靜止一地，如盤石狀態：如集中一處，或占領一陣地，此時力量乃靜止，對敵所能發揮之威勢必較小。此時官兵心理、精神亦較鎮靜。惟安則亦惰，靜則少奮勇之氣，故軍隊安而靜止，則無勢，所以指揮官須隨時能利用種種方法以激勵士氣，使其有殺敵之勇氣和信心。因此善於任勢者，絕不使軍心安於現狀而失可戰之機。

(2) 危則動。面臨戰危之心理狀態：①常爲保全生命，兵卒可生出無比之勇氣，出而死戰；②在戰況慘烈危急之際，軍心畏懼而動搖。「安則靜，危則動」，全從心理上探討兵勢之發展，即指揮官須隨時利用此種心理上之兵勢以指揮作戰。如韓信之背水陣，即用「危則動」，置之死地而後生之心理而獲勝。漢光武帝劉秀在昆陽之戰，面臨王莽百萬大軍，先穩定軍心，再以寡擊眾，可謂「危動」之佳例。

(3) 方則止。就態勢上比喻軍隊之特性：①軍隊固守一地；②僅用「正」兵作戰，兵勢之力量猶如止水，無法發揮矣。「方則止，圓則行」兩句是說明軍隊部署運用時所形成之兵勢，「方」是指「正」兵之運用，或是守勢。如二戰時法國之馬其諾防線，其中十七個師未經激戰，即被德軍從後面圍攻而投降，防線並未激勵戰志，亦無從發揮戰力，此即「方則止」之自然現象。既知「方則止」之兵勢原理，則應在「方」之形態下力求其兵勢「不止」之運用，如局部使其運動，或出奇以制勝，總要在「止」中求「動」，始爲兵勢運用之著眼。

(4) 圓則行。軍隊如能機警靈活運用，奇正配合作戰，則必可進退裕如。此句可彰顯機動作戰在兵勢運用之價值。如1813年歐洲聯軍合擊拿破崙（萊比錫會戰），其作戰方針即：無論何軍最初受法軍攻擊時，不可與其決戰，須且戰且退；其餘從兩翼包圍，拘限法軍兵力運用。法軍追前，敵從後攻來；待回頭反擊，敵即返去。再擊左敵，忽失其蹤；然右翼敵人卻又圍攻而來。聯軍如此靈活循環攻擊法軍，雖機警英勇如拿破崙，亦疲於奔命，無法應戰，終至大敗，五十萬大軍損失四十萬。此即「圓則行」之最恰當戰例。

3. 任勢如高山滾石。

木石本質堅硬，有殺傷的力量，但木石既然不能自轉又不能自動，如無外力左右，它是靜止不動的狀態。只有在外在的力量加之於木石的身上，促使

其運動時，它才會發揮殺傷的力量，所以孫子說：「善戰人之勢，如轉圓石於千仞之山者，勢也。」用兵應勇猛迅捷，始可形成可畏之兵勢，進而克敵制勝。善戰的將帥所營造兵勢，就像「轉圓石於千仞之山」般的銳不可擋。「千仞」：古代的長度單位，八尺爲仞，千仞比喻極高。鈕先鍾引力學解釋說：「那是一種極易於將勢能轉變爲動量的態勢。」程國政加以詳細說明：「這符合牛頓力學第二定律的能量守恆原理（$W = mgh = 1/2 \, mv^2$）：『動能與位能不但可以互換，而且始終守恆。』位能mgh相當於『形』，動能$1/2 \, mv^2$相當於『勢』。」

　　圓石不能自轉，因險峻之山坡而滾木，就造成不可遏止之力量。置於千仞之山的圓石爲「形」的基礎，「千仞之山」則是「造勢」的條件，它促使圓石於滾落時釋放出「勢」的能量，當圓石放置越高，位能越大，滾下時轉換的動能就越大，兵勢也越強，正符合「積水漂石」、「勢如張弩」的「勢險」；山越險峻，則圓石滾落的時程越短，加速度就越大，瞬間衝力也越大，又符合「鷙擊毀折」、「節如發機」的「節短」。將帥若能利用地勢和時機，居高臨下，使軍隊形成一股強能與疾速，就叫善於「任勢」。從這一比喻進一步來看，孫子認爲要取得戰爭的勝利必須要擅長造勢與因勢利導（任勢），必先具有「造勢」的條件，然後才有「任勢」的結果，所謂「求之於勢，不責於人」，實亦蘊含於「兵勢象石論」的隱喻裡。

　　杜牧曰：「轉石於千仞之山，不可止遏（阻止）者，在山（山勢）不在石也。戰人有百勝之勇（用兵作戰百戰不殆），強弱一貫者（始終保持強盛的士氣），在勢不在人也。杜公元凱曰：「昔樂毅藉濟西（濟水之西）一戰，能併強齊。今兵威已成，如破竹（如用刀剖竹），數節之後（先劈開幾節），迎刃自解（以後的部分順著刀刃就自行裂開），無復著手（無需用力）。此勢也。勢不可失。」乃東下建鄴，終滅吳。此篇大抵言兵貴任□，以險迅疾速爲本，故能用力少而得功多也。

　　王皙曰：「石不能自轉，因山之勢而不可遏也。戰不能妄勝（打仗不能憑空獲勝），因兵之勢而不可支也（憑著有利的戰局形勢而不可抵擋）。」

　　張預曰：「石轉於山而不可止遏者，由勢使之也。兵在於險而不可制禦（用兵作戰在於奇險，而奇險無法制伏抵禦）者，亦勢使之也。李靖曰：「兵有三勢。將輕敵，士樂戰，志勵青雲（戰志振奮上青天），氣等飄風（士氣勁猛高昂如旋風），謂之氣勢。關山（關隘山峰險阻）狹路，羊腸狗門（曲折小

徑，險要隘口），一夫守之，千人不過，謂之地勢。因敵怠慢（乘著敵人懈怠散漫疏於防備），勞役饑渴（或飢餓疲勞），前營未舍（還未進駐營壘），後軍半濟（或渡河渡到一半等時機都可對敵發起攻擊），謂之因勢。故用兵任勢，如峻阪走丸（在斜坡上滾動彈丸），用力至微（用最小的力量），而成功甚博（獲得最大的成功）也。」

虛實第六

　　凡先處戰地而待敵者佚，後處戰地而趨戰者勞。故善戰者，致人而不致於人。能使敵人自至者，利之也；能使敵人不得至者，害之也。故敵佚能勞之，飽能飢之，安能動之。

　　出其所不趨，趨其所不意；行千里而不勞者，行於無人之地也。攻而必取者，攻其所不守也；守而必固者，守其所不攻也。故善攻者，敵不知其所守；善守者，敵不知其所攻。微乎微乎！至於無形；神乎神乎！至於無聲，故能為敵之司命。進而不可禦者，衝其虛也；退而不可追者，速而不可及也。故我欲戰，敵雖高壘深溝，不得不與我戰者，攻其所必救也；我不欲戰，雖劃地而守之，敵不得與我戰者，乖其所之也。

　　故形人而我無形，則我專而敵分，我專為一，敵分為十，是以十攻其一也。則我眾而敵寡；能以眾擊寡者，則吾之所與戰者，約矣。

　　吾所與戰之地不可知，不可知，則

敵所備者多；敵所備者多，則我所與戰者寡矣。故備前則後寡，備後則前寡，備左則右寡，備右則左寡，無所不備，則無所不寡。寡者，備人者也；眾者，使人備己者也。

故知戰之地，知戰之日，則可千里而會戰；不知戰地，不知戰日，則左不能救右，右不能救左，前不能救後，後不能救前，而況遠者數十里，近者數里乎？以吾度之，越人之兵雖多，亦奚益於勝哉！故曰：勝可為也，敵雖眾，可使無鬥。

故策之而知得失之計，作之而知動靜之理，形之而知死生之地，角之而知有餘不足之處。故形兵之極，至於無形；無形，則深間不能窺，智者不能謀。因形而措勝於眾，眾不能知。人皆知我所以勝之形，而莫知吾所以制勝之形；故其戰勝不復，而應形於無窮。

夫兵形象水，水之形，避高而趨下；兵之形，避實而擊虛。水因地而制流，兵因敵而制勝。故兵無常勢，水無常形；能因敵變化而取勝，謂之神。故五行無常勝，四時無常位，日有短長，月有死生。

四　控制時空，掌握戰局

五　策作形角，知敵虛實

六　結論：兵形象水　避實擊虛，因敵制勝

一、篇旨

　　「虛」與「實」二字是兩個相反對立且具辯證關係的概念，涵義十分廣泛。就字義而言，「虛」，具有空（空虛）、弱（虛弱）、假──不眞實（虛僞、虛假、虛構）、草率──敷衍（虛應故事）等意思。「實」，具有滿──盛（充實）、堅（堅實）、眞（眞實、誠實）、嚴謹（確實）等意思。虛實一詞常被用以評估、探測競爭者或敵對者內部的眞實境況，例如「探聽虛實」，「料其虛實」。虛實併用又具有相互爲用的辯證關係，如「虛虛實實」是指使人捉摸不定，難以探得眞情，《三國演義·第四十九回》：「豈不聞兵法虛虛實實之論？操雖能用兵，只此可以瞞過他也。」

　　虛實，在軍事上，是一組用來表示與軍事力量有關的相對概念，從《孫子兵法》與歷代兵書中可知「亂、怯、弱、勞、饑、寡、遠、嘩、銳、不虞（無備）」爲「虛」，「治、勇、強、逸、飽、眾、近、靜、惰、虞（有備）」爲「實」。由此說來，虛實除了是指兵力眾寡、強弱的對比外，舉凡軍隊的治亂、靜嘩、勞逸、饑飽，兵勢的銳惰、士氣的勇怯、戰備的疏密等優劣勢的對比也都可視爲虛實的範疇。另外，需要指出的是，「虛」的涵義，並不一定是「弱」，「虛」還有「關鍵」、「要害」的意義，這樣的地方，一旦被擊中，就會傷及要害，癱瘓整個作戰系統。

　　虛實是古代兵學重要術語，歷來受到兵家學者所重視，虛實之用被認爲是戰場制勝的用兵理則。蓋戰略的基本任務就是優勢作爲，俾能在決戰時創造最有利的態勢。最有利的態勢必然是決戰時成功公算最大的態勢，而且通常也就是在決勝點上比敵優勢的態勢。預期在決勝點上比敵優勢，就必須把決勝點選在敵人的弱點上，這就是避實而擊虛，戰之必勝。所以吳起說：「用兵必須審敵虛實而趨其危（虛）。」（《吳子·料敵第二》）唐太宗說：「夫用兵識虛實之勢，則無不勝焉。」（《唐太宗李衛公問對·卷中》）《草盧經略·卷六·虛實》：「虛實之勢，兵家不免。善兵者，必使我常實而不虛，如破竹、壓卵，無不摧矣。」

　　虛實的重要性來自於它是一種「辯證的實力觀」，即虛實一方面可視爲敵我力量的眞實對比，然而此一眞實的力量對比（虛實之勢），並非不可改變的，蓋「兵者，詭道也」，善戰者應掌握主動，審知敵我虛實之情，積極欺敵誤敵，巧妙支配敵人，使己之力常合、常實，敵之力常分、常虛；或進行敵我

力量強弱的轉換，變敵之實爲虛，變我之虛爲實；或是將我之虛僞示以實，將我之實僞示以虛。凡此，藉由敵我虛實的轉化——實者虛之，虛者實之，虛虛實實，使敵莫知所向，然後以實擊虛，戰而勝之。

　　綜合上述，虛實作爲一種「辯證的實力觀」，其具體涵義是指：「敵我實力的強弱、優劣對比，以及針對此一情勢而能掌握主動，巧妙形兵造勢，創造最有利態勢的優勢作爲（戰略戰術）思維理則。」而〈虛實篇〉乃申論〈兵勢篇〉「兵之所加，如以碬投卵者，虛實是也」之說，全篇之主旨，在探討主動的爭取——「致人而不致於人」與優勢之作爲——「虛實」之用，可說是《孫子兵法》十三篇全部理論之精粹。誠如唐太宗說：「朕觀諸兵書，無出《孫武》；《孫武》十三篇無出〈虛實〉。」在戰爭的過程中，掌握戰場主動權，常爲左右戰局之重要契機。孫子說：「致人而不致於人」，以今語譯之，就是爭取主動，支配敵人，而不陷於被動，受到敵人的支配。如何爭取主動呢？孫子提出「避實擊虛」、「因敵制勝」，作爲爭取主動，支配敵人的要領與方法。孫子認爲作戰雙方軍事實力的眾寡、強弱、治亂等虛實態勢，是客觀存在的。然而「兵無常勢」，敵我的虛實態勢並非凝固不變的，其關鍵在於掌握虛實彼己的主動權，即探明敵我虛實現勢，採取優勢作爲，轉變敵我虛實之勢以利於我，使我軍在決戰前處於比敵優（即「避實擊虛」）的戰略態勢，進而針對敵人謀動行止，採取相應對策，「以實擊虛」，取得戰爭的勝利，這即是「因敵而制勝」。

　　〈虛實篇〉上承〈兵勢篇〉、〈軍形篇〉兩篇，三位一體，均以形兵造勢，創造有利態勢爲內涵。〈軍形篇〉言攻守兼備的運用之道；〈兵勢篇〉言奇正相變的用兵藝術；〈虛實篇〉言掌握主動，避實擊虛的優勢作爲。關於本篇在全書中的次序，張預解釋說：「〈形篇〉言攻守，〈勢篇〉言奇正，善用兵者，先知攻守兩齊之法，然後知奇正，先知奇正相變之術，然後知虛實，蓋奇正自攻守而用，虛實由奇正而生，故次於〈勢〉。」把這三篇的關係說得非常清楚。「攻守」與「奇正」具有體用關係，「攻守」是戰勢（戰略戰術）之體，「奇正」是戰勢之用，「攻守」效能的發揮有賴「奇正」的變化與運用。不過，戰爭是一種雙方力量的對抗，一切的思考不能僅以己方爲限，必須同時考慮到對方。「虛實」是一種敵我雙方戰力的評估與判斷；也是用兵者在盱衡情勢後，重點使用力量的一種配置或部署，乃根據「集中與節約」（「分合之變」）的戰爭原則及效益概念所形成的戰略思維。若不知敵人力量的配置實

情，就無法選定正確的目標（敵人之「虛」），形成「以正合，以奇勝」的兵力部署。這就是說，欲求以奇制勝，必須首先找到敵方的弱點，才能集中壓倒優勢兵力奇襲敵人，使奇兵的打擊產生最大的（即「以碫投卵」──以至實擊至虛）效果。因此明朝兵學家劉寅說：「讀兵書，先要識得虛實，然後會用奇正。若不識虛實，雖能用奇，亦無以制勝。」（《武經直解‧讀兵書法》）

二、詮文

(一)致人而不致於人

　　凡先處戰地而待敵者佚，後處戰地而趨戰者勞。故善戰者，致人而不致於人。能使敵人自至者，利之也；能使敵人不得至者，害之也。故敵佚能勞之，飽能飢之，安能動之。

【語譯】孫子說：作戰時，凡能先到達戰地而等待敵人的，就可處於從容主動的地位。凡後到達戰地而倉促應戰的，就處於疲憊被動的地位。所以說善於用兵作戰的人，總能掌握主動地位支配敵人，而不會被敵人支配處於被動的地位。要使敵人來到我預定的決戰地點，是以利誘之的結果。要使敵人不敢來、不願來，就必須設法妨害之，使他不敢來、不願來。所以當敵人想安逸休息時，就設法使他疲於奔命；敵人如果食物等補給充足時，就要設法斷絕其補給來源；敵人如果安處不動，就要設法讓他移動，以中我計。

【闡釋】

　　本節論戰略戰術之運用，貴能採取「先制」，以爭取「主動」，支配敵人，即「致人而不致於人」，為〈虛實篇〉之主旨。

1. 採取先制，以逸待勞──孫子指出，善戰者，總是能夠採取「先制」（先發制人）之行動，以爭取主動，達到左右敵人，主宰戰場的目的。這裡的「先制」是指先敵完成戰備，控領戰略要地，以逸待勞，孫子說：「先處戰地而待敵者佚，後處戰地而趨戰者勞。」「處」，占據，到達。「戰

地」，戰略要地或有利地形，為兵家所必爭之地。「待」，待機、待勢。「佚」，即「逸」，指安逸、從容，這裡指部隊獲得充分休整，士氣飽滿，也就是實。「趨」，通「促」，疾行；奔赴，此處為倉促之意；「趨戰」，倉促應戰。「勞」，疲勞，這裡是指陷於被動，不利的地位，也就是虛。「地形者，兵之助也」，兩軍爭勝，務必先敵完成備戰，控領戰略要地，妥為部署，以待敵軍之動靜，如此，則無論攻守，皆得先制之利，就能獲得行動自由，以逸待勞的主動地位；而後完成戰備，倉促開赴戰場應戰者，就會受制於敵人，喪失行動自由，陷於疲於奔命的被動地位。

戰例　北周與突厥組成聯軍攻擊北齊（563年9月），一連攻陷北齊二十餘座城池，歷時三個月（同年12月）；進抵北齊重要城市晉陽（山西省太原縣）。北齊將領段韶率軍抵禦。當時，剛下過大雪，北周軍以步兵作前鋒，順西山（西面山群）山麓南下，挺進到僅距晉陽約二里的地方。北齊諸將都想立即攔擊。段韶說：「步人氣力勢自有限（步兵的氣勢有限），今積雪既厚，逆戰非便（立即迎戰徒耗戰力，卻不一定獲勝），不如陣以待之（不如先採守勢，嚴陣待敵）。彼勞我逸，破之必矣。」待北周步兵抵達城下後，北齊集中精銳，擂鼓吶喊，全軍出擊，大敗北周前鋒部隊，後續的部眾則連夜敗逃。

戰例　秦趙閼與之戰：戰國時期（西元前270年），秦軍進攻韓國，包圍閼與。韓國向趙國求助，協助解除閼與之圍。趙王以趙奢為將，前往救援。趙奢率軍在邯鄲（趙國都城）三十里外駐紮，採守勢，並未立即往閼與解圍。秦軍則派遣前鋒部隊進抵武安城西，紮營列陣，與趙軍相對峙；秦軍戰鼓如雷，武安城裡之屋瓦都被震動，人心恐慌。

趙奢則仍堅守營壘二十八天之久，毫無出擊之準備，而且修築永久性防禦工事。此期間秦軍派遣間諜刺探軍情，趙奢佯裝不知，還親切招待。間諜回報，秦軍統帥大喜，認為趙國無意救援韓國，閼與已屬秦地了。

趙奢送走間諜後，即下令全軍整裝出發，以強行軍速度趕往閼與，僅二天一夜就抵達（邯鄲、閼與距離一百二十公里），在距離閼與二十五公里之處紮營、急築營寨。秦軍獲得情報，立即以全部兵力，向趙軍陣地進擊。趙軍軍士許歷向趙奢提出攻守並用的作戰構想（建議）：

1. 秦人不意（未曾料想）趙師至此，其來氣盛（既驚又憤，第一擊必是中央突破）。將軍必厚集其陳以待之（應採取縱深防禦），不然必敗（否則一旦造成突破口，就全軍瓦解）。

2. 先據北山者勝，後至者敗。（闕與附近之戰略要地必須先予以控領，先控領者勝，後到者敗）。

趙奢採納許歷的作戰構想，一面實施縱深防禦，抵擋秦軍突穿陣地；一面派遣一萬精銳部隊，占領北山要隘。秦軍趕到後，想要奪取北山，卻毫無進展。趙奢命令全軍出擊，大敗秦軍，倉皇撤退，遂解闕與之圍（「趙奢即發萬人趨之。秦兵後至，爭山，不得上。趙奢縱兵擊之，大破秦軍，遂解闕與之圍」）。（《資治通鑑‧卷五‧周紀五》、（《百戰奇略‧山戰》）

戰例　東漢初年〔建武六年12月（30年）〕，漢光武帝劉秀派遣諸將征伐起兵叛變，占據隴西（隴山以西，亦稱隴右：甘肅省東部）的隗囂，但全都被隗囂所擊敗。劉秀下令征西大將軍馮異率軍進駐栒邑。馮異還沒有到達栒邑前，隗囂也乘勝，派遣其部將王元、行巡，率二萬餘人，順隴山東下，命令行巡奪取栒邑。馮異獲報後，立即率軍急行挺進，希望先敵占領栒邑。馮異部將提出異議，理由如下：「虜兵盛而新乘勝（敵人兵力多，同時乘著勝利的銳氣，勢不可擋），不可與爭，宜止軍便地，徐思方略（應暫時就地紮營，商討戰略）。」

馮異則則認為先敵占領栒邑可收「以佚待勞」的優勢：「虜兵方盛臨境，狃小利（被小勝利沖昏了頭），遂欲深入：若（敵人）得栒邑，三輔（關中地區，陝西省中部）動搖，是吾憂也。夫攻者不足，守者有餘，今先據城，以佚待勞，非所以爭鋒（決戰）也。」

馮異於是率軍密匿進駐栒邑，緊閉城門，嚴密戒備，但偃旗息鼓，不動聲色（「潛往，閉城，偃旗鼓」）。行巡不知栒邑已被占奪，仍馳赴栒邑城下（「行巡不知，馳赴之」）。馮異乘其不備，突然擂動戰鼓，旌旗招展，全軍出擊。巡行軍隊驚恐慌亂奔逃，馮異追擊，大破敵軍（「異乘其不意，卒擊鼓建旗而出，巡軍驚亂奔走，追而大破之」）。

戰例　沙苑之役：西魏大統三年（537年），東魏丞相高歡率軍二十萬人征伐西魏。高歡自浦津橫渡黃河後，直逼華州，華州刺史王羆嚴密防守，難以攻克，因此轉渡洛水，在許原西郊紮營。

西魏派遣大丞相宇文泰率軍抵禦高歡軍。宇文泰率領不到一萬人的直屬部隊，進駐渭水南岸，同時徵調各州軍隊增援，惟短期間無法到齊。宇文泰打算提前攻擊高歡，各將領以寡不敵眾為理由，建議等高歡繼續向西推進時，觀察形勢，再作決定（諸將以眾寡不敵，請且待歡更西以觀其勢）。宇文泰反駁說：「高歡軍如果逼進長安城，民心一定騷動；現正可趁他從遠方而來、立足未穩之際，把他擊敗（歡若至長安，則人情大擾；今及其遠來新至，可擊也）。」

於是，宇文泰立即在渭水上建造浮橋，命士兵攜帶三天糧食，率領輕裝騎兵，北渡渭水；軍事輜重，則沿渭水南岸，向西運送。10月1日，西魏軍抵達沙苑，距離東魏軍六十餘里。高歡聞訊，即於次日，揮軍前進。宇文泰的偵查騎兵報告，高歡軍已經逼近，宇文泰召開作戰會議，商討作戰方案。驃騎大將軍李弼說：「彼眾我寡，不可平地置陳（不可在敵人正面列陣；不可與敵正面衝突），此東十里有渭曲（距離這裡東十里之處，有渭曲之地；渭曲，渭水一彎曲處），可先據以待之。」

宇文泰採納，立即領軍前往渭曲，部隊背向渭水，部署東西兩個方陣，李弼當西翼指揮官，趙貴當東翼指揮官；同時命令官兵與所攜帶之武器，都深藏蘆葦草中，約定聽到鼓聲時方可出擊（泰從之。背水東西為陳，李弼為右拒，趙貴為左拒，命將士皆偃戈於葦中，約聞鼓聲而起）。

黃昏時刻，東魏大軍抵達渭曲（晡食，東魏兵至渭曲；晡食，晚餐時間）。雙方主力，分別進入戰場，準備戰鬥。東魏軍發現西魏軍兵力很少，遂爭相前進，戰鬥隊形，隨之凌亂（東魏兵望見西魏兵少，爭進擊之，無復行列。）。正當兩軍即將短兵肉搏之際，宇文泰急擂戰鼓，西魏官兵聞聲，驟然士氣大振，冒死奮戰（兵將交，丞相泰鳴鼓，士皆奮起）；此時，東魏軍主力聚集於西魏軍左翼方陣前方，於是西魏軍以左翼將領于謹等人率領主力與東魏軍正面交戰，李弼則率領精銳騎兵，從東魏軍側翼出擊，將東魏軍分割為二，西魏軍趁勢擴大戰果，大敗東魏軍。（于謹等六軍與之合戰，李弼帥鐵騎橫擊之，東魏兵中絕為二，遂大破之。）高歡率領殘餘東魏軍急退，勉強渡過黃河，返回東魏；宇文泰則乘勝追擊東魏軍至黃河岸。

本戰，東魏軍陣亡武裝部隊八萬人（喪甲士八萬人），被俘二萬餘人（選留甲士二萬餘人，餘悉縱歸），遺棄鎧甲武器十八萬件（棄鎧僅十有八萬）。

張預曰：「便利之地，彼已據之，我方趨彼以戰，則士馬勞倦，而力不足。或謂所戰之地，我宜先到，立陳以待彼，則己佚矣。彼先結陳，我後至，則我勞矣。若宋人已成列，楚師未既濟之類。」

2. 爭取主動，支配敵人──致人而不致於人。「致」，招致，引來，這裡指支配、控制、調動之意；「人」，指敵人。即支配敵人，而不爲敵所支配；也就是說作戰時必須掌握「主動」，而勿陷於「被動」。所謂「主動」，乃以我之自由意志，支配敵人之意志，使追隨我之行動，爲克敵制勝之首要條件。

用兵之法，避實而擊虛，自守以實，攻敵以虛，故善戰者務必採取先制，爭取主動，使我常實而敵常虛，此即「致人而不致於人」的要義。致人者，主動而實，故能先制於敵。不致於人者，不被動而虛，故能免於落後於敵。我常處於主動──常實的地位，並能陷敵於被動──常虛的地位，則我逸而敵勞，我實而敵虛，俾得以實擊虛。

戰例　戰國時桂陵之戰，齊田忌用孫臏之計，行圍魏救趙之策，使魏軍不得不撤離趙國，回師自保。齊國圍魏是主動，是「不致於人」的自由行為。而魏軍回師是被動，是「致於人」的被迫行為。

王晳注釋說：「『致人』者，以佚乘其勞；『致於人』者，以勞乘其佚。」

《草廬經略・卷七・致人》注釋說：「《孫子》曰：『先據戰地而待敵者佚，後處戰地而趨戰者勞。故善戰者，致人而不致於人也』。致之使來者（要使敵人前來）：或動之以利，或激之以怒，或示之以懶（僞裝懶怠假象惑敵），或挑之以害（製造危機，挑起爭端），或誘之以北（佯敗誘敵）。使敵心樂而願至，不察而輕至（輕率前來），皆『多方以誤之』也。敵人已至，入我彀（圈套）中，吾先得地利，復出奇兵，『以逸待勞，以飽待饑』，以虞（有備）制不虞（無備），必勝之道。第致人者（調動敵人前來），我發其機（戰機由我軍控制），隨敵而轉（根據敵情靈活變換戰法）。方其初至盛氣，則少待其衰（等待敵人士氣低弱）。機便則乘勝疾擊（掌握有利時機，迅速出擊）：或橫

突（左右突擊），或旁擊（兩側襲擊），或反擊，或（前後）夾擊；或截殺以斷其後應（增援），或設伏以掩（出）其不意，或頻而擾之，使其營柵不成，樵蘇不給（柴米飲食不繼）；或迫之於險（險隘地域），使其行伍不列（隊伍失序不整），陣勢不就（無法部署列陣）。彼欲進不得，欲退又難。饜士秣馬（我軍則犒勞將士，完成作戰準備），觀變設奇（靜觀變化，籌畫奇謀），從容而指揮，得坐制之策矣（從容不迫，指揮若定，穩操勝算）。至若佯北之兵（至於談到佯敗誘敵的戰法），尤須隱其詭詐。夫敦陣整旅（嚴整），半進半退以誘人，人所易覺。故又有隊伍參差，旗幟潰亂，先以羸兵（戰力弱的部隊）試（試探、偵測）敵，俘馘居多（如以戰力弱的部隊也能俘獲甚多），皆真敗之狀也。凡若此者，敵雖智將，亦必長驅。」

戰例　東漢建武五年（29年），光武帝劉秀，命建威大將軍耿弇率軍向東討伐盤據山東濟南的張步。張步獲悉後，派遣大將費邑駐紮歷下（山東省濟南市），又分兵防守祝阿（山東省齊河縣東南），以為犄角之勢；另在鍾城（今山東省禹城縣東南）列營壘數十座，以為後援。耿弇攻勢進展甚為順利，僅以數日時間即連續攻占祝阿、鍾城。費邑得知前線戰敗，急忙令其弟費敢前往鎮守巨里。耿弇乘勝進抵拒里，命令部隊砍伐大量樹木，揚言要填平巨里溝塹（營造決心攻城之形勢）。從投降者所提供之情資得知，此一攻城準備行動，已使費邑相信漢軍即將進攻巨里，因而刻正思謀救援之策。耿弇於是再令部隊趕造攻城器械，並傳令各部隊：三日之後，全軍悉力進攻巨里城。同時，故意放鬆監管俘虜，讓他們有機會逃走，將預定攻城的日期透露給費邑。屆時，費邑果然親率三萬餘精兵前來營救巨里。耿弇高興地對諸將說：「吾修攻具（攻城器械）者，欲誘致邑者（就是要把費邑引誘過來）；今來，適其所求（正符合了我的計策目的）也。」於是以三千人佯攻（牽制）巨里，親率主力占領制高點，布下陷阱，等費邑軍到，乘高衝下，攻勢猛烈，一舉殲滅費邑軍於戰場，最後平定了濟南地區。

張預對此戰例的評述：「致（招引）敵來戰，則彼勢常虛，不往赴戰，則我勢常實。此乃虛實彼我之術（使敵人虛弱，使自己堅實的戰術）也。耿弇先逼巨里以誘致費邑，近之（概略就是運用這樣的戰術）。」（亦見百戰奇略·卷七·致戰）

《草廬經略・卷七・致人》評論說：「大抵兵家之致人，亦必審彼我之強弱，地勢之險阻，機術之巧拙（機智權變的靈巧與拙劣）：我必勝而萬無一失，彼必敗而莫之能逃，然後引而招之（引誘和支配敵人）焉。即《孫子》所謂『先為不可勝，以待敵之可勝』也。如敵未可欺，吾又不能以敵方以其來為虞（我方對敵人的到來又無法進行有效的抵禦），況致之使來也哉（怎敢輕易調動敵人前來呢）！設法以疑之，多方以誤之，俾猶豫而不敢進，可也。」

3. 虛敵五法——運用「利、害、勞、飢、動」五法，支配敵人，化敵強實為弱虛。

用兵之法，避實而擊虛，自守以實，攻敵以虛，故善戰者務必採取先制，爭取主動，使我常實而敵常虛，此即「致人而不致於人」的要義。所以避實而擊虛之關鍵在積極主動製造虛實，使敵人由實轉虛，而我則由虛而轉實，或真實而假虛，這樣就可「致人而不致於人」；致人者，致人於虛弱而擊之，不致於人者，不被敵人誘陷於虛弱而被擊。製造虛實，運用虛實之法為何？孫子提出「利、害、勞、飢、動」五法，操縱敵之進退，使其由實轉虛。

(1) 利敵——能使敵人自至者，利之也。此為利誘法，使敵追隨我之行動，即以有利的情況（讓敵人以為有利可圖）來誘動敵人；亦見〈始計篇〉：「利而誘之」，〈兵勢篇〉：「以利誘之」。例如我方偽裝「怯懦」、「虛弱」、「敗退」等敗象，使敵人自動進入我所預設之陷阱或戰場。

> **戰例**　戰國時的馬陵之戰，孫臏以減灶之法引誘龐涓，使龐涓認為齊軍怯弱，可以擊破，這擊破齊軍，就是龐涓「利」之所在，所以他就「倍日兼行」拚命追擊，遂為孫臏伏兵所滅。

> **戰例**　戰國時趙國的名將李牧，長期駐守雁門（今山西雁門關），防備匈奴進犯（西元前235-245年間）。採取堅壁清野（固守不戰）的策略：
> 1. 治軍方面：⑴整編軍政組織：「以便宜置吏」（依據防務需求，分官設職）；⑵充實軍費：「市租皆輸入幕府，為士卒費」（地方稅收都歸到統帥府，用以支付軍餉）；⑶精進伙食，勤練騎射戰技：「日擊數牛饗士（每日殺數條牛犒賞官兵），習射騎」。

2. 備戰方面：(1)嚴密敵情監偵，厚賞戰士：「謹烽火（嚴密敵情警訊傳遞與通報），多（加派）間諜，厚遇戰士。」(2)明定應敵軍令：「為約曰：『匈攻即入盜（一旦偵獲匈奴準備入侵），急入收保（軍民應立即堅壁清野──收拾物質、驅趕牛羊，固守城堡，嚴禁出戰），有敢捕虜者斬。』」

3. 戰略成效：歷經數年，戰力保存無損，並成功欺敵，使匈奴、甚至趙王以及趙軍都誤認李牧怯戰。趙王因此撤換李牧，改派其他將領鎮守雁門關。（「如是數歲，亦不亡失。然匈奴以李牧為怯，雖趙邊兵亦以為吾將怯。趙王誚李牧，李牧如故。趙王怒，召之，使他人代將。」）繼任將領，轉守為攻，每逢匈奴進犯邊境，立即出擊應戰，結果趙軍不斷失利，傷亡慘重，邊境百姓也無法正常耕種與放牧，民不聊生（「歲餘，匈奴每來出戰，數不利，失亡多，邊不得田畜」）。

趙王只能再度起用李牧鎮守邊境。李牧再防邊境，乃採堅壁清野的策略。經過數年，匈奴無所斬獲，但仍認為李牧對他們心懷畏懼（復請李牧，牧杜門不出，固稱疾。趙王乃復強起，使將兵。牧曰：「王必用臣，臣如前乃敢奉令。」王許之。李牧至，如故約。匈奴數歲無所得，終以為怯）。趙軍官兵因長期養精蓄銳與獲得豐厚的獎賞，卻沒有為國效力的機會，都希望與匈奴一決勝負（邊士日得賞賜而不用，皆願一戰）。李牧見時機成熟，逐進行作戰準備：

1. 編組精銳部隊：選車（精選戰車）得千三百乘，選騎（精選戰馬）得萬三千匹，百金之士（驍勇戰士）五萬人，彀者（優秀射手）十萬人，悉勤習戰（全部加強臨戰訓練）。

2. 誘敵以利：大縱畜牧，人民滿野（全面開放邊境放牧，牧人與牛羊布滿原野）。匈奴小入（小規模入侵），佯北不勝，以數千人委之（讓匈奴先後俘虜了數千人）。

3. 以正合，以奇勝：「單于聞之（匈奴聯盟首領獲報漢軍戰力如此虛弱），大率眾來入。李牧多為奇陳，張左右翼擊之（李牧部署多面包圍的「奇陳」，即以正面佯退引敵深入，以兩翼向敵後迂迴，使敵軍陷入重圍而攻之），大破殺匈奴十餘萬騎，單于奔走。其後十餘歲，匈奴不敢近趙邊城」（傷亡慘重，軍隊無法立即重建）。

⑵害敵——能使敵人不得至者，害之也。採取脅迫法，使敵轉移方向，即以策略妨害、牽制敵人之行動（如「出其所不趨，攻其所必救」之類），使其放棄既定之作戰目標，如分兵牽制、攻敵要害、守險設伏之類。李荃註解：「害其所急（對敵要害造成危害），彼必釋我而自固（放棄對我的攻勢而回師自保）也。」

戰例　戰國時期（西元前353年），魏國動員大軍包圍趙國都城邯鄲。趙國無力抵禦魏軍的猛烈攻擊，於是向齊國求援。齊國便任命田忌為大將，孫臏為軍師，率軍救趙。田忌本欲立即率軍前往邯鄲解圍，此為一般人都可想出的一般性戰略，惟孫臏獨持異議，提出「攻其所必救」——「圍魏救趙」的策略，即不直赴邯鄲解圍，而是趁魏軍精銳在外，國內必空虛之際，直攻魏國都大梁，孫臏的主張如下（《資治通鑑・卷二・周紀二・顯王十六年》）：

1. 毋須將軍隊投入刻正激烈的攻防戰局之中，否則只是加入一場徒勞無功的混戰。孫子以解繩結與勸架為喻：「要解開糾纏的絲線，不能整團握著拉扯，勸解打架不能在雙方相持不下時，也拿著刀槍加入亂砍（夫解雜亂糾紛者不控拳，救鬥者不搏撠）。」所以要避開交戰熱區，直搗敵方必救的要害處，乘虛而入，造成一種再也無法繼續攻打的形勢（從形勢上使爭戰停止），邯鄲之圍自然可以獲得解除（「批亢搗虛，形格勢禁，則自為解爾」）。

2. 當前魏趙兩軍正處於攻防激戰的形勢，而魏國已將精銳部隊全部投入國外的戰場，國內只剩下老弱殘兵，這時應迅速進軍魏都大梁，占領重要道路，攻打其守備薄弱處，必能迫使魏軍放棄對邯鄲的圍攻，同時長途奔回以自救。這就是所謂「一舉兩得的策略，既保全了趙國，又重創了魏國（「今梁（魏）、趙相攻，輕兵銳卒必竭於外，老弱疲於內；子不若引兵疾走魏都，據其街路，衝其方虛，彼必釋趙以自救，是我一舉解趙之圍而收弊於魏也」）。

田忌採用「圍魏救趙」之策，果然魏軍聞訊放棄邯鄲的包圍，同時為了抵禦齊軍攻勢而急迫回師，齊軍以逸待勞，在桂陵截擊大敗齊軍。張預註解：「所以能令敵人必不得至者，害其所顧愛耳。孫臏直走（擊）大梁而解邯鄲之圍是也。」

戰例　東漢末年（192年），曹操征討刻正掠奪河北地區的黑山賊（指東漢末年張燕領導的軍隊，以曾聚於黑山而得名），軍隊駐紮於頓丘。黑山賊將于毒等趁機攻擊東郡治所東武陽。諸將皆主張直接救援東武陽。曹操則主張：「不往救武陽，而直攻于毒本營」的策略，理由如下：「賊聞我西而還（于毒得知我攻擊其本營，一定回軍抵禦），武陽自解也；不還，我能敗其本屯（攻陷他的本營），虜不能拔武陽必矣（敵就更不能攻陷武陽）。」

此乃「攻其必救」，「圍魏救趙」之策。於是，曹操率軍向西直攻于毒的山區本營。于毒得到情報，立即放棄攻擊武陽回防本營。曹操於山中截擊，大敗黑山賊（「曹公乃引兵西入山，攻毒本屯。毒聞之，棄武陽還，曹公要擊於內，大破之。」）。（《三國志・魏書・武帝紀》）

以上所論：以「利」、「害」能「致人」。《草廬經略・卷七・致人》註釋說：「致人使來者：或動之以利，或激之以怒，或示之以懈，或挑之以害，或誘之以北。使敵心樂而願至，不察而至，皆『多方以誤之』也。」

(3) 勞敵——敵佚能勞之。以下都是「利之」、「害之」的運用。綜合利誘與脅迫的主動手段，就「能」使敵軍從「佚」（逸）、「飽」、「安」的「實」境，陷入「勞」、「飢」、「動」的「虛」境。三個「能」字，最為重要，蓋「能」者，即含有主動——「先制」與「支配」的意義，能化敵人之實，再伺機而擊之，即可得勝。

佚能勞之。可從以下幾種解釋來理解：

① 採取各種行動煩擾敵人，曹操註：「以事煩之。」梅堯臣曰：「撓（攪擾）之使不得休息。」

② 出其不意的襲擾敵人，使其疲於奔命，李荃註：「攻其不意，使敵疲於奔命。」

③ 這是一種採取各種方法造成敵人失誤（錯估形勢、不當決斷）的戰術，其目的是讓敵人無法休整。張預註：「為多方以誤之之術，使其不得休息。」此處之「佚」並非完全是「安逸」之意，乃指敵戰力充裕而能主動時，必須設計使他不能安定，消耗、分散他們的力量，使他疲於奔命。

從前拿破崙的內線作戰，他是占中央位置，待敵分散而奔擊之，是以

佚待勞。但自1807年後，普魯士名將沙恩霍斯特，創外線作戰構想，反使拿破崙疲於奔命，失去了以佚待勞之優勢而敗。

第二次世界大戰中，盟軍在歐亞兩洲開闢新戰場，目的在使軸心軍兵力分散，處處設防，窮於應付。此外如在敵軍占領區內，以及敵國境內，以游擊隊、地下活動、空中爆炸、空降突擊等，使敵前後受敵，日夜不安，席不暇暖，都是使敵「勞之」的作為。

戰例　春秋晚期（西元前512年），吳王闔閭有進霸中原之志，與軍政大臣伍員（伍子胥）計議伐楚方略，伍員提出「疲楚誤楚」的方略，內容如下：「就敵情而言，楚執政階層人數眾多，然並不團結合作，只關心私利，沒有人願為國家隱患貢獻心力（「楚執政眾，莫適任患」）。若我方組建三支專門襲擊楚國的特遣部隊（「若為三師以肆焉」）─輪番以一支部隊出其不意的襲擊楚境，楚軍必然全部出來應戰，楚軍一出戰，我軍就撤退，楚軍一撤守，我軍就進襲，楚軍必然因四處救援而疲於奔忙應戰（「一師至，彼必皆出，彼出則歸，彼歸則出，楚必道敝」）。如此反覆襲擾與快撤，造成楚軍疲敝後，自然逐漸喪失警覺，誤認我方只是襲擾（「亟肆以疲之，多方以誤之」）。等到敵人疲憊不堪後，立即以三軍進攻楚國，必然能大獲全勝（「而後以三軍繼之，必大克之。」」闔閭採納了這個攻楚方略，使楚國開始困頓，最終吳國占領了楚國的郢都。

戰例　587年11月，隋文帝為一統天下，結束與江南陳朝分治的局面，與群臣謀議伐陳之策。尚書左僕射高熲向隋文帝進獻滅陳的計策，內容如下（《資治通鑑·陳紀十·長城公禎明元年》）：

首先，利用南北氣候的差異，江南農作物較江北早收的特性，趁江南忙於水稻收成的季節，動員小規模的軍隊，揚言要襲擾江南。敵人一定會徵召正忙於農務的人力，以增援駐守沿江各基地、渡口的防務。這樣，就足以使敵人耽誤水稻收成（部分水稻將腐爛田中）。等到敵人增援部署妥當，我們即行解召復員。如此反覆再三，敵人就會習以為常（認為我們只是虛張聲勢，意圖使他們疲於應付），屆時我們真的集結大軍時，敵人絕不會馬上當真：正當猶豫不定之際，我們的大軍已渡過長江：因登陸順利，形勢有利，且背水

而戰，有進無退，士氣必然倍增於平日，平定江南指日可待（「江北地寒，田收差晚；江南土熱，水田早熟。量彼收獲之際，微徵士馬，聲言掩襲，彼必屯兵守禦，足得廢其農時。彼既聚兵，我便解甲。再三若此，彼以為常。後更集兵，彼必不信。猶豫之頃，我乃濟師；登陸而戰，兵氣益倍」）。

其次，是利用江南地勢低窪潮濕，不能挖掘地窖，敵人所有倉儲物質都存放於地上房舍，而這些房舍又都是用竹子茅草（江南竹子茅草叢生）所搭建的弱點。如果密遣間諜，利用風勢縱火，燒毀敵人的屋舍財產，等到他們重修後，再去縱火。如此不出幾年，陳國人民就一定會財盡力竭（「江南土薄，舍多竹茅，所有儲積皆非地窖。若密遣行人，因風縱火，待彼修立，復更燒之，不出數年，自可財力俱盡」）。隋文帝採納了高熲的計謀，於是，陳國越發困窮，最終被隋所滅。

《草廬經略‧卷十一‧迭戰》：「迭戰（依次輪流接替作戰）者，恐其士卒戰久則疲也。故更番（輪流）進擊，更番休息，則我常有餘力以制敵之敝（疲憊）。此古人坐作（休整、行動有時）、進退（進攻、退守有節）之舊法也。能循此法而用之，敵雖酣戰（持續進行猛烈的攻戰），累日不決（經過數日也難以獲勝）。而我迭戰迭息，坐餉戰士（讓官兵休整、飽食），有如平時。士之銳氣，前陣既絕，後陣復盈，竭者踵至（前陣撤離，後陣接替），循環不已，其力不乏。敵雖勁強，必不能持久與我角（爭戰較量）也。若其不然（若不採取「迭戰」戰法），惟決勝負於一戰之頃（希冀在短暫的一戰中決勝負），敵乘我之倦，躡我之還（尾隨我退守部隊），蹙而覆之（伺機進逼殲滅我軍），事弗濟矣（我軍就無法獲勝了）。」

(4)飢敵──飽能飢之。「飽」，古時指人畜所食之糧食飼料補給充裕而言，可採取「焚其積聚（儲存的糧食），芟其禾苗（割取農作物），絕其糧道」，甚至「因糧於敵」等手段，使敵糧食缺乏或斷供。就現代意義而言，應包括飲食、彈藥、油料等「一切的補給品」，當然也包括軍用的、民用的。如敵之補給充足，則必使之斷絕，使他得不到補給，如從海洋、空中阻擾、攔截、封鎖敵之運補；以游擊隊在陸上掠奪、破壞敵之補給、庫儲等，使敵無法獲得充分之補給，此為第二次世界大戰中交戰國家常用之手段。或以「堅壁清野」之策略對抗敵人深入後之「以

戰養戰」企圖，使之無法就地取得供應。如拿破崙1812年遠征俄國，就是在此狀況下鎩羽而歸。

戰例　楚漢相爭期間（西元前204年），劉邦命韓信率領五萬漢軍擊滅趙國（因其支援楚國），趙國以成安君陳餘率趙軍二十萬守井陘口。趙軍謀士李左車認為漢軍遠征作戰，進則生，退則死，勢不可當，然而長途運糧，補給困難（「韓信乘勝而去國遠鬥，其鋒不可當，臣聞『千里饋糧，士有飢色，樵蘇後爨、師不宿飽』」）。而且井陘口道路狹窄，車馬不能並行，軍隊不能展開，前後距離拉長不能互相支。漢軍一入井陘，行列勢將拖長數十百里，而糧草必然又在大軍之後（「井陘之道，車不得方軌，騎不得成列，行數百里，其勢、糧食必在其後」）。他向陳餘提出「斷敵之糧道以饑之」的策略（《資治通鑑・漢紀二・高祖三年》）：

1. 以特遣隊三萬人（李左車率領）為「奇兵」，從小道出擊，堵截漢軍補給線（「願足下假臣奇兵三萬人，從間路絕其輜重。」輜重，軍中衣裝器械、糧秣、材料之總稱）。

2. 主力採守勢（陳餘率領），堅守要塞，於正面牽制漢軍（「足下深溝高壘，勿與戰」）。

如此一來，漢軍進退不得，所據地區又無補給資源，十日之內，必可殲滅漢軍（「彼前不得鬥，退不得還，野無所掠，不至十日，兩將（韓信及其部將張耳）之頭可致於麾下」）。

然而，陳餘以「仁義之師」自詡，不肯採納這樣的「詐謀奇計」，以致兵敗被殺。

張預注釋：「我先舉兵，則我為客（攻擊者），彼為主（防禦者）。為客則食不足，為主則飽有餘。若奪其畜積，掠其田野，因糧於彼，館穀於敵（駐軍就地食敵糧食），則我反飽，彼反飢矣，則是變客為主也。不必焚其積聚，廢其農時，然後能饑敵矣。或彼為客，則絕其糧道，廣武君欲請奇兵以遮絕韓信軍後是也（廣武君李左車請帶領奇兵去截斷韓信的後路就是這樣的）。」

戰例　三國時期〔曹魏甘露二年五月（257）〕，魏將諸葛誕駐守壽春（安徽省壽縣），負責防備東吳北侵。因不滿大將軍司馬昭意圖奪取曹魏政權，於是發動叛變，徵集淮南地區十五萬左右的武裝部隊，積存一年糧食，準備閉門自守，作持久抗戰；此外又向東吳稱臣，請求派遣援軍。司馬昭獲報後，統帥二十六萬大軍征討諸葛誕，包圍壽春，同時阻截東吳援軍前來解圍。司馬昭向其部將研判敵可能行動有二：

1. 「突圍，決一朝之命（與我軍進行一場生死決戰）。」
2. 「大軍不能久（認為我大軍在外無法持久），省食減口，冀有他變（因而節省糧食消耗，以拖待變）。」
1. 因應作法：「多方以亂之（採取多種辦法，打亂敵人的部署）。」
2. 具體作為：(1)成功阻截東吳援軍（由大將軍孫琳率領）；(2)緊密包圍圈，嚴陣以待，防備諸葛誕突圍；(3)招降納叛（對降者依序任命封爵），動搖守軍意志；(4)實施反間計，散播利敵不利己的假消息：「東吳援軍即將抵達，圍城大軍糧秣不繼（吳救方至，大軍乏食）；已將體弱有病的士兵遣送到淮北供食，繼續擔任圍攻的部隊，每人僅配發三升黃豆（遣羸疾寄穀淮北，廩軍士豆，人三升）。」

諸葛誕聽到消息後，信以為真。司馬昭偽示糧食補給更加難以為繼的樣子（景王越羸形以示之：景王，司馬昭），諸葛誕則逐漸放寬糧食的配發量，讓士兵儘量吃飽。不久，城中開始缺糧，而東吳救兵也毫無消息（誕等益寬恣食，俄而城中乏糧，外救不至）。諸葛誕雖曾率軍突圍，然均被擊退，而壽春城中糧食逐漸即將食盡，出城投降者有數萬人。歷經數月之後（次年，二月），司馬昭見攻城時機已經成熟，發動全面攻勢，一舉攻克壽春，擊斬諸葛誕。

戰例　隋朝末年〔大業十四年（618年）〕，丞相宇文化及發動政變，殺死皇帝楊廣，立秦王楊浩為帝，隨即率軍西行，準備進占東都洛陽（由群臣擁立的新皇帝楊侗所在地），遭受擁兵自守的李密拒抗，於是率軍北上，直往黎陽進發，以建立自己的勢力範圍。

為拒止宇文化及北進，李密兵力部署如下：1.派遣部將徐世勣據守黎陽，惟

徐世勣顧慮宇文化及兵勢正盛，在黎陽不易抵禦，遂退守至黎陽倉；2.李密率步騎兵二萬人，駐紮清淇，與徐世勣用烽火聯絡，深挖壕溝，高築營寨，避不出戰。

宇文化及渡過黃河，進入黎陽，派軍包圍徐世勣，宇文化及數次攻擊徐世勣，毫無進展。因為每次宇文化及進攻徐世勣營寨時，李密就派軍救援，攻打宇文化及後方。

新立皇帝楊侗獲報宇文化及率軍北上，正與李密於黎陽對峙中，乃詔令李密為太尉，擔任元帥，統軍討伐宇文化及。李密與宇文化及對峙數日後，李密判斷宇文化及的軍糧即將食盡，就採取「卑而驕之」策略，放低姿態，偽示願與宇文化及和解、同意提供糧食，以加速消耗他的糧食儲備。宇文化及信以為真，解除軍隊糧食食量配額，以待李密供給糧食。正當軍糧食盡後，有李密軍之罪犯逃亡，投降宇文化及，提供李密偽和供糧的計謀。宇文化及大怒，於是揮軍向李密大本營（位於童山）發動猛烈突擊。兩軍激戰一日，李密被流矢射中昏厥，部將秦叔寶率軍奮戰保護李密，竭力抵抗，終將宇文化及擊退。

宇文化及被李密軍擊退後，在當地搜刮糧食，更逮捕官員平民，苦刑拷打，逼迫他們繳納糧食。當地官員（王軌、許敬宗）無法承受這種暴行，即向李密投降。宇文化及徵糧未果，只能率軍北上，打算奪取北方諸郡。然而，宇文化及的得力部將王智略、張童仁等見大勢已去，紛紛率領各自統轄的部隊歸附李密。宇文化及從此實力大傷，雖仍率領殘餘部眾二萬餘人，繼續北上，卻已難有作為，軍勢日漸萎縮，最終兵敗被殺（619年）。

戰例　王莽篡奪西漢政權，治理失靈，民生凋敝，天下大亂。劉秀（東漢光武帝）的兄長劉縯於家鄉舂陵起兵（稱「舂陵兵」，約七至八千人），同時聯合「新市兵」（以王鳳為首）、「平林兵」（以陳牧為首）兩個地方起義民兵部隊，討伐王莽，被王莽的將領甄阜、梁丘賜擊敗（22年11月）。

劉縯軍隊被擊敗後，幾乎潰不成軍。劉縯勉強集結殘兵，退守棘陽（河南省新野縣北）。甄阜、梁丘賜兩將乘勝追擊；為求機動迅速，將糧秣輜重留置後方基地（藍鄉），率領精兵十餘萬南渡，抵達沘水，在兩條河之間紮營布防，破壞當地橋梁，表示不獲勝利絕不生還的決心。

「新市兵」與「平林兵」，眼見劉縯的軍隊既遭遇重大挫敗，又面臨敵人壯盛軍勢的壓力，信心開始動搖，出現準備退出戰場的跡象。劉縯為力挽狂瀾，展開如下行動：

1. 親自拜訪鄰近之民兵部隊（「下江兵」，五千餘人）首領王常，分析局勢，說之以理：「聯合則利，分之則危」；曉之以義：「王莽殘暴，人心思漢」。成功將其納編，激勵各部隊再次同心協力，士氣高昂。

2. 嚴密偵查敵情，了解敵軍部署，獲知敵軍將後方基地遠設對岸的弱點。

   劉縯在重整旗鼓，與敵軍對峙將近一個月後，隨即準備主動出擊：

   (1) 大肆犒賞官兵，訂立盟約，部隊休養三天，編組六支部隊。

   (2) 部隊修養三日後，劉縯下令祕密拔營（12月30日），乘夜襲擊敵人後方基地（藍鄉），奪取所有輜重。

   (3) 次日早上，向甄阜、梁丘賜兩軍發起全面攻擊。敵軍因缺糧無力還擊而潰敗，戰死兩萬餘人，甄阜、梁丘賜兩將亦被斬殺。

戰例 唐朝初年〔武德六年（623年）〕，鎮守丹陽（南京）的將領輔公祏叛變，自稱皇帝，國號「宋」，控領江南一帶區域。河間王李孝恭奉皇帝李淵詔令，統帥李靖、黃君漢、李世勣等將領，率軍征討輔公祏。輔公祏的備戰措施：

1. 兵力部署：(1)以水軍三萬人，駐防博望山（長江東岸戰略要點）：由馮惠亮、陳當世兩將率領；(2)以步騎軍三萬人，駐防清林山（位於博望山東面）：由陳正通、徐紹宗兩將率領；(3)在長江西岸，構築防禦前沿陣地，抵禦唐軍。

2. 防禦設施：(1)在防區內長江兩岸拉起鐵鍊，橫斷江面；(2)興建綿延數十里，可相互支援作戰的攻防堡壘。

武德七年三月（624年），河間王李孝恭率唐軍進抵宋軍防禦前沿。宋軍固守營壘，避不出戰。李孝恭派出奇襲部隊，切斷宋軍補給線，宋軍糧食開始缺乏，主將馮惠亮於是派軍趁夜逼近李孝恭大營。李孝恭則安然自處，「安臥不動」，靜思對策（「慧亮等堅壁不戰，孝恭遣奇兵絕其糧道，慧亮等軍乏食，夜，遣兵薄孝恭營，孝恭安臥不動」）。稍後，李孝恭召集各將領舉行作戰會議。諸將商討作戰方案。

將領們一致認為應「直指丹陽，掩其巢穴（突襲其根據地）」，理由為：當面敵將馮惠亮等，「擁強兵（強大兵力），據水陸之險（險要關隘），攻之不可猝拔（無法立即攻克）」：「丹陽既潰，惠亮等自降矣（若能直接攻陷丹陽，當面敵將自然投降）。」

1. 李靖持反對意見，認為仍應以攻破當面敵軍為上策，理由如下：
   輔公祏的水陸精銳部隊雖然都在前線，然而他親自率領的精銳部隊，也不在少數（公祏精兵雖在此水陸二軍，然所自將亦為不少）。

2. 目前我軍尚且無法攻破敵博望山所布營寨，如何能輕易奪取輔公祏所據守堅如磐石的丹陽（「今博望諸柵尚不能拔，公祏保據石頭，豈易取哉」）！

3. 若採取進攻丹陽策略，卻未能在十天、半月內攻占，當面敵軍就會轉移兵力，緊跟我軍後方，我軍將背腹受敵，所以是危險的策略（進攻丹陽，旬月不下，慧亮等躡吾後，腹背受敵，此危道也）。

4. 當面敵將馮惠亮等都是身經百戰的戰將，並非無意領軍出擊作戰，而是奉行輔公祏的決策，採取守勢，目的是消耗我軍戰力（慧亮、正通皆百戰餘賊，其心非不欲戰，正以公祏立計使之持重，欲以老我師耳）。

5. 結論：採取「攻其城以挑之」（直攻敵營壘，設計挑釁誘發其出戰）的策略，可獲「一舉可（攻）破」敵營壘的效益。

6. 作戰構想：
   (1) 正兵：「使羸兵（老弱部隊）先攻賊壘」，誘敵出擊。
   (2) 奇兵：「勒精兵結陳以待之（嚴陣待敵出擊而擊滅之）。」

李孝恭採納李靖方案，於次日依其作戰構想發起攻擊。首先，由老弱部隊攻擊敵軍營壘，未攻多久，因（當然）無法取勝，轉身敗逃。宋軍出營追擊，追擊至幾里，與唐軍主力遭遇，進行會戰，宋軍大敗。唐軍乘勝追擊，直抵丹陽城下，輔公祏棄城而逃，未得藏身之處，被殺身亡。唐軍順利平定江南。

⑸動敵——安能動之（襲擾）

敵本欲採守勢，安處現勢，固守避戰，我當設計使之被迫採取行動，迎戰出擊。如以聲東擊西、攻其必救之策，使之奔勞，或以游擊作戰，

使之顧前瞻後，或以開闢新戰場，使之分散，如數策併用，不使其有休養生息機會，安守避戰之勢。張預註解：「彼方安守，以爲自固之術，不欲速戰，則當攻其所必救，使不得已而須出。」李荃的註解：「出其所必趨，擊其所不意，攻其所必愛，使不得不救也。」如第二次世界大戰中，德國在法國沿岸建立「大西洋長城」時，盟軍攻擊方向，先指向北非，然後西西里島，然後意大利南部等處，使德軍裝甲部隊轉用於南歐，此均爲使敵勞之的手段。

戰例　三國時期（238年），曹魏（明帝）派遣司馬懿率軍四萬人，征討在遼東宣布獨立，自稱燕王的公孫淵。面對魏軍之攻勢，公孫淵派遣部將率領步騎兵數萬人（主力），據守遼水東岸之遼隧地區，構築圍牆及壕溝二十餘里以抵禦魏之進犯。司馬懿進抵遼河岸邊，偵知燕軍已完成周密部署。魏軍諸將都想立即攻擊（遠征利在速戰），司馬懿力排眾議，提出「直抵襄平（燕國首都），出其不意」（即「避實擊虛，攻其必救」）的戰略（《晉書·宣帝紀》、《資治通鑑·魏紀六·明帝景初二年》、《三國志·魏書·明帝紀》及裴松之注：《百戰奇略·整戰》、《百戰奇略·必戰》）：

1. 敵情判斷：
   (1) 敵人構築高壘深溝，其目的在消耗我之戰力與士氣，如果貿然發動攻擊，正中敵人對我之消耗戰計策（「敵堅營高壘，以老我師，攻之正入其計。）。因此不應強攻其營壘。
   (2) 敵人主力在此，其首都襄平必然空虛，我軍避開遼隧堅城不攻，而直搗其根據地襄平，可出乎敵意料之外，一舉殲敵。（「彼大眾在此，巢穴空虛，直抵襄平，出其不意，破之必矣。」）
2. 作戰構想：
   (1) 製造大量旗幟，僞示我軍主力將向敵陣（遼隧）南端發動攻擊，以吸引敵軍精銳向南阻截。
   (2) 主力（司馬懿親率）暗中渡過遼水，向北挺進，作勢攻打襄平。
3. 作戰經過：
   (1) 燕軍以主力阻截僞攻遼隧南端之魏軍。
   (2) 司馬懿率軍渡過遼河，繞過遼隧防線而向襄平進發。

(3) 燕軍發現魏軍欲攻擊其後方，大為恐慌，趁夜撤守遼隧，以攔截魏軍。

(4) 由於燕軍倉促應戰，陣勢混亂，司馬懿揮軍迎頭痛擊，三戰皆捷。

(5) 燕軍退守遼東，司馬懿乘勝追擊，進圍襄平，最終平定遼東。

戰例　東晉名將祖逖奉晉元帝之命渡江北伐，中流擊楫，立誓收復中原。太興三年（320年）祖逖部將韓潛與敵對的後趙將領桃豹分別據守陳川故城──韓潛屯駐東城，桃豹屯駐西城。兩軍歷經四十天的對峙，糧食補給均嚴重不足。祖逖策劃了一個讓趙軍以為晉軍飽食，反觀自己饑餓而喪失鬥志的計策。

首先，祖逖派遣一千多人將大批裝滿土的糧袋（偽裝是食米），護送進入韓潛營壘（「以布囊盛土如米狀，使千餘人運上臺」）。同時，又派幾個人肩挑真正食米的運伕，故意落伍，停下休息。桃豹軍乘機襲奪這些偽裝落伍者的食米（「又使數人擔米，息於道，豹軍逐之，棄擔而走」）。桃豹軍雖得食米，暫解飢餓，但桃豹卻也警覺晉軍糧食充足，士飽馬肥，霎時間變為恐懼：若生兵變，後果不堪（「豹兵久饑，得米，以為逖士眾豐飽，益懼，無復膽氣」）。此後，祖逖更派兵狙擊奪取後趙運送給桃豹軍的糧食（「後趙將劉夜堂以驢千頭運糧餉豹，逖使韓潛及別將馮鐵邀擊於汴水，盡獲之。」），桃豹見勢已不可為，無法再與當面晉軍繼續對峙下去，於是，乘夜率軍退守至東燕城（「豹宵遁，屯東燕城」）。（《資治通鑑‧卷九十一‧晉紀十三‧元帝太興三年》）

㈡出其所不趨，趨其所不意

出其所不趨，趨其所不意；行千里而不勞者，行於無人之地也。攻而必取者，攻其所不守也；守而必固者，守其所不攻也。故善攻者，敵不知其所守；善守者，敵不知其所攻。微乎微乎！至於無形；神乎神乎！至於無聲，故能為敵之司命。進而不可禦者，衝其虛也；退而不可追者，速而不可及也。故我欲戰，敵雖高

壘深溝，不得不與我戰者，攻其所必救也；我不欲戰，
雖劃地而守之，敵不得與我戰者，乖其所之也。

【語譯】向敵人無法及時到達的地方出兵，向敵人意料之外的地方進軍。
行軍千里卻不會感到疲勞，是因為進軍路程是沒有敵人阻礙的地方。要想
不被敵人戰勝，在於防守嚴密；想要戰勝敵人，在於進攻得當。實行防
禦，是由於兵力不足，採取進攻，是因為兵力有餘。善於防守的人，隱蔽
自己的兵力如同深藏於地下；善於進攻的人，展開自己的兵力就像自九霄
而降。所以，既能保全自己，又能獲得全軍破敵的完勝。

【闡釋】

　　前節說明「主動」與「先制」的要旨，本節則在說明「主動」運用的方
式──藉由「避實擊虛」來支配敵人。

1. 出其所不趨，趨其所不意。將作戰線、攻擊或進軍路線指向：

　⑴敵所不趨──攻其所不救，即出兵指向敵人無法即時抵達救援之處，則
　　我軍不會遭遇敵之阻撓，故可不致於人。

　⑵敵所不意──攻其所不備，即出兵指向敵人所料想不到的地方，敵人難
　　以抵禦，故可致人。

　　綜合而言，就是各種軍事（戰術）行動都應以敵人薄弱或不設防的虛處
　　為著眼，所以進攻時，敵人無法抵禦，退卻時，敵人無法追擊。乘虛進
　　軍，使敵人無可還擊，我軍則可獲得進、退、攻、守的主動權。可見，
　　「出其所不趨，趨其所不意」，是一切戰術運用的總則，亦即是虛實
　　運用──避實擊虛的主要原則，與「攻其無備，出其不意」（《始計
　　篇》）之旨相合。而本段所提之行軍、攻擊、防禦、追擊、退卻等戰術
　　要領，皆本此總則之義理而論。

　　「出」，出兵、出擊；這裡泛指進軍路線之目標指向（設定）而言。

　　「不」，無法、無從。兩個「其」字均指敵人。前「趨」字，意指敵人
　　進出防禦；後「趨」字，意指我出兵攻擊。

　　按「出其所不趨」：《十一家注》及《武經》版本作「不趨」，西漢
　　《竹簡兵法》、《太平御覽》（卷二七〇、卷三〇六）等引作「必

趨」。「出其所不趨」之涵義已如前述。「出其所必趨」，是指攻擊敵人必往趨救之處；「必趨」者，以其所愛，即我「攻其所愛」，故敵必往趨救也，應上「安而動之」句，如《長短經卷九兵權‧格形第十六》說：「孫子曰：『安能動之。』又曰：『攻其所必趨。』何以明之？……此言攻其所愛則動矣。」我以奇兵攻其所必趨救，分散兵力與注意力，再以正兵急趨攻之，此出敵所料，故曰「趨其所不意」。故就上下文邏輯而論，「必趨」實有承上「動敵」，起下「不意」之效。無論是「不趨」或是「必趨」，兩者可以並存，均不違孫子攻虛擊弱的用兵思維。

2. 行軍——行千里而不勞者，行於無人之地也。一般戰地行軍，必須嚴加戒備，但是：⑴如從敵無備或防守薄弱之地區行進；⑵如敵人主力已被我引開，必須轉戰增援他處；則我雖行軍千里之遠，也不會遭敵中途阻撓或襲擊，而能免於疲於應戰之勞。李筌註解：「出敵無備，從孤擊虛（打擊孤立無援，力量薄弱處），何人之有？……言『不勞者』，空虛之地，無敵人之虞，行止在我，故不勞也。」

⑴「行千里」，形容行軍路程極其遙遠。「無人之地」，除指敵人未留意、不設防，或配備薄弱之處外，亦可指「將弱兵微」、「糧少勢孤」（何守法注），與《軍爭篇》「迂直之計」相通。

⑵陳皞註解：「夫言空虛者，非止為敵人不備也，但備之不嚴，守之不固，將弱兵亂（軍紀甚劣），糧少勢孤，我整軍臨（壓迫）之，彼必望風自潰（臨戰即潰敗），是我不勞苦，如行無人之地。」

⑶張預註解：「掩其空虛，攻其無備，雖千里之征，人不疲勞若。鄧艾伐蜀，由陰平之徑，行無人之地七百餘里是也。」

戰例　南梁元帝（蕭繹）初即帝位時（552年11月），其鎮守巴蜀（四川）的幼弟武陵王蕭紀已先在成都稱帝（同年4月）；蕭紀欲奪南梁政權（首都湖北江陵），率軍東下遠征。

面對巴蜀軍攻勢，梁元帝既派兵準備迎戰，也寫信請和，同時請求西魏（首都長安，鄰接西蜀北境）出兵襲取西蜀（553）。西魏太師宇文泰認為「吞併西蜀，制服南梁，就在此一舉。」然而，多數將領都認為不可能，僅將軍尉遲迥認同宇文泰的見解。宇文泰詢問尉遲迥有何良策？尉遲迥提出「出其不意，衝其腹心」的策略，理由如下：

「蜀與中國隔絕百餘年矣，恃其山川險阻，不虞我師之至（從未想過我軍會出征該地）。宜以精甲銳騎，星夜奔襲之。平路則倍道兼行，險途則緩兵漸進，出其不意，衝其腹心，必向風不守（見大勢已去而放棄抵禦）。」後來果然平定了蜀地。

戰例　曹操在「官渡之戰」（200年）擊敗袁紹後，控制了北方一帶。袁紹兵敗不久後，旋即憂憤而死，其子袁尚、袁熙兄弟則逃亡至烏桓（位於遼東），擬與烏桓首領蹋頓結合共同抗曹。由於烏桓多次襲擾邊防要塞，為徹底消除北方威脅，曹操準備興兵征討烏桓〔建安十二年（207年）〕。當時將領紛紛反對，理由如下：

1. 袁紹殘餘勢力與烏桓不會真誠結盟，不構成威脅：雖然袁紹對烏桓遺有恩德，然而「袁尚亡虜（逃犯）耳，夷狄貪而無親（貪婪無厭，不講親情，不會知恩圖報），豈能為尚用（怎會被袁尚利用）？」

2. 大軍遠征塞外，首都空虛，劉備（依附荊州州長劉表）將乘虛威脅首都安全：「今深入征之，劉備必說劉表以襲許（襲擊首都許縣），萬一為變，事不可悔。」

謀士郭嘉則贊成征討烏桓，理由如下：

1. 穩操攻其無備的勝算：「公（曹操）雖威震天下，胡恃其遠（仗恃遠在北方蠻荒），必不設備，因其無備，卒然擊之（發動突襲），可破滅也。」

2. 袁紹勢力仍在，若與烏桓結合，則曹操官渡之戰所獲戰果，恐化為烏有：「袁紹有恩於民夷（本國人民與塞外蠻族），而尚（袁尚）兄弟生存。今四州（冀、青、幽、幷四州：即袁紹故土，官渡之戰後，被曹操接收）之民，徒以威附（只因畏懼我們強大而臣服），德施未加（我們尚未對他們施加恩德）。捨而南征（若不顧袁尚兄弟繼續存在的威脅，而向南攻略劉表、劉備），尚（袁尚）因烏桓之資（資助），招其死主之臣（號召願為舊主效死的豪傑志士），胡人一動（烏桓大軍一旦出動），民夷俱應（袁紹故土人民、胡人可能會全體響應），以生蹋頓之心（此一情勢足以使烏桓首領蹋頓心動），成覬覦之計（激起他非分的妄想），恐青、冀非己之有也。」

3. 劉表志略不足，劉備依附於他，難以施展展雄心抱負，根本不構成威脅：
　　「表坐談客耳（劉表只會發表高論），自知才不足以御備（駕御劉備），
　　重任之則恐不能制（無法控制），輕任之則備不為用（認真效力、協助治
　　理），雖虛國（徵集全國兵力）遠征，公（曹操）無憂矣。」

曹操採納郭嘉情勢分析，逐率大軍遠征烏桓。謀臣郭嘉對部隊遠征機動的方法提出建議：

　　「兵遺神速。今千里襲人，輜重多，難以趨利（難以掌握先機）。且彼聞
　　之，得以為備，不如留輜重，輕兵兼道以出（輕裝、日夜兼程，急邊挺
　　進），掩其不意。」

曹操軍自5月出發，於7月進抵無終，徵召當地名士田疇隨軍參議。當時正逢盛夏，大雨不止，又鄰近沿海地帶，地勢低窪，積水不退，泥濘難行。而烏桓在無終地區之邊防甚為嚴密，大軍無法進軍（「時方夏水雨，而濱海洿下，濘滯不通，虜亦遮守蹊要，軍不得進」）。曹操詢問熟悉該區地理形勢的謀士田疇，以謀得最佳進軍路線。田疇分析說明如下：

1. 目前之進軍路線，雖然是通常使用的行軍路線，但是每逢夏秋雨季，全成泥濘沼澤，無論車馬、舟船都無法行駛通過。（「此道，秋夏每常有水，淺不通車馬，深不載舟船，為難久矣。」）此外，烏桓的主力布防在無終對面，即是預期我進軍方向：若我軍無法續進，烏桓主力就會退返基地，同時降低警戒等級，解除戰備措施（「今虜將以大軍當由無終，不得進而退，懈弛無備」）。

2. 建議變更部隊進軍路線，改由廢棄古道——盧龍口至柳城路線。這條古道，本來是當地（右北平郡）人民前往郡政府所在地（平岡）的道路：從東漢建立之初，迄今將近200年（實際160年左右），橋塌路斷，無人行走，但是仍留有道路痕跡可以尋覓通行（「舊北平郡治在平岡，道出盧龍，達於柳城。自建武（東漢光武帝年號）以來，陷壞斷絕，垂二百載，而尚有微徑可從」）。

3. 部隊行軍構想：(1)欺敵：若假裝沮喪，宣稱班師（「若嘿回軍。」嘿，同「默」，默然，沮喪）。(2)實際行動：由盧龍口挺進，越過白檀險阻，再北便進入烏桓空虛的後防，路近而行動方便，在他們毫無防備之下，可以不經過戰鬥，生擒蹋頓（「從盧龍口越白檀之險，出空虛之地，路近而便，掩其不備，蹋頓可不戰而禽也」）。

曹操採納田疇計策，遂引軍向後撤退；為偽示是真實回軍，又在泥濘道路兩旁，豎立木牌告示：「方今夏暑，道路不通，且俟秋冬，乃復進軍。」烏桓斥候偵察後判斷曹操確已回軍（「虜候騎見之，誠以為大軍去也。」）。曹操於是命令田疇擔任嚮導領軍密出盧龍口——先攀登徐無山，向北挺進，開山、填谷、搭橋，路經白檀、平剛、鮮卑部落，凡5百多里，準備向東攻取柳城。就在距柳城不到2百里被敵軍發現（「操令疇將其眾為鄉導，上徐無山，塹山堙谷，五百餘里，經白檀，歷平岡，步鮮卑庭，東指柳城。未至二百里，虜乃知之」）。袁尚兄弟與烏桓首領蹋頓、以及遼西郡、右北平郡單于等，聯合率領數萬騎兵前往迎戰（「尚、熙與蹋頓及遼西單于樓班、右北平單于能臣抵之等，將數萬騎逆軍」）。

8月，曹操軍於攀登白狼山時，適逢與烏桓聯軍遭遇；而烏桓聯軍兵多勢盛。曹操軍卻是輕裝（重裝備都還在後面，尚未跟上），只有少數官兵身穿鎧甲，大家都深感恐懼（「八月，操登白狼山，卒與虜遇，眾甚盛。操車重在後，被甲者少，左右皆懼」）。曹操登上高處眺望敵情，發現敵軍陣勢混亂，知道戰鬥力有限，於是命部將張遼為前鋒，全面出擊。烏桓軍無法抵抗，立即潰敗，斬蹋頓及以下多位有名酋長，降服敵軍二十餘萬人（「操登高，望虜陣不整，乃縱兵擊之，使張遼為先鋒，虜眾大崩，斬蹋頓及名王已下，胡、漢降者二十餘萬口」）。（《資治通鑑·卷六十五·漢紀五十七·獻帝建安十二年》，《百戰奇略·四選戰》）

戰例　唐朝初年，地處漠北的東突厥，經常南下襲擾，嚴重威脅唐朝北部邊疆的安全。未消除邊患，鞏固國防，唐太宗於貞觀三年（629年），調集十餘萬兵力，任命兵部尚書李靖為統帥，以幷州督都李世勣等五將為行軍總管（含李靖兼任），分道北出，征討東突厥。

次年春，正月，李靖率領三千精銳騎兵，輕裝疾進二千里，沿途未遇抵抗，如行無人之地，乘夜襲擊突厥營地定襄，攻破。東突厥首領頡利可汗未曾想到李靖軍竟然突然深入境內，大驚說：「唐不傾國而來，靖何敢孤軍至此！」

本戰，李靖出奇制勝，平定東突厥。頡利可汗遣使至唐朝廷謝罪，並願意全國歸附唐朝管轄。唐太宗因此大加讚譽說：「昔李陵提步卒五千，不免身降匈奴，尚得名書竹帛（名載史冊）。卿以三千輕騎，深入虜庭，克復定襄，威震北狄，實古今未有。」（《舊唐書·卷六十七·李靖列傳》、《百戰奇略·進戰》）

3. 攻擊與防禦

(1)攻擊——攻而必取者，攻其所不守也。實施攻擊而能必取者，乃攻擊敵人沒有守備之處，李荃註解：「無虞易取」（沒有守備就容易攻取）。敵人沒有守備，有幾種可能：

① 出於敵人自身之疏漏，即敵之虛弱處，如王晳的註解：「攻其虛也，謂將不能，兵不精，壘不堅（防禦工事不堅固），備不嚴，救不及（無法及時救援），食不足，心不一爾（軍心渙散）。」

② 出於我聲東擊西佯動誘敵，杜牧註解：「警其東，擊其西，誘其前，襲其後。」亦如上文「利之也」、「害之也」，以及《始計篇》「兵者，詭道也。……」各項所示之佯動要領。

③ 出於我之攻擊迅猛難料，使敵措手不及，難以抵禦我之攻勢，張預註解：「善攻者動於九天之上，使敵人莫之能備（防不勝防，無法守備）。莫之能備，則吾之所攻者，乃敵之所不守也。」

(2)防禦——守而必固者，守其所不攻也。謂我施行防守而必能固守者，乃守在敵人不能攻克的險阻。「守其所不攻」，有幾種可能：

① 利用險要地形，使敵不敢攻或難以攻下。

② 防守嚴實，王晳註解說：「守以實也。謂（所謂實是指）將能、兵精、壘堅、備嚴、救及（能及時救援）、食足、心一（上下一心）爾。」

③ 能掌握敵情，有效防備敵人攻擊（主、助攻、佯攻）之指向，如王皙註解：「守所不攻，如敵擊我西，亦備乎東；敵誘我前，亦備乎後之類。」

④ 防守極為密匿難料，使敵無從判斷我防禦重點之所在，張預註解：「善守者藏於九地之下，使敵人莫之能測。莫之能測，則吾之所守

者，乃敵之所不攻也。」

⑤ 故布疑陣，眩惑敵軍，使敵誤判我防禦重點之所在，而能「乖其所之」（改變敵攻擊方向）。

(3) 結論——攻守的最高境界——虛實無形，主宰敵人的命運：「善攻者，敵不知其所守；善守者，敵不知其所攻。

承前所論，此處所謂「善攻者」、「善守者」，是指「善於運用虛實之法，以為攻守之計者。」

善於運用虛實以攻敵者：

① 常能審知敵之虛實，避實擊虛——「待敵有可勝之隙，速而攻之」（王晳註），故敵不知其所守也。何守法註：「善攻者機密不泄，攻於此，又形於彼，敵必備多而力分，安能知其所守？此所以攻之必取也。」

② 藉由聲東擊西，使敵無法判斷我攻擊重點指向何處，使敵不知其所應守備的地區；同時又能「動於九天之上」，使敵措手不及，無從防備。張預註解：「善攻者動於九天之上，使敵人莫之能備。莫之能備，則吾之所攻者，乃敵人之所不守也。耿弇之克臨淄、朱儁之討黃巾，但其一端（就是善於進攻的戰例）耳。」

戰例　耿弇克臨淄：東漢光武帝劉秀，於建安五年（29），命令建威大將軍耿弇率軍征討盤據山東濟南的張步。耿弇軍進展順利，在攻占前線戰略要點巨里城後，隨即乘勝揮軍指向張步都城據縣。

一. 兩軍部署：

1. 張步軍：⑴張步據守都城據縣；⑵張藍（張步弟）率領精銳二萬人，防守西安；⑶選任一將領，統領由各郡徵集之民兵，約一萬餘人，據守臨淄。西安與臨淄兩地相距四十里（「張步都劇，使其弟藍將精兵二萬守西安，又令別將——諸郡太守合萬餘人，守臨菑；相去四十里」）。

2. 耿弇軍：耿弇率軍進駐位於西安與臨潼之間的畫中。

   ⑴ 視察戰場：發現西安城小，但很堅固，張藍的軍隊又是精銳；臨潼雖有盛名，實際上容易攻取（耿弇進軍畫中，居二城之間。弇視西安城小而堅，且藍兵又精；臨菑名雖大，其實易攻」）。

(2) 發布預備命令：「準備攻城器械，五日後向西安發動總攻。」同時，故意讓抓來的俘虜逃回去報信。張藍獲取情報，日夜加強城防（「弇令軍吏治攻具，後五日攻西安，縱生口令歸。藍聞之，晨夜守城」）。

二. 情勢發展：

五天後，耿弇計畫攻打西安之日已到，當天半夜時分，耿弇下令部隊就地用餐後，隨即領軍抵達臨淄城下（至期，夜半，弇勒諸將蓐食，及明，至臨淄城）。護軍荀梁等認為應依預令先攻占西安而不是臨淄，遂據理力爭，理由是：

「進攻臨淄，西安必然來救，我們腹背受敵。進攻西安，臨淄不會出兵，所以不如進攻西安。」（護軍荀梁等爭之，以為「攻臨淄，西安必救之；攻西安，臨淄不能救，不如攻西安」）。

耿弇認為應先攻占臨淄，西安可不攻自破。理由如下：

1. 先攻臨淄之利：

(1) 西安聞（獲知）吾欲攻之，日夜為備，方自憂，何暇救人（只能顧及自己的安全，哪有餘力救援友軍）！

(2) 臨淄出不意而至，必驚擾，吾攻之一日，必拔。臨淄方面，想不到我們會突然進攻，必然驚恐慌亂，我們只要一天，就可將其攻破。

(3) 拔臨淄，即西安孤，與劇隔絕，必復亡去，所謂『擊一而得二』者也（奪取臨淄後，西安即陷於孤立，與劇縣的通聯被我們切斷，守軍定會棄城。這正是所謂：「一箭雙鵰」）。

2. 先攻西安之弊：

(1) 如果先攻西安，不能馬上攻破，大軍被困在堅城之下，死傷一定增加（若先攻西安，不能卒（猝）下，頓兵堅城，死傷必多）。

(2) 即使最後能奪取西安，張藍領軍急退至臨淄，和守軍合併，可監偵我軍軍情（縱能拔之，藍引軍還奔臨淄，兵合勢，觀人虛實）。

(3) 我軍深入敵人國土，沒有運輸補給，不到十天、半月，不用作戰，就會陷入困頓（吾深入敵地，後無轉輸，旬月之間，不戰而困矣）。

三. 作戰結果：

戰況就如耿弇所判斷的（盡如其策），耿弇軍僅用半天時間就攻占臨淄。而張藍在獲知臨淄失守後，大為恐懼，立即棄守西安，率軍逃回據縣（遂攻臨淄；半日，拔之，入據其城。張藍聞之，懼，遂將其眾亡歸劇）。

戰例　朱儁征討黃巾：東漢末年（184年），十萬黃巾軍（守將韓忠）占據宛城，朝廷派遣朱儁率軍征討之。朱儁首先將宛城包圍，並在城外推起土山，以偵察城內行動（「作長圍、起土山，以臨其城內」）。待攻城部署完成後，朱儁下令鳴鼓製造聲勢顯示要攻城的西南，黃巾軍遂集中到西南隅防禦。朱儁則親率五千精兵，乘敵不備，突襲城的東北面，成功入城（「因鳴鼓攻其西南。賊悉眾赴之，儁自將精兵五千掩其東北，乘城而入」），守將韓忠因畏懼而請降。

《草廬經略・卷八・虛聲》：「夫虛虛實實之防（防範誤判敵情之真假虛實），固無窮矣（時時刻刻都不能停止的）。善兵者，詭張遠詆（虛張聲勢，詐騙誘敵；《六韜・龍韜》：「詭伏設奇，遠張詆誘者」），能以虛聲悚敵之心（散布假訊息，使敵人心驚膽跳），而乖其所向（進而使敵人悖離其正確的意圖），使東西顧盼，進退躊躇（左顧右盼，遲疑不決）；心搖而弗能定，見利而不敢趨，低徊延緩（只能疑慮重重，思考再三，沒有作為）。然後我得乘間抵隙（掌握戰機，趁勢攻擊），以戰則利，以攻則取矣。其間或聲東擊西，或聲彼擊此，或聲遠擊近，或聲近擊遠，俾（使）敵不知所備，則我所攻者敵所不守也。兵法云：『善攻者，敵不知其所守。』斯其然乎（正是這樣的涵義）。而措勝之方（至於制勝的具體方法），亦在察敵之將而用之也（端視敵主將的特點來決定）。」

善於運用虛實以自守者：1.「常為不可勝，則使其（敵）不能攻。（王晳註）」所謂「常為不可勝」，如賈林解釋：「教令行，人心附，備守堅固，微隱無形，敵人猶豫，智無所措也。」2.常能變化虛實，使敵無由知我之虛實，故敵不知其所攻也。何守法註：「善守者，周備無隙，守於此，又聲於彼，敵必見害不敢進，安能知其所攻，此所以守之必固也。」3.藉由「形之」、「予之」等欺敵誘敵策略，以致「乖其（敵）所之」，同時「藏於九地之下」，故敵無法選定攻擊目標。張預說：「善守者，藏於九地之下，使敵人莫之能測（敵人無法判斷我之防禦部署）。莫之能測，則吾之所守者，乃敵之所不攻也。周亞夫擊東南而備西北，亦是其一端耳（就是善於防守的典型戰例）。」

戰例　漢太尉周亞夫擊七國於昌邑：漢景帝時，吳、楚等七國叛亂，猛攻梁國。太尉周亞夫奉命率軍前往救援平叛（西元前154年）。周亞夫並未直接救援梁國，而是駐軍昌邑，採取「堅壁不出」以及「絕其（吳、楚軍）糧道」（即「飽能饑之」）的策略，理由如下：

「楚兵剽輕（強悍勇猛，行動迅速），難與爭鋒，願以梁委（牽制；承擔）之，絕其食道乃可制（制服）也。」

於是，周亞夫一面固守營壘，雖然梁王數度告急，亦不往救援：另一方面則派遣「輕騎……絕吳楚兵後，塞其饋道（繞到吳楚聯軍之後，後切斷其後方糧道）。」梁國既無法獲得外援，只能竭力抵抗。

吳楚聯軍見短期間無法立即攻陷梁國，於是轉移攻擊目標，準備先行殲滅周亞夫軍；外援如被消除，梁國自然陷落。面對吳楚聯軍猛烈的攻擊，周亞夫只嚴守營壘，不肯出戰。而此時，吳楚聯軍因補給線被切斷，開始缺乏糧食。吳楚聯軍急於一決勝負，於是一連發動幾次猛烈攻擊，周亞夫始終固守不出（「亞夫堅壁不肯戰，吳糧絕卒飢，數挑戰，終不出」）。

為求決戰，吳楚聯軍集中兵力，作勢攻擊（佯攻）漢軍東南角營壘，周亞夫下令西北角也須加強防務。果然不久，吳軍精銳部隊向突襲漢軍西北角營壘，但因漢軍防守嚴密，仍然無法突破。這是吳楚聯軍最後一次攻勢：失敗之後，在極缺糧食的情況下，許多官兵因而餓死或叛逃，只好撤退（吳奔壁東南陬，亞夫使備西北。已而其精兵果奔西北，不得入。因遁走，追破之）。周亞夫乘機派出精銳部隊追擊，大敗吳楚聯軍（吳、楚士卒，多饑死叛散，乃引而去。亞夫出精兵追擊，大破之）。（《百戰奇略・守戰》）

何守法對本戰之註解：

「所以然者，蓋由我能知彼之虛實，彼不知我之虛實也。知則以形而形之，不知則為形所誤。然則不知者之攻守豈不聽命於知者乎。」

(4)善攻、善守之妙喻：**微乎微乎！至於無形；神乎神乎！至於無聲，故能為敵之司命。**

① 比喻攻守的變換（虛實）運用，極其微妙神奇，達到了「無形」、「無聲」那麼難測的境界，故敵人的生死之命皆操之在我。「微」，微妙；「微乎微乎」，微妙到極點。「神」，神奇、比喻極其高明；

「神乎神乎」，神奇（高明）到極點。「無形」，沒有形跡。「無聲」，沒有聲息。張預註解：「攻守之術，微妙神密，至於無形之可視，無聲之可聞。故敵人死生之命，皆主於我也。」

② 比喻攻守的運用，非常隱密神速，到達無形無聲的境界，致使敵人難以偵知與因應我軍的攻防行動，故能宰制敵人的生死命運。杜牧註解：「微者，靜也。神者，動也。靜者守，動者攻。敵之死生，悉懸於我，故如天之司命。」梅堯臣註解：「無形則微密不可得而窺，無聲則神速不可得而知。」王晢註解：「微密則難窺，神速則難應，故能制敵之命。」。「微」，隱密；「微乎微乎」，形容防禦極其隱密。「神」，神速；「神乎神乎」，形容攻擊神奇迅速。

③ 「司命」者，主宰。「爲敵之司命」者，成爲敵人命運的主宰，即處處採取主動，處處支配敵人。由此可知，設法使軍事行動達到「隱眞」、「示假」的欺敵僞裝效果至爲重要。張預曰：「攻守之術，微妙神密，至於無形之可視，無聲之可聞。故敵人死生之命，皆主於我也（敵人的生死性命，完全受我方所操縱）。陳啟天：「善於運用虛實，至於微妙無形可見，神化無聲可聞，則我能以主動之地位，自由宰制敵人之生命，如司命之神者然。故曰：『能爲敵之司命』也。」

(5) 追擊與退卻

自「進不可禦」至「乖其所之」一段話，所探討者乃是如何掌握戰與不戰之主動權，攻擊敵人之要害，改變敵人之優勢條件。

① 追擊——進而不可禦者，衝其虛也。言追擊時，在審敵之虛隙，并力衝擊，使其無法抵禦，以求易於取勝。若不知敵之虛隙，貿然進擊，鮮有不敗者。「進」，追擊。「衝」，攻擊、襲擊。「虛」，防備空虛或薄弱之處。「衝其虛」，攻其無備，乘虛而進。

② 退卻——退而不可追者，速而不可及也。某一階段的作戰任務完成後，無論勝敗，爲謀求戰力整補，以利爾後作戰，就必須神速脫離敵人的勢力範圍，以免爲其所追擊。「速」，迅速。「及」，趕上、追上；速避其實。速而不可及：《九地篇》曰：「兵之情主速。」兵退不必以敗，或爲獲利而退，或爲誘敵而退，不論爲何退，凡退必速也。

無論是「乘虛而進」或「退兵神速」，均在說明爭取戰場主動權——

進退戰場之權皆操之在我的要領。何氏註解：「兵進則衝虛，兵退則利速（以迅速爲有利），我能制（宰制、支配）敵而敵不能制我也。」張預註解：「對壘相持（兩軍對峙交戰）之際，見彼之虛隙，則急進而搗之，敵豈能禦我也？獲利（達成目標）而退，則速還壁（防禦陣地）以自守，敵豈能追我也？兵之情主速，風來電往（如疾風閃電），敵不能制。」

⑹掌握進退戰守之權

① 攻其所必救。我軍採攻勢，敵人採守勢，以「高壘深溝」拒止我之攻擊、消耗我之戰力時，若欲迫使敵與我決戰，惟有「攻其所必救」。這是因爲敵之「高壘深溝」，爲實之所在，不易攻取。「高壘深溝」，加高營壘，加深戰壕；意謂採取防禦固守的策略。「壘」：軍營周邊或陣地中構築的防禦工事，如掩蔽體、城堡等。「溝」，護城河或人工挖掘的戰壕。「攻其所必救」，攻其要害、攻其所愛，亦即「衝其虛」。所謂必救之處，如補給線（糧道）、歸路（撤退必經路線）、政府所在地（首都），重要資源地（補給基地）、戰略要點（相互依存或咽喉往來之路）等，或有虛可乘，可擇而攻之，敵必來救。「圍魏救趙」就是這一謀略的具體運用。《史記・孫子吳起列傳》所記載的孫臏在圍魏救趙中提出的「批亢搗虛」的策略，正是承繼孫子「攻其所不守」、「避實擊虛」的思想要旨。「批亢搗虛」的「亢」就是咽喉，喻指要害，它雖是要害卻很虛弱。

「攻其所必救」的目的，第一在於迫使敵人在不利的情況下同己交戰；第二在於把敵主力誘騙離開已將主攻的地點──即彼之主力防守點，以便已能趁虛而入。

　　A. 《孫臏兵法・十問》：「攻其所必救，使離其固，以揆（判斷）其慮（判明敵作戰意圖；揆，判斷），施伏設援（設置伏兵與增援部隊），擊其移庶（乘敵於運動中將其消滅；庶，部隊）。」

　　B. 《草廬經略・卷十一・必戰》：「凡興師深入敵境，若彼堅壁不與我戰，欲老我師，當攻其軍主（司令部、指揮所），搗其巢穴（後方基地），截其歸路，斷其糧草，彼必不得已而須戰，我以銳卒擊之，可敗。」

　　C. 杜牧曰：「我爲主（防守），敵爲客（攻擊），則絕其糧食，守其

歸路。若我爲客，敵爲主，則攻其君主（首都、後方基地、大本營）。」

D. 王晳補充：「曹公曰，『絕糧道，守歸路，攻君主也。』晳謂敵若堅守，但能攻其所必救，則與我戰矣。若耿弇欲攻巨里以致費邑，亦是也。」

E.張預更具體的解釋：「我爲客，彼爲主，我兵強而食少，彼勢弱而糧多，則利在必戰。敵人雖有金城湯池之固，不得守其險而必來與我戰者，在攻其所顧愛，使之相救援也。」

戰例　唐馬燧討田悅：唐德宗建中二年（781年），魏博戰區（位於河北省）司令官（節度使）田悅與淄青戰區（又稱平盧、淄青平盧，位於山東省）司令官李正己、恆冀戰區（又稱成德，位於河北）司令官李惟岳結盟，起兵反叛中央。田悅集結二萬餘兵力，在洹水紮營（流經河南省安陽市），平盧軍駐紮東翼，恆冀軍駐紮西翼。

中興名將河東戰區（位於山西省）司令官馬燧，奉詔擔任征剿司令（招討使），統領河陽戰區（位於河南省）司令官李芃、昭義戰區（位於山西省）司令官李抱真，共同平定叛變。

馬燧戰略構想：建中三年正月（782年），馬燧揮軍進抵田悅占領區。當時中央軍糧食供應有限，而田悅則固守營壘，拒不出戰。馬燧下令部隊攜帶十日糧，進軍倉口（河北省磁縣北），與田悅隔著洹水駐紮。李抱真、李芃質疑問他：「糧少而深入（進逼敵防區），何也（這是什麼戰略）？」

馬燧分析如下：「糧少則利速戰，兵法（因此要採取主動，設計支配敵人，正如兵法所說）：『善於（善戰者）致人，不致於人』。今三鎮連兵（田悅、淄青、恆冀三方軍隊結合，堅壁清野）不戰，欲以老（疲憊）我師；我若分軍擊其左右，兵少未可必破；悅且來救（若田悅出兵救援），則我腹背受敵（前後受到夾擊），戰必不利。故進軍逼悅（為尋求支配敵人，故將目標單獨指向田悅），所謂『攻其必救』也。彼苟出戰（敵若真敢出戰），必為諸君破之。」

作戰經過：

1. 馬燧建造三座橋，越過洹水，每天挑戰，田悅避不出戰。

2. 隨著挑戰日益強烈，駐紮西翼的恆冀軍因為兵力少，怕被馬燧擊滅，遂放棄西翼防線，將兵力移防與田悅合守一處。

3. 田悅預料馬燧第二天又會前來挑戰，設下一萬人的埋伏，準備阻截馬燧。

4. 馬燧將計就計，採取欺敵與應變措施：

(1) 欺敵：

① 馬燧下令各部隊於半夜時分即先用餐，並在雞鳴報曉（天亮）前擊鼓吹號，虛張聲勢，偽示將對田悅陣地發動攻擊。實際上，馬燧卻是率軍沿著洹水，祕密向田悅根據地魏州城挺進。

② 於原營區內留守一百餘名騎兵，任務如下：

A. 仍按照平常作息時間擊鼓吹號，燃火煮飯。等待大軍全部出發，停止擊鼓吹號，留守騎兵全部退出營區，躲藏於橋梁附近。

B. 當田悅軍發現馬燧軍正向其根據地挺進時，必然撤離現守防線，向馬燧軍後方追擊。躲藏橋梁附近的留守騎兵，先讓田悅的軍隊全部過橋，然後再將橋梁燒掉。

(2) 應變：為防敵人於進軍途中襲擊，馬燧下達應變命令：「一旦獲知敵軍從後方追擊，各部隊立即停止前進，就地列陣布防。」

① 情勢進展果如如馬燧所料。馬燧軍前進十幾里後，田悅獲得軍情，立即率領淄青、恆冀之步、騎兵四萬餘人，分從三座橋梁通過，尾隨馬燧軍之後，同時利用強烈順風，縱火燒野，擂鼓吶喊，以擴張聲勢而進。

② 馬燧之戰術部署：

A. 部隊停止繼續前進，未立即反擊。

B. 進行戰場經營：先行割除陣地前一百步的亂樹雜草，阻擋火勢，闢作戰場，然後嚴陣以待。

C. 挑選勇敢精壯的士兵五千人，排列於第一線，準備接敵應戰。

5. 田悅軍隊抵達馬燧預設之戰場時，火焰因亂樹雜草已被割除，未能燒及馬燧陣前即頓時熄滅。田悅軍的的氣勢和力量也隨之衰竭。馬燧下令全軍出擊，田悅軍大敗，急往橋梁撤退，馬燧軍追擊，然而三橋已被焚毀，田悅軍無路可退，霎時瓦解紛亂，士卒四處逃散，跳進洹水煙死者不計其數，被馬燧軍殺死兩萬人，俘虜三千餘人，屍首滿地，連綿三十餘里，叛軍幾乎全部覆滅。

② 乖其所之。誘使（誤導）敵人，改變他原來的攻擊路線或目標（向錯誤的方向攻擊）。「乖」，謬誤、違背、相反，此處有改變、調動之意；「之」，往、去；「所之」，指進攻的方向。曹操註解：「乖，戾（違背）也。戾其道，示以利害，使敵疑也。」李筌註解：「乖，異也。設奇異而疑之，是以敵不可得與我戰。」杜牧注釋說：「言敵人來攻我，我不與戰，設權變以疑之（設置種種計謀迷惑敵人），使敵人疑惑不決，與初來之心乖戾（導致他們違背初來時的判斷和決心），不敢與我戰也。」《李衛公問對·卷上》：「善用兵者，先為不可測，則敵乖其所之也。」《武經匯解》具體解釋：「設計以乖謬敵人所往之路，使之錯誤也，或提兵以疑其所向，或偃旗息鼓，如有所伏也。」

當我取守勢，敵人取攻勢，意圖「衝我之虛」，則我應設計使敵不明我之虛實，我雖未「高壘深溝」，敵因不明我虛實之所在，甚至誤判我之實為虛，使其轉移了攻擊路線或目標，故「劃地而守之」，敵亦無從與我交戰。「劃地而守之」，與「高壘深溝」相對，形容防禦工事之簡易，甚至不築工事而守之。梅堯臣註解：「畫地，喻易也。乖其道而示以利，使其疑而不敢進也。」

戰例　東漢建安二十四年（219年），曹操與蜀漢先主劉備為控領戰略要地漢中進行爭奪戰。當時，蜀將黃忠領軍劫奪曹操軍糧，卻未依約定時間回軍。鎮守前線營壘的蜀將趙雲率領數十名偵察騎兵，出營察看，以隨時接應黃忠，正逢操曹大軍出動，雙方猝然相遇。趙雲一面戰鬥，一面退回營壘，曹軍緊追在後，進圍趙雲營壘。

趙雲進入營壘後，敞開營門，放倒軍旗，停止擊鼓，故布疑陣（雲入營，更大開門，偃旗息鼓）。曹操望見蜀軍陣地一片死寂，毫無動靜，懷疑趙雲已設下埋伏，不敢進擊，於是撤軍（公軍疑雲有伏兵，引去）。這時趙雲下令戰鼓擂鳴，萬箭齊放，射擊曹軍後衛部隊，曹軍遭遇這樣突如其來的襲擊，頓時驚駭大亂，紛紛逃命，混亂中自相踐踏和墜入漢水溺死者不計其數（雲雷鼓震天，惟以戎弩於後射公軍，公軍驚駭，自相蹂踐，墮漢水中死者甚多）。（《三國志·蜀書·趙雲傳》裴注引《雲別傳》）

戰例　諸葛亮屯兵陽平，讓魏延等將領帶領軍隊往東前進，自己僅留一萬士兵守城。偵察兵向司馬懿報告：「諸葛亮在城裡，軍隊很少，力量單薄。」於是司馬懿率軍兵臨城下。面對司馬懿大軍壓境，蜀軍將士驚惶失措，惟獨諸葛亮氣定神閒，指揮若定：下令軍中一律放倒旗幟，也不擂鼓，不得擅自出城，敞開四門，讓人在門口灑水掃地（將士失色。亮時意氣自若，敕軍中悉臥旗息鼓，不得輒（擅自，隨意）出，開四門，掃地卻灑）。司馬懿懷疑有伏兵，率軍向北山方向撤離（宣王疑有伏，於是引去，趨北山）。諸葛亮對部屬說：「司馬懿以為我設有埋伏，順著山路逃跑了（司馬懿謂吾有設伏，循山走矣）。」司馬懿後來得知是一座空城，很懊悔當時沒有攻進去（宣王後知，頗以為恨）。（《三國志・蜀書・諸葛亮傳・裴松之注引》。《三國演義・第九十五回・馬謖拒諫失街亭，武侯彈琴退仲達》，即以此說為本。）

戰例　東漢興平二年夏（195年），曹操為奪回被呂布占據的兗州（山東省西部），在定陶擊敗呂布，隨即屯駐該地，待機準備再興攻擊，徹底消滅呂布。當時正逢麥熟之際，曹操派遣全軍外出收割熟麥，留守營寨者，僅一千多人。不料，呂布卻於此時率領一萬餘人，進抵曹軍營寨前，準備與曹軍決戰。

曹軍營寨本身並不堅固，然而營寨西方，有一條長堤，南方則有一深廣茂密的樹林，可作為欺敵之設施。曹操以婦人防守長堤，以所有留守兵力列陣迎戰。呂布見曹軍部署與營寨場景，認為必有埋伏兵力，對其部將說：「曹操多譎（非常狡詐），勿入伏中（切勿中其埋伏）。」呂布遂領軍撤離，軍隊暫時屯駐在距曹營南方十餘里之處。

第二天，呂布又領軍至曹營前挑戰。曹操以一半兵力埋伏在長堤之後，以一半兵力列陣長堤之外。呂布僅可見到曹軍長堤外列陣約五百兵力，這次他研判曹操兵力確實不多，可以立即攻進曹營。於是命令輕裝部隊，先向曹軍發起攻擊，兩軍展開激戰。被曹軍誘入設伏地區後，長堤後方之伏兵乘機出現，步騎聯合併進，呂布軍大敗潰逃，曹軍追擊，進抵呂布營寨。呂布無力出戰，又恐被曹軍圍攻，遂連夜棄營撤往徐州。曹操乘勝攻取定陶城，分別派遣部隊收復兗州各縣。（《三國志・魏書・武帝紀》注引《魏書》）

(三)以眾擊寡

　　故形人而我無形，則我專而敵分，我專爲一，敵分爲十，是以十攻其一也。則我眾而敵寡；能以眾擊寡者，則吾之所與戰者，約矣。

【語譯】能察明敵情而又能隱密我軍情況，我軍兵力就可集中，而敵軍兵力就不得不分散。我軍兵力集中一處，敵軍兵力分散十處，就可以十倍於敵兵力去攻打分散於每一處的敵軍，因此造成我眾敵寡的有利態勢。既能造成以眾擊寡的優勢力量，同我軍正面交戰的敵人就容易勝取之。

【闡釋】

1. 本節係說明機動作戰之兵力部署。想要在作戰中獲取勝利，必須牢記：「集中可期必勝之兵力」，要如何達成這個原則？在戰略或戰術運用上稱之為「優勢作為」。優勢作為，是戰略戰術的基本任務之一，亦爲制勝的重要條件。作戰雙方之兵力，通常是指「相對（局部）優勢」。即使是軍隊人數較少的一方，也可運用各種欺敵方式來達到相對的優勢，使原本居優勢的敵軍因暴露行動而喪失其優勢地位；有了相對的優勢兵力，乃有可勝之機。

2. 密匿部署與行動：形人而我無形──使敵人顯露其部署，而我方則深藏不露。「形人」字義有二：

   (1)使敵人部署與行動現形（暴露），此處「形」爲動詞，作暴露行動、顯露行跡之意。

   (2)以種種偽形示敵，即用假象欺騙敵人。綜合而言，所謂「形人」者，即運用種種偽形示敵（虛張聲勢欺敵），以誘敵暴露、分散兵力防備我之攻擊。「無形」者，即自匿其形，使敵難測我之虛實。

   ① 孫臏的闡釋：「形以應形，正也；無形而制形，奇也。」意即以明顯之形對明顯之形，正也；以隱密之形對明顯之形，奇也。隱密之形即「無形」。何以隱形對顯形爲奇？因爲隱形使敵看不見、摸不著、猜不透，處處均感受威脅，必然分兵備之。如此則備多力分，處處防

備，處處薄弱，我對其任何一點形成優勢，都有奇襲的效果。所以無形而制形，奇也；反之，如以顯形對敵，敵完全了解我優勢兵力指向之地點，自然可以有備，故爲正也。

② 梅堯臣註解：「他人有形，我形不見，故敵分兵以備我。」

(3) 張預註解：「吾之正，使敵視以爲奇；吾之奇，使敵視以爲正，形人者也。以奇爲正，以正爲奇，變化紛紜，使敵莫測，無形者也，敵形既見，我乃合眾以臨之；我形不彰，彼必分勢以防備。」

(4) 《李衛公問對‧卷上》：「孫武所謂『形人而我無形』，此乃奇正之極致。」「吾之正，使敵視以爲奇；吾之奇，使敵視以爲正，斯所謂『形人者』歟？以奇爲正，以正爲奇，變化莫測，斯所謂『無形者』歟？」本段中「無形」的優勢作爲，很顯然的已經不單純是數量上的優勢了。克勞塞維茨說：「數量的優勢，在某一戰鬥中，不過僅爲許多決定勝利因素中之一種而已。」克氏舉許多戰例，認爲數量的優勢只是「基本的作爲」，它可能被若干無形因素所抵銷。所以克氏又強調「奇襲變成了獲致優勢的手段」，而且說明「產生奇襲的兩個因素爲祕密和速度」。另外克氏也要求在優勢作爲中使用「詭道」（cunning）。孫子的十二詭道都是「形人」的手段，也就是誘敵分離的手段。所以孫子這一段優勢作爲要領，也爲後世西方之克勞塞維茨所肯定。（參閱克氏《戰爭論》第三篇第八至十二章）

3. 我專敵分。「專」，兵力集中。「分」，兵力分散。由於我之虛實，敵無法測知，故敵必分兵備我，形成「我專而敵分」的有利態勢。在這樣的情況下，我方之兵力可以集中於一地（「我專爲一」），而敵人則必須分散於數地（「敵分爲十」），於是我方遂能在決定點上造成「十比一」（「以十擊一」）的壓倒性數量優勢，有利於攻其一點，各個擊滅。

(1) 杜佑註解：「我料見敵形，審其虛實，故所備者少。專爲一屯（集中兵力於一處），以我之專，擊彼之散卒，爲十共擊一也。」

(2) 張預註解：「見敵虛實，不勞多備，故專爲一屯，彼則不然，不見我形，故分爲十處。是以我之十分擊敵之一分也，故我不得不眾，敵不得不寡。」

4. 以眾敵寡——能以眾擊寡者，則吾之所與戰者，約矣。此句中「約」的意義有三種：

⑴ 少、寡；蘊含簡易或容易之意，即容易戰勝敵人。如能以眾擊寡，則勝利的公算大約較多。杜牧註解：「約，猶少也。我深壍高壘，滅跡韜聲，出入無形，攻取莫測，或以輕兵健馬衝其空虛，或以彊弩長弓奪其要害，觸左履右，突後驚前，晝日誤之以旌旗，暮夜惑之以火鼓。故敵人畏懼，分兵防虞，譬如登山瞰城，垂簾視外，敵人分張之勢，我則盡知。我之攻守之方，敵則不測。故我能專一，敵則分離。專一者力全，分離者力寡，以全擊寡，故能必勝也。」

⑵ 概約。如能以眾擊寡，則敵方必處於劣勢，雙方優劣之勢，也概約可以判定了。王晳註解：「多為之形（多加製造假象），使敵備已，其實攻者則無形也。故我專敵分矣。專則眾，分則寡，十攻一者，大約言耳。」

⑶ 「約」，約束，壓制。如能以優勢兵力攻擊劣勢兵力，則我之所與戰的敵人，就受壓制了。張預註解：「夫勢聚則彊，兵散則弱，以眾強之勢擊寡弱之兵，則眾力少而成功多矣。」

軍隊作戰，在精神上強調「以少勝多」，「以寡擊眾」，是用兵之「變」；在實際作戰時當力求「集中」，「以眾擊寡」，乃是用兵之「常」。所以「以寡擊眾」的最後決勝階段，必是「以眾擊寡」的形勢。如何以「常」為「正」，以「變」為奇，將我之寡變為眾，將敵之眾變為寡，是指揮藝術的範圍。優勢必待集中方能形成。

戰例　東漢獻帝建安五年（200年），曹操與袁紹對抗於官渡地區。袁紹派遣郭圖、淳于瓊、顏良率兵進攻駐紮在白馬的曹操部將、東郡太守劉延所部，袁紹親自率兵進至黎陽，準備南渡黃河。是年夏四月，曹操打算率軍北進援救劉延。但謀士荀攸則認為在敵眾我寡的形勢下，直接北救是不利的，因此，他向曹操獻策說：「現在我軍兵少難以抵擋袁軍，如果分散他們的兵力，然後才可應戰。然後我們率領輕裝部隊襲擊白馬，乘其不備而攻之，顏良就可以為我們所擒。」曹操聽後認為很有道理，採納了他的建議。袁紹聽到曹軍要從延津北渡黃河的消息後，立即分兵西向應戰。曹操乘機率兵日夜兼程直趨白馬，當進抵距白馬尚有十餘里時，顏良得悉大為吃驚，匆忙前來迎戰。曹操派大將張遼、關羽為前鋒，打敗了袁軍，擊斬了顏良，於是解除了白馬之危。

(四)無所不備，則無所不寡

　　吾所與戰之地不可知，不可知，則敵所備者多；敵所備者多，則我所與戰者寡矣。故備前則後寡，備後則前寡，備左則右寡，備右則左寡，無所不備，則無所不寡。寡者，備人者也；眾者，使人備己者也。

【語譯】我們要作戰的地方，不能讓敵人知道，敵人既然不知道，他們所要防備的地方就多，防備的地方多，則與我們作戰的兵力就相對的少了。所以，注意前方的防備，後方的兵力就會薄弱；注意後方的防備，前方的兵力就會薄弱；注意左邊的防備，右邊的兵力就會薄弱；注意右邊的防備，左邊的兵力就會薄弱；處處防備，處處兵力就會薄弱。兵力薄弱不足，是由於處處防備的結果；兵力之所以充足，是因為迫使敵人處處防備於我所造成的。

【闡釋】

1. 本節說明會戰時，戰場決定之要領。
2. 軍隊預期作戰之地點、時間，務須絕對機密，使敵無法判定我主力準備在何處、何時與其決戰（敵不知戰地、不知戰日），從而必須處處防備，看似萬無一失，實際卻造成處處薄弱——「備前則後寡，備後則前寡……，無所不備，則無所不寡」——備多力分的困境，此即「無所不備，則無所不寡」——敵人處處防備，必然處處兵寡力弱，陷入被動，則我無形中已占優勢，就可以「以我之眾」擊「敵之寡」，所以「行動祕密」，也是優勢形成的手段。
   (1) 王晳註解：「與敵必戰之地，不可使敵知之，知則并力得拒於我。曹公曰：『形藏則敵疑，則分離其眾以備我（若能隱藏我方實情，敵人就會產生疑惑，敵人就必須分散兵力防備我）。』」
   (2) 張預曰：「不能測（預測）吾車果何出，騎果何來，徒果何從，故分離其眾，所在輒為備（處處設防。輒，即是），遂致眾散而弱勢，分而衰（戰鬥力下降）。是以吾所與接戰之處，以大眾臨孤軍也（以優勢兵力

　　　壓向勢單力孤的敵軍）。」

3. 「備人」：防備敵人攻擊自己；「寡者，備人者也」：「備人者」常「被
　動」，故「寡」，即言兵力之所以相對薄弱，在於分兵備敵。「眾者，使
　人備己者也」：「使人備己」者，常「主動」，故「眾」，即言兵力之所
　以占有相對優勢，是因為迫使對方分兵備戰。本篇之主旨為「致人而不致
　於人」，故在此重申「主動」與「被動」關係之重要。

　(1)杜牧曰：「所戰之地，不可令敵人知之。我形不泄（我方虛實動靜完全
　　隱密不洩），則（我軍）左右、前後（的情況）、（所處位置）遠近、
　　（地形）險易，敵人不知，亦不知我何處來攻，何地會戰，故分兵徹衛
　　（分開兵力，全部加以防衛），處處防備。形藏者眾（軍情隱密的一方
　　能夠形成數量優勢），分多者寡（兵力分散太多的一方就只能處於數
　　量劣勢）；故眾者（數量優勢者）必勝也，寡者（數量劣勢者）必敗
　　也。」

　(2)張預註解：「左右前後，無處不為備，則無處不兵寡也。所以寡者，為
　　兵分而廣備於人也。所以眾者，為勢專（力量集中）而使人備己也。」

(五)知戰之地，知戰之日，則可千里而會戰

　　故知戰之地，知戰之日，則可千里而會戰；不知
戰地，不知戰日，則左不能救右，右不能救左，前不能
救後，後不能救前，而況遠者數十里，近者數里乎？以
吾度之，越人之兵雖多，亦奚益於勝哉！故曰：勝可為
也，敵雖眾，可使無鬥。

【語譯】如果能判斷出決戰的地點與時間，就可遠赴千里之外去同敵人會
戰。如果不知道在何時何地作戰，則敵人攻我左邊，右邊便不能相救；攻
我右邊，左邊便不能相救。前方不能救後方，後方亦不能救前方，何況遠
至數千里，或近至數里呢？據我分析，越國的兵力雖多，又焉能取勝於我
呢？所以說：勝利是可以造就的，敵人雖有優勢，可使他無法與我交戰或
發揮戰力。

【闡釋】

1. 本節說明會戰時，空間與時間配合之要領。

2. 知戰之地，知戰之日，則可千里而會戰。「知」：預知、預見。「日」：時。「則」：雖。「會戰」：本義是指，敵對雙方主力在一定地區和時間，進行決戰。這裡又有會師而戰的意思——即我方幾個獨立行動的部隊，期約在某一地點和時間會合集中後，再與敵決戰。「會」，期約會合兵力。

作戰必須將兵力與時間、空間密切配合，才能在決戰點上，發揮最大戰力。作戰時空如能預先掌控，則可早期形成有利態勢，制敵機先，即使千里之遙也能會戰，是由於我所備者專的緣故。若不能掌控時空有利因素，倉卒應戰，兵力再多，也將分散，各自為戰，陷於被動，而受制於人，則前、後、左、右無暇相顧，不及相救（左不能救右，右不能救左，前不能救後，後不能救前），何況作戰行動往往是在綿延數里、甚至數十里方圓範圍內展開的。「救」，救援、支援。「況」，何況、況且。

(1) 杜佑註解：「夫善戰者，必知戰之日，知戰之地，度道設期，分軍雜卒（分路進軍，每軍都配置各類兵種），遠者先進，近者後發，千里之會，同時而合，若會都市（就如到城市集結）。其會地之日，無令敵知，知之則所備處少，不知則所備處多。備寡則專，備多則分；分則力散，專則力全。」

(2) 王晳曰：「必先知地利敵情，然後以兵法之度量，計其遠近，知其空虛，審敵趣應之所及戰期也。如是，則雖千里可會戰而破敵矣。故曹公曰：『以度量知空虛、會戰之日』者是也。」

(3) 張預曰：「凡舉兵伐敵，所戰之地，必先知之。師至之日，能使敵人如期而來，以與我戰。知戰地日，則所備者專，所守者固，雖千里之遠可以赴戰。若蹇叔知晉人禦師必於殽，是知戰地也。陳湯料烏孫圍兵五日必解，是知戰日也。又若孫臏要龐涓於馬陵，度日暮必至是也。」

戰例 東晉義熙八年（412年），太尉劉裕派遣部將朱齡石，征討占據西蜀稱王的譙縱。朱齡石出征前，劉裕給予戰略指導：「仍採取四年前（408年）從內水（涪江）征討西蜀的進軍路線。」理由如下：

「四年前,我軍征討西蜀,主力從內水(涪江)進軍,與敵在黃虎城(敵首都成都前沿要地,距離約五百里)對峙六十餘日,無功而返。敵人必然判斷,我軍今年必定會改變攻擊路線,非從外水(岷江)進軍不可,絕不會料想到我軍仍從內水進軍。因此,敵軍必然將重兵集中於涪城,嚴守內水。我軍如仍從內水進軍,攻打黃城,正陷入敵羅網。當前,我軍主力應順外水,直攻成都。另組一欺敵部隊,進入內水,擾亂敵人決策,此為克敵制勝的奇計。」

為嚴防本次征討行動機密外洩,使西蜀國有所準備,劉裕將攻擊密令交付朱齡石,特於密令封面書寫:「抵達白帝城後,才能拆封」。故大軍出發後,無人知道實際進軍路線。

413年6月,朱齡石率領大軍抵達白帝城後,拆封劉裕密令如下:

1. 朱齡石親率大軍主力從外水北上,奪取成都。

2. 一部從中水(緜陽河,內水支流)進軍,奪取廣漢(四川三台縣)。

3. 剩餘老弱部隊,乘坐大型軍艦十餘艘,從內水奪取黃虎。

三路大軍,加倍速度,向前推進。西蜀王譙縱,果然命輔國將軍譙道福,率重兵鎮守涪城,防備內水。

朱齡石率領大軍進抵平模附近(距成都僅二百里),與沿外水構築營寨布防的西蜀守軍(守將侯暉、譙詵:兵力約一萬餘人)形成對峙。朱齡石與部將劉鍾商議對策。朱齡石認為,「目前天氣炎熱難耐,而敵軍嚴備守險,發動攻擊,未必可以攻克,徒增士卒的疲憊。」故應「暫取守勢,培養士氣,等待有隙可乘。」

劉鍾持反對意見,認為立即向所在敵軍發動全面攻擊,理由是:「先前,由於我軍揚言攻擊內水,所以敵軍主力不敢離開涪城。而今,我軍主力卻出敵意料之外,從外水進軍至此,已使敵守將驚恐破膽。敵軍所以據險而守,阻我前進,正說明他們恐懼,不敢出擊會戰。趁敵軍正恐懼不安之時,我們投入所有精銳,全力攻擊,一定可以攻克。攻克平模後,就可擂動戰鼓,奮勇向成都進軍,成都絕對無法抵禦我軍攻勢。若行動稍有遲疑,敵軍必將洞悉我軍部署,則敵軍涪城主力,勢必前來增援,與守軍並肩作戰,軍心安定,良將集結。至於我軍,將面臨既無法迅速與敵決戰,又沒有糧秣供應的困境,遠征軍二萬餘人,恐全部淪為敵軍的俘虜。」

朱齡石採納。此外，諸將提議優先攻占南岸城池；理由是：岷江北岸城池，地勢險要，兵力雄厚。朱齡石則裁示先攻占北岸城池；理由是：「攻奪南城，不影響北城的存在，如果傾全力攻陷北城，南城隨即不攻自潰。」

7月初，朱齡石揮軍軍北城發起全面攻擊，北城陷落，斬守將侯暉、譙詵；立即率軍回攻南城，南城果然自行崩潰。朱齡石捨棄船艦，率軍從陸路進擊，直指成都，沿途所向皆捷，將駐守之敵軍一一擊滅，7月9日，順利攻陷成都。西蜀王譙縱棄城而逃，不久，被殺身亡；西蜀滅亡。

3.「越人之兵」：《孫子兵法》是孫子為吳王闔閭所作。吳與越在當時是仇敵，所以《孫子兵法》以越人為例證，以期打動吳王。孫子在兵法中所指敵我，都是廣泛一般性，惟有在此處用了吳國的敵人越國，也就合了《史記‧孫子列傳》上說的：「孫子武者，齊人也。以兵法見於吳王闔閭」的記載。他告訴吳王：「以吾度之，越人之兵雖多，亦奚益於勝哉！」「度」，推斷、估計。「奚」，表示疑問的語氣，何。「奚益」，有甚麼助益呢？孫子自信按照其兵法與推斷可以預知在未來的吳越之戰中，即使越國兵多將廣，該國也無法掌握眾寡之勢，對戰爭勝敗沒有什麼幫助。其具體涵義是指，由於機密與機動，掌握了戰地（空間）與戰時（時間）的主動權，而造成了兵力的相對優勢。以此推度將來吳國對越國作戰，若能掌握主動，則越國總兵力雖眾，亦可分離而敗之。

⑴賈林曰：「不知戰地，不知戰日，士人雖多，不能制勝敗之政（不能掌握勝敗的主動權），亦何益也。」

⑵王晢曰：「此武相時料敵也（這是孫武對時勢、敵情的分析與判斷）。言越兵雖多，苟不善相救，亦無益於勝敗之數（對於勝敗不起作用）。」

4.勝可為。「為」，造成、創造、爭取。言若能把握上述「致人而不致於人」、「我專而敵分」、「知戰之地、日」，使敵「無所不備」，造成有利的戰略態勢，勝利是可以取得的。縱然敵眾我寡，只要我能夠運使計謀、策略分離敵軍，尋求敵之弱點，形成局部優勢，則敵雖兵力眾多，已從心理、物理兩方面失去平衡，不足以與我戰鬥，甚至連會戰的機會與能力都沒有（或兵力尚未展開前即陷於失敗），而任我宰割，此即「敵雖

眾，可使無鬥」之意。

(1)孟氏註解：「敵雖多兵，我能多設變詐，分其形勢，使不能併力也。」

(2)賈林曰：「敵雖眾多，不知己之兵情（卻不知我方的軍情），常使急自備，不暇謀鬥。」

(3)張預曰：「分散其勢，不得齊力同進，則焉能與我爭。」

按〈軍形篇〉說：「勝可知，而不可爲也」的「勝」字指取勝機會，即戰機。戰機是可知而不可強求。此處「勝可爲也」的「勝」字，指兵力優勢，兵力優勢是可以造成的——優勢作爲。若不辨明兩個「勝」的涵義，則〈軍形篇〉「勝可知，而不可爲」與本篇「勝可爲也」似有矛盾。

㈥戰勝不復，而應形於無窮

故策之而知得失之計，作之而知動靜之理，形之而知死生之地，角之而知有餘不足之處。故形兵之極，至於無形；無形，則深間不能窺，智者不能謀。因形而措勝於眾，眾不能知。人皆知我所以勝之形，而莫知吾所以制勝之形；故其戰勝不復，而應形於無窮。

【語譯】要探知敵之虛實，約有四種方法：第一、通過對敵可能行動的縝密研判，分析敵人作戰計畫之優劣得失。第二、以各種手段偵察敵人，從其反應過程，判斷其行動規律。第三、使敵人的兵力部署暴露原形，進而誘使敵進入有利我決戰之生地。第四、運用少數兵力與敵作試探性較量，以掌握敵之虛實。所以用兵的最高境界，是使敵人無法探測我之企圖與行動。如用兵能至無形，即使深藏的間諜亦無法獲得我之虛實，智慧再高的敵人，也將束手無策。用靈活的戰略戰術來因應敵人隨時變化的虛實態勢，即使將勝利呈現在眾人面前，他們也無法了解我是如何獲勝的。蓋眾人只能知道我用來戰勝敵人的辦法，卻無法知道我是如何運用這些辦法出奇制勝的。所以每一次勝利，都不會是重複舊戰法的結果，而須適應各種情況，變化無窮。

【闡釋】

1. 孫子在《始計篇》中的「五事」、「七計」，是在國家戰略範圍內，做敵我雙方的情勢判斷，其情報來源（「知彼」），大部以「用間」取得。在戰場上（用兵作戰）為了爭取主動，集中必勝兵力，必須判明敵情，洞悉敵之虛實，方不為敵所誤。因為我能形人，敵亦必能形我，我能以虛為實，或以實為虛，敵軍也能虛實變幻。而且虛實之變，常須依對方將領之性格而運用或判斷之。諸葛亮使用「空城計」，是虛中之虛，非常冒險。但諸葛亮深知司馬懿之性格多疑而謹慎，判斷他在敵情不明狀況下，必定是寧可錯判城中有伏，而不願冒險輕進。如果司馬懿換成張飛，也許孔明就不敢輕試了。這一個史證即說明虛實判斷是有跡可循的。

2. 用兵作戰要「致人而不致於人」，就必須對敵人的部署有充分了解，才能分辨敵人行動是真是假，是虛是實，這就是知敵以制敵，孫子對於本篇提出「策之」（估計敵情，計畫）、「作之」（挑撥試敵，執行）、「形之」（示形測敵，檢驗）、「角之（角力探敵，修正）等「相敵四法」（〈行軍篇〉，自『敵近而靜者』至『必謹而察之』，亦有「相敵三十三法」），作為判明敵之虛實的辦法。此處「策之」、「作之」、「形之」、「角之」等，皆應作動詞解，俱為戰略上或戰場上察知敵可能行動之情報蒐集手段，惟其運用步驟則有別，即在層次上是由淺而深（先估算敵全般作戰方略，再以兵力實測敵實際兵力部署），在時間上是由遠而近（距離會戰時間）。知敵之虛實後，就可以我之實擊敵之虛，使敵陷於「左不能救右，右不能救左，前不能救後，後不能救前」之困境。茲分別闡明如下。

   (1) 估計敵情，計畫——策之而知得失之計：藉由周密的敵情分析與研判，從而明瞭敵軍作戰計畫之優劣、利弊得失。「策」與「籌」、「算」都是古代用以計算或占卜用的工具，以草棍、木棍或竹棍所組成，如同現代用以評鑑績效的計分卡；此處轉用為研析、判斷、推測等。「之」，代名詞（以下三句同），指敵人。「得失」：
   ① 指得算——計謀得當，勝率高；失算——計謀欠當，敗率高。
   ② 利弊、優劣。「策之」就是用籌策研析、判斷敵方計謀的優劣得失。
   賈林註解：「樽俎帷幄之間，以策籌之，我得彼失之計，皆先知也。」

劉寅註解：「籌策之，可判知敵人依其得失所採之計。」此處「所採之計」，即敵最大可能行動，可見「策之」亦即現代情報判斷。具體而言，可將敵人可能行動區分為上中下三策，予以研判。分析敵人將採用之方策，究為上策，或為中策，抑為下策。何者與敵有利與我有害，何者與敵有害與我有利，比較利害，判定敵最大可能之行動，及其部署之虛實→這是從敵人計畫（策）中去研判，而知得失者。張預註解：「籌策敵情，知其計之得失，若薛公料黥布之三計是也。」

(2)挑撥試敵——作之而知動靜之理——以挑動的方式，了解敵軍動向與行動理則。「作」是指進行、行動、挑動、激起、觸發、引誘。「作之」：設法挑動敵人，以引起事端。「動靜之理」，敵軍動向與行動理則；有反應為「動」，無反應為「靜」；攻（出）擊為「動」，防禦為「靜」。「作之」的目的是在激起敵人採取因（反）應之行動，我則可從中判知其行動（接戰）程序、模式或理則是否嚴謹至當，還是渙散失當。例如以一部兵力，對敵人實施試探性的攻擊，從而了解其因應與處置的程序或理則。杜牧注釋說：「『作』，激作也。言激作敵人，使其應我，然後觀其動靜理亂之形也。」杜牧並引《吳起‧論將第四》申明其義：

① 魏武侯曰：「兩軍相望（對峙），不知其將，我欲相（辨察）之，其術如何？」吳起曰：「令賤勇者（低階而勇敢善戰者），將輕銳以嘗之（率領精銳小部隊進行試探性攻擊），務於北（以佯敗、退卻為任務），無務於得，觀敵進退（其目的在觀察敵人的進退動靜）。一坐一起（若敵人的進退行止），其政以理（有條不紊，都有章法）。奔北不追（能辨識佯敗之敵，故不追擊），見利不取，此將有謀。若其悉眾追北（全軍出擊佯敗之敵），旗旛雜亂，行止縱橫（各部隊行動，自行其是，毫無節制；陣式變換，或縱或橫，毫無章法），貪利務得，若此之類，將令不行，擊而勿疑。」

當然，探查敵軍「動靜之理」的「作為」（行動或手段）有很多，並不以以試探性攻擊行動為限，凡能藉由「利之」、「害之」來挑動敵人，能使其有所反應的「作為」均屬之。陳皞的註解：「作，為也。為之利害，使敵赴之，則知進退之理也。」劉績進一步解釋：「『作』字不止『激作』（試探性攻擊）敵人。……或誑之以言（散

布謠言），或誘之以利，或示之以害，多方以詭道欺之，則敵之動靜可知。」

② 張預註解：「發作久之（採取某種行動過後），觀其喜怒（觀察敵主將的情緒），則動靜之理可得而知也。若晉文公拘宛春以怒楚將子玉，子玉遂乘晉軍，是其躁動也。諸葛亮遺巾幗婦人之飾以怒司馬宣王，宣王終不出戰，此是其安靜也。」

(3)示形測敵——形之而知死生之地——探明敵所在地形之利弊。

「形」，是暴露、表現的意思。〈兵勢篇〉：「強弱，形也。」強或弱是力量的一種表現。「形之」，以僞形示敵，即設計假象，如虛張聲勢或佯動，誘騙敵人行動（顯露其形），從而根據敵方的反應（顯露之形）來探知敵情。「死生之地」有兩種解釋：

① 敵人所處地形的有利或不利的情況。軍隊部署一定要配合地形，才能得地利之助，方可守固攻取，如此才是生地。如果部署不當，不得地利，就不能發揮戰力，這就是置於死地。「地」，指地形。

② 指敵方所處戰略態勢（位置）的優勢之所在或薄弱之所在。「地」，非侷限於地形，有處境，如所處態勢、位置之義，同下文「處」。

① 杜牧注釋說：「死生之地，蓋戰地（與敵會戰地點）也。授之死地（將部隊投向危境）必生，置之生地（生命得以保全之地）必死。言我多方誤撓（本句話是指，運用各種方法誤導擾亂）敵人，以觀其應我之形，然後隨而制（根據敵反應決定對策）之，則死生之地可知也。」

② 張預補充說：「形之以弱，則彼必進；形之以強，則彼必退。因其進退之際，則知彼所據之地死與生也（就可知敵所處之地是有利還是不利的）。上文（〈兵勢篇〉）云『善動敵者，形之，敵必從之』是也。『死地』謂傾覆（覆滅）之地，『生地』謂便利之地。」

③ 李筌曰：「夫破陳設奇（爲擊敗敵人而設奇計出奇兵），或偃旗鼓，形之以弱，或虛列灶火旛幟（故意增加爐灶、旗幟數量），形之以強。投之以死（將部隊投向絕境），致之以生（卻可反敗爲勝），是以死生因地而成也（可見部隊的存亡、作戰的勝敗，有賴於地形條件的運用）。韓信下井陘，劉裕過大峴，則其義也。」

(4)戰鬥偵察，探明敵軍兵力部署之虛實。角之而知有餘不足之處：

「角」，較量、角力（以力相競）。「有餘」，指實、強、兵力集中之處。「不足」，指虛、弱、兵力分散之處。「角之」，當決戰前，為進一步明瞭敵軍之兵力配置，常運用小部分兵力先與敵直接衝突。照現代軍語就是「威力搜索（偵察）」，即運用相當之兵力所實施之有限目標攻擊，迫使敵人做最大之反應，以察知敵人之兵力部署。既經小規模之衝突後，則敵軍之部署，何處為「力有餘」（兵力集中）即實，何處為「力不足」（兵力分散）即虛，就不難明瞭了。明瞭敵軍之確實部署後，然後乃可定計與敵進行決戰。

① 王晳註解：「角謂相角也。角彼我之力，則知有餘不足之處，然後可以謀攻守之利也。此而上（以上所論述）亦所以量敵知戰（估算敵軍，確定戰術）。」

② 梅堯臣註解：「彼有餘不足之處，我以角量而審。」

③ 張預注釋說：「有餘，強也；不足，弱也。角量敵形，知彼強弱之所。唐太宗曰：『凡臨陳，常以吾強對敵弱，常以吾弱對敵強。』（《資治通鑑・一九二卷・唐紀八》）苟非角量，安得知之？」

(5)小結：本段中「策之」、「作之」、「形之」、「角之」四個手段，完全可由我主動，然而「得失」、「動靜」、「死生」、「有餘不足」是雙方互有的，如察知敵占「得」、「生」、「動」、「有餘」之利，我如取攻勢當暫緩，取守勢當多加戒備；反之敵若占「失」、「靜」、「死」、「不足」之害，必乘機攻之，如在守勢中宜轉移攻勢，毋失戰機。

3. 優勢作為的最高境界：透過「相敵四法」（「知彼」）的作為可知，佯動示形（兵力部署）或優勢作為的最高境界（要領），在於嚴保機密與機動應變。嚴保機密，使敵不知所備；機動應變，使敵難以預期我之行動。

(1)形兵之極，至於無形：「形」，動詞，顯現，引申為調動、部署。「形兵」：

① 對敵現示我之兵形，即用兵——調動、部署軍隊，以進行攻防等的各種指揮作戰之行為。

② 指用兵之法，杜牧註解：「用兵之道。」「極」，頂點，最高境界。「形兵之極」，即對兵力做最高明的部署；用兵的最高境界。「無形」，沒有形態；虛虛實實，全無跡象。此處之「無形」並非真無形，

而是用以形容「示形於敵，使敵不得其眞」的最高境界；是指軍隊部署（包括僞裝佯動），極爲機密，不露虛實，敵人無法洞悉我之眞實意圖與行動。

① 何氏註解：「行列在外（兵力部署是外在的），機變在內（作戰謀略是內在的），因形制變（依據具體情況採取相應謀略），人難窺測，可謂神微（神妙精微）。」

② 陳啓天注：「『形兵』，謂調度部署我兵（軍）。善於運用虛實，以調度部署我兵，則其極致，可使我兵之形，不易爲敵所窺知，是謂『無形』。『無形』者，非謂絕無形象，乃謂調度迅速，部署祕密，其形象難知也。」

更進一步說，「形兵」，即造形創勢，亦即優勢作爲。作戰時部隊行動、行軍、攻擊、防禦，都是有形的，但善於用兵的將帥，會將有形的軍事行動，透過優勢作爲——透過謀略、欺敵或奇正虛實的靈活變換與運用，使敵人難以估算其用兵模式，也無法循一般用兵法則來判斷其部署。惟其「無形」，所以雖有潛伏在我方的間諜，即使是「深間」，就是掩護得好，長期潛伏的間諜，也無法探獲我之眞相（形），敵方的將帥，縱然有睿智，也對我無計可施我。「間」，間諜。「窺」，偵察、探測。

① 梅堯臣註解：「兵本有形，虛實不露，是以無形。此極致也。雖使間者以情釣（用各種手段探查軍情），智者以謀料（藉由謀略分析判斷），可得乎？」

② 張預註解：「始以虛實形敵，敵不能測，故其極致，卒（最終）歸於無形。既無形可覩（看見、懂得、明白），無跡可求，則間者不能窺其隙（疏漏，詳實細節），智者無以運其計。」

如第二次世界大戰時，盟軍在諾曼第登陸前，在英法海峽最狹處的加萊（僅二十二海哩）方面，儘量顯示盟軍渡海攻擊之準備，而在諾曼第方面則盡力隱蔽。因此德軍自始至終，相信盟軍必在加萊地區登陸，結果盟軍在諾曼第奇襲成功，此所謂「形兵之極，至於無形」。在反間方面，能使德國潛伏在英倫之間諜，無法偵知盟軍之具體企圖，此所謂「深間不能窺」，以「沙漠之狐」隆美爾之智，尚不能確定盟軍之企圖，此亦「智者不能謀」也。

(2)戰勝不復，而應形於無窮（因形制勝，戰勝不復）。

　①　無形之形，完全因敵之形而創形，無一成不變的形式，蓋戰勝之道，在運用之妙、存乎一心，以虛實之變而制勝，其「機」是非常微妙的。當一卓越的將帥「因形而措勝於眾」——因應敵人虛實之態勢，策劃部署出一個制敵之形（部署、戰術），令交部將執行而獲勝時，這樣的勝利即使已全然呈現在眾人面前，眾人（包括敵我雙方）仍然無法明白其中的奧妙（「眾不能知」）。「因」，由，依據。「因形」，根據敵情而靈活應變。「措」，放置，引申為策畫、運用、部署或顯示、呈現之意。「措勝」有兩個雙關的意義：策畫方略以取勝、將勝利呈現出來。「措勝於眾」，亦有兩個雙關的意義：

　　A. 策畫、部署方略，交由部將執行，而贏得勝利。

　　B. 將勝利呈現在眾人面前。

　②　顏福棠註解：「『因形而錯勝於眾』，言因敵人虛實變動之形，而後措置（擬定）勝敵之法，以施之於眾（分派部屬執行），故眾能遵我之令，不能知我之所以為。已勝之後，人知我之所以勝敵者，在敵有形而我無形也。而不知我之所以制勝於敵者，尤在（其主要原因是在）因敵之形以作（策定）我之形也。故下文云：『應形於無窮。』又曰：『兵因敵而制勝』。」

　　申而言之，「人皆知我所以勝之形」，眾人只能知道我戰勝敵人的外形——如何的編組、部署或戰術運用等；「而莫知吾所以制勝之形」，卻不能理解我採用此種「形」之所以勝敵的內在奧祕或用兵理則；亦即是：

　　A. 這樣一個被眾人判斷無法獲勝的「形」，為何能在這場戰役中卻能獲勝？

　　B. 或是在某一危急或不利形勢下，為何還敢採取這樣的「形」，來因應當面的敵人？「制勝」，屈服敵人而獲勝。

　　此即所謂「戰勝不復」，不蹈襲已勝之戰法而重複使用之。「戰勝」，因敵制勝之法。「復」，重複，這裡有蹈襲、沿襲、因循、套用的意思；「不復」，同一取勝的方法，不重複使用。每一個典型的戰例都有其不同的背景與形勢，我們固然可以從中歸納出若干戰爭原則，但並不是簡單的援引戰例，沿襲、套用原則以取勝，而是要「應

形於無窮」，即須適應敵人隨時變化之部署及行動，而採取種種變化無窮的戰法以制敵取勝。「應」，適應、因應。「形」，形態、形狀，此處特指敵情，或從廣義解，是指戰場上敵我雙方部署的全面形式而言。「應形」，即「因形」，依據敵人而靈活應變。敵之「形」須先透過「策、作、形、角」之法，以探知其「得失、動靜、死生、強弱（治亂）」之狀態；爾後則適應當時敵我情勢，採取「近而示之遠，……親而離之」（〈始計篇〉）等戰法（詭道、奇策）以勝敵。

③ 劉邦驥注：「『戰勝不復』者，不循前法也。『應形無窮』者，隨敵之形而應之，出奇無窮也。總而言之，所謂『制勝之形』，即〈始計篇〉之「詭道十二種」，皆因敵形而應之也。所謂『形兵之極至於無形』者，即以無形爲制勝之形也。」

(七)避實擊虛

　　夫兵形象水，水之形，避高而趨下；兵之形，避實而擊虛。水因地而制流，兵因敵而制勝。故兵無常勢，水無常形；能因敵變化而取勝，謂之神。故五行無常勝，四時無常位，日有短長，月有死生。

【語譯】用兵原則就像水的屬性，水的屬性，是避開高處而流向低處；用兵原則，是避開敵人有準備、實力充足的一面，而向其弱點攻擊。水因地形而變化其方向，作戰足根據敵情而決定其取勝的方法。所以用兵作戰沒有固定的態勢，如水沒有一成不變的形態一樣。能根據敵情變化而取勝者，才稱得上用兵如神。所以，金木水火土，相生相剋，沒有勝敗之分；春夏秋冬，依時更迭，不會一成不變；日晝時間有長有短，月亮形狀有圓、缺和明、暗的變化。

【闡釋】

　　〈虛實篇〉之精神在說明戰爭乃藝術化領域的大事，所謂藝術者，必含有多變與創意，多變性已在〈兵勢篇〉用聲、色、味之變爲例。本段爲〈虛實篇〉之結論，再以水之性，水之勢來形容用兵，也強調他對用兵思想上「變」

的觀念，其要點有二：避實而擊虛、因敵而制勝。

1. 「兵形象水」：此意用兵原則（法則）就如同水的屬性。「兵形」，指用兵作戰的方式或用兵的原則。「象」，相似、如同。水形是多變的，兵形也是多變的。所以孫子借水形來比喻兵形，孟氏曰：「兵之形勢如水流，遲速之勢無常（有遲緩迅速的變化，不是固定不變的）也。」

　(1)「水之形，避高而趨下」，「水因地而制流」。天下之柔弱莫如水，但是水流激盪，觸丘遇陵，必為之開，懸崖崖壁，必為之壞。其原因就是，專走隙道，逐漸風蝕刻削。然而水無逆流者，都是發源於高山峻嶺，順勢下流，且其流形、流速，乃因地形變化而不同，流經山谷，水勢必速，流經平原，水勢必緩，此乃受地形的高底起伏而決定也。「趨」：走向、歸向。「制」：制約，即限制、約束、決定。

　(2)「兵之形，避實而擊虛」，「兵因敵而制勝」。歸納言之，用兵之精神，當如水「避高趨下」、「因地制流」之性：

　　① 避開敵的堅實之處，攻擊其空虛薄弱處。張預註解：「水趨下則順，兵擊虛則利。」《尉繚子・武議》：「勝兵似水。夫水至柔弱者也，然所觸丘陵必為之崩，無異（沒有特殊的緣故）也，性專而觸誠（水性專一，而衝擊持久）也。」

　　② 根據不同之敵情，決定取勝的方法；也就是因敵之形而創形，如同水因地而制流，沒有一定的方向與形式。杜佑註解：「言水因地之傾側（傾斜）而制其流，兵因敵之隙闕（疏漏、過失）而取其勝者也。」李筌注釋說：「不因敵之勢，吾何以制哉？夫輕兵（力量單薄的敵軍）不能持久，守之必敗，重兵（力量雄厚的敵軍）挑之必出；怒兵辱之（情緒衝動的敵軍就設法折辱他），強兵緩之（氣勢強盛的敵軍就設法緩和他）；將驕宜卑之（敵將驕傲就屈就他），特貪宜利之，將疑宜反間之；故因敵而制勝。」

　(3)結論：兵無常勢，因敵取勝

　　① 「兵無常勢，水無常形。」用兵作戰從來也沒有一成不變的戰場態勢與恆常不移的作戰方式，如同流水無固定不變的形狀與流向。「常」：永恆，不變。杜牧註解：「兵之勢，因敵乃見；勢不在我，故無常勢。如水之形，因地乃有；形不在水，故無常形。」王晢註解：「兵有常理而無常勢，水有常性而無常形。兵有常理者，擊虛是

也。無常勢者，因敵以應之也。水有常性者，就下是也。無常形者，因地以制之也。夫兵勢有變（戰場形勢千變萬化，若能掌握兵無常勢的理則），則雖敗卒（被擊敗的軍隊），尚復可使擊勝兵，況精銳乎？」

② 「能因敵變化而取勝，謂之神。」戰場指揮官應隨戰場狀況、敵情變化而不斷創形（靈活制定方略）以取勝。因敵變化，並非消極的追隨敵人之變而自陷於被動，乃因敵之虛實變動而變化我之奇正（戰略戰術運用），以便避實擊虛，易於取勝。敵情多變動不居，原不易知。即略知之，而常人又每爲常法或成見所圍，不能隨時因應敵情，講求適當之對策。故能因敵變化而取勝者，可稱之爲「用兵如神」。「神」，神奇、高明、變幻莫測，形容達到出神入化（至高絕妙）的程度。

A. 何氏註解：「行權應變（因應敵情而調整、變通方略），在智略（才智謀略）。智略不可測，則神妙者也。」

B. 張預註解：「兵勢已定，能因敵變動，應而勝之，其妙如神。」

2. 如同「兵形象水」論，孫子又於〈虛實篇〉篇末，又以兵形似「五行」、「四時」及「日月」等自然變化的原理，綜結其「兵無常勢」，「應形無窮」，「因敵而取勝」之理。用兵之虛實變化，有虛有實，必須因敵情變化而制其宜，不可拘泥於一端。

(1) 五行無常勝。「五行」，指金、木、水、火、土五種物質。戰國時，「五行」說頗爲流行，出現了「五行相生相勝（相剋）」的說法，此即「五行無常勝」的原理。「相生」意味著相互促進，如「木生火、火生土、土生金、金生水、水生木」；「相勝」意味著相互壓服、制約，如「水勝火、火勝金、金勝木、木勝土、土勝水」；如此「相生」、「相勝」，往復循環。古代思想家企圖用「五行」來說明宇宙萬物的起源與變遷，同時用以解釋歷代帝王興衰成敗的遞變，又被後世術數家用陰陽五行生剋制化的數理原理，來推斷人事吉凶的方法之總稱，如占候、卜筮、星相等皆是。「勝」：旺盛。既然五行相生相勝，往復循環，因而沒有哪一個擁有永盛不衰的旺相（得時運，旺盛興隆），所以說「五行無常勝」。孫子藉此比喻「兵無常勢」——用兵沒有恆常不變的「制勝之形」，必須「應形無窮」，「因敵而取勝」之理。

① 《李衛公問對‧卷中》：「太宗曰：『五行陣（以五行表示方位的戰陣）如何？』李靖曰：『兵，詭道也，故強名五行焉，文（文辭上的修飾）之以術數相生相剋之義。其實兵形象水，因地制流（兵因敵制勝），此其旨也。』」

⑵四時無常位：「四時」，指四季。「常位」，指一定的位置。此言春、夏、秋、冬四季推移變換永無止息。

⑶日有長短，月有生死：「日」，指白晝。「死生」，指月盈虧晦明的月相變化。兩句意謂白晝因季節變化有長有短，月亮因循環而有盈虧晦明。用以譬喻「兵無常勢，盈縮（攻守、進退、集中與分散等各種戰術變化）隨敵。」（曹操註解）

① 李筌曰：「孫子以為五行四時，日月盈縮無常，況於兵之形變，安常定也。」

② 張預曰：「言五行之休王（旺衰交替），四時之代謝（交替），日月之盈昃（圓缺），皆如兵勢之無定也。」

軍爭第七

孫子曰：凡用兵之法，將受命於君，合軍聚眾，交和而舍，莫難於軍爭。軍爭之難者，以迂為直，以患為利。故迂其途，而誘之以利，後人發，先人至，此知迂直之計者也。故軍爭為利，軍爭為危。

舉軍而爭利，則不及；委軍而爭利，則輜重捐。是故卷甲而趨，日夜不處，倍道兼行，百里而爭利，則擒三將軍；勁者先，疲者後，其法十一而至。五十里而爭利，則蹶上將軍，其法半至。三十里而爭利，則三分之二至。是故軍無輜重則亡，無糧食則亡，無委積則亡。故不知諸侯之謀者，不能豫交；不知山林、險阻、沮澤之形者，不能行軍；不用鄉導者，不能得地利。

故兵以詐立，以利動，以分合為變者也。故其疾如風，其徐如林，侵掠如火，不動如山，難知如陰，動如雷霆。掠鄉分眾，廓地分利，懸權而動。先知迂直之計者勝，此軍爭之法也。

《軍政》曰：「言不相聞，故爲金鼓；視不相見，故爲旌旗。」夫金鼓旌旗者，所以一人之耳目也。人既專一，則勇者不得獨進，怯者不得獨退，此用眾之法也。故夜戰多火鼓，晝戰多旌旗，所以變人之耳目也。

故三軍可奪氣，將軍可奪心。是故朝氣銳，晝氣惰，暮氣歸；故善用兵者，避其銳氣，擊其惰歸，此治氣者也。以治待亂，以靜待譁，此治心者也。

以近待遠，以佚待勞，以飽待飢，此治力者也。無邀正正之旗，勿擊堂堂之陳，此治變者也。

故用兵之法，高陵勿向，背丘勿逆，佯北勿從，銳卒勿攻，餌兵勿食，歸師勿遏，圍師必闕，窮寇勿迫，此用兵之法也。

一、篇旨

㈠「軍爭」就是指兩軍相峙爭勝，彼此竭盡全力爭取制勝的條件。曹操注：「兩軍爭勝。」其目的有二：

1. 直接目的：取得有利條件以加強自身實力，即造成我強敵弱的態勢。

2. 最終目的：利用這種我強敵弱的態勢擊敗對手。戰爭所爭奪的利益，通常就是軍事目標之所在：爭「利」，以「國家」目標，維護國家民族的利益。爭「勝」：爭利必先能勝，以「戰場」爲目標，戰勝敵軍爲惟一要

著。王晳注：「爭者，爭利，得利則勝。」故本篇篇名，若以今日軍語譯之，可稱之爲「作戰目標」（魏汝霖之說）。

㈡〈軍爭〉爲《孫子兵法》第七篇，被安排在〈軍形〉、〈兵勢〉、〈虛實〉之後，實含有深意。〈軍形〉、〈兵勢〉、〈虛實〉三篇側重於戰前準備、計畫，以及作戰部署；〈軍爭〉則是闡述會戰計畫、機動與實施指導要領。所謂會戰，指交戰雙方均集結大量兵力，在某一戰略要衝逐行大規模的戰鬥。會戰通常是指一場決定性的大戰，戰爭的勝負往往繫於會戰之成敗，故「軍爭爲利，軍爭爲危」，決戰的結果可能獲勝而得利，也可能失敗而導致覆亡，孫子以「難」喻「軍爭」，並不爲過。

㈢〈軍爭篇〉的主旨在論述軍爭的方法，具體內容包括

1. 「以迂爲直」（迂直患利）的間接戰略。

2. 影響「軍爭」（目標達成或與敵爭利）的利弊因素分析：

　　⑴速度：從「百里」、「五十里」、「三十里」三種強行軍的距離說明，遠程機動之速度與補給、戰力形成牽制關係。

　　⑵補給：「輜重」、「糧食」、「委積」等後勤補給與戰力維持。

　　⑶外交，要眞實了解「諸侯之謀」才能「豫交」。

　　⑷地形，列舉「山林」、「險阻」、「沮澤」三類型，並善用「鄉導」獲得地利，以先期掌握行軍地理形勢。

3. 進行會戰（到達戰地與敵軍會戰爭勝、爭利）的準則：

　　⑴「軍爭之法」，即戰術運用要領，包括「詐立」、「利動」、「分合爲變」三要領，並以「風」、「林」、「火」、「山」、「陰」、「雷霆」爲隱喻。

　　⑵指揮作戰要領——用眾之法，其中「勇者不得獨進」，「怯者不得獨退」爲兩個關鍵作爲。

4. 治軍理念，如何有效治理軍隊（臨戰訓練）與進行會戰應避忌之事項：

　　⑴「四治」，即「治氣」、「治心」、「治力」、「治變」，乃破敵四訣。

　　⑵會戰八忌，即「高陵勿向」、「窮寇勿迫」……等，乃防敗八戒。

㈣〈軍爭〉之篇名與篇次，張預注：「以『軍爭』爲名者，謂兩軍相對而爭利也。先知道彼我之虛實，然後能與人爭勝，故次〈虛實〉。」

二、詮文

(一)以迂為直，以患為利

　　孫子曰：凡用兵之法，將受命於君，合軍聚眾，交和而舍，莫難於軍爭。軍爭之難者，以迂爲直，以患爲利。故迂其途，而誘之以利，後人發，先人至，此知迂直之計者也。故軍爭爲利，軍爭爲危。

【語譯】孫子說：用兵的方法，將帥受命於國君，從動員徵組織民眾、編制成軍，到同敵人對峙接戰爲止，其中最難爲之事就是作戰目標的決定。決定作戰目標的難處，在於如何將看似迂迴難行的彎路，變成實際上近便的直路，如何將不利的條件轉化爲有利條件。同時，要把敵人的近直之利變爲迂遠之患，並用小利引誘敵人，這樣就能比敵人後出動，卻先抵達要爭奪的戰略要地，這就是掌握以迂爲直的方法。決定作戰目標之後，集中戰力與敵人會戰是爲了奪取目標獲得勝利，但迂、直、患、利的運用也有可能失敗而造成危險。

【闡釋】

1. 本段主論軍爭的要訣：「以迂爲直，以患爲利」，從而達成作戰目標「與敵爭利」的最佳途徑。

2. 孫子指出將帥受命領軍作戰，最困難的任務就是如何決定作戰目標，據以進行主力會戰。爲了達成這一任務，必須把握兩個成功關鍵因素：「以迂爲直，以患爲利」，並提出「迂直患利」（「迂直之計」）的運用之道，即達成作戰目標、與敵爭利的最佳途徑。

3. 合軍聚眾，交和而舍：指軍隊從組織動員，到開赴戰場與敵人對峙的一連串作戰準備。「合軍聚眾」：指聚集民眾，組織軍隊，也就是軍事動員。「交和而舍」：指敵我兩軍營壘對峙之意。「和」，是軍區營門；「交和」，指敵我兩軍相對峙之意。「舍」，指宿營之意。用兵的方法，將帥受命於國家元首，從軍隊動員，編成大軍，到達國境與敵人對陣，這一個階段（「接戰」階段，比戰術；在此之前是「廟算」階段，比實力）最困

難的部分，就是「軍爭」──決定目標（行軍搶占險要之地，或選擇有利之戰場）

4. 以迂爲直，以患爲利。

(1) 以迂爲直。「迂」，曲折、迂迴；「直」，便捷的直路；化迂迴曲折之遠路爲直線之近路。何氏注：「迂途者，當行之途也。以分兵出奇，則當行之途示以迂變，設勢以誘敵，令得小利縻之，則出奇之兵，雖後發亦先至也。言爭利須料迂直之勢出奇，故下云『分合爲變，其疾如風』是也。」

(2) 以患爲利，指轉變種種不利條件爲有利。「患」，不利的、有害的，這裡指不利的作戰因素，如險峻難行的山地、懸崖、沼澤、密林、沙漠等地帶，以及惡劣的天候，如暴風雨、濃霧、嚴寒、酷暑。身處不利局面時，首要冷靜思考「患」的兩面性，即在「患」之中也可能隱藏著有利的一面；再充分利用這有利的一面，化被動爲主動，以達到我方「以利爲患」，而敵方「以利變患」的局面，如「投之亡地然後存，陷之死地然後生」（〈九地篇〉），即以患轉化爲利的運用。「以患爲利」義理的歸納：

① 以損失當前利益換取長遠利益。

② 以損失次要方向的利益換取主戰場的利益。

③ 以部隊行於無人之境、險阻之地，承受生活艱苦換得順利達到目的地的利益。

④ 下達此類決心，並非易事。須有冒險犯難之精神克服之，始能促成迂迴行動之徹底成功。

何氏注：「謂所征之國，路由山險，迂曲而遠。將欲爭利，則當分兵出奇，隨逐鄉導，由直路乘其不備，急擊之；雖有陷險之患，得利亦速也。如鐘會伐蜀，而鄧艾出奇先至蜀，蜀無備而降。故下云『不得鄉導，不能得地利』是也。」張預注：「變迂曲爲近直，轉患害爲便利，此軍爭之難也。」

(3) 綜合而論：「以迂爲直，以患爲利」就是選擇期待性最小、抵抗力最弱的作戰路線。亦即敵人在心理上認爲某方面爲我採取行動公算最小的一條路線，如地形特別困難，天然障礙特別險阻，或是惡劣天候狀況，因而有恃無恐，部署自然薄弱。「以迂爲直」，指化迂迴曲折之遠路爲直

線之近路，即近代軍事上所謂的「間接路線」。故「迂」：謀略示敵；國略、軍略爲「迂」，以「伐謀」、「伐交」爲手段。「直」：直接打擊；野略層次，爲「直」，以「伐兵」爲手段。須注意的是，所謂的軍事「路線」，並不是嚴格定的一條觀念上的線。換言之，「路線」除了指軍隊運動的方向外，更是指整個戰力、時間、空間所形成的戰略方向。

① 由於迂迴曲折的路線往往敵人期待最低，防備最薄弱，因而可收出奇致勝之效，通常這種路線多半是地形特別困難，或天然障礙險阻，但是人爲的抵抗也相對減少。「迂」要以「直」爲輔助，無「直」則「迂」險而無助，如謀攻四策、奇正、虛實必相互輔助，分合爲變。儒家：「欲速則不達，見小利則大事不成。」老子：「以退爲進，以柔克剛。」過於直接的、明顯的爭利意圖，容易被對手識破和干擾，所以要盡量採取迂迴的方法欺騙對手做出錯誤的判斷，以最終達到目的。

② 「間接路線」爲當代英國李德·哈特（B.H.Liddell-Hart）畢生所提倡的戰略觀念（可參見李德·哈特著，鈕先鍾譯，《戰略論：間接路線》（Strategy: The Indirect Approach），台北：麥田，1997）。在書中，李德·哈特將戰略區分爲直接路線戰略與間接路線戰略。A.接路線戰略：「敵人所自然期待的路線」（Sine of natural Expectation），若沿此路線採取行動，結果足以鞏固敵人防勢的平衡，增強其抵抗力量。B.間接路線：「最漫長的迂迴道路，常常是達到目的的最短途徑。」據此分類，李德·哈特以西洋軍事史上三十次大戰，包括二百八十多個戰役的研究爲例，發現其中只有六次戰役採取直接路線獲得成功，其餘各次均爲間接路線的實施。因此，他斷言：「間接路線是最有希望和最經濟的戰略形式」，而戰略史即是間接路線運用與演進的記錄。從古到今多數戰爭的勝利均採間接路線，而致敵人措手不及。此一間接路線不但是物理的，也是心理的；動搖敵人心理的平衡，實乃勝利的主要條件。而就戰略的意義而言，最遠和最彎曲的道路卻經常是勝利的捷徑。戰爭中的矛盾是非常複雜的，在許多情況下，迂可以轉化爲直，患可以轉化爲利，「投之亡地然後存，陷之死地然後生」就是這個道理；亦反映《孫子兵法》的「以迂爲直，以患

為利」實有先見之明。

三國時期〔魏元帝景元四年（263年）〕，魏軍以鍾會、鄧艾為將，由祁山南下入川伐蜀。蜀國以姜維為將，率蜀軍主力扼守川北門戶劍門要域以拒魏軍之入侵。魏軍主將鍾會採正面攻擊，惟久戰無功並相持不下，為打開此一僵局，除以主力繼續牽制當面蜀軍，另由鄧艾率領一軍循陰平險道，迂迴姜維背後（繞過劍閣），翻越蜀軍認為無法通過之摩天嶺──陰平，奇襲蜀京成都。由於陰平路線，為荒無人煙的山野，鄧艾又身先士卒，親裹軍毯，直下難行山坡，因此很快抵達進入成都門戶的江油縣。蜀軍守將馬邈猝不及防，投降鄧艾。蜀將諸葛瞻率軍7萬北上迎敵，於綿竹附近戰敗被殺。鄧艾攻占綿竹後，挺進成都，姜維主力馳援不及，蜀後主於鄧艾圍城後降魏。

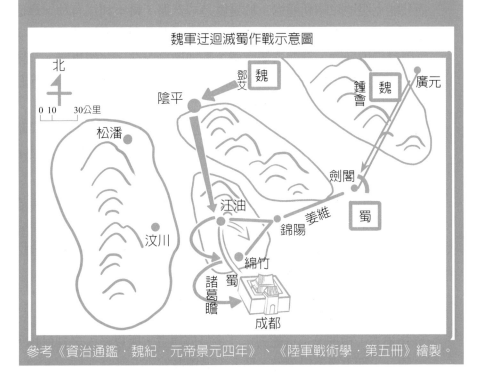

魏軍迂迴滅蜀作戰示意圖

參考《資治通鑑‧魏紀‧元帝景元四年》、《陸軍戰術學‧第五冊》繪製。

4. 故迂其途，而誘之以利，後人發，先人至，此知迂直之計者也。

(1)「迂其途，而誘之以利」：要使敵人的近直之利變為迂遠之患，並用小利引誘敵人。本句「迂」是動詞；「其」、「之」指敵人。按前句「以迂為直，以患為利」指我軍而言，此句就敵軍而言，軍爭時既要使自己

「以迂爲直，以患爲利」也要善於使敵方以直爲迂，以利爲患；換言之，而要達到此一目的，在於以利引誘敵人，使其「行迂趨患，陷入困境」——來到我方有利的戰場。

(2)「後人發」：即先在正面（直）誘敵趨向我選定之戰場，再發動迂迴行動。「先人至」：迂迴行動伊始，必以積極之企圖心及迅速之行動，冒險犯難急進，敏捷到達計畫中的戰場，這才是深明「以迂爲直」作戰道理的人。或云誘敵及速決：密察敵人的動機，先誘導敵趨向我選定之戰場（「後人發」），然後再出其不意速擊之（「先人至」，計畫中的戰場）。

(3)迂直之計，執行最困難之處，主在於：①奇襲；②變不利（患）爲有利，亦即變不可能爲可能。例如在地形上，敵人認爲我不可能通過者，而我能克服地障順利通過，於是就造成奇襲，轉不利爲有利。拿破崙翻越二百三十餘里的阿爾卑斯山，奇襲占領義大利之奧地利軍隊。美軍麥克阿瑟仁川登陸，奇襲占領南韓大部地區之中共、北韓軍隊。三國魏鄧艾7百里下陰平山隘道路，終滅蜀漢。他們這種克服困難的作爲，任何人都不敢相信，自然能出敵意表。

(4)如何才能成爲「知迂直之計」者？迂直之計，必須「迂」（謀略：伐謀、伐交）「直」（野略，直接打擊）並用，無直而迂險而無助。孫子〈軍爭〉對直接打擊力量的論述：

① 補充力：維持有效軍隊的能力，「軍無輜重則亡，無糧食則亡，無委積則亡」。

② 機動力：部隊運動的能力，「其疾如風」；「後人發，先人至」。

③ 打擊力：部隊殲敵取勝的能力，「侵掠如火。動如雷霆」。

④ 偵搜力：偵查及搜索的能力，不知山林、險阻、沮澤之形者，不能行軍；不用嚮導者，不能得地利。

⑤ 指通力：指揮及通信能力，「金鼓旌旗者，所以一人之耳目也。人既專一，則勇者不得獨進，怯者不得獨退」。

⑥ 士氣：「三軍可奪氣，將軍可奪心」。

杜牧注（以迂爲直，後發先至之要領）：

① 「示敵人以迂遠」（欺敵）。

② 「敵意已怠，復誘敵以利（小利縻之），使敵心不專」（利誘：羈

絆；誤敵錯防）。

③ 然後「倍道兼行，出其不意，故能後發先至，而得所 之要害也」
　　（奇襲、打擊重心）。

戰例　戰國時期（西元前281年），秦國攻打趙國，趙國連敗三城，為停損敗勢，趙國以割讓城池、派趙公子到秦國做人質等條件與秦國達成和議。然而趙王（惠文王）事後反悔，秦王（昭襄王）大怒，以趙國不履行協議為由，任命胡易為主將，率領大軍攻打趙國，圍困閼與（西元前269年）。

為解除閼與之圍，趙惠文王以趙奢為主將，前往援救閼與；秦軍聞訊即派遣一部兵力進抵武安城西紮營列陣，以拒止趙軍前往閼與增援。趙奢接獲此一軍情，在距離趙都城邯鄲三十里處，停止前進，就地駐紮。同時，不斷加強工事，以示長期駐守，無心救援閼與之意。

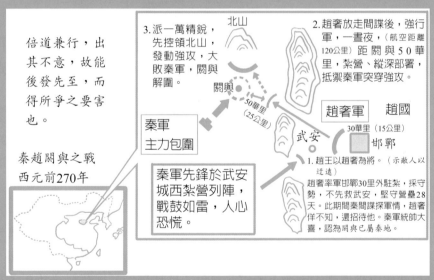

參考《史記・廉頗藺相如列傳》繪製。

駐防武安之秦軍，多次接近趙軍駐地，大擂戰鼓向趙軍挑戰，戰鼓震聲如雷，人心恐慌。趙奢按兵不動，堅守營壘二十八天。此期間秦軍派遣間諜以探趙軍軍情。趙奢佯裝不知來者是間諜，還殷勤招待間諜，毫不防範讓其在趙軍駐地任意探查。數日後，間諜返回秦軍駐地，向主將稟告說趙軍確實無意救援閼與的意圖。秦軍主將大喜，判定趙奢只想確保邯鄲之安全，閼與即可輕易攻取，於是解除對趙奢軍的戒備。

趙奢則在放走間諜後，馬上集結部隊，率領全軍輕裝急進，奔赴閼與，武安秦軍末曾警覺。趙軍避開當面秦軍，僅一晝夜就進抵至距閼與50華里處，隨即派遣神射手建立防線，主力構築營壘，縱深部署，抵禦秦軍突穿強攻。秦將獲知趙軍進抵閼與附近，立即率軍進擊趙國援軍。時趙軍士許歷進獻迎戰策略：

1. 嚴整軍陣，集中兵力防守陣地，以待敵之進攻。

2. 先敵占領北山。北山位置十分重要，可瞰制整個作戰區，乃是決定戰爭勝負的關鍵，「先據北山者，勝；後至者，敗。」

趙奢採取許歷計策，隨即派遣一萬兵力迅速占領北山。秦將見趙軍占領北山，就下令仰攻趙軍，企圖爭奪北山。趙奢乘居高臨下之勢，立即「縱兵擊之（揮軍反擊）」，大敗秦軍，遂解閼與之圍。

5. 軍爭為利，軍爭為危：**軍爭潛藏利危，慎重考慮會戰決策之得失。**

　(1)軍爭是典型的「零和遊戲」：**軍事爭戰勝利固然可以殲滅敵人，以貫徹國家利益，但過程也是驚險萬分，處處危機。若「爭」的方法不得當，不僅沒有取得有利的條件（或殲滅敵人），反而遭到了損失（喪師覆國）。**

　(2)凸顯「慎戰」與「廟算」的重要性：**取利避害，以能否深明迂直之計為斷。會戰前應先分析機動行軍、補給、外交、地形等內外環境因素。大軍之「機動」（速度）與「補給」互為牽制（反比關係），如何取捨實為「軍爭」第一要務。**

6. 行迂遠之路，而誘敵以利，雖可獲得出其不意，攻其不備，達到「後人發，先人至」的效果。但這在執行上並不容易，迂迴雖是成功致勝手段，但大軍作戰採迂迴路線並非易事；地形不明，敵情難測，補給困難，均足以造成機動作戰的困難。所以「軍爭」是利是危誠屬難料，故孫子有「莫難於軍爭」之說。

(二)爭利之要

　　舉軍而爭利，則不及；委軍而爭利，則輜重捐。是故卷甲而趨，日夜不處，倍道兼行，百里而爭利，則擒

三將軍；勁者先，疲者後，其法十一而至。五十里而爭利，則蹶上軍將，其法半至。三十里而爭利，則三分之二至。是故軍無輜重則亡，無糧食則亡，無委積則亡。故不知諸侯之謀者，不能豫交；不知山林、險阻、沮澤之形者，不能行軍；不用鄉導者，不能得地利。

【語譯】如果全軍滿載裝備輜重同時出動去奪取有利目標，將使行動遲緩，無法按時抵達預定地而貽誤戰機；如果留置部分輜重，輕裝機動則必將損失許多軍用物資。所以，如果卸下甲冑背包實施輕裝急行軍，日夜不停、每日加倍行程趕往百里之遠的前方去接敵應戰並爭奪有利目標，三軍將帥都有被俘的可能，並有全軍覆沒的危險；因為這種急行軍方式，將導致部隊中強健者先到，虛弱者殿後，最後只有三分之一的兵力能到達戰場。如果趕往五十里遠的前方去接敵應戰，爭取有利目標，也只能到達一半的兵力，則先遣部隊將有失敗可能。如果趕往卅里外去接敵作戰，爭取有利目標，也只有三分之二兵力能到達戰場作戰。須知軍隊沒有隨行的武器裝備就會失敗，沒有糧食補給將無法生存，沒有物資儲備作補充亦難以為繼。凡不了解各國政情和策略者，不能運用外交；不熟悉戰場深山、密林、險要、阻隘、沼澤地理形勢者，不能行軍作戰；不懂得運用熟悉地形的人作嚮導者，不能得地利之便。

【闡釋】

1. 本節說明軍隊集結後準備開赴戰場的要領，可稱為戰略機動。孫子於本篇對會戰戰略機動提出六項要領，即「輜重」、「糧食」、「委積」、「豫交」、「地形」、「鄉導」等（影響「軍爭」（目標達成或與敵爭利）的利弊因素分析。

2. 行軍分析：作戰機動速度之考慮：從「舉軍而爭利」到「無委積則亡」，在論「輜重」、「糧食」、「委積」等後勤補給與行軍的關係。按會戰是大兵團之作戰，雙方都希望在一定的時間內，集結足夠的兵力，因此「速度」成為發揮機動力量的要件。《孫子兵法》再三強調速度之重要，如

〈作戰〉：「兵聞拙速，未賭巧之久也」，〈軍形〉：「勝者之戰，若決積水於千仞之谿者，形也」，〈兵勢〉：「勢險節短」，〈軍爭〉：「其疾如風」，〈九地〉：「兵之情主速，乘人之不及」；〈軍爭〉更進一步力言速度與補給、戰力之牽制關係：以距離（百里、五十里、三十里）說明「速度」對「全軍」（保全戰力完整；可能損失）的影響。

1. 速度：軍隊遠征機動，長途行軍

(1)百里爭利	(2)五十里爭利	(3)三十里爭利
擒三將軍；其法十一而至	蹶上軍將；其法半至	三分之二至

2. 補給：「輜重」、「糧食」、「委積」。
3. 外交：先知「諸侯之謀」，以「豫交」。
4. 地形：「地形」之調查，「鄉導」之運用。

作者參考《孫子兵法・九變篇》原文整理自繪

(1) 舉軍而爭利，則不及；委軍而爭利，則輜重捐。「舉」，是指全部行動的意思。「舉軍」，全軍攜帶全數裝備輜重出發。「不及」，不能按時到達預定地點。「委」，捨棄；這裏是指留置後方之意。「輜重」，軍用物資的裝載，包括彈藥、油料、糧秣、軍用器械、零附件、營具、服裝等。「捐」，捨棄，損失。

　① 「舉軍而爭利，則不及」，指全軍機動將造成行動遲緩，易貽誤戰機。

　② 「委軍而爭利，則輜重捐」，是指捨棄或留置部分輜重，輕裝前進，將會遭到敵軍掠奪，而造成重大損失。

(2) 「卷甲而趨，……則三分之二至」：主要說明行軍與輜重後勤的關係，及其對戰力的影響。

　① 百里急行軍，抵達一成兵力：「是故卷甲而趨，日夜不處，倍道兼行，百里而爭利，則擒三將軍；勁（強健）者先，疲（疲弱）者後，其法十一而至。」

　　A. 「卷甲而趨」：「卷」，收藏、脫卸；脫卸甲冑背包輕裝急行軍。

　　B. 「日夜不處，倍道兼行」：「不處」，不休息。「倍道」，加倍行程；「兼行」，晝夜不停，連續行軍；即以兩日行程作一日走。

　　C. 「擒三將軍」：「擒」，捕獲、俘虜。「三將軍」，古軍制分上、

中、下三軍，上軍為先鋒，中軍為本隊、下軍為後衛；「擒三將軍」，即三軍主帥均遭俘獲，即全軍覆沒之意。

D.「勁者先，疲者後」：強者在前，弱者在後。

E.「十一而至」：只有十分之一的人，能夠到達目的地。

② 五十里行軍，抵達半數兵力：「五十里而爭利，則蹶上將軍，其法半至。」「蹶」，跌倒、挫敗，亦有被俘之意；「蹶上將軍」，先鋒指揮官受挫被俘，亦即是前軍受挫。「半至」，全軍只有一半的人到達目的地。

⑶ 三十里行軍，抵達三分之二兵力：「卅里而爭利，則三分之二至。」

⑷ 補給需能配合作戰行動：「軍無輜重則亡，無糧食則亡，無委積則亡。」「委積」，指儲備之物資。「委積」：儲藏準備之物質；指武器、裝備及軍用物資的儲備。軍中沒有後勤輜重，不能生存；沒有有糧食補給，不能生存；沒有裝備存儲，不能生存。此句強調後勤補給一定要能配合作戰行動，另也表示後方供給對戰爭的重要性。輜重、糧食、物資主要是靠生產經營而來，國家整體經濟體達，可為軍隊準備充足的物資供應，以保障戰爭勝利。從另一方面言，破壞敵人之經濟物質基礎，也是保證我方勝利的重要因素之一。

⑸ 現代戰爭的啟示。

① 後勤是戰爭活動（動能）的基礎憑藉：後勤支援、國家軍事物質之儲備與潛能。作戰只有在人員精神旺盛、身體健壯以及其他物質條件許可的情況下才能進行。人們不能超越物質條件許可的範圍進行活動，超越的越多則蒙受的損失越大。古代使用「冷兵器」（刀劍攻弩）進行作戰，由行軍距離、作戰機動，已至對後方物資器材的質量數量的要求等情況，都不能同今日相比；但原理相同，所有武器裝備的使用，都不能超越其戰術技術性能的有效範圍，超過了限度就將遭受損失或者失敗：

A. 有效射程限制：槍、砲、飛彈……（有時射程與精準度成反比）。

B. 航程、作戰半徑限制：戰車、艦艇、戰機……（有時速度與距離成反比）。

C. 偵搜距離限制：雷達……（科技限制）。

② 補給勤務與戰力消長之關係：現代軍隊的武器、裝備與各行載具，類

別繁多且造價昂貴，特別是戰時消耗量大，維修困難。惟補給勤務（包括軍品之需求、獲得、儲存與撥發）對軍隊生存持續力與戰鬥持續力之消長有直接而迅速之影響，孫子說：「軍無輜重則亡，無糧食則亡。」其重要性不言可喻。

A. 生存持續力：對部隊官兵生活與武器裝備保修必須之各類補給品與設施，予以適時適切之支持、使人員能繼續生存，武器裝備能保持堪用狀態。

B. 戰鬥持續力：部隊作戰時人員與油料、彈藥損耗之整補，及受損武器裝備之修復，予以適時適切之支援，使部隊能保持持續戰鬥之能力。

C. 補給觀念：戰鬥基本要素：人與物。戰鬥中，人員對給養之缺乏，可暫時時降低補給量，藉精神與意志力在短期內予以克服或忍受，但有其一定極限。武器與裝備若缺乏所需之補給品，則立即喪失其效能而影響作戰。各級指揮官須了解各項戰具之性能與限制。並適時獲得適量之補給品，使能充分發揮其效用。平時訓練務使每一官兵愛護武器，注重保修，講求節約，以減輕後勤負擔。

3. 環境分析：外交局勢、地形分析、地利嚮導。

(1) 外交局勢：考慮外交戰略的部署：不知諸侯之謀者，不能豫交。孫子認為在會戰前，對外交部署，及鄰國態度須特別重視。因此在會戰計畫中，一定要考慮到國際局勢，了解各國政情和策略，爭取支持，至少做到陷入兩面作戰，或多面作戰的情況中，所以必須運用外交配合作戰計畫。「豫」，與；與各國從事外交關係。「豫交」，指與各國結交；亦可解釋為預先制定外交方針。「諸侯」：

① 指敵方。

② 指友邦國家。在諸侯（國際）中，確有敵友，而友中還親疏之分，敵中也有主次分別。「諸侯之謀」，指列國諸侯對國際局勢之企圖、態度。

③ 泛指國際情勢。兩國競爭、兩軍交戰必須考慮外交戰略的部署，凡不了解國際情勢者，不能運用外交（〈謀攻〉：「上兵伐謀，其次伐交」）。

(2) 「地形」與「鄉導」：「不知山林、險阻、沮澤（沼澤地帶）之形者，

不能行軍。不用鄉導者，不能得地利。」機動空間的地形，須深加研究和搜索。山林、險阻、沮澤，是對可能遭遇的作戰區地形地物的描述。地形及嚮導的問題，是對會戰地區及作戰路線地理狀況之認識，若不能善用地形、地物，既不能行軍，也無法戰鬥。「險阻」，指山川中艱險難行之地帶。「沮澤」，沼澤地帶。「鄉導」，即嚮導，引導帶路的人。曹操：「高而崇者爲山，眾樹所聚者爲林，坑塹者爲險，一高一下者爲阻，水草漸洳者爲沮，眾水所歸而不流者爲澤。」

(三)兵以詐立

　　故兵以詐立，以利動，以分合爲變者也。故其疾如風，其徐如林，侵掠如火，不動如山，難知如陰，動如雷霆。掠鄉分眾，廓地分利，懸權而動。先知迂直之計者勝，此軍爭之法也。

【語譯】所以用兵作戰，要靠多變的計謀，才能獲得成功；根據有利的狀況，決定自己的行動；並利用分進、合擊（分散或集中兵力）的方式來變換各種戰術。所以用兵作戰，行動迅速時有如疾風驟起，來去無蹤；行動徐緩時，要像林木森然一般，讓敵人無從察覺；攻擊敵人時，要像熊熊烈火般，寸草不留；實施防禦時，要像山嶽般，屹立不搖；隱密企圖時，如同濃雲蔽日，使敵無從窺知；衝鋒時，要如迅雷不及掩耳，使敵無從退避。深入敵境須「因糧於敵」，將掠奪的財貨糧食分配給我軍士卒，攻占的領土要封賞將領，並盱衡全般戰機之利害關係，善加運用，就容易取勝，這是克敵制勝的原則。

【闡釋】

1. 本節及以下各節內容包括戰略、戰術、戰鬥、指揮掌握、戰利品分配，及防敗因素等相關會戰實施的指導要領。〈軍爭〉在戰略方面主張「以詐立，以利動，以分合爲變」及「懸權而動」；戰術方面強調「疾如風」、「徐如林」、「侵掠如火」、「不動如山」、「難知如陰天」、「動如雷震」六個原則；戰鬥方面提出「治氣」、「治心」、「治力」、「治變」

破敵四訣；以「金鼓旌旗」之運用，作爲指揮掌握的要領；以「掠鄉分眾」、「廓地分利」，作爲戰利品的分配原則；最後提出防敗「八戒」，以提醒指揮官進行會戰的禁忌事項。

2. 總括言之：〈軍爭〉從「輜重、糧食、委積、豫交、地形、鄉導」，說到「詐立」、「利動」、「分合」、「權動」，再講到「風、林、火、山、陰、雷」，然後以「先知迂直之計者勝」作爲軍爭之法的總結，可見孫子始終是著眼於「以迂爲直」的間接路線思想，並以之爲大軍會戰的指導原則。

3. 會戰實施指導要領（三前提）：「兵以詐立、以利動之、以分合爲變者也」。「兵以詐立」與〈始計〉：「兵者，詭道也」，都是強調用兵必講求變化，「形人而我無形」，以各種謀略欺敵，鬥智求勝，兵不厭詐。

(1) 「兵以詐立」（誤敵）：欺敵爲基礎。「詐」指欺敵之各種謀略詭計。「立」：，成立，此處指成功之意。按詭道用詐之法：「兵者，詭道也……出其不意，攻其無備。」（詭道十四法）、「以迂爲直、以患爲利」，又如《韓非子・難》：「戰陣之間，不厭詐僞」，故知兵不厭詐，古今常理。在互相用詐的戰場上，若不能欺騙敵人，那就必然受敵人之制約；若不能識破敵人的詭詐，那就會陷入敵人的圈套而不能自拔。杜牧注：「詐敵人，使不知我本情（眞實意圖），然後能立勝也。」張預注：「以變詐爲本，使敵不知吾奇正所在，則我可爲立。」用兵之術要用詭詐的方法，始能得以成功；換言之，使敵人不知我之奇正所在，或誤認我之虛實，而亂其判斷爲本。

(2) 「以利動」（乘敵）。①判斷是否有利，再採取行動；②利益爲前提，捕捉於我有利之戰機而行動。《百戰奇略・重戰》：「凡與敵戰，須務持重（保持愼重態度），見利則動，不見利則止，愼不可輕舉也。若此，則必不陷於死地。（陷入危亡之境況）」。「利」，指好處、利益。「利」是多方面的，包括天時、地利、人和等各種因素，但須適合任務及能力，始能予以利用，所以指揮官必須捕捉有利於我之戰機而後行動。在戰場上，有利之機會甚多，然稍縱即逝，所以要有：①敏銳之眼光：靈敏之反應與構思；②迅速之決心及行動；③執行的魄力與勇氣。始能創造掌握有利機勢，乘勝克敵。第二次世界大戰末期，盟軍在諾曼第登陸之時間爲6月6日6時，乃用其月色及潮汐之利。淝水之戰，晉

軍利用秦軍後撤，人惶惶惑、指揮統御不易之時，而採取勇猛之攻擊。曹劌論戰，再而衰，三而竭，乃利用敵力竭氣衰而行攻擊。

(3) 以分合爲變。「分合」，是指兵力運用的術語，如：分進合擊、拘束打擊、內線外線、包圍迂迴等戰術運用。戰場上兵力的分合運用，對於戰局影響甚大，必須視敵情與我軍狀況而定，並注意時、空因素的配合，以發揮統合戰力。杜牧注：「分合者，或分或合，以惑敵人，觀其應我之形（應付我軍的方法），然後能變化以取勝也。」「變」：指奇正之變，使敵莫測。張預注：「變，指奇正之變，使敵莫測。故《衛公兵法》云：『兵散則以合爲奇，兵合則以散爲奇，三令五申，三散三合，復歸於正焉』」。

① 「分戰」（內線作戰）：在敵寡我眾的情況下分軍擊敵戰法。

　A. 定義：居於「中央位置」之作戰軍，對兩個或兩個以上方向敵人之作戰；亦即「集中」對「分離」之作戰。

　B. 戰法：
　　(a) 利用敵軍「分離狀態」，對其實施「各個擊滅」。
　　(b) 將兵力區分：先決定優先攻擊次序，以一部固守拘束（正）敵軍，以主力實施「各個擊滅」。

　C. 注意事項：應當分散使用兵力時而不分兵，就會形自我「束縛」的軍隊。《百戰奇略·分戰》：「凡與敵戰，若我眾敵寡，當擇平易寬廣之地以勝之。若五倍於敵，則三術爲正（三份的兵力爲正），二術爲奇，三倍於敵，二術爲正，一術爲奇。所謂一以當其前，一以攻其後。法曰：『分不分爲縻軍』。」

(4) 「合戰」（外線作戰）：以優勢兵力，分進合擊的戰法。

① 定義：處於兩個以上攻勢發起位置之作戰軍，向處於中央位置之敵軍，行向心之攻勢作戰。

② 戰法：以「分進合擊」手段，創造「包圍殲滅」的效果。

③ 注意事項：外線作戰時，各路兵團必須在相互策應下，迅速通過利害轉換線，使敵足夠之迴旋空間，由戰略包圍轉向戰術包圍，發揮統合戰力，予以徹底擊滅，否則即有被各個擊滅之虞。《百戰奇略·合戰》：「凡兵散則勢弱，聚則勢強兵家之常情也。若我兵分屯數處，敵若以眾攻我，當合軍以擊之。法曰：『聚不聚爲孤旅』。」——

應當集中兵力時而不集中，就成爲自己削弱自己的「孤旅」。亦即本著「兵散則勢弱，聚則勢強」的用兵原則，集中兵力以爭取戰爭主動權，改變敵我態勢，避免被各個擊滅的下場。

4. 會戰過程戰術運用六準則：「其疾如風，其徐如林，侵掠如火、不動如山、難知如陰、動如雷霆」：軍爭用兵，或快或慢，或進擊或駐止，使人難知其動態，而一動起來就威力無比。日本名將武田信玄特別讚賞孫子的用兵方法，並把「風林火山」四個大字書於旌旗而樹於軍門，以壯軍心。孫子歸結「動」、「靜」之理，成爲戰術行動的要領。「動」的方面強調速度與動力，必須有足夠的機動力（部隊運動的能力），如「疾如風」，與強大的打擊力（部隊殲敵取勝的能力），如「侵掠如火」，「動如雷霆」；「靜」的方面則強調沉著與固守，如「徐如林火、不動如山」，與隱密，如「難知如陰」。

⑴疾如風：部隊行動（突襲）要快速如風。「疾」：快速。劉邦驥注：「出奇之兵，爭先制之利，故宜疾如風也。」陳啟天注：「當乘虛襲擊時，其行動須如疾風之迅速也，迅速然後敵不及防。」〈九地篇〉：「兵之情主速，乘人之不及，由不虞之道，攻其所不戒也。」

⑵徐如林：部署軍力時，戒備嚴整，如林之森然不亂。「徐」：緩慢，引申爲「周密」。機動部署軍隊期間（分進展開進入戰術位置前），必須戒備森嚴，以防敵人襲擊。劉寅注：「敵未有可乘之勢，宜徐而進，如林木之森森然。」

⑶侵掠如火：進擊時如燎原烈火，猛烈無法抵禦。杜牧注：「猛烈不可嚮（向：面對，抵禦）也。」張預注：「詩曰：『如火烈烈，莫我敢遏。』言勢如猛火之猛火之熾，誰敢禦我。」

⑷不動如山：防守時如山岳難撼。「不動」：指防禦或駐軍。趙本學注：「如山者，陣堅不可撼也。」（犯之必敗）顧福棠注：「堅守之時如山，（戰志）屹然不可搖動，敵雖有誘我、要我、挑我、怒我之計，均無所用也。」

⑸難知如陰：如烏雲蔽日，敵人難以窺測劉寅注：「我之虛實動靜使敵難知，如陰雲蔽天，日月星辰莫得而睹。」

⑹動如雷霆：攻擊時如迅雷不及掩耳，無所逃避。杜牧注：「如空中擊下，不知所避也。」劉寅注：「敵有可乘之勢，則動如雷霆之震擊，使

彼不知所避。」陳啟天注：「謂決戰時之行動，須如雷霆，迅速而猛烈
也。決戰時之行動能迅速而猛烈者，則戰無不勝，攻無不取矣。」見
敵有機可乘或進行決戰之時，軍隊的行動如雷震一般（以優勢之兵火
力），產生震撼與威懾之效應，使敵無法抵禦或退避。

5. 鼓勵士氣：「掠鄉分眾，廓地分利。」

(1)「掠鄉分眾」：是指進入敵境後須採「因糧於敵」的補給方式，即將掠
奪或徵用自敵境內的財貨糧食，公平分配戰利品於部眾。關於「因糧於
敵」詳見〈作戰篇〉。另解，李筌曰：「抄掠必分兵為數道，懼不虞
也。」

(2)「廓地分利」：涵義有三：

① 將攻略占領所得之土地，封賞將領。廓，是開拓之意開也。開土拓
境，則分封與有功者。古今中外作戰時，對於士氣之鼓勵，常用擄獲
品、侵掠之財物、戰時，對於士氣之鼓勵，常用擄獲品、侵掠之財
物、土地來換取將領、士卒之樂戰與勇戰。但掠奪行動會發生軍紀敗
壞，恣意掠奪、姦淫婦女、屠殺平民等違反人道情事。事實上，自二
次世界大戰以後，由於國際社會對戰爭行為規範的重視，「掠鄉分
眾，廓地分利」等激勵士氣方式，已漸不符時代潮流。孫子所處時代
背景與今日不同，故有此論。

② 展開戰地政務工作，建立戰爭面。

③ 軍隊開拓疆土時，要分兵扼守有利地形。韓信言於漢王曰：「項王使
人有功當封爵者，刻印刓（刻好的官印陳舊得連棱角都沒有了），忍
不能與（吝嗇不願頒授）；今大王誠能反其道，以天下城邑封功臣，
天下不足取也（言得天下就再再容易而不過了）。」

6. 懸權而動：因利制權，集結兵力，以待戰機。「懸」，懸掛；「權」，原
指秤錘，是用來衡量物品輕重的工具。「懸權」，原是指懸掛於秤槓桿上
之稱垂，視所秤物品之輕重，將秤垂左右移動而使之平衡。秤錘使秤槓平
衡之位置，即物品之重量。所以，「懸權」就是依秤錘之位置來決定物品
重量，申言著眼全局以衡量利害得失之意，如〈始計〉云：「勢者，因利
而制權也。」

至於「懸權而動」的涵義：

(1)「預備隊」，古時稱之為「握奇（機）」。將預備隊掌握在中軍將領手

中，視戰機用之以逆襲、反擊或迂迴包圍，或增援於危險之方面。

⑵會戰後之機動兵力。

於第一次會戰結束後，迅即將兵力集中，隨時保持機動狀態，如懸掛之秤錘，可以前後左右自由移動，何處發現好戰機，即以雷霆萬鈞之勢，予之重重致命一擊。李筌注：「權，量稱（衡量重量）也。敵輕重與吾有銖鎰之別（敵人的力量遠遠弱於我們），則動。夫先動爲客，後動爲主，客難而主易。」張預注：「如懸權於衡，量知輕重，然後勁也（好像在秤桿上掛上秤錘，經過稱量知道了輕重再行動）。尉繚子曰：『權敵審將而後舉。』言權量敵之輕重（戰力之大小），審察將之賢愚，然後舉（採取行動）也。」《尉繚子》說：「權敵審將而後舉。」

㈣用眾之法

《軍政》曰：「言不相聞，故爲金鼓；視不相見，故爲旌旗。」夫金鼓旌旗者，所以一人之耳目也。人既專一，則勇者不得獨進，怯者不得獨退，此用眾之法也。故夜戰多火鼓，晝戰多旌旗，所以變人之耳目也。

【語譯】古兵書《軍政》上說：「指揮大部隊，距離遙遠，聲音不易聽到，所以用鐘鼓作信號；眼睛不易看到，所以用旌旗作訊號。」鐘鼓與旌旗的效用，是用來統一部隊行動；部隊官兵行動既然是統一在一個號令之下，特別勇敢的人，就不得任意攻擊前進，特別怯懦的人，也不敢畏縮退卻，這就是指揮大軍作戰的方法。夜間作戰時，多利用火光和鼓聲，白天作戰時，多利用旗號，這些日夜間所用不同的指揮訊號，是為了適應人們的視覺和聽覺的（或為了眩惑敵人耳目，使其產生震撼與恐懼心理）。

【闡釋】

1. 本節說明「用眾之法」——指揮要領，作戰時通信指揮的重要性。

2. 一般而言，會戰戰場範圍均甚為遼闊，命令傳達不易，視力所及範圍有限，勢必要尋求有效途徑解決，故「鐘鼓」「旌旗」遂成為古代傳達號令、統一行動的工具；今日雖已有先進之通訊科技，不過各種能傳達號令

之傳統工具，仍然有其實用價值。

⑴貫徹命令：《軍政》曰：「言不相聞，故爲金鼓；視不相見，故爲旌旗。夫金鼓旌旗者，所以一人之耳目也。」《軍政》：古軍書，現已失傳不可考。「一人之耳目」：統一全軍之耳目，以求命令之貫徹。展開大軍於廣正面，「言不相聞，視不相見」，欲保持上下左右間之連繫，非藉「金鼓」、「旌旗」不可，其目的爲傳達指揮官之意旨，而規律部下一致之行動，故曰：「一人之耳目」。〈兵勢〉：「鬥眾如鬥寡，形名是也。」

⑵行動一致：人既專一，則勇者不得獨進，怯者不得獨退，此用眾之法也。張預注：「士卒專心一致，惟在於金鼓旌旗之號令。當進則進，當退則退，一有違者，必戮。故曰：『令不進而進，與令不退而退，厥罪惟均（他們的罪都是相同的）。』」既有統一之號令，則勇者不得貿然獨進，弱者亦不得悄然獨退，萬眾一心，始能舉全軍而達成預定之作戰目標焉。戰國名將吳起與秦軍作戰，戰陣尚未部署完畢，卻有一兵卒特別勇敢，不等軍令，擅自衝入敵陣斬獲兩人頭而回；吳起憤怒準備處以極刑，一軍吏進諫說：「此乃勇士，不可斬。」吳起駁回說：「信材士（確實是個勇士），非命也（但未依命令行動）。」遂依軍法將其處死。

3. 故夜戰多火鼓，晝戰多旌旗，所以變人之耳目也。「變人之耳目」，歷來有兩種解釋。一說「變」是變化之意。指我軍官兵依火鼓、旌旗所傳達之軍令，來變換其行動；如古軍制，鳴金收兵，擊鼓前進，至於旌旗則顯示指揮官之位置，亦有表示前進路線之意。另一說，指「變」有變惑之意，即認爲運用不同的指揮號令器材，是在眩惑敵軍耳目，以引起恐懼與疑惑；因爲指軍用的鐘鼓旌旗，其聲音形式大小多寡，也正代表兵力之多寡和行動方向，所以可藉此眩惑敵人，使之沮喪或判斷錯誤。張預注：「凡與敵戰，夜則大鼓不息，晝則旌旗相續，所以變亂敵人之耳目，使不知其所以備我之計。」《百戰奇法·夜戰》：「凡與敵夜戰，須多用大鼓，所以變亂敵之耳目，使其不知所以備我之計，則勝。法曰：『夜戰多火鼓』」，又〈晝戰〉：「凡與敵晝戰，須多設旌旗以爲疑兵，使敵莫能測其眾寡，則勝。法曰：『晝戰多旌旗』」。用「火鼓」擾亂敵人的視聽，是「示形」惑敵的方法之一。夜間作戰，不便於觀察，利用火光和鼓聲，

既可以收到迷惑敵人的作用，又可以達到聲其東而擊其西的目的。因此，夜戰多火鼓_是古代兵家在戰爭中用的實施佯動制敵的一種有效的謀略。

戰例 春秋時期，越國進攻吳國，吳軍憑據笠澤進行防禦，與越軍隔水對峙。越王勾踐把越軍部分兵力編成左右兩軍，乘著夜暗擊鼓吶喊而交錯前進，吳王夫差則分兵防禦。於是，越王則親率中軍主力，悄悄地渡過笠澤，直趨吳軍主力而擊鼓進攻，吳軍大亂，越軍一舉而打敗吳軍。

戰例 宋朝開禧年間（宋寧宗，1205-1207），金兵屢犯中原。南宋名將畢再遇奉命率軍禦敵，雖多次擊退金軍，金軍仍一再反撲。某次，畢再遇與金兵主力對峙，由於寡不敵眾，便思索採取「懸羊擊鼓」之法以脫身。具體作法如下：1.畢再遇命令士兵們捉取一些活羊，把羊的兩隻前蹄放在戰鼓上，這樣，羊蹄自然打在鼓上，不斷發出擊鼓聲。 2.利用夜暗突然率軍拔營撤退，但仍把旗幟留一在軍營中。宋軍撤離後，由於鼓聲未輟，旌旗依然，因此金軍未察覺到宋軍營已是一座空營：相持數日後，才發覺是一座空營，此時宋軍早已經脫離戰場，無法再加以追擊了。

(五)破敵四訣

　　故三軍可奪氣，將軍可奪心。是故朝氣銳，晝氣惰，暮氣歸；故善用兵者，避其銳氣，擊其惰歸，此治氣者也。以治待亂，以靜待譁，此治心者也。以近待遠，以佚待勞，以飽待飢，此治力者也。無邀正正之旗，勿擊堂堂之陳，此治變者也。

【語譯】打擊敵人三軍，可使其喪失士氣，打擊敵軍將領，可動搖其戰鬥意志。軍隊在初期作戰時士氣旺盛，到了中期便逐漸懈怠，到了末期士氣衰竭而不願再戰。所以善於指揮作戰的將領，要先避開敵軍初來時的旺盛士氣，等到敵身心俱疲、士氣懈怠時再去攻擊他，這是掌握運用軍隊士氣規律的方法。以嚴整有序的軍容對付混亂不整的敵人，以沉著冷靜的軍

心對付騷動不安的敵軍，這是掌握將帥心理的法則。要先敵人到達戰場占取有利戰略目標，藉以迎擊遠來進犯之敵；以從容不迫的態勢，對付倉卒應戰、準備不週的敵人；以補給充足的我軍，對付補給匱乏、飢疲不堪的敵人，這是掌握和利用軍隊戰力的法則。勿迎擊旗幟整齊、部署周密的敵人，勿攻擊陣容強大、實力雄厚的敵人，這是掌握機動應變的法則。

【闡釋】

1. 孫子認為「治氣」、「治心」、「治力」、「治變」四者，是發揮戰鬥精神，以及在戰場上掌握戰機的要訣。其中，「治氣」與「治心」為「治力」、「治變」的根本。

2. 奪氣奪心——三軍可奪氣，將軍可奪心。孫子認為，挫敗敵軍士卒的士氣，動搖敵軍將領的決心，乃是克敵致勝的關鍵所在。蓋士氣為軍隊之命脈，不僅是發揮戰力的基礎，也是決定勝敗的主要因素。將帥以決心為主，若決心動搖，意志消沉，必悲觀失措，貽誤戰機，陷軍隊於危亡。

   (1) 三軍可奪氣。「奪氣」：挫敗銳氣。「氣」，人的精神狀態；人們的意志表現，戰鬥意志是戰鬥力的首要因素，也是發揮戰鬥力的原動力。如項羽「氣拔山兮蓋世」表現他的氣勢。氣與力密切結合稱氣勢，有氣無力事不成，有力無氣也難發揮力的作用。

   (2) 將軍可奪心。「奪心」：動搖抑制、決心。古人把「心」作為思維器官，所以把思想狀況、感情都叫作「心」。「奪心」：控制敵軍指揮官的思維活動。將軍是指揮部隊的核心，他們的思想狀況對部隊作戰有直接影響，所以可對他們：

   ① 施行攻心戰術，動搖他的決心，擾亂他的思維程序。

   ② 經常採取出敵意表的行動，引誘敵之將領犯錯誤。

   《孫子兵法》所揭奪心的方法，如〈始計〉：「利而誘之，卑而驕之，怒而撓之」，〈九變〉：「忿速可侮也，廉潔可辱也，愛民可煩也」，即要求指揮官應具備「以治待亂、以靜待譁」的本領。

3. 治軍四訣。「氣」、「心」既會被奪，就必須設法「治」之。「氣」、「心」既治，就可「治力」、「治變」，即發揮戰力、克敵制勝。

   (1)「治氣」：避銳擊惰。是故朝氣銳，晝氣惰，暮氣歸，故善用兵者，避

其銳氣，擊其惰歸，此治氣者也。「治」，此處作掌握運用解。「氣」（定），軍中之精神、士氣。「治氣」者，即掌握運用士氣變化的規律。「治氣」一方面要保持我軍旺盛士氣；另一方面則要掌握敵人精懈怠時機，一舉殲滅之。

① 朝氣銳，晝氣惰，暮氣歸。孫子以「朝氣、晝氣、暮氣」作比喻，來形容戰場上軍隊精神士氣變化的狀況。朝、晝、暮是一種喻意，形容戰場上士卒的精神狀態。申言之，一般部隊初戰氣勢（銳氣）鋒利無比，若未加掌握銳氣，延遲戰機，則士氣隨即由「銳」轉「惰」（疲困怠忽）；如未積極進取，有所整備，士氣最終衰「竭」消沉。古今中外名將和軍事家，莫不視士氣為軍隊之命脈，不僅是戰爭最大的潛力，而且是決定一切軍事行動勝敗的主要因素。

按《左傳‧僖公二十二年》所記魯國曹劌論戰：「夫戰，勇氣也。一鼓作氣，再而衰，三而竭。」所以「朝氣、晝氣、暮氣」，是指軍隊在作戰各階段中精神士氣變化的規律。「朝氣」是指軍隊初至戰場發動第一波攻勢時，往往精神飽滿、充滿銳氣，待獲得預期的戰果，才能乘勝追擊，維持戰鬥意志，若第一波攻勢毫無戰果，未能與敵主力接觸，甚至與敵僵持，勢必採取第二波之攻勢，此時軍心士氣會趨於疲勞沮喪，即為「晝氣」；若第二波攻勢又未果，勉強發動第三波攻勢，此時軍隊已士氣衰竭，不願再戰了，即為「暮氣」。善於作戰的將領必須掌握這種軍隊士氣變化的法則，才能克敵致勝。誠如何氏注：「《淮南子》曰：『將充勇而輕戰，卒果敢而樂戰，三軍之眾，百萬之師，志屬青雲，氣如飄風，聲如雷霆，誠積逾而威加敵人，此謂氣勢。《吳子》曰：『三軍之眾，百萬之師，張設輕重，在於一人，是謂氣機。』故奪氣者有所待，有所乘，則可矣。」張預注：「氣者，戰之所恃也。夫含生稟血，鼓作鬥爭，雖死不省者，氣使然也。故用兵之法，若激其士卒，令上下同怒，則其鋒不可富。故敵人新來則氣銳，則且以不戰挫之，何其衰倦而後擊，故彼之銳氣可以奪也。《尉繚子》謂『氣實則鬥，氣奪則走者』，此之謂也。」

② 「避其銳氣，擊其惰歸」，一般都是指敵強我弱的情況下，選擇「彼竭我盈」的最佳出擊時機，進而達到克敵制勝的目的。但如果敵人實在是太強大了，我軍吃不掉敵軍，掌握這一重要的作戰指導原則，也

是削弱或減弱其優勢的重要手段之一。如果進攻之敵在數量和強度上都超過我軍甚遠，我們要求強弱的對比發生變化，便只有等到敵人深入根據地，吃盡根據地的苦楚。

⑵「治心」：以治待亂，以靜待譁，此治心者也。「心」是指將領的決心、意志。「治心」，掌握將帥穩定決心、意志的方法。杜牧注：「《司馬法》曰：『本心固。』（本來的決心要堅定）言料敵制勝，本心已定，但當調治之（維護鞏固），使安靜堅固（保持鎮定，恪守初衷），不為事撓（外事干擾），不為利惑，候敵之亂，伺敵之譁，則出兵攻之矣。」

① 以治待亂。「待」，等待之意。惟在此非指單方面的等待，兩軍對陣，絕不可一味期待對方混亂，「待」是意味著堅持不變，泰然待敵，從容應戰。

戰例 唐武德二年（619年）4月，原隋東都洛陽守將王世充稱帝，國號為鄭，並利用唐專心於河東戰事之機，割占唐河南部分土地。此時，竇建德亦稱王。次年7月，李淵命李世民率軍八萬東擊王世充。四年2月，李世民首先率軍占領虎牢（今河南滎陽縣汜水鎮），圍攻洛陽。困守孤城的王世充遣使求救於竇建德。3月，竇建德率兵十萬餘救援，連克管城（今河南鄭州市）、滎陽（今河南滎陽縣）等地，抵達虎牢之東。唐軍見竇建德軍兵多勢眾，有些膽怯。李世民上山觀察竇軍後，對部將說：「竇建德自太行起兵以來，從未遇過大敵。今渡險而來，氣焰囂張，說明其軍隊沒有節制；進到我們城下才開始列陣，說明有輕視我軍之意。我們應掛兵不動，等竇軍士氣低落時，然後再進攻它，必可取勝。」竇建德軍列好陣勢準備進攻，而李世民軍堅守不出。竇軍屯兵月餘，士兵漸無鬥志，常爭相飲水，席地而坐，軍容混亂。李世民見狀，派騎兵試探敵情；唐騎兵一抵達對峙陣前，竇軍一時未及備戰，陣勢立即陷於混亂。李世民判斷攻擊時機已到，便自率主力正面攻擊，派騎兵繞至竇軍陣後，兩面夾擊，竇軍潰散。李世民率軍乘勢追擊，擒獲竇建德。

② 以靜待譁。「靜」，靜穆，指軍心沉著鎮定。「譁」，鼓譟喧譁。「靜」來自平時訓練有素，各級指揮官戰志堅定沉著；「譁」是騷動

不安。軍隊是治是亂，是靜是譁，端視將領能否在詭譎多變的戰局中維持沉著穩定的心志；將領心志鎮定，軍隊必然治且靜，如其心志沮喪，軍隊必然亂而譁，此即把握著敵我心理狀態平衡與否，為取勝之運用。何氏注：「夫將以一身之寡，一心之微，連百萬之眾，對虎狼之敵，利害之相雜，勝負之紛揉，權智萬變，而措置於腳臆之中，非其中廓然，方寸不亂，豈能應變而不窮，處事而不迷，卒然遇大難而不驚，案然接萬物而不惑？吾之治足以待亂，吾之靜足以待譁，前有百萬之敵，而吾視之，則如遇小寇。亞夫之禦寇也，堅臥而不起；欒箴之臨敵也，好以整，又好以暇。夫審此二人者，蘊以何術哉？蓋其心治之有素、養之有餘也。」又以下二例都是以靜制動的智慧，如若不是將領平時即有「靜以幽，正以治」（〈九地〉）的統御素養，在事變臨生之時，即使想以靜制變（動），也難穩軍心。

戰例　西漢景帝時，太尉周亞夫奉令率軍征討反叛的吳、楚等七國軍隊。某夜，漢軍軍營突發驚亂聲，周亞夫卻仍安睡於床上。不久，因未有異狀發生，漢軍營官兵自然安靜下來。

戰例　東漢元帝時，大司馬吳漢統帥的軍隊裡，某夜夜裡也曾發生敵寇準備襲擊漢營的驚叫聲，軍營一時驚恐不安，吳漢卻穩如泰山，仍然安睡未起。軍營官兵聽說大司馬沒有任何動靜，以為虛驚一場，便各自回到自己的營帳裡。然而，吳漢卻於半夜，挑選精兵，乘機出擊，大破敵寇。

(3)「治力」：「以近待遠，以佚待勞，以飽待飢，此治力者也。」「力」指軍隊之戰力，可分為人與物兩方面。人是指體力而言，必須靠適切之休養方可回復；物質戰力，是指武器裝備的妥善而言，必須有適切的補充、保養、維持，方可發揮其效能。「治力」是掌握戰力，一方面要維持我軍戰力；另一方面要消耗敵軍戰力。如何做到這一點，孫子提出「以近待遠，以佚待勞，以飽待飢」。其根本要義，就是要運用迂直之計，俾能「後人發，先人至」，先敵占領有利戰略目標。「以近待遠」是「以佚待勞，以飽待飢」的先決條件，惟近、遠之分，非單純距離土的比較，而是以時間爭取空間所獲得的有利態勢；換言之，就是我軍先

敵到達戰場，占領有利地形，以迎擊遠方來犯之敵。「以佚待勞」是指我軍以從容不迫的態勢，去迎戰倉卒應戰，休整不及的敵人。至於「以飽待飢」之「飢」，非單指人員之飢餓，宜從廣義來解釋，包括所有參戰部隊之人員、武器、裝備皆未獲得足夠之補給而言。在積極意義上「以飽待飢」是指確保自己的補給，截斷敵人的補給。

戰例　東漢建武11年（35）12月，光武帝劉秀派部將吳漢率軍三萬從夷陵沿長江逆流而上，入蜀攻打割據益州的公孫述。臨行前，劉秀提醒吳漢說：「成都有十多萬軍隊，不可掉以輕心。應堅守廣都，等待公孫述出擊來攻，不要與他爭鬥。如果公孫述不敢來攻，你可推進營寨逼近他，待敵疲憊時，方能發動進攻。」但吳漢急於攻下成都，率軍在距成都十餘里處的錦江兩岸與副將劉尚分兵紮營，貿然進兵，屢戰不克。這時，吳漢意識到分兵兩處的錯誤，於是與劉尚合兵於錦江南岩，積極備戰，不輕易出擊，待敵進攻時，以全力迎戰，遂大破公孫述，斬殺敵將謝豐、袁吉。接著，吳漢回師廣都，劉尚率兵仍留在原地。自此，吳漢遵照劉秀「以近待遠」的作戰策略，與公孫述轉戰於廣都、成都之間，八戰八勝，最後終於攻克了成都。

⑷「治變」：是針對敵情掌握變化，要認清敵人，何時可戰，何時不可戰，不可勉強應戰。敵人「正正之旗，堂堂之陳」，乃指敵人士氣旺盛，紀律嚴明，準備充分，以採取最適切之行動。「邀」，攔擊、攔住之意。

㈥會戰八忌

　　故用兵之法，高陵勿向，背丘勿逆，佯北勿從，銳卒勿攻，餌兵勿食，歸師勿遏，圍師必闕，窮寇勿迫，此用兵之法也。

【語譯】由以上破敵要訣，敵亦會以此訣破我，所以在「軍爭」中用兵的方法是：敵人占領制高點時，切勿仰攻；敵人背靠丘陵高地布陣時，切勿正面去迎擊；敵人假裝敗退時，切勿追擊；敵人士氣旺盛時，切勿進攻；當敵人以小部隊引誘我時，切勿理睬；對正朝本國途中退返的敵人，切勿

攔截；包圍敵軍時，要留缺口；對陷入絕境的敵人，勿加以逼迫，這些都是用兵的重要法則。

【闡釋】

1. 〈軍爭〉在此提出防敗八戒，也就是軍爭之禁忌，這八戒是「高陵勿向，背丘勿逆，佯北勿從，銳卒勿攻，餌兵勿食，歸師勿遏，圍師必闕，窮寇勿追」等原則。其目的是提醒指揮官作戰時要能明辨情勢、認清敵人用兵之法，針對不同的敵情狀況採取不同的處置作為，並避免為敵所欺，或違反作戰基本原則，造成不必要的損失與傷亡。

2. 高陵勿向，背丘勿逆：這兩句話都在說明當敵軍在地形上處於有利位置時，不要勉強與敵作戰。當敵軍占領高地，其勢居高臨下，不利我軍仰攻，當敵軍背後有山丘做依託時，可瞰制我軍行動，不利我與之正面迎擊，所以當地形造成敵我懸殊的態勢時，我軍切勿輕舉妄動，以免招致大量傷亡。「高陵」，指高山地帶。「向」，仰攻。「背」是倚仗，依靠之意。「逆」，迎擊。
杜牧注：「向者，仰也；背者，倚也；逆者，迎也。言敵在高處，不可仰攻；敵倚丘山下來求戰，不可逆之。此言自下趨高者力乏（費力），自高趨下者勢順也，故不可向迎。」張預注：「敵處高為陣，不可仰攻，人馬之馳逐，弧矢之施發，皆不便也。故諸葛亮曰：『山陵之戰，不仰其高；敵從高而來，不可迎之。勢不順也。引至平地，然後合戰。』」（敵人占據高地列陣，不可以仰攻，這樣的進攻，部隊的行動，弓箭的射擊，都不便利。所以，諸葛亮才說：在山地作戰，不要仰攻高處的敵人；敵人從高而下，不可以迎擊，這都是因為地勢對我方不便利，把敵人引到平地上，然後交戰。）
必須指出的是，在孫子所處的時代，作戰主要以戰車和短兵器，如果仰攻已占據了制高點的敵人，一般是難以成功的。而且，即便是攻了下來，傷亡也一定很大，得不償失。孫子在〈行軍〉又提出了部隊通過山地時，應該沿著山谷行進，駐守於高處，使視界開闊。如果敵人占據了高地，就不要仰攻，即「戰隆無登」。在這種情況下，就應該避免正面進攻，另擇敵之薄弱環節以擊之。

3. 「佯北勿從，銳卒勿攻，餌兵勿食」。

　　(1)「佯北勿從」。指敵軍陣勢未衰，卻突然退卻，就必須防敵施詐。「佯」，假裝；「北」，敗退、敗逃；「從」，跟從追擊。爲什麼「佯北勿從」呢？李筌、杜牧注：「恐有伏兵也。」敵方有目的、有計畫地退卻，往往是爲了誘我探入，出奇制勝。「佯北勿從」，關鍵在於要準確地判斷敵情。張預注：「敵人奔北，必審眞僞。若旗鼓齊應，號令如一，紛紛紜紜（陣形未亂），雖退走，非敗也，必有奇也，不可從之。若旗靡轍亂，人囂馬駭（人聲嘈雜，馬群亂奔），此眞敗卻也。」

> **戰例** 春秋時期，齊魯長勺之戰，魯將曹劌率軍「一鼓作氣」，擊敗齊軍，得勝一局。但當齊軍潰逃時，他不是馬上下令追擊，而是「下視其轍（車輪痕跡），登軾而望之」，原因就是擔心兵力強大的齊軍是「佯北」，設伏兵，誘魯軍深入，直到「視其轍亂，望其旗靡（倒亂不整）」，才放心大膽地下令追擊，將侵略者趕出了魯國的國境。

　　(2)「銳卒勿攻」。「銳卒」，指士氣正盛的部隊，或指裝備精良、訓練有素的部隊。「銳卒勿攻」並非消極不擊，而結合「避其銳氣，擊其惰歸」之理則，對於「銳卒」，應暫且避之，以待時機成熟，再攻取之。如陳皥注：「蓋言士卒輕銳，且勿攻之，待其懈惰，然後擊之。所謂『千里遠鬥，其鋒莫當』，蓋近之爾（就是這個意思）。」

　　(3)「餌兵勿食」。指防敵利誘牽制。「餌」，釣魚用的食物；「餌兵」，是指敵用來利誘我軍出擊，以曝露我軍主力位置，或用來牽制我軍主力轉移兵力的小部隊。餌兵勿食，梅堯臣注：「魚貪餌而亡，兵貪餌而敗。敵以兵來釣我，我不可從。」此與「佯北勿從」的謀略，可互爲詮釋。「餌」，作爲示敵以利，形式很多。誠如《百戰奇略·餌戰》所言：「凡戰，所謂餌者，非謂兵者置毒於飲食，但以利誘之，皆爲餌兵也。如交鋒之際，或乘牛馬（故意遺留牛馬），或委（拋棄）財物，或舍（捨棄）輜重，切不可取之，取之必敗。法曰：『餌兵勿食。』」

4. 「歸師勿遏，圍師必闕，窮寇勿迫」：主要在防敵拼死力戰，或乘勢反撲。

　　(1)歸師勿遏。「歸師」，指撤守或班師回國的軍隊。「遏」，阻止」截

擊。「歸師」為什麼「勿遏」？通常「歸師」都會有完善之準備計畫，且人心思歸，若予以阻擊，必以死戰。李筌注：「士卒思歸（歸心似箭），志不可遏也。」孟氏注：「人懷歸心，必能死戰，則不可止而擊也。」

必須一提的是，「歸師」不是絕對的「勿遏」，應作具體分析，區別對待，不能一概論之。如《百戰奇略·歸戰》所論：「凡與敵相攻，若敵無故退歸，必須審察，果力疲糧竭，可選輕銳躡（追擊）之。若是歸師，則不可遏也。」王晳注：「人自為戰也，勿遏塞之。若猶有他慮，則可要而擊。曹公攻鄴，袁尚來救。諸將以為歸師，不如避之。公曰：『尚從大道來，則避之；若循西山來者，此成擒耳。』蓋大道來則歸意全，循山來則顧負險，且有懼心也。」回歸本國的敵人如果能夠做到人自為戰，就不要去阻遏它。如果敵人還有別的顧慮，就可以攔截攻擊了。曹操攻鄴，袁尚趕回來救援。諸將認為這是歸師，以避開它為好。曹操說：「袁尚從大路來，就迴避它；如果沿西山來，就是我們的獵物了。」這大約因為走大路歸心專一，沿山路來有憑藉險阻的考慮，而且有畏懼心理。

戰例　東漢中平五年（188年），涼州人王國興兵叛亂，圍攻陳倉（今陝西寶雞東），朝廷派皇甫嵩、董卓率軍前去救援。王國圍攻陳倉八十多天，無法攻克，造成叛軍官兵疲憊不堪，因而自動解圍而去。皇甫嵩獲此軍情，準備揮師追擊，董卓卻勸止道：「兵書上說：『窮寇勿追，歸眾勿迫』。我們今天追擊王國，就是追窮寇、迫歸眾。困獸尚且還要搏鬥，更何況是大軍呢！」皇甫嵩反駁說：「此話不對。我們以前不進攻，是『避其銳氣』；現在主動出擊，是因為他們已經衰弱。我們追擊的是疲師，而不是歸眾。王國的部眾只顧逃跑，沒有鬥志，我們是以勝兵追亂師，而不是追窮寇。」於是，皇甫嵩率領直屬部隊去追擊，連戰連勝，斬敵一萬多人。

⑵ 圍師必闕。「闕」，同「缺」，缺口之意。「圍師必闕」是一條殲滅被圍之敵的謀略，其思維理則是：對於被圍之敵，如果將其四面包圍，敵人必然會作困獸之鬥，這樣反而增大了我殲敵的難度；而圍三缺一，我選擇好有利的地形，有意地放一面給敵人，留其一線生機，縱敵突圍脫

逃，我則可預設戰場伏擊敵人，或將敵人殲滅於運動之中，變難攻之敵爲易殲之敵。張預注：「圍其三面，開其一角，示以生路，使不堅戰。」《百戰奇法·圍戰》：「凡圍戰之道，圍其四面，須開一角，以示生路，使敵戰不堅，則城可拔，軍可破。法曰：『圍師必缺』」。

> **戰例**　東漢獻帝建安十一年（206年），曹操率軍圍攻壺關。當時壺關由袁紹外孫高幹據守，由於城防堅固，曹操屢攻不下，便揚言：「城拔，皆坑（活埋）之！」企圖動搖守軍意志。豈料此舉非但不能迫使守軍開城投降，反而促使其抱定死守的決心，以至於曹操連攻三月不下。征南將軍曹仁認為若繼續「頓兵堅城之下，攻必死之虞（敵），（絕）非良計。」而壺關「城固而糧多，攻之則士卒傷，守之則延日久（圍困也只是曠日費時）」，因而建議「圍城必示活門（虛留缺口），所以開其生路（以表示還有逃生之路）」。曹操聽後採納了曹仁的建議，於是改變圍困強攻戰法，虛留缺口示敵活門以動搖其心，不久便迫使壺關守敵投降，曹軍不攻而占壺關。堪稱為「圍戰」典型。（《三國志·魏書·曹仁傳》）

(3)窮寇勿迫。「窮寇」，處於絕境的軍隊。如〈行軍〉：「粟馬肉食，軍無懸釜，不返其舍者，窮寇也。」爲什麼「窮寇」不能「迫」？「窮寇」與「圍師」都是指處於絕境、無路可逃的軍隊，若太「迫」，恐促使「窮寇」有力拼死戰，死中求生的戰志，反不利於我軍速戰殲敵，且增加我軍傷亡。《孫臏兵法·威王問》載齊威王問孫臏：「應該如何攻擊窮寇」，孫臏回云：「須等待敵人尋求生路的時候，再設法消滅它。」另《百戰奇法·窮戰》：「凡戰，如我眾敵寡，彼必畏我軍勢，不戰而遁，切勿追之，蓋物極必反也。宜整兵緩追，則勝（好先整頓好部隊隊，再緩緩跟蹤，然後全力出擊，才能穩操勝券）。法曰：『窮寇勿追』」。

> **戰例**　西漢宣帝時（神爵元年，西元前61年），後將軍趙充國奉命討伐羌。趙充國率兵進至羌軍駐紮的地方，發現羌兵因長期駐紮該處，未歷戰事，已經變得散漫、鬆懈（〔虜〕久屯聚，懈弛」），遠遠望見朝廷大軍抵達，便丟棄戰車輜重，企圖渡過湟水而西逃（「望見大軍，棄輜重，渡

湟水」）。然而因所經道路險要狹窄，羌軍無法快速撤逃，趙充國則率軍在其後緩慢驅擊（「道阨狹，充國徐行驅之」）。有部屬建議：「追擊敵人必須迅速行動才易見效，現在追擊行動太遲緩了（「逐利行遲」，即「逐利宜疾，今行太遲」）。」趙充國回答說：「此窮寇不可迫也。緩之則走不顧（緩慢追擊，敵人就會無所反顧地向前逃走），急之則還死戰（急速追擊，就會迫使敵人反身與我拚死一戰）。」各級幹部聽後都贊同趙充國的見解。果然，羌兵在朝廷軍隊緩擊的情況下，爭先恐後的急渡湟水，故在爭渡過程中淹死了數百人，其餘盡皆逃散。（《漢書・趙充國傳》）

5. 〈軍爭篇〉所提出的防敗八戒為一般性的常態原則，也是根據歷次戰爭所獲致的經驗法則，惟戰爭常有非常手段之運用，故不可拘泥兵法，一成不變。

九變第八

孫子曰：凡用兵之法，將受命於君，合軍聚眾；圮地無舍，衢地合交，絕地無留，圍地則謀，死地則戰，途有所不由，軍有所不擊，城有所不攻，地有所不爭，君命有所不受。故將通於九變之利者，知用兵矣。將不通於九變之利者，雖知地形，不能得地之利矣。治兵不知九變之術，雖知地利，不能得人之用矣。

是故智者之慮，必雜於利害，雜於利而務可信也，雜於害而患可解也。是故屈諸侯者以害，役諸侯者以業，趨諸侯者以利。

故用兵之法，無恃其不來，恃吾有以待之；無恃其不攻，恃吾有所不可攻也。

故將有五危：必死可殺，必生可虜，忿速可侮，廉潔可辱，愛民可煩；凡此五危，將之過也，用兵之災也。覆軍殺將，必以五危，不可不察也。

一、篇旨

1. 所謂「九變」，王陽明說：「九者數之極，變者兵之用。」「變」，改易，機變。曹操注：「變其正，得其所用九也」。張預注：「變者，不拘常法，臨事通變，從宜而行之之謂也。」王晳注：「晳謂九者數之極，用兵之法，當極其變耳。」古人以「九」為最多的意思，當形容詞用，所以凡形容很多時，都冠上「九」字，如非常危險稱「九死」，非常深的水稱「九淵」。「九變」，指多種多樣變化，亦即千變萬化之意。今人朱軍釋義：「《十一家注》諸注多重視九種具體情況，把『九』看作自然數。戰爭實踐證明，戰爭中情況的變化何止九種。『九』作為『個位』數的最多數，是泛指多數、多次，講戰爭情況有多種多樣的變化，而且變化得很快，指出這些變化是教導人們要善於應變。」

2. 「九變」全篇主旨在闡述為將用兵之道，其要義可歸結為「通九變」、「明利害」、「知五危」三項。「通九變」是指地形判斷，即「圮地無舍，衢地交合，絕地無留，圍地則謀，死地則戰，途有所不由，軍有所不擊，城有所不攻，地有所不爭」。「明利害」是指利害損益的判斷，即「智者之慮，必雜於利害」。「知五危」，即針對將領「必死、必生、忿速、廉潔、愛民」五種危險性格的分析。

3. 關於本篇在全書中的篇次，張預注：「變者不拘常法，臨事適變（臨時適應具體狀況），從宜而行之（選擇適宜的方案行動）之謂也。凡與人爭利，必知九地之變，故次〈軍爭〉。」趙本學注：「常之反為變。上篇所論軍爭之法是道其常，此篇皆以不必於爭者為言，故曰：『變』。但知其一於爭，而不復知其中又有不可爭之變，則謂之『暴虎馮河，死而無憾』者矣。故孫子例舉『九變』之事，以繼〈軍爭〉之後，且拳拳然以思慮備防為戒，以『必死』、『忿速』為賤，真可謂用兵者之高抬貴手也。」

二、詮文

(一)九變之利

　　孫子曰：凡用兵之法，將受命於君，合軍聚眾；圮地無舍，衢地合交，絕地無留，圍地則謀，死地則戰，

途有所不由，軍有所不擊，城有所不攻，地有所不爭，君命有所不受。故將通於九變之利者，知用兵矣。將不通於九變之利，雖知地形，不能得地之利矣。治兵不知九變之術，雖知地利，不能得人之用矣。

【語譯】孫子說：用兵的法則是，將帥受命於國君，從動員徵集、組織民眾，已至編制成軍。軍隊出征時，途經沼澤綿延的「圮地」時，不可紮營；處於多國交界、四通八連的「衢地」時，應結交鄰國；在軍需供應困難、生存不易的「絕地」時，不可停留；遇上敵容易包圍設伏的「圍地」時，就要運用計謀迅速突圍；陷入後退無路的「死地」時，要拼死力戰。有的道路不要通行，有的敵人不要攻打，有的城池不要奪取，有的地方不要爭奪，國君的命令有的可以不接受。將帥如能通曉九變（以上所述各種權變）的益處，就懂得如何用兵作戰了。將帥如果不能精通九變之理，即使了解地形狀況，也無法獲得地形之利。指揮軍隊作戰如果不懂得九變的方法，雖然了解「五利」（五種臨機應變的方法），也不能充分發揮軍隊的戰鬥力。

【闡釋】

1. 戰場狀況千變萬化，紛亂雜陳，孫子提出將領在用兵之時要「因地」、「因情」、「因勢」，靈活處理問題。在地形判斷上，列舉地形五變，如「圮地」、「衢地」、「絕地」、「圍地」、「死地」五種地形的相應對策；另外將領必須著眼於全局考量，對於作戰目標應有取捨，而提出攻守四變——「不由、不擊、不攻、不爭」等用兵原則。事實上，戰力不可能無限大，敵人不可能拱手放棄有利目標，若是「遇軍必擊」、「遇城必攻」、「遇地必爭」，不但會分散兵力，增加耗損，另外還會擴大戰爭範圍，延長戰勝時間。

2. 地形五變：圮地無舍，衢地合交，絕地無留，圍地則謀，死地則戰。

　(1) 圮地無舍：「圮」，毀壞、倒塌。「圮地」，指難通行的地區。〈九地〉：「山林、險阻、沮澤，凡難通行之道者爲圮地。」李筌注：「地

通九變──為將之道

用兵九變：地形與狀況之利害辯證

地形五變
1. 圮地無舍
2. 衢地合交
3. 絕地無留
4. 圍地則謀
5. 死地則戰

攻守四變：狀況
1. 途有所不由
2. 軍有所不擊
3. 城有所不攻
4. 地有所不爭

君命有所不受：慎行君命

作者參考《孫子兵法・九變篇》原文整理自繪

下曰『圮』，行必水淹也。」地勢低下的地方叫做「圮地」，在這種地區行軍有被敵人灌水淹沒的危險。陳皞注：「圮，低下也。孔明謂之『地獄』。『獄』者，中下四面高也（中間低窪、四面高的地方）。」張預注：「以其（圮地）無所依（依靠），故不可舍止。」何氏注：「下篇（〈九地〉）言『圮地則吾將進其塗（途）』，謂少固之地（缺少屏障依託的地區），宜速去之也。」

(2) 衢地合交：「衢」，四通八達，「衢地」，四通八達的地區。「交合」，結交聯合，此處指結交鄰國以獲得援助。〈九地〉：「諸侯之地三屬，先至而得天下之眾者，為『衢地』」。張預注：「四通之地，旁有鄰國，先往結之，以為交援（作為盟友和外援）。」

戰例 東漢末年，赤壁之戰後，天下三分為魏（曹操）、蜀（劉備）、吳（孫權）三勢力。曹操自回許昌，派于禁、龐德兩將率三萬人鎮守襄樊，屯軍樊城以北。劉備則以關羽為將，鎮守荊州。建安二十四年（219年）7月，關羽舉兵北攻襄樊，一路所向皆捷。8月，暴雨連天，漢水劇漲，平地水深數尺，于禁等皆遭水淹。關羽乘機發動進攻，于禁投降，龐德被殺。關羽率水軍進圍襄樊，另遣部分兵力深入魏境，擾動洛陽及帝都許昌，形勢對曹操不利。曹操想遷徙河北，司馬懿和蔣濟勸阻道：「于禁等是被洪水淹沒的，並

非作戰的失誤，對國家大計沒有多大的損失。劉備和孫權外親内疏，關羽得志，孫權肯定不願意。可以派人去勸孫權攻擊關羽的後方，以將江南封給孫權作為條件，則樊城之圍可解。」曹操採納了這個建議，一面派人去見孫權，一面派徐晃先自宛城南下援救，自己則親自調動各方援軍合救樊城。孫權在曹操誘使下，出兵襲占了關羽後方，迫使關羽棄樊城而去。此戰，面對「衢地」樊城，司馬懿利用孫、劉之隙，以割讓江南給孫權為誘餌，破壞孫、劉聯盟，誘使孫權與關羽相爭，順利的解除了樊城之圍。

(3) 絕地無留。「絕地」：指草木不生，運補困難的地區，亦即難以維持生通常此種地形被認為有利於敵人設防，不利於我軍進出。李筌注：「地無泉井（沒有水源水井，無從）畜牧、採樵之處，為絕地，不可留也。」賈林注：「谿谷坎險（溪谷溝壑地勢險峻），前無通路，曰『絕』。當速去無留。」

(4) 圍地則謀。「圍地」就是進退不便，易被包圍之地。〈九地〉：「所由入者隘（進軍的道路狹窄），所從歸者迂（撤出的道路迂遠），彼寡可以擊吾之眾，為圍地。」無論是行軍、作戰，倘若處於四面阻隔、出入困難的地區，就要運用智謀來擺脫困境。賈林注：「居（位處）四險之中曰圍地，敵可往來，我難出入。居此地者，可預設奇謀，使敵不為我患（不對我形成威脅），乃可濟（解圍）也。」何氏注：「下篇亦云『圍地則謀』（〈九地〉），言在艱險之地，與敵相持，須用奇險詭譎之謀，不至於害也。」。或云被敵人四面圍困，亦稱圍地。

戰例　東周桓王六年（西元前719年）春，以衛國（國君州吁）為主，由宋、陳、魯、蔡組成的五國聯軍，包圍了鄭國都城的東門，情況危急。如何解圍，鄭國大臣眾說紛紜。鄭莊公臨危不驚，他分析道：「刺殺其兄衛桓公而自立為君的州吁，尚未得民心，藉四國之兵前來攻伐，是想立威壓眾，其他四國情況不同，心思各異，魯公子翬貪圖的是衛國的賄賂，陳、蔡與我無過，三國無意與我決戰。至於宋殤公則是害怕我支持公子馮回國奪取君位，所以援助衛國，如果我將公子馮移居長葛（今屬河南省），宋軍就會撤軍尾隨而去。是以僅剩衛國真欲與我交戰。只要我詐敗而還，讓州吁火取戰勝之

名，滿足其立威欲望，他就會因大軍在外，國內不穩而撤軍。」群臣對鄭莊
公之策略甚為佩服，緊張不安的氣氛隨即安穩下來，而形勢的發展果如鄭莊
公所料。鄭國將公子馮護送到長葛後，宋軍尾隨而去。蔡、陳、魯三國軍隊
見之，軍心思歸，沒有參戰，僅袖手旁觀衛、鄭交戰。鄭軍佯敗，衛國大夫
石厚不再追趕。割鄭禾稻，慰勞軍士。各國軍隊先後班師回國，鄭莊公只以
五天的時間，便巧妙地解除五國之圍。

(5)死地則戰。「死地」，指進退無路，非經死戰難以生存之地。〈九
地〉：「疾戰則存，不疾戰則亡者，為死地。」「戰」，力戰、死戰。
曹操注：「殊死戰也。」前有險阻，後有阻礙，補給斷絕，進退失據；
士卒陷於難以生還之死地時，則必奮力決戰以圖死中求生。李荃注：
「置兵於必死之地，人自為私鬥（為自己生存而奮戰）。」何氏注：
「下篇（〈九地篇〉）亦云『死地則戰』者，此地速為死戰則生（在這
樣的境地，只有迅速同敵人拼死作戰才能商存），若緩（緩慢拖延）而
不戰，氣衰（士氣衰落）糧絕，不死何待也（只有等死了）。」
必須指出的是，孫子最重視「死地」。基於戰爭心理學，孫子認為「死
地」的效能有二：
① 陷於險境則能轉危為安，如〈九地〉說：「投之亡地然後存，陷之死
　地然後生」，將士卒投置於危險境地，才能轉危為安；將士卒投入死
　亡之地，才能起死回生。
② 可藉以彰顯戰志：「死地，吾將示之以不活。」處於「死地」，可顯
　示出拼死一戰的堅強決心。這都是針對士卒的戰場心理而發的，士卒
　在極端困阨險要的境地中，求生之欲油然而生，自然發揮勇氣，死中
　求生。

戰例　秦二世三年（西元前207年），秦將章邯已破楚將項梁軍。楚懷王
畏懼，從盱台搬遷到彭城。他封宋義為上將軍，封項羽為魯公，為次將，封
范增為末將，命令他們救趙。楚軍行至安陽，在此停留了四十六天而不再前
進。項羽建議進軍，宋義拒絕採納。項羽認定宋義不恤士卒而徇其私，不是
社稷之臣。項羽就在帳中斬殺了宋義，諸將懾服，都擁立項羽為上將軍，派

桓楚上報懷王。懷王就任命項羽為上將軍，項羽遣當陽君、蒲將軍率兵兩萬渡河，救鉅鹿，戰績不佳，又向項羽請求援兵。項羽就率領全軍渡過河去，把渡船沉掉，砸破飯鍋炊具，燒毀軍舍，每人只帶三天的口糧，用以表示士卒必死無還的決心。這樣，軍隊迅速到達救援地並將敵人包圍，經與秦軍主力九次交戰，終將其打敗。此戰，項羽採用了「死地則戰」之策，自絕後退之路，使士卒人人奮勇爭先，終於擺脫困境，取得了九戰九捷的勝利。

3. 攻守四變：途有所不由，軍有所不擊，城有所不攻，地有所不爭。

(1) 途有所不由。「塗」，同途，指道路。「由」，從，通過。賈林注：「由，從也。途且不利，雖近不從。」用兵作戰，進退路線選擇所涉及議題，包括

① 迂直之計：直接路線與間接路線之選定，如按路雖有險阻，而近是遠；如若暢通無阻，而遠為近。申言之，自然條件雖險，但敵人無所防備，實際上是近；路途雖然平坦，但敵人設防嚴密，實際上是險，故「以迂為直」而「不由」。王晳注：「途雖可從（走），而有所不從，慮奇伏（擔心敵人設伏）也。」

② 「制敵」或「被敵所制」。若欲制敵則選擇「不虞」之道，取「攻其無備，出其不意」之效。

③ 軍兵種的限制因素，如步兵、裝甲兵、砲兵都有其道路運用、機動路線的條件與限制。

張預注：「險阨（狹隘）之地，車不得方軌（兩車並行），騎不得成列（排成隊列），故不可由也。不得已而行之，必為權變（權謀詐變）。」

戰例 秦朝末年，自陳勝吳廣揭竿起義後，各地響應，並紛紛擁立領袖，當中以劉邦和項羽的勢力較強大。後來，他們分別進軍咸陽，並立下約誓，「先入關中者為王」。結果劉邦先入咸陽，接受子嬰的投降。項羽隨後進入咸陽卻不遵守約定以劉邦為尊，反強勢占有關中之地，自封為西楚霸王，劉邦則被封為漢王，轄漢中、巴、蜀一帶。劉邦雖有不滿，但因兵力不及項羽只能接受前往封地。

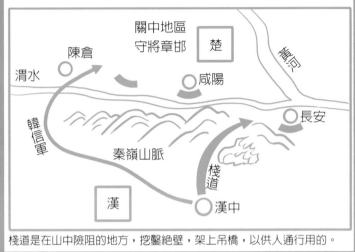

途有所不由：明修棧道，暗渡陳倉

棧道是在山中險阻的地方，挖鑿絕壁，架上吊橋，以供人通行用的。

參考《資治通鑑‧卷九》、《史記‧留侯傳》、《史記‧淮陰侯列傳》繪製。

當劉邦率軍越過秦嶺，進入漢中之後，張良即將翻越秦嶺的惟一通路——棧道，全部燒燬。其意涵有二：1.防止秦將章邯的追擊；2.表明不再返回關中的決心，以鬆懈項羽對劉邦的警戒。此舉果然獲得項羽信任，遂將關中防務交付秦之降將章邯等，自己則回到東方的根據地。劉邦後來則拜韓信為大將，決定重返關中、逐鹿中原。韓信策略：

1. 假裝重修棧道，以循該棧道攻擊關中，使守將章邯產生錯覺。

2. 祕密率軍從舊道迂迴至陳倉，進入關中，奇襲並擊敗章邯。

從此奠定劉邦建立漢朝的基礎。

戰例　第二次世界大戰期間，日本偷襲珍珠港之所以能獲得成功，原因之一是他們在航線選擇上出乎美軍意料。本來，有三條航線可達珍珠港，然而日本海軍置中、南兩條航線於「不由」，偏偏選擇了距離較遠、氣象不好、補給困難的北航線。主因在於北航線便於隱蔽，可達到突然性的目的。「途有所不由」，是屬於臨機應變的謀略，目的是要求將帥在情況發生變化之後，能夠及時果斷地改變行動的方向和路線，並善於從戰場的「裂縫」中求生存，爭取主動。

(2)軍有所不擊。乃站在戰略觀點上衡量其利害、得失所策定之作戰指導，因擊之不利，所以不擊，如

① 雖為可擊之軍，因集中兵力於他方面而不擊之。

② 為了戰略全局的需要，對於有些敵人可以緩殲一步。

③ 當戰場情況發生變化（或因原來的偵察、判斷錯誤，或因敵人察覺我企圖改變了部署，設下了圈套）時，可以停止攻擊原定的敵人而另選目標。

杜牧注：「蓋以『銳卒勿攻，歸師勿遏，窮寇勿追』，殆（死）地不可攻。或我強敵弱，敵前軍先至，亦不可擊，恐驚之逼走也。」張預注：「縱之（放棄攻擊）而無所損，克之（攻奪）而無所利，則不須擊也。又若我弱彼強，我曲（正當性不足）彼直，亦不可擊。」

(3)城有所不攻。從不戰而屈人之兵的全勝思想而言，攻城是不得已的作戰選項，〈作戰〉：「攻城則力屈。」〈謀攻〉：「其下攻城；……殺士卒三分之一而城不拔者，此攻之災。」兵家學者對「城有所不攻」的理由有甚多的見解。曹操注：「城小而固，糧饒（糧食充足），不可攻也。」又張預注城不須（可）攻者：

① 「拔之而不能守，委之（放棄）而不為患，則不須攻也」。

② 「若深溝高壘，卒（短期間）不能下，亦不可攻」。

另王晢亦注城有不攻者：

① 「城非控要，雖可攻，然懼於鈍兵挫銳」。

② 「城非堅實，而得士死力（但守將得官兵之心，都願死戰）」。

③ 「剋雖有期（雖可在預期時間內攻下），而救兵至，吾雖得之，利不勝其所害也。」

杜牧注：「敵於要害之地，深峻城隍（高築城牆，深挖城壕），多積糧食，欲留我師（意圖牽制我軍）。若攻拔之，未足為利；不拔，則挫我兵勢；故不可攻。」

最後，「城有所不攻」還可有以下理由：

① 雖為必攻之城，因為殲滅敵人有生力量而不攻之。

② 敵人之城池有時不必強攻，僅行監視，或先摧毀敵人之主力軍，亦可獲得不攻自破之效果。

③ 斷敵城之交通，用迂迴戰術或由後方襲擊之。

戰例　東漢獻帝初平四年（193年），下邳人闕宣聚眾數千人，自稱天子。割據徐州的陶謙與闕宣共同起兵叛亂，向北攻占泰山郡的華縣、費縣，並掠取任城。陶謙殺害了當時居住在華縣的曹操的父親、兄弟等家人。秋天，曹操率軍討伐陶謙。華縣、費縣城雖小，但卻堅固，且糧餉充足，短期內難以攻取。有鑒於此，曹操放下此城不攻，轉而長驅南下直指徐州，連克十四縣，大敗陶謙。後來，曹操因糧少退兵。第二年再攻陶謙、奪取五城，陶謙兵敗病死。曹操不侷限於一城一地的得失，而是從戰爭全局著眼，當機立斷，繞過小城向敵縱深出擊，故能連連得勝。

⑷地有所不爭。「地」：敵地；如基地，要隘，資源及疆域等。得、失無關大局，故「地有所不爭」。雖爲必爭之地，因爲速決或全勝而不爭之。王晳注：「謂地雖要害，敵已據之，或得無所用，若難守者（得到也難守）。」張預注：「得之不便於戰，失之無害於己，則不須爭也。又若遼遠之地，雖得之，終非已有，亦不可爭。」

戰例　春秋末年，吳王夫差興師伐齊。伍子胥諫曰：「得地於齊，猶獲石田（不能耕種的田）也。不如早從事於越。（不如及早滅了越國，以除後患）」吳王夫差不聽勸告，還命伍子胥自殺。最終，吳國被越王句踐所滅。由此可見，「地有所不爭」，並不是完全地放棄地盤。目前暫時地有所不爭，正是為了將來的有所爭。

3. 「君命有所不受」：將領在外用兵作戰，戰機稍縱即逝。因此，對於國君不利於戰爭的命令，可以作不服從的權宜處置，蓋將領身處戰場較清楚實際戰況變化。〈地形〉：「戰道必勝，主曰無戰，必戰可也；戰道不勝，主曰必戰，無戰可也。」惟「不受命」是爲了軍隊、國家的安全，乃是強調戰地指揮官應隨時把握戰機，以免發生「亂軍引勝」（〈謀攻〉），故將領須「因利而制權」（〈始計〉）。曹操注：「苟便於事，不拘於君命也。」（如果對作戰有利，就不必受國君命令的限制。）賈林注：「決必勝之機（掌握必勝的戰績），不可推（推諉、受制）於君命。苟利社稷，專（專斷）之可也。」

4. 結論：能辯證利害，則能用兵－故將能通於九變之利，知用兵矣。「通」：

通曉；精通。「九變之利」：各種權變的益處（有效運用）。案：「九變之利」，武經本是「五利」：一說是指「圮地無舍，衢地交合，絕地無留，圍地則謀，死地則戰」等五種地形判斷之利；另一說是指「塗有所不由，軍有所不擊，城有所不攻，地有所不爭，君命有所不受」等五項權宜之計。實際上，兩說都是指要根據不同的戰場情況，臨機應變。杜牧注：「九事之變，皆臨時制宜，不由常道（平時軍事準則），故言變也。」賈林注：「『九變』，上九事。將帥之任機權（在機會面前），遇勢則變，因利則制（以自己的能力控制局勢，使之朝有利自己的方向發展），不拘常道，然後得其通變之利」。

⑴不知辯證利害，則不能得地利–將不通九變之利者，雖知地形，不能得地之利矣。「不能得地之利」，無法獲得地形運用的效果。張預注：「凡地（作戰地區）有形有變（有地形問題，也有應變問題），知形而不曉變（相適應的權變），豈能得地之利？」賈林注：「雖知地形，心無通變（不懂得因地制宜），豈惟不得其利，亦恐反受害也。將貴適變（依據情勢適時而變）也。」

⑵不知辯證利害，則不能治兵–治兵不知九變之術，雖知地利，不能得人之用矣。「治兵」，指揮軍隊。「九變之術」，各種權變的方法。「不能得人之用」：指不能充分發揮軍隊的戰鬥力。「人」，指軍隊。王晳注：「雖知五地之利，不通其變，如膠柱鼓瑟耳（用膠水黏住瑟上調弦的短柱→無法隨曲調之不同而調音）。」張預注：「凡兵有利有變（用兵作戰有爭利的問題，也有權變的問題），知利（只知爭利）而不識變，豈能得人之用？」賈林注：「遇勢能變（遇到不同形勢而能善於權變）則利，不變則害。在人（用兵作戰在於人的權宜處置），故無常體（固定的模式），能盡此理（精通「遇勢能變」的理則），乃得人之用。……不知其變，豈惟不得人之用（不僅無法發揮部隊戰鬥力），抑亦敗軍傷士（同時還會造成部隊重大傷亡）也。

(二)智者之慮

是故智者之慮，必雜於利害，雜於利而務可信也，雜於害而患可解也。是故屈諸侯者以害，役諸侯者以業，趨諸侯者以利。

【語譯】所以聰明的將領，對於事物的考
慮，必能兼顧利與害兩個方面。處在不利的情
況時，要同時分析有利因素，才能增強信心，
達成任務。處在有利的狀況下，必須考慮不利
因素，才能解除可能發生的禍患。所以，要用
諸侯害怕之事使其屈服，要用危險之事去役使
諸侯，要用小利去使諸侯歸附。

【闡釋】

1. 本節主旨為「明利害」，即對軍事行動的利害判斷，軍語稱為「狀況判
   斷」。狀況判斷固然要以趨利避害為原則，但不可只見其利，卻不明其害
   而為敵所欺。同時，戰場狀況瞬息萬變，利害虛實常有更迭，且難有絕對
   之利或絕對之害，端視如何權衡得失、分析利害、詳加判斷、作成計畫，
   然後付諸實行，即孫子所謂：「智者之慮，必雜於利害。」「慮」，思
   考，考慮。「雜」，參雜、審酌、兼顧之意。曹操注：「在利思害，在
   害思利，當難（慎重；不可輕率）行權（採取權謀）也。」賈林注：「雜
   （所參雜考慮之事），一為親（對己有利的方面），一為難（對己有害的
   方面）。言利害相參雜，智者能慮之慎之（全面考慮，慎重決斷），乃
   得其利也。」張預注：「智者慮事，雖處利地（有利的位置），必思所以
   害；雖處害地（不利的位置），必思所以利。此亦通變之謂也。」

   (1) 「雜於利，而務可信也」：害中思利，利者為達成任務之根本。處於
   不利的情況下，若能分析有利因素，或變不利條件為有利條件，常可
   增強信心，達成任務。「雜於利」，指處於不利狀況，也要兼顧有利
   的因素。「務」，任務，事情，這裡有作戰計畫之意。「信」，通伸，
   伸展；引申為實現、實施、完成。杜牧注：「信，申也。言我欲取利
   於敵人（從敵人那裏求取利益），不可但見取敵人之利（不可但見取敵
   人之利），先須以敵人害我之事（必須先考慮敵人可能危害我之處）參
   雜而計量之，然後我所務之利，乃可申行也。」賈林注：「在利之時則
   思害，以自慎（使自己謹慎行事）。」張預注：「以所害而參所利（考
   慮利時要結合考慮害），可以伸己之事（可以達成自己的任務）。鄭師

克（戰勝）蔡，國人皆喜，惟子產懼曰：『小國無文德而有武功，禍莫大焉。』」後楚果伐鄭，此是在利思害也。（事見《左傳・襄公八年（565BC）》」

學習戰略須謹記之名言

前三軍大學校長余伯泉上將：「以不一定可能獲得之利，欲抵銷極可能之害，為戰略上一極大之冒險與錯誤」。

羅斯鴻，〈國軍戰鬥個裝之防護面具運用研析〉，《化生放核防護半年刊》，第112期，頁118。

⑵「雜於害，而患可解也」：利中尋害，思害者可防止意外之發生。處有利的情況下，也要同時能看到潛在的危機，方可有備無患。此即《老子》謂「禍兮，福之所倚；福兮，禍之所伏」的道理。「雜於害」，指處於有利之狀況，也要兼顧各種潛在的危機。杜牧注：「我欲解敵人之患，不可但見敵能害我之事，亦須先以我能取敵人之利，參考而計量之，然後有患可解也。……譬如敵人圍我，我若但知突圍而去（逃離戰場），志必懈怠（戰志必定懈怠），即必為追擊（敵人必定追擊）；未若勵士奮擊（不如激勵官兵奮勇作戰），因戰勝之利（憑藉戰勝的有利條件）以解圍也。」賈林注：「在害之時，則思利而免害，故措（置）之死地則生，投之亡地則存（〈九地〉：「投之亡地然後存，陷之死地然後生」），是其患解也。」張預注：「以所利而參所害（考慮害時要結合考慮利），可以解己之難。」

2.「屈諸侯者以害，役諸侯者以業，趨諸侯者以利」，指外交謀略之運用。此句仍本孫子「伐謀」、「伐交」的用兵思想，以政治外交活動對敵國產生利害因素，藉以達到屈服、擾亂與支配敵國之目的，使其無法對我造成威脅。

⑴屈諸侯者以害「屈」：屈服；「害」，指使得一國感到威脅之事；如運用外交手段，令與我有威脅的國家陷於孤立無援之地。張預注：「致之於受害之地（感到不利、威脅或痛苦的境況），則自屈服。或曰：間之使君臣相疑，勞之使民失業。」

（一）明害

1. 武力威脅。　　　　2. 政治孤立（聯盟圍堵）。
3. 經濟制裁。　　　　4. 技術封鎖。

（二）暗害

1. 分化離間，使敵國上下發生猜疑。
2. 潛伏敵內（第五縱隊），破壞其政令及社會秩序等。

賈林注：為害之計，理非一途（可從多種途徑考量）：

> 1. 誘其賢智，令彼無臣（爭取人才）；

> 2. 遺以姦人（派遣叛變者），破其政令；

> 3. 為巧詐（假資訊），間（離間）其君臣，

> 4. 遺工巧（大興土木），使其人疲財耗；

> 5. 饋淫樂，變其風俗；

> 6. 與美人，惑亂其心。

此數事，若能潛運陰謀，密行不泄，皆能害人，使之屈折也。

作者參考《孫子兵法·九變篇》、《十一家注孫子》原文整理自繪

(2) 役諸侯者以業，「役」，勞役，使煩忙。「業」，事也，指會造成一國紛亂，無暇他顧之事；如進行佯攻，使敵疲於奔命的擾敵策略。王晳注：「常若為攻襲之業（經常作出將要攻敵的態勢），以弊敵也。」
(3) 趨諸侯者以利。「趨」：奔跑，快走；本文亦有驅使（整合、聯盟）；歸附歸附之意。「趨諸侯者以利」有二說：一是指利用小利引誘各國，使其歸附於我；一是指用小利引誘各國，使其忙於奔走，無暇他顧。杜牧注：「言以利誘之，使自來至我也，墮吾畫中（陷入我設下的圈套）。」孟氏注：「善示以利，令忘變（使敵未能審勢制變）而速至，

我作變以制之（變換戰術以制敵），亦謂得人之用（發揮部隊戰鬥力的方法）也。」至於〈兵勢〉：「善動敵者，形之，敵必從之；予之，敵必取之」，尤明矣。

㈢無恃其不來，恃吾有以待之

　　故用兵之法，無恃其不來，恃吾有以待之；無恃其不攻，恃吾有所不可攻也。

【語譯】用兵的法則，不要抱持敵人不來的僥倖心理，要依靠自己有萬全的準備；不要寄望敵人不來攻擊，要依靠自己有堅實的力量，使敵人不敢來進攻。

【闡釋】

　　本節主旨是積極的戰備思想，包括防備（「恃吾有以待」）、嚇阻（「恃吾有所不可攻」）；如〈謀攻〉：「以虞待不虞者勝」，另《左傳・襄公十一年（西元前562年）》謂：「居安思危，思則有備，有備無患」。

1. 無恃其不來，恃吾有以待也。「恃」，依賴、憑藉、寄望。「來」，敵方所採取的各種行動。「待」，我方所採取的各種應對措施。「有以待」，萬全準備。梅堯臣注：「所恃者不懈也。」

2. 無恃其不攻，恃吾有所不可攻也。曹操注：「安不忘危，常設備也（經常有所戒備）。」何延錫註解甚詳：「吳略曰：『君子當（處於）安平之世，刀劍不離身。』古諸侯相見，兵衛不徹警（不撤除武裝警戒）。蓋雖有文事（會盟），必有武備，況守邊固圉（固守邊境），交刃之際（兩國交戰期間）歟？凡兵所以勝者，謂擊其空虛，襲其懈怠；苟嚴整終事（自始至終都能嚴陣以待），則敵人不至。《（左）傳》（隱公五年（西元前718年））曰：『不備不虞（不防備意外），不可以師（作戰）。』昔晉人禦秦，深壘固軍以待之，秦師不能久（無法長久對峙而撤軍；《左傳・文公十二年（西元前615年）》）。楚為陳（楚軍先處戰地嚴陣部署），而吳人至，見有備而返。程不識將屯（西漢名將程不識統師前線駐軍），正部曲行伍營陳（嚴整部曲行伍營陣），擊刁斗（經常敲擊警鈴，加強戒

備），吏治軍簿（各級幹部嚴格管理部隊），虜（匈奴）不得犯。朱然為軍師，雖世無事（即使處於安全無事的時候），每朝夕嚴鼓兵（仍每日早晚擂動急促的戰鼓），在營者咸行裝就隊（武裝戰備演練），使敵不知所備（防不勝防），故出輒有功（凡出戰必立戰功）。是謂能外禦其侮者乎！（《三國志‧吳書‧朱然傳》）常能居安思危，在治思亂，戒之於無形（在戰事還沒有露出形跡的時候加強戒備），防之於未然（在危機還未出現前加強防範），斯善之善者也。（最佳備戰程度）其次莫如險其走集，明其伍候（鞏固邊防堡壘，加強瞭望敵情，語出《左傳‧昭公二十三年（西元前519年）》），慎固其封守，繕完其溝隍（謹慎嚴密地防守邊境，修治溝塹）；或多調軍食，或益修戰械（多多地調集軍糧，充實作戰器械）。故曰：物不素具，不可以應卒（平常不備齊應變物質，就無法應付猝然發生的危機）。又曰：惟事事乃其有備，有備無患。常使彼勞我佚，彼老我壯（敵人士氣衰落，我方士氣旺盛），亦可謂『先人有奪人之心』、『不戰而屈人之師』也。（次佳備戰程度）若夫莒以恃陋而潰，齊以狃敵而殲，虢以易晉而亡，魯以果鄅而敗，莫敖小羅而無次，吳子入巢而自輕，斯皆可以作鑒也。故『吾有以待』、『吾有所不可攻』者，能預備之謂也。」

戰例　448年，北魏太武帝北征柔然，詔令朔州刺史司馬楚之等將領率軍督運軍糧。當時北魏鎮北將軍封沓逃亡到柔然，勸說柔然襲擊司馬楚之的部隊，以斷絕北魏糧食運輸。柔然為了查證實情，於是派出偵察兵進入司馬楚之軍中，割下驢耳而去。北魏將領獲報驢子失去耳朵，無從理解其中涵義。司馬楚之分析判斷：「這一定是敵人派遣間諜到我們軍營裡來偵察，割下驢耳作為憑證，返回報告去了。敵軍將來襲擊，必須立即加強備戰。（『此必賊遣奸人入營覘伺，割驢耳以為信耳。賊至不久，宜急為之備。』）司馬楚之當即命令軍人砍伐柳樹修築城寨，然後用水澆灌，以凍結城牆，迅速構築完成一座冰城。冰城剛剛築好，敵軍果然前來襲擊，到了冰城下，由於冰牆堅固滑溜，無法攀越，敵軍只好撤離（「乃伐柳為城，以水灌之令凍：城立而柔然至，冰堅滑，不可攻，乃散走」）。（《魏書‧司馬楚之傳》）

㈣將有五危

　　故將有五危：必死可殺，必生可虜，忿速可侮，廉潔可辱，愛民可煩；凡此五危，將之過也，用兵之災也。覆軍殺將，必以五危，不可不察也。

【語譯】所以，為將帥者有下列五種危險的性格傾向：只知拼死而無謀略，就可能遭敵計誘殺害；只知貪生怕死，就可能被敵人俘虜；急躁易怒，就可能中敵凌辱之計；過於廉潔好名，就可能中敵人侮辱的圈套；只顧愛民，就可能為敵所乘，導致煩擾不得安寧。以上五點，是將帥性格上最常見的通病，也是用兵作戰的大禍害。軍隊覆滅，將帥被殺，必然是這五種性格缺陷造成的，故每個將帥都應時刻警惕自省。

【闡釋】

1. 「將有五危」，是指擔任將帥者可能出現的五種性格缺陷，即「必死」、「必生」、「忿速」、「廉潔」、「愛民」。這五種性格除「必生」與「忿速」外，「必死」「廉潔」、「愛民」在表面上似乎是將校風範的條件，但在實際這些性格傾向，在與敵作戰中，都可能為敵所乘。將帥在用兵作戰時，失敗固可能來自外在條件，如敵之絕對優勢、天候惡劣、敵情不明等，也可能來自作戰計畫的不當，更可能是將帥個人人格特質的缺陷所造成。〈九變篇〉的將帥五危論，亦可參考《六韜・龍韜・論將》謂將之「五材十過」論。

將在五危：將帥的致命性格

① 必死可殺：勇的偏差
② 必生可虜：智的偏差
③ 忿速可侮：信的偏差
④ 廉潔可辱：嚴的偏差
⑤ 愛民可煩：仁的偏差

1. 凡此五危，將之過也，用兵之災也。
2. 覆軍殺將，必以五危，不可不察也。

作者參考《孫子兵法・九變篇》原文整理自繪

(1) 必死可殺。勇爲美德，但若每戰以死自誓，甘冒不必要危險，則可能自投羅網，爲敵所殺，此所謂「必死可殺。」杜牧注：「將愚而勇者，患也。黃石公曰：『勇者好行其志，愚者不顧其死。』《吳子》曰：『凡人之論將，常觀於勇；勇之於將，乃數分之一耳。夫勇者必輕合，輕合而不知利，未可將也。』」

(2) 必生可虜。「必生」：臨陣畏怯，期於保全生命者。「虜」：俘虜；被擒降。智爲美德，但智者往往慮事過度愼重，猶豫不決；理性上又重視個人的安全，因期於生全而缺乏冒險精神，既不願死中求活遂可能爲敵所俘，此所謂「必生可虜。」何氏注：「《司馬法》曰：『上生多疑』（惜命怕死，就會事事疑懼），疑爲大患。」故「見利畏怯不進也」（曹操注）、「見害輕走」（輕易撤逃，王晳注）俱爲無鬥志。

(3) 忿速可侮。「忿速」：「忿」，憤怒。「速」，迅速、快捷，這裡形容性格上的急躁、偏激。信爲美德，但過分守信，而缺乏冷靜思考，則可能受敵刺激而自亂步驟，此所謂「忿速可侮。」杜佑注：「急疾（衝動）之人，可忿怒（激怒）而致死。忿速易怒者，狷戇疾急（脾氣急躁，固執輕率），不計其難（不考慮困難），可動作欺侮。」王晳注：「將性貴持重，忿狷（易怒急躁）則易撓（擾亂）。」

(4) 廉潔可辱。梅堯臣：「徇名不顧（只顧保全自己的名聲，而不顧其他）。」有廉潔自是、沽名釣譽者，可造謠侮慢之。或有嚴爲美德，但律己過嚴，廉潔好名，就可能經不起誹謗，遇事不知變通，重細節而誤大事。

(5) 愛民可煩。仁爲美德，但若仁愛過度則可能受太多牽制而誤戰機，此所謂「愛民可煩」。「愛民」可作兩種解釋：一是愛惜士卒，一是愛護民眾。過於愛惜士卒生命，就不能採取果敢之行動，反易陷於被動，而疲於奔命。過於愛護民眾，若見民眾受敵騷擾，即派軍隊救援，也易落入敵之圈套，不可不察。杜牧注：「言仁人愛人者，惟恐殺傷，不能捨短（暫時利益）從長，棄彼取此（意圖面面俱到），不度遠近，不量事力，凡爲我攻（凡我方受攻擊處），則必來救。如此可以煩之，令其勞頓，而後取之也。」

2. 凡此五危，將之過也，用兵之災也。陳皞注：「良將則不然不必死，不必生，隨事而用（端視境遇而定），不忿速，不恥辱，見可如虎，否則閉

戶：動靜以計（經過深思熟慮），不可喜怒（敵人無法左右他的情緒）也。」

3. 覆軍殺將，必以五危，不可不察也。「覆軍」，全軍覆沒。「殺將」，將領被殺。「以」，因為；由於。」不可不察」，必須洞悉警惕。張預注：「言須識權變，不可執一道（執著於單方面的信念）也。」

行軍第九

孫子曰：凡處軍相敵：絕山依谷，視生處高，戰隆無登，此處山之軍也。絕水必遠水；客絕水而來，勿迎於水內，令半濟而擊之利；欲戰者，無附於水而迎客，視生處高，無迎水流，此處水上之軍也。絕斥澤，惟亟去勿留；若交軍於斥澤之中，必依水草，而背眾樹，此處斥澤之軍也。平陸處易，右背高，前死後生，此處平陸之軍也。凡此四軍之利，黃帝之所以勝四帝也。

凡軍好高而惡下，貴陽而賤陰，養生處實，軍無百疾，是謂必勝。丘陵堤防，必處其陽，而右背之，此兵之利，地之助也。上雨水沫至，欲涉者，待其定也。凡地有絕澗、天井、天牢、天羅、天陷、天隙，必亟去之，勿近也；吾遠之，敵近之；吾迎之，敵背之。軍旁有險阻、潢井、蒹葭、林木、翳薈者，必謹慎覆索之，此伏姦之所也。

敵近而靜者，恃其險也；遠而挑戰者，欲人之進也；其所居易者，利也。

眾樹動者，來也；眾草多障者，疑也。鳥起者，伏也；獸駭者，覆也。塵：高而銳者，車來也；卑而廣者，徒來也；散而條達者，樵採也；少而往來者，營軍也。辭卑而益備者，進也；辭強而進驅者，退也。輕車先出居其側者，陣也；無約而請和者，謀也；奔走而陳兵者，期也；半進半退者，誘也。杖而立者，飢也；汲而先飲者，渴也。見利而不進者，勞也。鳥集者，虛也。夜呼者，恐也。軍擾者，將不重也。旌旗動者，亂也。吏怒者，倦也。粟馬肉食，軍無懸瓵，不返其舍者，窮寇也。諄諄翕翕，徐與人言者，失眾也。數賞者，窘也；數罰者，困也；先暴而後畏其眾者，不精之至也。來委謝者，欲休息也。兵怒而相迎，久而不合，又不相去，必謹察之。

兵非貴益多也，惟無武進，足以併力、料敵、取人而已。夫惟無慮而易敵者，必擒於人。

卒未親附而罰之，則不服，不服則難用。卒已親附而罰不行，則不可用。故令之以文，齊之以武，是謂必取。令

（二）治軍要領

素行以教其民，則民服；令不素行以教其民，則民不服。令素行者，與眾相得也。

一、篇旨

1. 本篇篇名「行軍」，並非僅只軍語中所謂的部隊運動──部隊利用徒步、車馬自甲地移動到乙地的行動。「行」，讀「杭」，行列、陣勢，亦即戰場上的戰鬥序列。「軍」，屯駐、駐紮、宿營。本篇所謂「行軍」，乃廣義的「軍隊作戰行動之指導要領」，舉凡部隊運動、宿營部陣、地形運用、敵情判斷、作戰指導、領導統御，均包括在內，實為廣泛。所以，孫子所用「行軍」一詞，與現代軍語「野戰要務」（素稱「陣中要務」）相接近，其行動包括行軍、宿營、偵察、搜索、觀測、警戒、掩護、聯絡，以及補給、衛生等諸勤務。

2. 行軍是用兵作戰的基礎，包括計畫之適切、情報之正確、處置之得當，以及紀律之維持，其對企圖之達成，作戰之勝敗有極為重大之關係。〈軍爭〉：「不知山林、險阻、沮澤之行者，不能行軍。」（亦見〈九地〉），就是在強調不知敵我山林、險阻、沮澤之形勢的將領，不能擔負統軍重任。

3. 夏振翼說：「此篇言行軍之道，在於察地形、識敵情、與服士卒而已。」全篇共分五節，第一、二節言「處軍」（知地）之道，即分析部隊在不同的地理環境中的行軍部署要領；第三節言「相敵」（知彼）之法，專論以各種徵候觀察、判斷敵情的要領；第四節言用兵要訣，以輕敵妄動為戒；第五節言治軍得眾（知己），亦即是領導統御（帶兵、練兵）之要領。「處」，處理、安排，這裡有部署之意；「處軍」，部署軍隊。「相」，觀察與判斷；「相敵」，觀察、偵察與判斷敵情。

4. 從理論的觀點而言，本篇所討論的都是有關戰術性和技術性等層次的實際問題，幾無涉及戰略研究的論點。不過，從內容所論可知，孫子對於戰場上的現實境況與處置實務有非常透徹的了解，尤其是藉由各種徵候來判明敵情的分析論證，更是十分嚴密合理。鈕先鍾評論說：「這些內容都可以算是實用的準則（doctrine），甚至於到今天也還不喪失其價值。」

5. 關於本篇的篇次，夏振翼注：「行軍者，言師行（部隊行軍機動）之際，必擇便利（便於用兵的有利地形）而行也。第（依序而言）處軍得法，相敵得情，治兵得當，斯（則）便利在已，而勝自我操（勝利操之在己）。凡用兵，必先知九變之利，然後可以行軍，故次〈九變〉。」

二、詮文

㈠處軍四法

　　孫子曰：凡處軍相敵：絕山依谷，視生處高，戰隆無登，此處山之軍也。絕水必遠水；客絕水而來，勿迎於水內，令半濟而擊之利；欲戰者，無附於水而迎客，視生處高，無迎水流，此處水上之軍也。絕斥澤，惟亟去勿留；若交軍於斥澤之中，必依水草，而背眾樹，此處斥澤之軍也。平陸處易，右背高，前死後生，此處平陸之軍也。凡此四軍之利，黃帝之所以勝四帝也。

【語譯】孫子說：「凡部署軍隊與判斷敵情之法則如下：『在越過山地時，應沿谷地前進；軍隊須優先部署於交通便利，以及有利瞰制敵軍的高地：當敵人已先占領高處，切勿仰攻，這就是在山地作戰的部署原則。橫渡江河後，應迅速遠離河岸；敵人如渡河來攻，切勿迎擊於水中，要待其一半已登陸，一半尚在水中，再發起攻擊，這樣才容易取勝。如果想與敵軍決戰，不要沿河岸部署兵力迎擊敵人，而要在河岸的高地部署軍隊；更不要逆著水流，在敵軍下游布陣，這是在河川地區作戰的原則。通過沼澤區，應迅速遠離，不要停留；迫不得已與敵在沼澤區遭遇時，須選擇接近水草而背靠樹林的地區，這是在沼澤地區的作戰部署原則。在平原地區，兵力應部署在地勢平坦，右側背（主要側翼）要依託高地，可形成前低後高陣地形勢的地區，這是平原作戰的要領。以上四種作戰部署之原則，是遠自黃帝時代就遵循的，其所以能戰勝四方諸侯，都是依照這些原則。』」

【闡釋】

　　本節內容可簡稱爲「處軍四法」，即軍隊在「山地」、「河川」、「斥（沼）澤」、「平陸（地）」四種地形的行進、部署、宿營以及迎戰的方法。

1. 處山之軍：可稱爲山地戰；要領有三：「絕山依谷；視生處高；戰隆無登。」張預注：「凡高而崇（峻）者，皆謂之山。處山拒敵，以上三事爲法。」

　　(1)絕山依谷：是指橫越山區行軍時，應沿谷地前進。「絕」，通過、橫穿。「依」，靠近、沿著。爲何在山地行軍要「絕山依谷」呢？張預注：「凡行軍越過山險，必依附溪谷而居（靠近山谷駐紮），一則利水草，一則負險固（可以憑險固守）。」（另見《百戰奇略·谷戰》）「利水草」者，即山谷內通常水草豐盛，便於部隊給養、放牧。「負險固」者，即可占領有利地形，憑險固守。

> **戰例**　東漢建武十三年（37年），武都郡的參狼羌（羌族的一個部落）與塞外各部聯合，殺死官吏，發動叛變。漢將馬援（時任隴西太守）與率軍四千人前往征剿，抵達叛亂區邊境時，發現羌人已於駐紮山上。馬援偵察敵情與地形後，採取以下行動：
> 1. 占據水草豐盛，地勢險要的谷地，截斷羌人的水源，控制其牧草區。
> 2. 以逸待勞，圍而不戰。羌人水草乏絕，部隊、牲畜之飲水、供食逐漸陷入艱困，最後只能逃往塞外或投降。（《後漢書·馬援傳》）
> 羌人「不知依谷之利」（張預注），竟將全部兵力集中山上，失去了賴以維生和作戰的水草，乃敗降之關鍵因素。

> **戰例**　三國時期（228年），諸葛亮率三十萬大軍第一次北伐。諸葛亮作戰方案：
> 1. 主力（諸葛亮親率），深入西北，進攻祁山、渡過渭水，控領街亭，再向咸陽、長安方面攻擊。
> 2. 助攻（疑兵，故怖疑陣）：趙雲、鄧芝領軍，由褒斜谷，直攻郿縣，據守箕谷。

蜀軍初戰順利，不幾日，已進逼渭水西岸。魏將司馬懿率軍迎戰，以部將張部為前鋒，率領步騎兵五萬，直趨街亭抵禦蜀軍。街亭乃漢中咽喉，是兵家必爭之地。魏軍欲取街亭，意在截蜀軍進軍之路，斷其糧草之援。諸葛亮深知街亭之重要性，以（精熟兵書的）參軍馬謖為主將、（謹慎的）王平為副將，率領二萬五千人鎮守街亭。諸葛亮對馬謖特別指示事項：

1. 街亭雖小，關係全局，倘若失守，將造成全軍潰敗。

2. 街亭無城郭，又無險阻，守之極難。務必控領街亭通往祁山要道，慎防敵人突襲越境。

聲言「若有差失，乞斬全家」的馬謖率軍進抵街亭後，王平建議依照諸葛亮指示，先於交通要道處伐木為柵，再謀殲敵之計。馬謖予以否決，他勘查地形後認為：

1. 諸葛亮太多心，街亭位處山僻之處，魏軍如何敢來？

2. 在道路上如何築寨阻敵。

3. 街亭側邊一山，「四面皆不相連，且樹木極廣，此乃天賜之險也。可就山上屯軍。」

王平勸諫：「若屯兵當道，築起城垣，賊兵縱有十萬，不能偷過；今若棄此要路，屯兵於山上，倘魏兵驟至，四面圍定，將何策保之？」馬謖自傲的回覆：「汝真女子之見！兵法云：『憑高視下，勢如劈竹。』（這就是為何「高臨勿向，背丘勿迎」的原因）若魏兵到來，吾教他片甲不回！」王平再度申明諸葛亮部署之理：「吾累隨丞相經陣，每到之處，丞相盡意指教。今觀此山，乃絕地也。若魏兵斷我汲水之道，軍士不戰自亂矣。」馬謖自恃精熟兵法的回覆：「汝莫亂道！孫子云：『置之死地而後生。』若魏兵絕我汲水之道，蜀兵豈不死戰？以一可當百也。吾素讀兵書，丞相諸事尚問於我，汝奈何相阻耶？」最後，馬謖勉予同意王平請求，分派五千人給王平，於山西下10公里處駐紮，成為犄角之勢。倘魏兵至，可以相應。

魏軍抵達街亭後，司馬懿見馬謖如此布陣，甚為高興，即於當日晚間，以主力圍山，先斷汲水道路，另以張部率領一部，阻擋王平增援。次日，蜀軍見魏軍大軍已環山完全包圍圈，盡皆喪膽，不敢下山戰鬥。馬謖大怒，殺二將以警惕怯懦者。蜀軍雖衝殺數次，無法突圍。戰鬥至下午，山上無水，兵不

得食，蜀軍大亂；半夜，山南有蜀軍開寨門，下山降魏。司馬懿又令沿山放火，馬謖料守不住，只能率領殘兵衝殺下山，向西逃奔。最後，街亭失守，使諸葛亮必須「揮淚斬馬謖」，以昭其信；同時，被迫放棄北伐，撤回漢中。

⑵「視生處高」：指山地宿營時，軍隊須優先部署於進退自如與有利瞰制敵軍的制高點。「視」，看，面向，重視。「生」，向陽的地帶。李筌注：「向陽曰生。」又指「生地」，即可戰可守，能進退自如的地區（交通便利的地區）。「視生」，即注意此（向陽地帶），有利之地點而占領之意。「處」，部署。「高」，指視野良好，可瞰制敵人的高地，即所謂制高點。李筌注：「在山曰高。」「處高」，不論攻防，均需將部隊部署於制高點，以便瞰制敵人。《六韜‧龍韜‧奇兵》：「處高敵（高敵臨下之地）者，所以警守（便於警戒與防守）也；保（占領）阻險者，所以為固（便於堅守）也。」

⑶「戰隆無登」：山地作戰，除了要「絕山依谷」外，還要注意先敵搶占制高點。若敵人已先我占領高地，切勿作正面之仰攻；若欲攻占則須設法迂迴至敵之側背為有利。與〈軍爭〉中「高陵勿向，背丘勿迎」之意義相同。「隆」，高地，指中央隆起而四面為緩坡之地形；「戰隆」，是指敵人先占據高陽之地，並已布陣待戰。杜牧注：「隆，高也。言敵人在高，我不可自下往高，迎敵人而接戰也。」「登」，攀登，仰攻。張預注：「敵處隆高之地，不可登迎（仰攻）與戰（即「高陵勿向」）；一本作『戰降無登迎』（漢簡本），謂敵下山來戰，引我上山，則不登迎（此即「背丘勿迎」）。」《百戰奇略‧山戰》：「凡與敵戰，或居山林，或在平陸，須居山高阜，恃於形勢，順於擊刺，便於奔衝，以戰則勝。法曰：『山上之戰，不仰其高。』」

戰例 戰國時期（西元前281年），秦國攻打趙國，趙國連敗三城，為停損敗勢，趙國以割讓城池、派趙公子到秦國做人質等條件與秦國達成和議。然而趙王（惠文王）事後反悔，秦王（昭襄王）大怒，以趙國不履行協議為由，任命胡易為主將，率領大軍攻打趙國，圍困閼與（西元前269年）。

為解除閼與之圍，趙惠文王以趙奢為主將，前往援救閼與；秦軍聞訊即派遣一部兵力進抵武安城西紮營列陣，以拒止趙軍前往閼與增援。趙奢於距離趙都城邯鄲三十里處，停止前進、就地駐紮；同時，不斷加強工事以示長期駐守，無心救援閼與之意。

駐防武安之秦軍，多次接近趙軍駐地，大擂戰鼓向趙軍挑戰，戰鼓震聲如雷，人心恐慌；趙奢仍按兵不動，持續堅守營壘。又此期間秦軍派遣間諜以探趙軍軍情，趙奢佯裝不知來者是間諜並殷勤招待，毫不防範讓其在趙軍駐地任意探查。數日後，間諜返回秦軍駐地，呈報趙軍確實無意救援閼與的意圖，讓秦軍主將判定趙奢只想確保邯鄲之安全，閼與即可輕易攻取，於是解除對趙奢軍的戒備。

趙奢則在放走間諜後，馬上集結部隊並輕裝急進奔赴閼與，而武安秦軍未曾警覺。趙軍避開當面秦軍，僅一晝夜就進抵至距閼與五十里處，隨即派遣神射手建立防線，主力構築營壘，縱深部署，抵禦秦軍突穿強攻；秦將待獲知趙軍進抵閼與附近，亦立即率軍進擊趙國援軍。面對秦軍強烈之攻勢，軍士許歷進獻迎戰策略：

1. 嚴整軍陣，集中兵力防守陣地，以待敵之進攻。

2. 先敵占領北山。北山位置十分重要，可瞰制整個作戰區，乃是決定戰爭勝負的關鍵，「先據北山者，勝；後至者，敗。」

趙奢採取許歷計策，隨即派遣一萬兵力迅速占領北山。秦將見趙軍占領北山，就下令仰攻趙軍，企圖爭奪北山。趙奢乘居高臨下之勢，立即「縱兵擊之（揮軍反擊）」，大敗秦軍，遂解閼與之圍。《長短經・地形》對本戰的評論：「故曰：『地形者，兵之助。』又曰：『用兵之道，地利為寶。』趙奢趨山，秦師所以覆敗。」

2. 處水上之軍：可稱為河川戰。要領有三：「絕水必遠水」，迎敵於「半濟」，「無附於水而迎客，視生處高，無迎水流」。

(1)絕水必遠水：河川戰，設營（防）地位置之選定。軍隊實施渡河作戰，於渡河之後，必須儘速離開河岸，在離河稍遠處設防，以利後續部隊到達，也可防敵奇襲，便於展開隨時應戰。「絕水」，即渡河。「遠水」：遠離河岸。張預注：「凡行軍過水，欲舍止者，必去水稍遠，一則引敵使渡，一則進退無礙。」

> **戰例**　三國時期〔建安二十四年（219年）〕，魏將郭淮據守漢中，蜀主劉備準備渡過漢水奪取漢中。魏軍諸將商議：「眾寡不敵」，認為兵力應採取直接配備，即「依水為陳以拒之」（於岸邊布陣禦敵）。郭淮不認同此議，理由是：這樣做是向敵人「示弱，而不足以挫敵，非算（不是上策）也」。他提出兵力採取離岸配備的作戰構想：「不如遠水為陳（稍離水岸布陣），引而致之（誘使敵人渡河），半濟而後擊。」魏軍遂採取離岸布陣，以待蜀軍涉水半渡之際，進行反擊。劉備觀察魏軍布陣位置，殊為可疑，恐有設伏，逐未率軍渡河。（《三國志‧魏書‧郭淮傳》）

(2)「客絕水而來，勿迎於水內，令半濟而擊之，利」：河川戰最佳接戰時機之選定。敵軍渡河來攻時，切莫在敵人剛抵岸邊時迎擊，而是應等待其半數已上陸，立足未定，半數還在渡河時，再發起攻擊，分批殲敵於水際灘頭。《吳子‧應變》：「敵若絕水，半渡而薄（迫近殲滅）之。」「客」，即敵人。案：古時軍事術語，將交戰雙方喻為主、客。一般而言，在本土作戰或守方為「主」，赴他國作戰或攻方為「客」。但由於主、客是抽象的概念，具體應用範圍相當廣泛，「主」者，凡交戰雙方中地形熟悉、有利，補給方便，占有主動態勢的一方；故如以佚待勞（本土作戰）、內線作戰、先到戰場等，都可視之為「主」方。「客」與「主」相對，指交戰雙方中地形陌生、不利，補給困難，處於被動態勢的一方；故如勞師遠征、外線作戰、後抵戰場等，都可視之為「客」方。所謂「反客為主」者，即指化被動為主動、化不利為有利。「內」，同汭，河川灣流處，這裡指水邊。「濟」，渡河之意。「半濟」，部分登岸，部分在河川上。當敵軍渡河兵力尚未全部登岸，完成集結之時，其戰力處於分割狀態，是攻擊的良機。張預注：「敵若引兵渡水來戰，不可迎之於水邊。俟其半濟，行列未定（紊亂），首尾不接（前後分離），擊之必勝。」

> **戰例**　楚漢相爭期間，劉邦與項羽於滎陽對峙。為突破僵局，劉邦以彭越為將，深入西楚腹地，焚燒其後方倉庫，劫掠其運輸車輛，使前線楚軍糧食斷供，更接連攻占十七座城池。項羽此時駐軍於成皋要塞（滎陽之西），與

劉邦隔汜水布陣：面對腹背受敵，決定親自領軍攻擊彭越軍，另委任大司馬曹咎留守成皋，囑令：「謹守成皋。若漢挑戰，慎勿與戰。」劉邦乘項羽東擊彭越、兵力薄弱之機，數次派遣小部隊向楚軍挑戰。初時，曹咎不為所動，堅守不戰。劉邦改採心戰，遣人至成皋城外百般辱罵，經歷五六日之後，終於激怒曹咎，率楚軍渡汜水應戰（曹「咎怒，渡兵汜水」）。漢軍乘楚軍半渡汜水之時，全力反擊，大敗楚軍（楚「士卒半渡，漢擊之，大破楚軍」），曹咎自殺，漢軍奪取成皋。（《史記·高祖本紀》）

戰例　春秋時期（西元前506年），楚國攻蔡，蔡（昭侯）向吳國求援。於是吳王闔閭親率大軍，聯合蔡、唐兩軍伐楚。吳軍在柏舉擊敗楚軍後，乘勝追擊潰敗之楚軍至清發水。吳王準備立即向正在渡河的楚軍發起攻擊。吳王弟夫概勸阻說：「困獸猶鬥，況人乎！若知不免而致死（若敵知難逃一死而拼死戰鬥），必敗（必定可打敗我們）。我若使先濟（渡河）者知免（免死），後者慕之（羨慕而想爭先渡河），蔑（沒有）有鬥心矣。半濟而後可擊也。」於是，待楚軍一半已渡過河、一半在等待渡河時，吳軍突然發動襲擊，大敗楚軍。（《左傳·定公四年》）（另參見〈軍爭〉章）

戰例　隋末唐初，天下尚未統一，仍有夏王竇建德與唐朝抗衡。武德元年（618年12月），夏王竇建德率領十萬大軍進攻唐之范陽，唐守將羅藝與薛萬均僅率少數軍隊在城中防守。羅藝準備出城迎戰，薛萬均認為「眾寡不敵（敵眾我寡），今若出鬥（戰），百戰百敗，當以計取之（用計策取勝）。」其作戰構想下：「派出老弱殘兵，在城池前之河邊布陣，以引誘敵人渡河（「令羸兵弱馬，阻水背城為陣以誘之」）。敵人若渡來進，由我率領精騎百人埋伏於城側，待其半渡而擊之。」唐軍依計布陣，竇建德果然率軍渡水，薛萬均待其「半濟」而襲擊之，大破竇軍。（《舊唐書·薛萬徹傳》、《通典·兵·敵半涉水擊必勝》）

戰例　春秋時期（西元前638年），楚軍進攻宋國。宋襄公為阻擊敵軍深入，屯軍於兩國交界處的泓水以北，等待楚軍到來。待楚軍集結到泓水南岸並開始渡河（「宋人既成列，楚人未既濟」），宋國的大司馬（公子魚）見

楚軍力量強大，兩軍眾寡懸殊，建議宋襄公說：「彼眾我寡，及其未既濟（趁楚軍未完全渡河之際）也，請擊之（請下令攻擊之）。」宋襄公不予採納。楚軍於是全部從容地渡過了泓水；正當楚軍重新組織部隊，尚未完成部署陣勢之際（「既濟而未成列」），大司馬再度建議，應趁楚軍未完成布陣之際，攻擊之。宋襄公又未採納。等楚軍布陣完畢後，宋襄公才對楚軍發起攻擊（「既陳而後擊之」），結果宋軍大敗，宋襄公大腿受傷，左右護衛全部陣亡（「宋師敗績，公傷股，門官殲焉」）。（《左傳·僖公二十二年》）

戰後，臣民都責難宋襄公，不料宋襄公卻解釋說：「君子不重傷（不擊傷兵），不禽二毛（不俘虜頭髮斑白的老兵）。古之為軍（用兵作戰）也，不以阻隘（不靠關塞險阻取勝）也。寡人雖亡國之餘（即使亡國），不鼓不成列（不忍鳴鼓未布陣之敵）。」大司馬子魚認為宋襄公完全不懂用兵之道，強烈反駁說：「勍敵之人（強悍的敵人），隘而不列（受困險隘之地，無法布陣），天贊（助）我也。阻而鼓之（趁敵渡泓水之時，發起攻擊），不亦可乎？猶有懼焉（還怕無法取勝）。且今之勍者（凡與我作戰者），皆吾敵也。雖及胡耇（即使老兵），獲則取之，何有於二毛（何須考慮是否是老兵呢）？明恥教戰（培養將士愛國心，明瞭戰敗之恥，教導如何戰鬥，就是要激勵勇氣），求殺敵也。傷未及死，如何勿重（怎可不再擊殺呢）？若愛（可憐）重傷，則如勿傷（不如不去傷害）；愛其二毛，則如服（不如降服敵人）焉。三軍以利用（用兵之道，見利而動）也，金鼓以聲氣也（鳴金擊鼓以壯聲勢）。利而用之（既要掌握有利機勢以用兵），阻隘可也（攻擊困陷險隘之敵是完全可以的）；聲盛致志（聲勢浩大，鬥志旺盛），鼓儳可也。（攻擊尚未列陣之敵是完全可以的。儳，雜亂不整齊。）」

(3)「欲戰者，無附於水而迎客」：與敵決戰之兵力配置。「欲戰」，預定與敵決戰之意。「無」，勿、毋。「附」，鄰近。「附於水」，即沿河岸直接配備兵力。若情勢有利於我，準備與敵決戰而殲滅之，為誘使敵人渡河，則不要沿河岸直接配備兵力；而是以一小部兵力擔任警戒，以主力做離岸（間接或後退）的配備，以便達成決戰之目的。本句話同上句一樣，都是強調「令（敵）半濟而擊之」，只不過敵我立場不同。杜

牧注：「言我欲用戰，不可近水迎敵，恐敵人疑我不渡也。義與上同，但客主詞異耳。」又張預則依作戰目的，將河川戰兵力配置區分為二：

① 與敵決戰，採離岸配置：「我欲必戰，勿近水迎敵，恐其不得渡」。
② 實施防禦，採直接配置：「我不欲戰，則阻水拒之（沿岸配置兵力拒止敵人），使不能濟。」

戰例 春秋時期（西元前627年），晉將陽處父率軍攻打蔡國，楚將子上前往救援，與晉軍隔泜水駐軍對峙。晉將陽處父向楚將子上提出避免兩軍持久不戰，「老師費財」的交戰方案：

1. 若楚軍想渡河作戰，則晉軍先撤退三十里，以讓楚軍完成渡河布陣，至於會戰時間，任憑楚軍選定（「子若欲戰，則吾退舍，子濟而陳，遲速惟命」）。
2. 若由晉軍渡河作戰，則楚軍應先撤退三十里，讓晉軍有充分的渡河列陣的時空條件（「不然紓我」）。

楚將子上想選擇渡河作戰，副將大孫伯反對，理由是：「晉人無信，半涉（渡）而薄（襲擊）我，悔敗何及？」所以建議「不如紓之（讓晉軍渡河）。」於是楚軍就撤軍三十里。但晉將陽處父無心作戰，逕自宣告說：「楚軍撤逃了！」於是撤軍歸國。楚將子上亦無戰志，也撤軍歸國。就實際而言，晉、楚兩軍都預判對方會趁其「半渡」時，予以襲擊之，「遂皆不戰而歸」。（《左傳・僖公三十三年》）

(4)「視生處高，無迎水流」：河川戰迎敵方位（布陣位置）之選擇。「迎」是「逆」的意思；「迎水流」，這裡是就敵我所處相對位置而言，即我軍陣位於敵軍陣下游之意。進行河川戰時，應布陣或駐紮在向陽、高於敵岸、位於敵陣上游的地區為宜，切不可在敵人的下游駐紮或布陣：

① 可瞰制敵軍，掌握敵情。何氏注：「視生向陽，遠視（可以瞭望遠方）也。軍處高，遠見敵勢（敵軍動靜），則敵人不得潛來（偷襲我軍），出我不意也。」
② 可防敵軍利用決水掩沒我軍。
③ 可以防敵施放毒藥於河水。

張預注：「卑地勿居，恐決水溉（掩沒）我。……兼慮敵人投毒於上流。」

④ 居高臨下，順流而戰，利於戰力之發揮。何氏注：「順流而戰，則易為力。」張預注：「舟戰亦不可處下流，以彼沿我溯（敵軍從上順流，我軍居下逆流），戰不便（無法獲得地形優勢）也。」

戰例 春秋時期（西元前525年），吳國出動舟師沿長江西進攻擊楚國，楚國的令尹率領舟軍前往抵禦。惟戰前楚軍占卜作戰的結果不吉利；司馬子魚則認為：「我得（占據）上流，何故不吉？」於是楚軍初擊與吳軍於長岸決戰，大敗吳軍，「是軍須居上流也。」（《左傳·昭公十七年》）

戰例 三國時期（222年），魏將曹仁率軍東征吳國，準備先攻取吳軍長江防線戰略據點濡須城，以利爾後作戰。面對魏軍攻勢，吳軍除據守長江西岸外，又將戰船布陣於長江上的中洲上游，與西岸形成口袋陣地。魏軍參謀蔣濟因而勸阻曹仁，若將戰船駛入中洲，就如同自投於地獄之中，是一條被敵殲滅的作戰路線（「自內地獄，危亡之道。」）曹仁不聽從蔣濟的見解，最後遭致失敗。（《三國志·魏書·蔣濟傳》）

戰例 楚漢相爭其間（西元前203年），漢將韓信率軍（約十萬）襲擊齊國，攻陷齊都臨淄。齊王田廣率軍敗退至高密，派遣使臣向項羽請求救援，項羽派遣部將龍且率軍二十萬救援齊國，與齊軍會師於高密。有人向龍且提出制勝策略：面對韓信孤軍應採用長期堅壁固守的戰略，迫使韓信缺糧自潰而投降。但龍且素來輕視韓信，早存輕敵之心，又貪功近利，急於與韓信決戰，於是率領齊楚聯軍前往濰水與漢軍隔岸布陣對峙。

韓信詳察濰水周邊地理形勢，決計運用濰水，創造利於己而不利於敵的作戰態勢。作戰過程如下：

1. 會戰前一夜，韓信命令部隊趕製一萬多個麻袋，裝滿沙土，堵截濰水上游的水流，製造濰水斷流的假象。

2. 次日，韓信以主力設伏於岸邊，自己親率一部兵力（數千人）越過枯竭的濰水，襲擊龍且軍。

龍且率軍迎戰，韓信軍即佯敗退卻，以誘使龍且渡河追擊。果然，龍且大喜過望，直認他沒錯估韓信果然個膽小畏戰的將領，逐立即揮軍渡河追擊，以擴大戰果。

3. 韓信等待龍且軍一部分已逐漸過河上岸了，立即將上游決堤促流，河水頓時急湧而下，將龍且軍結成兩半，此時，僅龍且率領的部分軍隊上岸，而後面的主力無法再渡河。

4. 漢軍對已渡河部分的龍且軍不僅在數量上、精神士氣上都形成了絕對的優勢。韓信掌握戰機，迅速揮軍反擊，全殲已渡河的齊楚聯軍，龍且陣亡。

5. 滯留於濰水東岸的齊楚聯軍，見大勢已去，陷入混亂，紛紛逃散，韓信乘亂追擊（至城陽），俘獲齊王，完全占領齊地。（《史記·淮陰侯傳》、《百戰奇略·水戰》，另參見〈謀攻〉章）

3. 處斥澤之軍：可稱為沼澤戰。「斥澤」，「斥」，鹽鹼地，即帶有鹽分的土地。「澤」，沼澤地。兩者都是低濕之地，通常範圍遼闊空曠。作戰要領有二：

(1)迅速通過並遠離，即「惟亟去無留」。「亟」，迅速。「去」，離開。軍隊應儘量避免在鹽鹼沼澤地作戰，因為鹽鹼沼澤地區有幾種狀況：

① 土質鬆軟，地勢低濕，蘆草叢生，泥濘難行，不利軍隊運動、作戰。

② 水草量少質差，五穀不生，不利軍隊給養（維持生活）。陳皞注：「斥，鹹鹵之地，水草惡（水草品質不佳），漸洳（地勢低濕鬆軟）不可處軍。《新訓》曰：『地固斥澤，不生五穀者』是也。」張預注：「斥澤謂瘠鹵漸洳之所也，以其地氣濕潤，水草薄惡（量少質差），故宜急過。」

③ 涵蓋面積遼闊空蕩，地勢又低，沒有可以依託的屏障，難以防守。梅堯臣注：「斥，遠（面積遼闊）也。曠蕩難守，故不可留。」王皙注：「斥，鹵也。地廣且下（低下），而無所依（沒有可以依託的屏障）。」

(2)若不得已與敵「交軍於斥澤之中」，就必須「依水草而背眾樹」，形成有利據點。「交軍」，會戰。理由如下：

① 沼澤地帶有些土質因帶有鹽分，所以草木難生，水質難飲，但也有些

地方也可生長水草；水草樹木繁盛的地方通常利於人馬維持生活。

② 有樹木的地區，地質較爲堅實，既可避免軍隊運動時陷入泥濘之中，又可作爲屛障依拖。

李荃注：「急過不得戰，（不得已會戰）必依水背樹。夫有水樹其地無陷溺也。」張預注：「不得已而會兵於此地，必依近水草以便樵汲（採柴、取水），背倚林木以爲險阻。」《百戰奇略・澤戰》：「凡出軍行師，或遇沮澤、圮毀（被沖毀坍塌）之地，宜倍道兼行速過，不可稽（滯）留也。若不得已，與不能出其地（無法離開這些地方），道遠日暮（路途遙遠或夜幕低垂），宿師於其中，必就地形之環龜（四周低而中間高形似龜背之地），都（部署）中高四下爲圓營（依地形布列成圓陣），四面受敵（以利四面迎敵）。一則防水潦之厄（防止淹水），一則備四周之寇（防敵圍攻）。」

戰例　唐高宗調露元年（679年），東突厥首領阿史德溫傅起兵反唐，唐高宗令大將軍裴行儉率軍北上討伐。次年春，唐軍於傍晚進抵東突厥邊界，就地安營紮寨、挖掘塹壕，準備休整。當部隊完成各項宿營勤務，準備休息時，裴行儉突令部隊立即遷到高岡處宿營。有的將領報告說：「將士們現已安居就緒，不可再驚動他們了。」裴行儉執意不從，要求部隊必須遷移高岡處安營。等到深夜，風雨雷霆突然大作，唐軍原來設營的地方，頃刻一片汪洋，水深竟達一丈多。眾將士目睹此種驚濤駭浪的突變情景，無不驚歎僥倖，佩服之至。（《新唐書・裴仁儉傳》）

4. 平陸之軍：「平陸」，平原地區，可稱爲平原戰。平原地區作戰要領：「處易」與「右背高，前死後生」。

(1) 平原地設營應選擇在「易」地——寬廣平坦的地區，以利部隊機動。杜牧注：「言於平陸，必擇就其中坦易平穩之處以處軍，使我車騎得以馳逐（馳騁無阻）。」

(2) 布陣位置之選擇：

① 「右背高」——右翼或側背（至少一翼）要有高地做依托，形成居高臨下之勢，便於瞰制敵軍發起攻擊，並可防止敵軍從側背襲擊我軍。「右」，古代中原諸國尚右（楚國尚左），這裡主力或主要側翼。

「背」，依靠。背高，即〈軍爭〉所謂「背丘勿迎」的「背丘」。梅
堯臣注：「右背丘陵，勢則有憑（形勢上有所依憑）；前低後隆，戰
者所便（便於用兵作戰）。」

② 「前死後生」——前低後高的地形。即以我陣地為準，前面控制使敵
行動困難的死地，後面連接運動便利的生地。「死」，指低地、行動
困難之地；要將敵人引到的地方。

「生」，指高地、運動便利之地；我軍自己占據的地方。《淮南子‧墜
形訓》：「高者為生，下者為死」，〈兵略訓〉：「所謂地利者，後生
而前死。」李筌注：「前死，致敵之地；後生，我自處。」張預注：
「雖是平陸，須有高阜（高地），必右背之，所以恃為形勢者也。前低
後高，所以便乎奔擊（奔馳出擊）也。」

5. 結論：「四軍之利」，勝戰之要訣。孫子認為中國古代「黃帝」，之所以
能戰勝「四帝」，就是能有效掌握「四軍之利」而取勝的。「四軍」，軍
隊處於上述「山」、「水」、「斥澤」、「平陸」等四種地形的處置原
則。「黃帝」，名軒轅，傳說是中國歷史上第一個君王。「四帝」，泛
指與黃帝同時的部落首領。漢簡《黃帝伐赤帝》記載：「（黃帝南伐赤
帝）……東伐蒼（青）帝……北伐黑帝……西伐白帝……已勝四帝，大有
天下。」可知「四帝」，實指赤、青、黑、白四帝。張預注：「黃帝始
立，四方諸侯亦稱帝，以此四地勝之（憑藉對「山、水、斥澤、平陸」四
種處置軍隊的原則戰勝了四方諸侯）。按《史記‧黃帝紀》云：『與炎帝
戰於阪泉，與蚩尤戰於涿鹿，北逐葷粥。』又《太公六韜》言黃帝七十戰
而定天下。此即是（證明）有四方諸侯戰也。兵家之法，皆始於黃帝，故
云然（所以如此論證掌握「四軍」的重要性）也。」

(二)養生處實，軍無百疾，是謂必勝

凡軍好高而惡下，貴陽而賤陰，養生處實，軍無
百疾，是謂必勝。丘陵堤防，必處其陽，而右背之，此
兵之利，地之助也。上雨水沫至，欲涉者，待其定也。
凡地有絕澗、天井、天牢、天羅、天陷、天隙，必亟去
之，勿近也；吾遠之，敵近之；吾迎之，敵背之。軍旁

有險阻、潢井、蒹葭、林木、蘙薈者，必謹慎覆索之，此伏姦之所也。

【語譯】大凡部隊駐紮宿營，以高險的地形為佳，以低窪的地形為劣；以向陽的地方為佳，以陰溼的地方為劣；將部隊駐紮於糧食、物資補給充分的地方，就可保持將士身心的健康，不致滋生疾病，就有勝利的保證。在丘陵或堤防駐紮時，應選在向陽而右側有依托的地方。這些都是對行軍布陣的有利措施，多得自地形地勢的輔助。當行軍渡河時，發現上游流下的水中有泡沫，乃是有洪水暴漲的徵候，應等待水勢穩定後再渡河。凡遇到以下地形：兩岸峻峭，水流其間的谿谷；四周高峻，中間低窪的凹地；四面高山，深林環繞，易進難出的地區；荊棘叢生，進退不易的地區；地勢低窪、泥濘易陷的地帶；兩山之間狹窄難行的谷地，都一定要迅速離開，不要接近。我軍應遠離這種地形，而讓敵人靠近它，如不得已接觸交戰，我軍要面向這種地形迎擊敵人，迫使敵人陷於其中，使其無路可退。部隊行軍時，如旁有高山險惡的地形、沼澤區、蘆葦蔓生處，或樹林、野草茂盛的地區，必須仔細的、反覆的搜索，因為這些都是敵人可能設置伏兵襲擊或諜報人員偵察我軍的地方。

【闡釋】
　　本節是繼前面四類處軍之法的重申與補述，區分為駐軍、宿營、行軍以及各種複雜地形的處置要領。

1. 選定駐軍位置的條件：「好高而惡下，貴陽而賤陰，養生而處實。」凡是駐軍應占據高地，避開低窪；力尋向陽乾燥處，排除低窪陰溼處；選擇鄰近水源地，便利給養的區域。

　　⑴好高惡下：「高」，高地。「下」，低窪地。「好」，偏好、喜歡，此引申為一定選擇。「惡」，厭惡、討厭，此引申為不會選擇。軍駐高地的優點：

　　　① 明亮、乾燥、通風，部隊得以安穩舒順。梅堯臣注：「高則爽愷（明亮乾燥），所以安和（安全舒適）。」

　　　② 便於遠望觀察敵情。

③ 利於以居高臨下之勢，攻（衝）擊敵人。張預注：「居高則便於覘望，利於馳逐。」

④ 遠水患（王晳注）。

軍駐低窪地的缺點：部隊久駐，易生疾病；易受敵瞰制；攻則戰力難以發揮，防則無從據險固守。梅堯臣注：「下則卑濕（低下陰濕），所以生疾，亦以難戰。」張預注：「處下則難以為固，易以生疾。」

(2)貴陽賤陰。陰陽，指日照方向而言，「陽」，向陽面，「陰」，被陽面。張預注：「東（面）、南為陽，西、北為陰。」「貴」，看重，此引申為優先選擇。「賤」，輕視，此引申為避開選擇。向陽則明亮令人舒適，有益身心健康。梅堯臣注：「處陽則明順（明亮舒適）。」背陽則陰濕令人難耐，久處則心生憂鬱、誘發疾病；同時，武器裝備亦容易受潮而損壞（不堪用）。梅堯臣注：「處陰則晦逆（陰暗難耐）。」王晳注：「久處陰濕之地，則生憂疾，且弊軍器也。」是以「貴陽賤陰」者，乃在增進軍隊之健康，維持武器裝備妥善堪用。

(3)養生處實，軍無百疾，是謂必勝。指軍隊要選擇在水草豐茂，便於放牧，而且糧食充足，物質供應方便的地域駐紮。「養生」，使人員能保持良好的生活條件，獲得休養生息，意指水草豐茂，糧食充足，部隊給養無虞。曹操注：「養生，向（靠近）水草，可放牧養畜（牛馬等牲畜）。」王晳注：「養生謂（養生是就）水草，糧糒（穀物、乾糧）之屬（類）。」「處實」有二義：

① 「實」，指所處位置，軍需物質供應充實而言；即駐軍於物產充實，便利糧草運補的區域。梅堯臣注：「處實，利糧道。」

② 「實」，指固實的高地，即駐軍於固實的高地。曹操注：「實，猶高也。」張預注：「處實謂倚隆高之地以居也（依托高地駐紮）。」《兵經百篇・法部・住》：「住軍必後高前下，向陽背陰，養生處實，水火無慮，運接不阻，進可以戰，退可以守，有草澤流泉，通達樵牧者，則住。」

軍隊在抵達戰場與敵戰鬥前，首先要維持官兵的生存與身心的健康。所以駐軍（宿營）位置之選擇甚為重要，除了基於戰略戰術需求之外，也要考慮官兵生理上和心理上的因素。在臨戰前的環境中生病是軍隊作戰致命的弱點，因此在可能條件下，要選擇最好的地理環境，借以生存。

誠能如上述要領以處軍，則「軍無百疾」，戰力必強，以之臨戰，當然有必勝之把握，故曰「必勝」；「百疾」，各種疾病。

總之，行軍與短兵接戰不同，短兵接戰受兵刃矢石的傷害，行軍則受地形（如泥濘之地），氣候（如雨雪風暴），飲食（如缺乏飲用水）和居住條件（如風餐露宿）的傷害。（李零，《兵以詐立我讀《孫子》》，頁262）就歷次戰爭之經驗，死於疾病者，均比陣亡者多。拿破崙說：「疾病是最危險的敵人」，「寧可讓部隊去從事流血最多的戰鬥，而不可讓他們留在不衛生的環境中」（鈕先鍾，《西方戰略思想史》，頁201）。真可謂英雄所見大抵相同。孫子論兵，子在二千餘年以前，即明白指出，「軍無百疾」實乃爭取勝利的必要條件，真可以算是先知先覺。李筌注：「夫人處卑下，必癘疾。惟高陽之地可居也。」杜牧注：「言養之於高陽，則無卑濕陰翳（陰暗障蔽），故百疾不生，然後必可勝也。」張預注：居高面陽，養生處厚，可以必勝，地氣乾燥（乾燥），故疾癘不作。」

(4) 丘陵隄防，必處其陽而右背之，此兵之利，地之助也。本句為宿營之補述。前論宿營於「水上」、「斥澤」、「平陸」之軍，無險可依，也儘量要尋找向陽高地，如「斥澤」、「平陸」，可依樹木，「水上」──河流、湖泊地區，則可選擇向陽高地宿營，同時背依高地，面向敵人，待敵應戰。「丘陵」，小山，指坡度較緩、連綿不斷的山丘，海拔約五百公尺以下，比高不超過兩百公尺。「隄防」，壩岸，是在江河湖海沿岸修建之擋水建築物，防止洪水或潮汐的氾濫。一般而言，「陽」為東南，「陰」為西北。事實上，兵力部署不可能處處選東南面避西北，故「陽」泛指向陽之高地。「利」，便利；「助」，輔助。（夏振翼注）用兵者應藉地利為助力，一則求得我軍生存之便利，以維持戰力。二則根據地形，決定攻守策略以制敵取勝。《諸葛亮集・將苑・地勢》：「夫地勢者，兵之助也，不知戰地而勝者，未之有也。」

(5) 行軍──渡河要領：上雨，水沫至，欲渡者待其定也。「上」，上游。「沫」，水上泡沫。「涉」，原指徒步渡河，這裡泛指渡河。「定」，平，指水勢平穩。當部隊欲渡河時，發現水面有大量泡沫浮起，可判為上游正（曾）降大雨，是河水暴漲的徵候，不久必有急流奔騰而下，應待水勢穩定後方可渡河，否則將有陷溺之危。杜牧注：「言過溪澗，見

上流有沫，此乃上源有雨。待其沫盡，水定乃可渡。不爾（否則），半渡恐有瀑水卒至（突然到來）也。」

2. 各種複雜地形之處置。〈行軍〉將複雜地形區分爲二：

⑴「六天險」（六害之地）：即「絕澗」、「天井」、「天牢」、「天羅」、「天陷」、「天隙」等「地障」（絕地），均爲必須迅速脫離的地形，即〈九變〉：「絕地無留」。

⑵「五伏地」：即「險阻」、「潢井」、「蒹葭」、「林木」、「翳薈」等「五伏」之地，均爲必須仔細搜索，防敵伏擊的地形。

⑴ 六天險：

① 界定：要想了解「絕澗」、「天井」、「天牢」、「天羅」、「天陷」、「天隙」等地形意義，可就字面解釋，並運用想像去意會其實際內涵，也可從戰史中獲知這些地形的運用情形。

　　A.「絕澗」，指絕壁斷崖中的深澗，即兩岸峻峭，水流其間的谿谷；此種地形斷絕人的行路，難以跨越。「絕」，高峻的峭壁斷崖；「澗」，峻峭山谷間的流水。賈林注：「兩岸深闊，斷人行，爲絕澗。」張預注：「谿谷深峻，莫可過者爲絕澗。」

　　B.「天井」，指四周高峻，中間低窪（凹陷），水流匯集的地帶，猶如一座深井。曹操注：「四方高，中央下爲天井。」張預注：「外高中下（四邊高中間低），眾水所歸者爲天井。」「天」，有天然形成之意；以下同。

　　C.「天牢」，指四面高山、叢林環繞，易進難出，有如監獄般的地形。王晳注：「牢，謂如獄牢。」曹操注：「深山所過（行進深山），若蒙籠（被封閉）者爲天牢。」張預注：「山險環繞，所入者隘（進去的路窄），爲天牢。」

　　D.「天羅」，指道路崎嶇，寬窄不一，荊棘叢生，進退困難，各式兵器無法使用，進入後如入天羅地網的地帶。王晳注：「羅，謂如網羅也。」梅堯臣注：「天羅，草木蒙密，鋒鏑（刀刃、箭鏃，泛指兵器）莫施。」賈林注：「道路崎嶇，或寬或狹，細澀（阻塞）難行，爲天羅。」張預注：「林木縱橫（森林廣闊），葭葦（蘆葦）隱蔽者，爲天羅。」

　　E.「天陷」，指沼澤泥淖之地，即地勢低窪或潮溼、多泥濘，人馬難

行，進入後如同跌入陷阱的地形。王晳注：「陷，謂溝坑淤濘之屬。」梅堯臣注：「天陷，卑下汙濘（低窪泥濘），車騎不通。」張預注：「陂池泥濘，漸車凝騎者（車馬被水、泥所阻。漸，沾濕。凝，固定住。），爲天陷。」

F. 「天隙」：兩山間所形成狹隘長谷，道路狹窄，地面多坑洞，如天然縫隙般的地形。王晳注：「隙，謂木石若隙罅（木石雜錯如縫隙）之地。」梅堯臣注：「天隙，兩山相向，洞道狹惡（狹窄險惡）。」賈林注：「兩邊險絕（懸崖峭壁），形狹長而數里（狹長連綿數里），中間難通人行，可以絕塞出入，爲天隙。」張預注：「道路迫狹（狹窄），地多坑坎者，爲天隙。」

② 處置。消極處置上，按「絕澗」等六天險，都是危險的地障、死地，故稱之爲「六害之地」（曹操等注皆稱之）。凡遇此類地障，必「亟去之，無近也」，即須迅速離開，切勿接近。亦可藉六害之地誘敵殲敵的積極處置：

A. 吾遠之，敵近之。我軍一面迅速穿越或遠離「絕澗」等地，一面誘敵或迫使敵軍接近該地，然後乘其進退兩難之際而襲擊之。「近」，使……接近。曹操注：「用兵常遠六害，令敵近背之，則我利敵凶（利我不利敵）。」李筌注：「善用兵者，致敵之受害之地也（將敵人引向有害的地形）。」

B. 吾迎之，敵背之。選定面向「絕澗」等天險之有利位置，部署兵力，待敵軍通過該地帶，即可將其壓迫至地障（壓迫）而殲滅之（此即「前死後生」之運用）。「迎」，面對。「背」，使……背靠。「敵背之」，使敵人背向障礙地區。我「遠之」、「迎之」，均爲確保我軍行動自由；使敵「近之」、「背之」，敵則喪失主動，陷入進退兩難之境。杜牧注：「迎，向也。背，倍也。言遇此六害之地，吾遠之、向之，則進止自由。敵人近之、倍之，則舉動有阻。故我利而敵凶也。」《草盧經略・薄險》：「薄險者，迫諸險而擊之也。凡水澤沮洳之濱，山林傾側之所，地勢崎嶇，迂邪狹險，若此之類，車不得方軌，騎不得此行，隊伍不得森列，前者雖至而未整，後者方行而未息，人馬數顧，行陣絕續，人心未一，銳氣未張，備禦未嚴，此正可以憑陵之也。我欲勝之，亟宜薄之。」

(2)「五伏地」：行軍道路兩旁，或駐軍營地附近，可能遇到的地形（地區）：

①「險阻」：指高山險要的地形。曹操將「險阻」區分為二：「險者，一高一下之地（一面有高山一面有深谷的險惡地帶）。阻者，多水也（河川縱橫的水網地帶）。」

②「潢井」：泛指沼澤低窪地帶。曹操注：「潢者，池也（積水池）；井者，下也（低窪地方）。」

③「蒹葭」：蘆葦叢生的草地。曹操注：「葭葦者，眾草所聚。」

④「林木」：森林地區。曹操注：「山林者，眾木所居（樹木密布之處）也。」

⑤「翳薈」：草木繁茂，陰深幽暗，可以蔭蔽的地帶。曹操注：「翳薈者，可屏蔽之處也。」

以上五種地形共通的特點是草木茂密，具有遮蔽的效果，便於敵作為「伏奸之所」，方便敵人埋伏兵力、偵察我軍情之所在；所以必須「謹覆索之」，小心謹慎，再三反覆去搜索，以防敵人知我動靜，或乘我不備而襲擊。《吳子‧應變》：「遇諸丘陵、林谷、深山、大澤，疾行亟去，勿得從容（不得有所延緩滯留）。」反之，若這些地形（區）被我軍所控制，便可用以偵察敵情，或設伏襲敵。「伏」，埋伏、隱藏。「奸」，偵探、間諜，這裡指斥候（堠），即負責偵察、警戒敵情的哨兵或尖兵。「覆索」，反覆的搜索。「覆」，同「復」。張預對「五伏奸之所」的綜合註解：

①有關地形之解釋：「險阻，丘阜之地（險阻即指高地），多生（常有）山林；潢井，卑下之處（低窪地），多產葭葦」。

②地形對環境之影響：「皆翳薈，可以蒙蔽。」

③處置之法：「必降索之（下去搜索）」，其對象應區分為「伏」與「奸」兩事：「恐兵伏其中」；「又慮姦細（間諜、斥候）潛隱，覘（窺探）我虛實，聽（監聽）我號令。」

以上「四軍之利」，「六害之地」，「五伏奸之所」，皆為行軍接敵行動中部署兵力時，所應考慮之地形因素。雖然大多是戰術上的著眼，但以略、術、鬥、技，向上支持、向下指導之要旨而言，孫子〈行軍〉所論之地形，也是對其戰略原則上支持。「夫地形者，兵之助也」，就是

這個道理。（李啟明，《孫子兵法與現代戰略》，頁136）

(三)相敵三十二法

　　敵近而靜者，恃其險也；遠而挑戰者，欲人之進也。其所居易者，利也。眾樹動者，來也；眾草多障者，疑也；鳥起者，伏也；獸駭者，覆也；塵：高而銳者，車來也；卑而廣者，徒來也；散而條達者，樵採也；少而往來者，營軍也。辭卑而益備者，進也；辭強而進驅者，退也。輕車先出居其側者，陣也。無約而請和者，謀也；奔走而陳兵者，期也；半進半退者，誘也。杖而立者，飢也；汲而先飲者，渴也；見利而不進者，勞也。鳥集者，虛也。夜呼者，恐也。軍擾者，將不重也。旌旗動者，亂也。吏怒者，倦也。殺馬肉食者，軍無糧也；懸瓶而不返其舍者，窮寇也。諄諄翕翕，徐與人言者，失眾也。數賞者，窘也；數罰者，困也；先暴而後畏其眾者，不精之至也。來委謝者，欲休息也；兵怒而相迎，久而不合，又不相去，必謹察之。

【語譯】敵人距離我軍很近，卻按兵不動，是倚仗其已占領險要地形；敵人距離我很遠，即前來向我軍挑戰，是企圖誘使我軍出擊；敵人不據險要，卻部署於平坦地形，必定有其自以為利之處。看到林木搖動，是敵軍前來攻我的徵候；雜草叢生處，設有障礙物，是敵軍故布疑陣。鳥雀突然從叢林中飛起，其下必有敵軍埋伏；野獸驚惶四逃，是敵軍隱密來襲的徵候。至於遠望塵土，如高揚而且呈尖細長形，是敵戰車來攻的徵候；如低揚而範圍遼闊，是敵步兵來攻的徵候；如飄揚各處，是敵正在砍運木材；如飛揚塵土不多，散見敵兵往來其間，是敵軍正在建造營房。敵派來的使者，言辭謙虛，卻又加強戰備，是有進犯我軍的意圖；若敵方使者措辭強

硬、態度傲慢，在行動上擺出進迫之勢，這是敵軍準備後撤的預兆。敵方如先派出戰車部署於兩側，是準備掩護其主力戰開戰鬥隊形。敵尚未陷入困境，卻主動前來議和（或敵人沒有事先提出保證合約，僅口頭言和），其中必有詭計。敵軍人馬急速奔馳列陣，是已到其預劃與我決戰的日期；敵似進非進，似退非退，是敵軍想牽制或引誘我軍入其圈套。敵人若有拿著兵器當拐杖者，是因飢餓無力，敵負責取水者，取後自己急著先喝，表示敵軍缺水已久。敵人有取勝機會而按兵不動，表示軍力疲憊。敵軍駐紮的地方，有群鳥聚集，表示已撤離。敵軍夜間呼叫不止，表示敵人恐懼不安。敵軍陣營紊亂無秩序，表示敵將毫無威嚴。敵軍旗幟搖擺不定，表示其隊伍已經混亂。敵軍幹部急躁易怒，表示敵軍已疲倦厭戰。敵以軍糧餵馬，殺牲畜吃，表示已經缺乏糧食。敵軍拋棄炊事用具，部隊不返回營舍，表示敵軍有如已陷於窮途末路的盜賊，準備拼死突圍。敵軍將領對其部屬低聲下氣，反覆叮嚀，表示已失去軍心。不斷獎勵或懲罰部屬，表示敵將領導有困難。對待部屬先採取嚴厲政策，繼而姑息妥協者，是不明統御之道的將領。兩軍對峙，勝負未分，敵卻派遣使者攜厚禮前來求和，是戰力不濟，急於休戰整補。敵軍挾旺盛士氣前來，既不與我交戰，也不退去，我軍必須謹慎查明敵軍真實意圖。

【闡釋】

本節所論為「相敵三十二法」，就是偵察、判斷敵情的三十三種方法。為使讀者容易理解，茲將「相敵三十二法」作如下之區分：

1. 從敵軍陣地判斷敵情：

(1)近而靜者，恃其險也。「近」，迫近敵陣，或謂兩軍相近；「靜」，鎮靜。「恃」，憑藉、倚仗。當我迫近敵軍（或與敵對峙距離甚近），敵人卻未採取因應之行動，顯然是占據了有利地形，而無懼於我之近迫威脅。王晳注：「恃險，故不恐也。」

(2)遠而挑戰者，欲人之進也。敵我距離尚遠，卻派遣小部隊前來襲擾，時進時退，是因為敵人已設伏或布陣於有利位置，欲藉不斷的騷擾、挑釁，誘（迫）我軍在忍無可忍的狀況下反擊（〈火攻〉：「怒而興師，慍而致戰」）。「遠」，兩軍距離遠。「挑戰」，意圖藉由佯攻、襲

擊，誘（迫）使敵人輕易用兵。張預注：「兩軍相近，而終不動者，倚恃險固也。兩軍相遠而數挑戰者，欲誘我之進也。《尉繚子》（〈攻權〉）曰：『分險者無戰心（不會輕易出擊應戰）。』言敵人先分得險地，則我勿與之戰也。又曰：『挑戰者無全氣（全心作戰的氣勢）』，言相去遠則挑戰而延誘我進，即不可以全氣擊之，與此法（與這裡所論）同也。」

(3) 其所居易者，利也。「居」，處，駐紮、布陣；「易」，平坦之地。「居易」：在平坦地形部署兵力。「利」，

① 有利，此指敵人已控（占）領了有利的地形。曹操注：「所居利也。」

② 利誘。

任何部署都是利用險阻而不用平易之地，假若敵人「不居險阻而居平易，必有以便利於事（便於其作戰的條件）也」（杜牧注）：

① 平坦之地，交通方便，若又控領「右背高，前死後生」之地，則有利於大軍團之運用，可妥善部署與我決戰，戰則易勝。賈林注：「敵之所居，地多便利，故挑我使前就己之便（引誘我軍前往有利於敵設伏布陣的地形之內），戰則易獲其利，慎勿從之也。」

② 故意居處平坦地形作為誘餌，讓我方誤判有利，以誘使我方前往攻擊；事實上，敵人已經設伏，準備殲擊我軍。張預注：「敵欲人之進，故處於平易，以示利而誘我也。」

2. 從自然景觀判斷敵情：

(1) 眾樹動者，來也。遠方的樹林無風而異常的搖動，那顯示叢林中有大批敵軍砍樹開道而來。「眾樹動」：謂樹木因砍伐而動；又砍樹是為開闢道路以利車馬行進。另砍下之樹，亦可用以製作兵器。張預注：「凡軍必遣善視者登高覘敵，若見林木動搖者，是斬木除道而來也。或曰不止除道，亦將為兵器也。若晉人伐木益兵（增加兵器。《左傳·僖公二十八年》），是也。」

(2) 眾草多障者，疑也。眾草：草叢；障：障蔽物；疑：迷惑。敵於草叢中設置許多障礙，是要故布疑陣，使我疑有伏兵，以遲滯我軍，而不敢前進。敵人採此偽裝之計的原因如下：

① 「營壘未成」：「拔軍潛去（悄悄撤軍）」；若有以上狀況，為防止

我軍追擊或襲擊，故意處處結草設障，製造假象，「如有人伏藏之狀，使我疑而不敢進」（杜牧注）；或是「設留形（設置部隊仍駐軍該處的假象）而遁，以避其（敵）追」（張預注）。

② 迷惑我軍防備重點。敵在襲擊我軍前，「叢聚草木以為人屯（偽裝成軍隊駐紮狀）」，以欺蒙我軍，使我軍加強對該處之防範，事實上敵「欲別為攻襲」，也就是製造「使我備東而（敵）擊西」的情勢（賈林、張預注）。

(3) 鳥起者，伏也。原本在棲息林中的鳥類，忽然成群迅速集起高飛，樹林中必有人經過或潛伏（準備襲擊我軍）。「起」：起飛，此指群鳥驚飛；「伏」：伏兵。李荃注：「藏兵（隱藏部隊）曰伏。」

(4) 獸駭者，覆也。山林草叢之中，原為野獸棲息之所，忽然驚慌狂奔，必然有眾多之人進入山林，這是大規模敵軍前來襲擊的徵候。「駭」，受驚奔竄。「覆」，遮蓋、掩蔽，這裡引申為「不意而至」（出乎意料的前來），意指敵軍潛行而來的奇襲部隊。張預注：「凡欲掩覆（襲）人者，必由險阻草木中來，故驚起伏獸奔駭也。」

3. 從塵土飛揚情形判斷敵情：

(1) 高而銳者，車來也。「銳」，尖，這裡形容飛揚的塵土極為細長。在靜寂無風的曠野，忽然飄揚起高而細長的塵土，是敵人戰車（主力部隊）來攻的徵候；因為①車馬奔馳速度快，馬蹄、車輪力量大；②各車又須接連相繼前進，所以飛塵細長直上。梅堯臣注：「蹄輪勢重，塵必高銳。」張預注：「車馬行疾而勢重，又轍跡相次而進（各車接連相繼前進；轍跡，行車路線），故塵埃高起而銳直也。」

(2) 卑而廣者，徒來也。若遠方塵土漫漫，飛塵低而寬闊，是敵步兵來攻的徵候。因為①步兵速度有限，腳步較輕；②徒步隊列疏散，不似車馬奔馳時揚塵直上。「卑」，低下。「廣」，面積寬闊。「徒」：指步兵。杜牧注：「步人行遲（行進速度慢），可以並列，故塵低而闊也。」張預注：「徒步行緩而跡輕，又行列疏遠（行軍隊列稀疏而長遠），故塵低而來。」

(3) 散而條達者，樵採也。若飛塵疏散零落，顯示敵軍正在採拾薪柴，準備炊事。因為「樵採者，各隨所向（隨處各採各的柴），故塵埃散衍（分散展開）。（杜牧注）」「散」，稀疏。「條達」，王晳注：「纖微

（極細微）斷續之貌。」「散而條達」，形容細微的塵土斷斷續續散亂飛揚。「樵採」，採拾炊事所用的木柴。

(4)少而往來者，營軍也。若遠處飛塵稀疏，卻散見多處，時起時落，顯示敵人正忙於設置營壘，準備駐紮該地。這是因為「欲立營壘，以輕兵（少量騎兵）往來為斥候（來回巡邏偵察警戒），故塵少。（杜牧注）」「少」，形容非常稀疏。「少而往來」，略有塵土，時起時落。

4. 從敵使者言行判斷敵情：

(1)辭卑而益備者，進也。兩軍對峙，敵人遣使來會，言辭謙卑，看似畏懼我軍，而其軍中卻暗中積極備戰，此種徵候，是敵人設計我，一則窺探我軍虛實，一則令我軍驕傲輕敵，疏於防備；可以判定敵人準備乘機襲擊我軍。「辭卑」，表示措辭謙卑恭順。「益備」，加強戰備。「益」，增加、更加。曹操注：「其使來卑辭，使間視之（是要窺探我軍虛實），（實際）敵人增備也。」杜牧注：「言敵人使來言辭卑遜，復增壘塗壁（加固防禦設施），若懼我者，是欲驕我使懈怠，必來攻我也。」

(2)辭強而進驅者，退也。是虛張聲勢，故知其退也。「辭強」，措辭強硬。「進驅」，顯示想要進軍的態勢（謂故作進攻之勢）。兩軍對峙，勝負未定，或情勢於我有利，敵人卻派來使，措辭強硬，態度傲慢，同時，在行動上則故示進軍，準備決戰的意圖。這其實是以進為退的詭計，即藉由「脅迫」手段，虛張聲勢，轉移焦點，企圖在我軍還未設想到之前，得以順利撤軍。梅堯臣注：「欲退者，使既詞壯（使者言辭強硬），兵又彊進（部隊也準備出擊決勝），脅我也。」王晳注：「辭彊示進形，欲我不虞（未曾想到）其去也。」張預注：「使來辭壯，軍又前進，欲脅我而求退也。」

(3)無約而請和者，謀也。兩軍對峙，經歷若干時日，雙方均無尋求和解之跡象，敵人卻無故派遣使者前來請求議和。然而敵之使者並未提出實質的擔保條件，作為履行條約的憑藉，僅以口頭表述議和，這是敵人別有所圖，或藉以鬆懈我軍防務，或藉以緩和我軍攻勢而待援軍等。「約」有二義：①協議、預先說定，這裡是指履行條約所應約定的具體擔保事項。②束縛、限制，這裡引申為受挫、受制。「謀」：籌畫、計議，這裡指詭計，暗中算計、別有所圖。李筌注：「無質盟（實質盟約）之

約，請和者，必有謀於人。」王晳注：「無故驟（突然）請和者，宜防他謀也。」陳皞注：「今言無約而請和，蓋總論（概括的說法）。兩國之師，或侵或伐（或敵侵略我，或我侵略敵），彼我皆未屈弱，而無故請和好者，此必敵人國內有憂危之事，欲爲苟且暫安之計（藉求和暫且保持實力）。不然，則知我有可圖之勢（我方弱點），欲使不疑，先求和好，然後乘我不備而來取也。」

5. 從敵軍狀態判斷敵情：

(1)輕車先出，居其側者，陳也。望見敵的戰車脫離主力（先離行軍序列），向兩側展開，這表示敵人正掩護主力部署，準備進攻。「輕車」，戰車。「陳」兵，同陣，即布陣、部署兵力。賈林注：「輕車前禦，欲結陳（掩護主力布陣）而來也。」張預注：「輕車，戰車也。出軍其旁（使出列陣主力兩側），陳兵欲戰也。按魚麗之陳，先偏後伍，言以車居前，以伍次之（部隊在後）。然則（由此而言）是欲戰者，車先出其側也。」

(2)奔走而陳兵者，期也。「陳兵」：布列軍陣。「期」，已到約定的期限（日期時間）；在此指敵人與其他方面兵力，預期於某一時間會師，準備合力攻擊我軍之意；或是敵預伏於我之內應將發動襲擾，其主力準備策應進攻，故奔波於急速布列軍陣，準備與我決戰。賈林注：「尋常之期（一般赴期會師），不合（須）奔走，必有遠兵相應，有晷刻（確切、倒數計時）之期，必欲合勢，同來攻我，宜速備之。」

(3)半進半退者，誘也。「半進半退」，似進不進，似退非退；形容戰陣混亂，進退不一之狀。「誘」，引誘。戰陣之中，進退本當齊一，「勇者不得獨進，怯者不得獨退」，如今敵陣卻有進有退，行動混亂不一，判定是敵人僞作散亂之狀，以誘我進擊，或牽制我主力轉移兵力於其他方面。杜牧注：「僞爲雜亂不整之狀，誘我使進也。」梅堯臣注：「進退不一，欲以誘我。」

6. 敵亂軍敗將現象判斷敵情：

(1)杖而立者，飢也。敵營內部，士卒依扶著兵器站立、走動，顯示敵人飢餓，可以判斷敵人糧食補給已經不足。「杖」，刀、劍、槍、戟類的輕兵器，此指手扶兵器。張預注：「凡人不食則困（疲乏無力），故倚兵器而立。三軍飲食，上下同時，故一人飢則三軍皆然。」

⑵汲而先飲者，渴也。敵軍派赴取水的卒役，到達水源地後就迫不及待的上前取水自飲，顯示軍中嚴重缺乏飲水。「汲」，自井中取水，亦泛指於水源地取水。「先飲」，爭先喝水。杜牧注：「命之汲水，未汲而先取者，渴也。覩一人三軍可知也。」張預注：「汲者未及歸營，而先飲水，是三軍渴也。」

⑶見利而不進者，勞也。軍以利動，而情勢明顯對敵有利，敵卻放棄攻擊良機，未採取任何進取之行動，顯然敵軍戰力已是「強弩之末」，疲累交迫，無法再興攻擊了。張預注：「士卒疲勞，不可使戰，故雖見利，將不敢進也。」

⑷鳥集者，虛也。「集」，聚。「虛」，空，此指營寨空蕩。敵軍營帳仍然存在，而飛鳥卻群集於敵營區或附近，可以判定敵人已經暗中撤離，此乃敵「設留形而遁走（逃離）」的計策，即藉留置之帳篷，製造仍駐紮原地的假象。陳皞注：「此言敵人若去，營幕（內）必空，禽鳥既無畏，乃鳴集其上。……則知其是設留形而遁也。此篇蓋孫子辯敵之情僞也。」張預注：凡敵潛退，必存營幕，禽鳥見空，鳴集其上。……此乃設留形而遁也。」《六韜》：「聽其鼓無音、鐸無聲（聽不到敵人的鼓聲、鐸聲），望其壘上，多飛鳥而不驚，上無氛氣（敵營上方無塵埃飛揚），必知敵詐而爲偶人（假人）也。」（〈卷四虎韜・壘虛第四十二〉）

⑸夜呼者，恐也。「呼」，大聲吶喊、驚叫。「恐」，恐慌、惶恐。敵軍營寨，於夜間時常有恐懼不安的吶喊驚叫聲，顯示其軍心恐慌。曹操註解「軍士夜呼」，是因爲「將不勇」所造成的。張預則加以申論：「三軍以將爲主，將無膽勇，不能安眾，故士卒恐懼而夜呼。」

⑹軍擾者，將不重也。「擾」，亂。「軍擾」，軍營紛亂不安。「不重」，不穩重、威嚴不足。敵軍內部充滿紛亂不安的氛圍，可判斷其敵將領威嚴不足。舉凡將領
　①威容不重（容貌儀態不莊重）」（陳皞注）
　②「不持重（行事舉止穩重、不輕躁）」（張預注）、「進退（行爲）舉止，輕佻率易（輕率隨便）」（杜牧注）。
　③「（治軍）法令不嚴（陳皞注）」；都是「將不重」，未能獲得部屬之信任悅服，致使「軍擾」的原因。

⑺ 旌旗動者，亂也。「旌旗動」，旌旗搖動不定。「亂」，指隊伍紊亂。旌旗是用以統一部隊行動的，今敵旌旗卻搖動不定、高低不齊，可判定敵之隊列陣形已喪失紀律，紊亂失序了。梅堯臣注：「旌旗輒動（亂動），偃亞不次（高低不齊），無紀律也。」張預注：「旌旗所以齊眾也，而動搖無定，是部伍雜亂也。」

⑻ 吏怒者，倦也。「吏」，基層軍官。「倦」，疲乏怠倦，情緒低落。敵營基層軍官暴躁易怒，可以判定：

① 其所屬士官兵已經疲倦不堪了。這是因上級指示的瑣碎勤務過度繁重，讓基層士官兵疲倦厭煩，不願認真或遵守指令執行勤務，以致激怒基層軍官。陳皞注：「將興不急之役（無關緊要的勤務），故人人倦弊（疲憊不堪）也。」

② 上級交辦勤務過多，「眾悉倦弊，故吏不畏（不顧忌上級在場，有所畏懼避諱）而忿怒（耍脾氣）也。」（杜牧注）

③（上級）政令不一，則人情倦（使人無所適從而心煩厭倦），故吏多怒也。」（張預注）

⑼ 粟馬肉食，軍無懸瓿，不返其舍者，窮寇也。「粟」，穀糧，這裡做動詞，餵食穀糧。「粟馬」，用軍糧餵戰馬。「肉食」，以肉為食，殺掉其他牲畜供官兵食用。這一方面是缺糧，另外也表示準備作殊死戰；馬為重要戰具，所以戰馬必須留下餵飽，人要戰鬥也必須吃飽。「瓿」，打水用的瓦器及炊具。「懸瓿」，將各種炊具懸掛不用，意味準備撤離。「舍」，指軍營。「窮寇」，處於窮途末路的敵人。杜牧注：「粟馬，言以糧穀秣馬也。肉食者，殺牛馬饗士（供部隊食用）也。軍無懸瓿者，悉破之，示不復炊也。不返其舍者，晝夜結部伍（不分晝夜集結部隊）也。如此皆是窮寇，必欲決一戰爾。瓿音府，炊器也。」另按《武經七書・孫子兵法》作「殺馬肉食者，軍無糧也」，本章採《十一家注孫子》「粟馬肉食」，因前文已有有「仗而立者，饑也」。「饑」，即「無糧」重複。

戰例　春秋時期（西元前624年），秦穆公以孟明為將，親自率軍伐晉。秦軍渡過黃河，秦穆公下令秦軍將全部戰船焚毀（「濟河焚舟」），以示死戰。結果，大敗晉軍，一舉占取王官和郊兩個地方。（《左傳・文公三年》、《史記・秦本紀》）

> **戰例** 秦朝末年，群雄起義反秦，紛紛據地稱王。秦將章邯率兵攻趙（西元前207年），以重兵圍攻鉅鹿。楚懷王派宋義、項羽救趙，但宋義卻停兵不進。項羽殺了宋義取得軍權後，派遣兩萬部隊渡過漳水，救援鉅鹿。之後，趙將陳餘又請求項羽派更多兵力支援，項羽於是「悉引兵（率領全軍）渡河，皆沉船，破釜甑，燒廬舍，持三日糧，以示士卒必死，無一還心（不做撤退的打算）。」經過九次大戰，終於打敗秦軍。戰後，項羽因英勇破敵，成為諸侯聯軍的統帥。（《史記·項羽本紀》）

⑽諄諄翕翕，徐與人言者，失眾也。「諄諄」，謂言辭懇切的樣子；或稱反覆叮嚀。「翕翕」，指神情不安；或稱和順的樣子。「徐」，緩，緩慢低聲，形容語氣和緩，讓人感覺不堅定、沒信心。「失眾」，失去眾心。敵將校告誡官兵，低聲下氣、反覆叮嚀，神情不安、強作鎮定，顯示敵將校已失掉人和。曹操注：「諄諄，語貌（說話的樣子），翕翕，失志（意）貌。」杜牧注：「諄諄者，乏氣聲促（說話有氣無力而聲音短促）也。翕翕者，顛倒失次貌（語無倫次，顛倒錯亂）。如此者，憂在內（內心憂懼），是自失其眾心也。」

亦有謂己方官兵對將帥竊竊私語、批評議論，顯示其已失去信任。李筌注：「諄諄翕翕，竊語（竊竊私語）貌。士卒之心恐上，則私語而言，是失眾也。」何氏注：「兩人竊語，誹議主將者也。」張預注：「諄諄，語（交談）也。翕翕，聚（聚集）也。徐，緩也。言士卒相聚私語，低緩而言（低聲私語），以非其上，是不得眾心也。」

⑾數賞者，窘也。「數」，屢，多次、連續不斷。「窘」，窮迫、困頓。部隊處境困難，如形勢與力量對比極不利，或.軍隊糧餉難以為繼，恐怕部屬叛離、懈怠，於是屢次行賞，以取悅、安撫他們。杜牧注：「勢力窮窘（形勢與力量對比極不利），恐眾為叛，數賞以悅之。」孟氏注：「軍實（糧餉）窘也。恐士卒心怠，故別行小惠也。」夏振翼注：「如頻數賞賚（賞賜），以結眾志者，乃事勢之窮迫也。」

⑿數罰者，困也。困，疲乏、倦怠。敵營屢次施罰，懲戒部屬，顯示敵營部屬已疲憊不堪驅使、不遵守軍紀營規，欲以連續施罰督責他們。杜牧注：「人力困弊（人到了筋疲力盡之時），不畏刑罰，故數罰以

懼之。」梅堯臣注：「人弊不堪命（不堪承受任務），屢罰以立威。」
夏振翼注：「頻數責罰，以厲（激勵、提振）士氣者，乃卒伍之倦怠
也。」

⒀先暴而後畏其眾者，不精之至也。有兩種解釋：

　①敵軍將領先以凶暴嚴苛的方式對待部屬，導致官兵各思離去。繼則害
　　怕官兵叛離，改採姑息妥協的態度去安撫他們，顯然敵軍將帥完全
　　不懂統御之道。「暴」，暴虐。「畏其眾」，害怕官兵叛離。「不精
　　之至」，極不擅長，此指完全不懂統御之道；領導無方。「精」，擅
　　長、專一。「至」，極。梅堯臣注：「先行乎嚴暴，後畏其眾離，訓
　　罰不精之極也。」張預注：「先刻暴（苛刻暴虐）御下，後畏眾叛
　　己，是用威行愛不精之甚，故上文以數賞、數罰而言也。何氏注：
　　「寬猛相濟（寬大與嚴厲兩種方式相輔而行），精於將事也。」

　②「暴」，輕率。戰前未依據敵我狀況精算，而輕率行動，迨發現敵眾
　　（戰力較我強）時，又畏敵之眾，「不精之至也」，此指完全不懂
　　精確料敵制勝之道。杜牧注：「料敵不精之甚（極不精確）。」曹操
　　注：「先輕敵，後聞其眾，則心惡（畏懼）之也。」

7. 從兩軍交戰狀況判斷敵情：

⑴來委謝者，欲休息也。敵我對峙已久、勝負未分，忽派使者帶貴重禮品
　前來致歉言和，顯示敵軍處境困難，想暫時停止軍事行動，試圖解決當
　前困境，重整軍力。「委謝」，委質謝罪，即呈獻禮物，致歉言和。
　「休息」，休兵停戰。杜牧注：「所以委質來謝，此乃勢已窮（處境極
　為困難），或有他故（其他原因），必欲休息也。」張預注：以所親愛
　（派遣親信）委質來謝，是勢力窮極，欲休兵息戰也。」

⑵兵怒而相迎，久而不合，又不相去，必謹察之。敵軍士氣旺盛前來，
　似乎準備與我會戰，卻僅布陣對峙，歷久不與我決戰，既不進攻，也
　不撤退，恐有奇謀設伏，則我不可妄動，應謹慎審查敵之真實意圖。
　「怒」同努，此指奮力出擊。「兵怒」，形容部隊戰志高昂，欲致敵人
　於死地。「相迎」，兩軍對峙，尚未交戰。「合」，交戰、決戰。「相
　去」，離我而去，即敵人撤離戰場。夏振翼注：「假使敵人之兵盛怒而
　來，似欲迎戰，及遲之既久尚未交鋒，又不解去，於此之際，務於謹慎
　詳察，恐有奇伏，俟我先動，以投隙而乘便也。」

以上孫子提出四種地形的處軍之利，及三十二種相敵情況，雖大多是戰術階層的判斷，但登高必自卑，行遠必自邇，這些起碼的判斷，正代表情報工作之觀察入微，而期「見微知著」，俾進一步獲致更高層次的判斷結論。此即下節所論用兵取勝之要素──治軍統御之道。

㈣無慮而易敵者，必擒於人

兵非貴益多也，惟無武進，足以併力、料敵、取人而已。夫惟無慮而易敵者，必擒於人。

【語譯】用兵作戰，不在於兵越多越好，而在於不盲目冒進，能夠集中優勢兵力、確實判明敵情，即可掌握戰機，擊敗敵人。凡不能深謀遠慮，而又輕敵者，必為敵所擒俘。

【闡釋】

本節主張用兵制勝之道，不取決於兵力多寡，惟能深謀遠慮，再集中兵力，判明敵情，足可攻而取勝。所以兵精、將謀、慎戰、併力、料敵是用兵取勝的五個要素。

1. 兵精──兵非貴益多。「貴」，重視、強調、力求。益，助，有所助益。「益多」：兵力越多越好，有利於取勝。「兵非貴益多」者，指用兵作戰，不以兵力多為克敵致勝之保證，多而不精，無濟於事，如《呂氏春秋・仲秋紀・決勝》所言：「軍雖大，卒雖多，無益於勝。軍大卒多而不能鬥，眾不若其寡也。」曹操、王晳注：「權力均足矣，不以多為益。」所謂「權力均足矣」，是指衡量敵我力量均等就足夠了。王晳則補充說：「不貴眾擊寡，所貴寡擊重。」事實上，古今中外之名將，多是因其指揮之戰役能善用奇正之變，以寡擊眾而享譽於世。施子美注：「兵在奇變，不在眾寡；兵不貴多，在於善用也。」

2. 將謀。戰場取勝於敵（「取人」）之關鍵在兵精、將謀，而將謀者乃「慎戰」──「惟無武進」、「併力」、「料敵」等要素。案：孫子將這幾項「取人」要素，置於第三段「治軍」之首，具有承上啟下的意義。「惟」，僅、獨、只有。「武進」，輕敵武斷冒進。王晳注：「不可但

恃武（不可單憑武勇）也。當以計智，料敵而行。」施子美注：「善用兵者，伐人以謀不以力，故不勇於進。苟勇於進，則必無全勝。」「足以」，能夠。「併力」，⑴集中優勢兵力；⑵協同一致，指下文「卒未親附」等「治軍」而言。「料敵」，確實判斷敵情，如「相敵三十二法」。「取人」，取勝於敵，戰勝攻取；取人之要領如「處軍四法」。王晳注：「善分合之變者，足以併力，乘敵間（尋找敵人薄弱處），取勝人而已。故雖廝養之輩可（勤務支援人員都可發揮作用）也，況精兵乎？（「廝養足也」，最先是曹操的注，王晳認同之）」關於兵力問題，張預亦認同曹操、王晳之見解，兵力不尋求外援，只要能將建制兵力善加協同組合運用，即可取勝於敵：「兵力既均（敵我兵力概等），又未見便（尚未有適切的戰機），雖未足剛進（雖未能以大規模兵力勇猛進軍），足以取人於廝養之中，以併兵合力，察敵而取勝，不必假他兵以助己。」張預引《尉繚子・制談》之論以證其言：「故《尉繚子》曰：『天下助卒（援軍），名爲十萬，其實不過數萬。其兵來者（前來支援的部隊），無不謂其將曰：無爲天下先戰（不要搶在友軍之前，率先出戰）。』」張預對此批注：「言助卒無益，不如己有兵法（依靠自己善用兵法）也。」

3. 無慮輕敵者必敗 —— 夫惟無慮而易敵者，必擒於人。「夫」，發語詞。「慮」，思考、謀算、計謀。「無慮」，未能深思熟慮，此指未能對處軍、相敵（「料敵」）有熟練之運用，以策畫至當之計謀者。《淮南子・兵略訓》：「謀慮足以知強弱之勢，此必勝之本也。」「易」，輕視。「擒」，俘獲，即戰敗被俘。《諸葛亮集・將苑・謹候》：「夫敗軍喪師，未有不因輕敵而致禍者。」

先總統蔣中正說：「《孫子》十三篇，每篇內容，無不以『慮』字爲其兵法和一切作爲之根本 —— 幾乎無慮就不能作戰，他說：『夫惟無慮而易敵者，必擒于人。』所以『智者之慮，必雜于利害。』我以爲謀發于未然，智周于萬物，一切計畫謀略的智慧，都是由『慮』而生的，否則失幾昧勢，就是無慮了」。杜牧注：「無有深謀遠慮，但恃（僅憑）一夫之勇，輕易不顧（輕率不顧全局）者，必爲敵人所擒也。」陳皞注：「《左傳》曰：『蜂蠆有毒（即使是小如黃蜂、蠍子也有毒），而況國乎？』（語出《左傳・僖公二十二年》）則小敵亦不可輕。」王晳注：「惟不能料敵，但以（輕敵）武進，則必爲敵所擒，明患不在於不多也（這就證明敗戰之

禍害並非兵力少所造成的）。」

戰例　春秋中期（西元前589年），晉景公遣中軍元帥郤克率上、中、下三軍共兵車八百乘、約六萬兵力，會同魯、衛、曹三國軍隊大舉伐齊。齊頃公輕視晉國聯軍，先派使者到晉軍請戰，聲稱無論晉應戰與否，必將以兵戎相見。他又縱容大夫高固衝入晉軍，砸人奪車，回齊營高呼：「欲勇者賈余餘勇！」（想要對決者，我還剩餘很多勇力可以使用。即「餘勇可用」，比喻勇力過人，還有很多力量用不完）。表現出齊軍驕傲的囂張氣焰，預示齊軍必敗。次日，晉齊兩軍在鞍地部署列陣。齊頃公急於求勝，揚言：「余姑翦滅此而朝食（姑且先殲滅當前晉軍再吃早餐）。」於是戰馬未披護甲，即馳車進擊晉軍，以為可輕易將晉軍迅速殲滅。然而晉軍上下一心，勇猛戰鬥，主帥郤克雖受傷，「流血及履（戰靴）」，仍繼續指揮作戰，終於大敗齊軍。晉、魯、衛聯軍乘勝追擊，進逼齊都臨，齊頃公只好派人獻寶、割地，向晉求和。（《左傳·成公二年》）

㈤令之以文，齊之以武，是謂必取

卒未親附而罰之，則不服，不服則難用也。卒已親附而罰不行，則不可用也。故令之以文，齊之以武，是謂必取。令素行以教其民，則民服；令不素行以教其民，則民不服；令素行者，與眾相得也。

【語譯】將帥在士卒尚未親近依附前，就施行懲罰，軍心必然不服，軍心不服就難以用兵作戰。但若士卒已親近依附，卻不嚴格執行軍紀，當罰不罰，也難以用兵作戰。所以，要用仁德恩惠教化士卒，使其齊心協力，要用軍紀營規管教士卒，使命令全程貫徹，才能成為必勝之軍。平時若能嚴格貫徹軍令營規管教士卒，戰時就會服從指揮；平時若不能嚴格執行軍令營規，戰時就不會服從命令；軍令營規在平常能獲得貫徹執行，是因為將帥與士卒間能相互信任，融為一體所致。

【闡釋】

　　本節論「文」、「武」兼用的治軍得（附）眾要領，即透過恩威並濟（施），先後得宜、賞罰分明的手段，使「卒親附」與「令素行」，以得上下同欲，萬眾一心之效。孫子論行軍，以治軍爲根底。蓋能「處軍」，方可利用地形，而得地利之助，能「相敵」，方可明察敵情，而得以主動作爲。而制勝之基礎，在於「治軍」──統御領導之得法。

1. 未親不罰。將帥新進者，其領導統御的基礎是建立在部屬對其信任──「親附」的程度之上。「親附」，親近依附，信賴與擁戴。「領導統御」的意涵，「領」是帶領，「導」則是引導，「統」爲統合，「御」爲「教育」。簡而言之，就是如何引領部屬，統合團隊意志，轉化爲團結能力達成目標的方式。而究其內涵，其實就是紀律，惟有嚴肅軍紀，部隊向心方能鞏固，上下脈絡一貫，確保戰力不墜。故如何以適當的方法及嚴明的約束力，規範部屬的工作與行動，激勵其士氣節制及糾正其違失，其重點在於命令、賞罰（法紀）之運用。孫子將命令及賞罰列爲戰力評估七指標之一，〈始計〉：「法令孰行，賞罰孰明……以此知勝負矣。」〈行軍〉則申論命令及賞罰施行之要領。「親附」（信任）程度既然是領導統御的基礎，賞罰亦以其爲憑藉。

　(1)若新進將帥，恩信未施，就對尚「未親附」官兵遽施以嚴刑重罰，勉強其服從；或將帥對新編或初歸尚「未親附」之官兵，即施以刑罰威之，則該部隊難以貫徹軍令用於執行戰訓任務。畢竟因官兵並未發生信賴之心，則對其刑罰，自不樂意於服從，「不服則難用」。「服」，順從、聽從。梅堯臣注：「德以至之（用仁德使官兵歸心），恩以親之（用恩惠使官兵親近）。恩德未敷（廣泛影響軍心），罰則不服，故怨而難使。」張預注：「驟居（突然擔任）將帥之位，恩信未加於民（官兵還未受到恩德、信任的感化），而遽（急於）以刑法齊（整治、約束）之，則怒恚（怨恨）而難用。」

　(2)若官兵對於將帥既有相當的「親附」，而將帥仍曲意姑息、恩賞，未能依法實施刑罰（「罰不行」），於是官兵「譬若驕子」（必驕且怠），怠忽職守，這種部隊也「不可用」──無法用以執行戰訓任務。〈地形〉：「厚而不能使，愛而不能令，亂而不能治，譬若驕子，不可用

也。」曹操注：「恩信已洽（普遍樹立），若無刑罰，則驕惰難用也。」張預曰：「恩信素洽，士心已附，刑罰寬緩，則驕不可用也。」總之，故用威過早與用愛過當，都有其弊，宜如何方臻於至善，爲統御上之最大巧妙運用。下文所言，「令之以文，齊之以武」，「令素行」者，即解決此問題之要旨也。（魏汝霖）

2. 令文齊武。「令」，命令，引申爲對待、教育、潛移默化。「文」，仁，仁德恩惠，這裡有二意：

⑴對待官兵以仁恩，感化其行爲。

⑵教之以孝悌仁義忠信之道，即今日之軍事倫理、軍人武德教育，以潛移默化其行爲，成爲重榮譽、守紀律、負責任之軍人。

「齊」，整治、統一（行動）。「武」，法，指強制性的軍法、軍紀、營規。曹操注：「文，仁也。武，法也。」李筌注：「文，仁恩，武，威罰。」孫子主張部隊的管理訓練應採取「令之以文，齊之以武」的原則。前者以仁恩來鞏固部隊的團結，後者是採取嚴格的態度督責官兵恪遵軍令，即所謂恩威並濟（用）之意，部隊既有德可懷，有威可畏，用之作戰，必可取勝；這樣一支能征慣戰的軍隊可將其稱之爲「必勝軍」（「是謂必取」）。王晳注：吳起云：「總文武者，軍之將，兼剛柔者，兵之事也。」張預注：「文恩以悅之（悅服），武威以肅之（嚴肅敬畏）。畏愛相兼，故戰必勝，攻必取。」《唐太宗李衛公問對・中卷》：「凡將先有愛結於士，然後可以嚴刑也；若愛未加而獨用峻法，鮮克濟焉（很少能夠成功的）。」

戰例　春秋末期，齊景公時，齊國受到晉、燕等國的攻伐，喪師失地，齊景公十分憂慮，宰相晏嬰乃薦舉司馬穰苴，稱其「文能附眾，武能威敵」。齊景公遂任命司馬穰苴爲將，統率大軍抵禦晉、燕軍之攻擊。司馬穰苴以其只是一個地位低微的平民，卻直接被任命爲三軍統帥，位居「大夫」（各部部長）之上，恐一時難以服眾（「士卒未附，百姓不信，人微權輕」），因此，建議齊景公能選任一位國之所尊，素得眾望的「寵臣」，擔任「監軍」，才能威服部隊。齊景公便指派寵臣莊賈擔任監軍。隔日，司馬穰苴準時抵達軍門。莊賈平素驕貴，認爲此次任務，自己既統率本國的軍隊，又身

為監軍（「以為將己之軍而己為監」），並不重視與司馬穰苴的會面約期；又因親友餞行，誤時至傍晚才到會面地點。司馬穰苴審訊斥責他：

將受命之日，則忘其家；臨軍約束（在軍隊接受軍紀），則忘其親；援枹鼓之急（戰場上提鼓指揮），則忘其身。今敵國深侵，邦內騷動（國內人心惶惶），士卒暴露於境（士兵在野外作戰），君寢不安席，食不甘味，百姓之命皆懸於君（都在你的手中），何謂相送乎！

司馬穰苴遂按照軍律將莊賈處斬。雖然莊賈在受刑前曾派人向齊景公求救，但在使者來之前，司馬穰苴已將其處死，並將此事告示全軍（「以徇三軍」）。三軍將士看到司馬穰苴執法嚴厲，都心生畏懼（「三軍之士皆振慄（震驚發抖）」。

過了一陣子，齊景公使臣駕車奔馳入營，傳達莊賈的特赦令。司馬穰苴說：「將在軍，君令有所不受（將領在軍中，便宜行事，不必事事聽國君的命令。）」並準備依照軍律處斬使臣軍營內奔馳馬車之罪。惟因國君的使臣不可處死，於是權宜處死使者的僕人，毀壞馬車，殺死一匹拉車的馬，昭示三軍：令使者回稟國君，然後部隊開拔。

司馬穰苴深知只是治軍嚴謹，並無法掌握人心。他對士兵們的飲食起居都十分關心，對於傷病患者的探望，醫療診治、配藥處方等問題都親身了解，關懷備至（「士卒次舍，井灶飲食，問疾醫藥，身自拊循之」）。此外，又將自己的將級配給的軍糧、薪餉犒賞將士，平時所食、所用，皆與最低階的士兵相同（「悉取將軍之資糧享士卒，身與士卒平分糧食」）。

三軍將士感佩司馬穰苴的領導有方，個個戰志高昂。當臨戰訓練完畢，檢閱部隊時，包括病患在內，都願意為其奮勇上戰場（「三日而後勒兵。病者皆求行，爭奮出為之赴戰」）。晉軍、燕軍獲得齊軍軍情，評估其勢不可檔，遂不戰而各自撤軍歸國（「晉師聞之，為罷去。燕師聞之，度水而解」）。司馬穰苴趁機追擊，收復了齊國所有失地，凱旋而歸。進入國都前，司馬穰苴並未恃功而驕，一切按照軍禮規範：「釋兵旅（解除動員武裝），解約束（停止軍法管制），誓盟而後入邑（宣誓立約後進入國都）。」齊景公則率各大夫在城郊迎接，犒賞軍隊，完成禮儀後，特任司馬穰苴為「大司馬」，擔任全國最高軍政首長。（《史記·司馬穰苴列傳》）張預《百將傳》評

語：「孫子曰：『令之以文，齊之以武』，穰苴『文能附眾，武能威敵』。又曰：『法令孰行。』穰苴斬莊賈以徇（示眾）三軍。又曰：『不戰而屈人之兵。』穰苴士卒爭奮，而燕、晉解去是也。」

3. 立信得眾。

(1) 以身作則——素行教民。軍令政令素行的將帥，亦即平時能確實維持法令的執行，對上服從命令，對下貫徹命令，這是以身作則，用自己的行動教導其軍民，讓軍民口服心服。張預注：「將令素行，其民已信。教而用之，人人聽服。」反而言之，倘若軍政令平素沒有身體力行，法令廢弛，則無以教其軍民，軍民也就自然不會服從。王晳注：「民不素教，難卒為用（難以倉促運用）。」何氏注：「人既失訓（平時缺乏嚴格訓練），安得服教（戰時怎能服從指揮）。」「素」，平時。「令素行」，指平時之軍法紀、營規能獲得貫徹執行。

(2) 素行得民。如何能達到「令素行」的水準？其條件在於「與眾相得」，「亦即「上下相得」、或能「上下同欲」（〈謀攻〉）、「令民與上同意」（〈始計〉）。換言之，就是將帥所立法令，能深獲軍民的認同與支持，將士之間建立起融洽信任的關係。蓋所謂「令素行」者，並非僅憑恃法令條文的施行，居於上位者還應以誠信對待其部屬，而部屬又能以心悅誠服以回應，「可與之死，可與之生，而不畏危」，此乃「與眾相得」之最終目標。有這種素行，自能內部團結將士同心，貫徹軍令，在戰場上「足以併力勝敵」（王晳注）。「相得」，相互契合，相互信賴。杜牧注：「素，先也。言為將，居常無事（平常無戰事）之時，須恩信威令，先著於人（在官兵中樹立恩信法度），然後對敵之時，行令立法，人人信伏（服）。韓信曰：『我非素得拊循士大夫（我不是素來有機會先以仁恩感化部下的將帥。拊循，慰撫），所謂驅市人（等於是指揮一群市集上的人）而戰也。所以使之背水，令其人人自戰（為保全自己而戰）。』以其非素受恩信（平時未能施行恩信於部屬），威令之從也（只好用嚴格的軍令讓他們服從）。」陳皞注：「夫令要在先申（鄭重說明），使人聽之不惑，法要在必行（法紀的重點是要有決心貫徹實行），使人守之（嚴格遵守），無輕信者也（絕對不會讓人有所懷疑）。三令五申（再三命令告誡），示人不惑也。法令簡當（簡截

了當；簡潔明確，不繁瑣），議在必行（言出法隨），然後可以與眾相
得也。」張預注：「上以信使民，民以信服上，是上下相得也。《尉繚
子》曰：「令之之法，小過無更（出現小誤失不須更改），小疑無申
（小疑惑不須重申）。言號令一出，不可反易（不可任意更改），自非
大過大疑，則不須更改申明，所以使民信也。」

4. 孫子將本節「治軍附眾」之文納入〈行軍〉篇尾，實有其理。因為一切軍
事行動必須以部隊的素質為基礎。如果法令不行，兵眾不強，士卒不練，
賞罰不明，則又如何能行軍？夏振翼：「孫子言行軍，而推及治兵在加意
（特別重視）於平日者，蓋（治軍）行軍之根柢也。不然人各一心，誰為
前驅（部隊先鋒），未及處軍之際，則已有難行之勢矣。」

地形第十

孫子曰：地形有通者，有挂者，有支者，有隘者，有險者，有遠者。我可以往，彼可以來，曰通；通形者，先居高陽，利糧道以戰，則利。可以往，難以返，曰挂；挂形者，敵無備，出而勝之，敵若有備，出而不勝，難以返，不利。我出而不利，彼出而不利，曰支；支形者，敵雖利我，我無出也；引而去之，令敵半出而擊之，利。隘形者，我先居之，必盈之以待敵；若敵先居之，盈而勿從，不盈而從之。險形者，我先居之，必居高陽以待敵；若敵先居之，引而去之，勿從也。遠形者，勢均，難以挑戰，戰而不利。凡此六者，地之道也，將之至任，不可不察也。

故兵有走者，有弛者，有陷者，有崩者，有亂者，有北者；凡此六者，非天之災，將之過也。夫勢均，以一擊十，曰走。卒強吏弱，曰弛。吏強卒弱，曰陷。大吏怒而不服，遇敵懟而自戰，將不知其能，曰崩。將弱不嚴，教

道不明，吏卒無常，陳兵縱橫，曰亂。將不能料敵，以少合眾，以弱擊強，兵無選鋒，曰北。凡此六者，敗之道也，將之至任，不可不察也。

夫地形者，兵之助也。料敵制勝，計險阨遠近，上將之道也。知此而用戰者，必勝；不知此而用戰者，必敗。故戰道必勝，主曰：無戰，必戰可也；戰道不勝，主曰：必戰，無戰可也。故進不求名，退不避罪，惟民是保，而利於主，國之寶也。

視卒如嬰兒，故可以與之赴深谿；視卒如愛子，故可與之俱死。厚而不能使，愛而不能令，亂而不能治，譬如驕子，不可用也。

知吾卒之可以擊，而不知敵之不可擊，勝之半也；知敵之可擊，而不知吾卒之不可擊，勝之半也；知敵之可擊，知吾卒之可擊，而不知地形之不可戰，勝之半也。故知兵者，動而不迷，舉而不窮。故曰：知己知彼，勝乃不殆；知天知地，勝乃可全。

(二)上將之道
1.量地用兵、料敵制勝

2.武德修養

(三)統御之道：恩威並濟

(四)全勝之道：先知而後戰

一、篇旨

(一)《孫子兵法》十三篇中，〈九變〉、〈行軍〉、〈地形〉、〈九地〉等有以地形研究爲主，占三分之一篇幅，足見孫子對地形之重視。

(二)「地形」，指地理形狀、山川形勢。《鬼谷子‧揣》曰：「辨地形之險易，孰利孰害？」但本篇所論述的地形並不是按地表面的自然特徵，如山地、江河、平原、沼澤等分類，而是將地理形勢與作戰行動相結合，區分爲「通」、「挂」、「支」、「隘」、「險」、「遠」等六種。

(三)本篇旨的可區分爲四：

1. 地有六形。將戰場地形區分爲上述六種，並說明其應對之戰術應用。

2. 軍（兵）有六敗。將軍隊失敗的類型區分爲「走」、「弛」、「陷」、「崩」、「亂」、「北」等；又此六種致敗現象，其原因「非天之災」，而是「將之過」。

3. 上將之道：

(1)將帥的重要職責在於料敵、量地以制勝。

(2)武德修養。爲將者，要能「進不求名，退不避罪」，即不以一己之名罪爲重，完全以國家民族利益爲依歸，根據「戰道」而做出「戰」與「不戰」的決策，以實現保民、利國的使命。

(3)領導統御。再論恩威並濟要領，既要對待士卒如「嬰兒」、「愛子」，又不可過度放縱溺愛，導致部隊如驕子般，「不能使」，「不能令」，「不能治」，是無法派赴戰場作戰的。

4. 全勝之道——全知而後戰。重申並補充〈謀攻〉「知彼知己，百戰不殆」的「先知」思想，要求將帥戰前必須明瞭戰爭全局，了解敵我（「知彼知己」，掌握天時（「知天」），熟悉地利（「知地」），乃可穩操全勝（「勝乃可全」）。

(四)關於本篇的篇次，張預的註解：「凡軍有所行，先五十里內山川形勢（有所了解），使軍士伺其（偵察敵有無）伏兵，將乃自行視地之勢，因而圖之（繪製地圖），（讓全軍上下）知其險易。故行師越境，審地形而立勝（詳審地形，合理運用，才能取勝）。故次〈行軍〉。」夏振翼註解：「前篇（〈行軍〉）言山、水、澤、陸；蓋軍行在途（前往戰場途中），所經所處之地耳。此篇言廣、狹、險、易乃軍次於此（廣、狹、險、易，

乃抵達戰場附近，駐紮軍隊時，所面臨的地理形勢），安營布陣之所也。用兵不知地形，雖以智勇之將，戰守必至失利；故率師越境，在審地形而立勝，故此〈行軍〉。」

二、詮文

㈠地有六形

孫子曰：地形有通者，有挂者，有支者，有隘者，有險者，有遠者。我可以往，彼可以來，曰通；通形者，先居高陽，利糧道以戰，則利。可以往，難以返，曰挂；挂形者，敵無備，出而勝之，敵若有備，出而不勝，難以返，不利。我出而不利，彼出而不利，曰支；支形者，敵雖利我，我無出也；引而去之，令敵半出而擊之，利。隘形者，我先居之，必盈之以待敵；若敵先居之，盈而勿從，不盈而從之。險形者，我先居之，必居高陽以待敵；若敵先居之，引而去之，勿從也。遠形者，勢均，難以挑戰，戰而不利。凡此六者，地之道也，將之至任，不可不察也。

【語譯】孫子說：一般戰地的地形可區分為「通」、「挂」、「支」、「隘」、「險」、「遠」等六種類型。我方可以去，敵方可以來的地形，稱為「通形」；在這種地形作戰，應先占領向陽的制高點，並保持補給路線的暢通，才有利於作戰。凡是容易進，不易退的地形，稱為「挂形」。在這種地形作戰，假使敵人沒有防備，我軍可乘機出擊，可以獲取勝利；但若敵人有所防備時出擊，則不易取勝。凡是我出擊不方便，敵人出擊也不方便的地形，稱為「支形」。在這種地形與敵對峙，即使敵人以利相誘，絕不可貿然出擊；相反地，應故意把部隊撤出，誘敵出擊，待敵人有半數進入這種地形後，再予以反擊，則有利於我軍。至於「隘形」，如果我軍先占領隘口，必須以充足兵力封鎖隘口，等待敵人的進攻。如果敵人

先我占領隘地，其兵力充實，則不可貿然進攻；如果敵人兵力薄弱，則可進攻。至於「險形」地，應先行占領，並依據其制高點，等待敵人的進攻；若早為敵人所占有時，則不可攻擊之，應引領軍隊轉進他處，千萬不可貿然攻擊。至於「遠形」地，如果敵我雙方勢均力敵，兵力相等，雙方難以挑戰，更難以取勝。以上這六種，是地形應用的要領，也是將領的重要職責，不能不詳加考察。

【闡釋】

1. 地形為地貌、地物的總稱，篇內將地形區分成「通、挂、支、隘、險、遠」六種，地形在戰鬥、戰術、戰略不同層次上都有可資應用之處，有利於兵、火力之發揚或補充，也可以掩護部隊運動。克勞塞維茨認為地形的主要效果，是在戰術領域中，但其結果卻是一種戰略問題。因為和地形發生直接關係的是戰術，甚至是戰鬥，而非戰略；但由於地形之利用，而導致之勝負結果，卻屬於戰略上的問題。

   ⑴ 通形：指地勢平坦，四通八達的地形。張預注：「俱在平陸，往來通達。」

   ① 軍事意涵：「我可以往，彼可以來。」「通形」之地，平易廣闊，雖小有起伏，但無要害，我往敵來，均甚方便。賈林注：「通形者，無有岡阪（較陡的山坡），亦無要害，故兩通往來。」

   ② 戰術運用：「先居高陽，利糧道，以戰則利。」梅堯臣注：「先據高陽，利糧通阨（利於糧道暢通，排除我軍障礙），敵人來至，我戰則利。」

   A. 高陽，指地勢高且向陽（或通風）的地方。因平地無險可據，稍微高隆向陽之局隆向陽之處，即應先占領之，以掌握主動。張預注：「先處戰地（戰略要地）以待敵，則致人而不致於人。」杜牧注：「通者，四戰之地（四面受敵的地區），須先據高陽之處，勿使敵人先得，而我後至也。」

   B. 「利糧道」，維護糧道（補給線）通暢安全，便於運送軍糧（軍需物資）。平地交通方便，後方連絡線，最易為敵包圍迂迴所切斷，故特需注意後方糧道之維持，如此方有利於作戰。杜牧注：「利糧

道者，每於津阨（渡口、要塞），或敵人要衝，則築壘或作甬道（兩旁有牆的通道）以護之（防敵截斷）。」杜佑注：「己先據高地，分爲屯守於歸來之路（分兵駐防退路），無使敵絕己糧道也。」張預注：「我雖居高面陽，坐以致敵（等待敵人來攻），亦慮敵人不來赴戰，故須使糧餉不絕，然後爲利。」

　　　C.「以戰則利」：「以」，憑藉。此句承上「先居高陽，利糧道」而言。

(2)挂形。「挂」爲懸掛之意。

　①軍事意涵：「可以往，難以返。」「挂形」之地，一般爲險要阻絕之地，或後高而前低（前平後險），有如懸物之形，屬易進難退（出）的地形。例如我布陣於山腹，而敵處於前面的位置。梅堯臣注：「網羅之地（挂形有如網羅密布之地），往必掛綴（前往必受掛連牽制，無法脫身）。」杜牧注：「挂者，險阻之地。與敵共有（若與敵分別占領），（有如）犬牙相錯（相互牽連，錯綜複雜），動有挂礙（動輒相互牽制、影響）也。」

　②戰術運用：在卦地與敵對峙，若欲攻敵，勝負端視敵人是否有備而定：

　　　A.「敵無備，出而勝之。」「出」，出擊。倘若偵知敵人沒有防備，則可出擊，攻之必勝。這是因爲「雖與（敵）險阻相錯，敵人已敗，不得復邀我歸路（不會在我撤軍時攔截）矣。」（杜牧注）

　　　B. 若「敵有備」，卻冒險出擊，既難取勝（「出而不勝」），若「敵人守險阻邀（攔截）我歸路」（杜牧注），又難退卻，結果必造成莫大的不利（「難以返，不利」）。

(3)支形。支，持久對峙。梅堯臣注：「相持之地。」

　①軍事意涵：「支形」之地，一般爲兩軍對處在平易之地或挾大河對峙的情勢，爲敵我各據固守、出擊俱不利的地形。張預注：「各守險固，以相支持（相持對峙）。」梅堯臣注：「各居所險（雙方各據險要地形），先出必敗。」杜牧注：「支者，我與敵人各守高險，對壘而軍（兩軍對壘），中有平地，狹而且長（中間有一塊狹長的平地），出軍則不能成陳（無法排列陣勢），遇敵則自下禦上（仰首防禦），彼我之勢，俱不利便。」

② 戰術運用：在支地與敵對峙，「敵雖利我，我無出也。」「利」，指利誘。敵若以利（弱小部隊、佯攻、佯退等）誘我，切勿上當出戰。相同的，我軍也可引軍他去（「引而去之」），以誘敵人出戰，乘其半出而截擊之，最為有利（「令敵半出而擊之，利」）。「引而去之」，率軍佯退，引敵出擊。「引」，帶領；這裡有兩個涵義：一是率領軍隊；二是引誘敵人。張預注：「利我，謂佯背我去也（敵人以佯退誘我出擊），不可出攻。我捨（放棄）險則反為所稱（趁機攻我）。當自引去（應主動佯退）。敵若來追，伺其半出，行列未定，銳卒（精銳部隊）攻之，必獲利焉。李靖《兵法》曰：『彼此不利之地，引而佯去，待其半出而邀擊之。』」

(4) 隘形。隘，狹隘。兩座高山之間的峽谷地帶，道路狹窄。曹操注：「隘形者，兩山間通谷（峽谷地帶）也。」

① 軍事意涵：隘形之地有如咽喉，若將隘口塞住（控制隘口）則難以通行。

② 戰術運用：隘口一經封鎖堵塞就不易攻破，所以「我先居之，必盈之以待敵。」居，占據。從，縱，進擊的意思。盈，滿，充足，引申為封鎖，這裡是指以重兵（充足兵力）封鎖。杜佑注：「盈，滿也，以兵陳滿（充足兵力封鎖）隘形，欲使敵不得進退也。」我軍若占領隘形之地，必須派重兵封鎖隘口，使敵無可乘之隙，同時伺機奇襲敵人。曹操注：「隘形……我先居之，必前齊（迅速封鎖）隘口，陳而守之，以出奇也（伺機奇襲敵人）；反之，若敵人先占據「隘形」之地，則視敵軍部署狀況而採取相應之行動：「盈而勿從，不盈而從」。若敵先占領隘形之地，盈以待我者，不可貿然攻擊。若有不盈處（即兵力薄弱處），則乘虛從而攻奪之。賈林注：「從，逐（爭奪）也。盈，實也。敵若實而滿之（敵在隘口駐防嚴密，兵力眾多），則不可逐討（發動攻勢）。若虛而無備（敵防守鬆懈，兵力薄弱），則入而討之。」張預注：「左右高山，中有平谷，我先至之，必齊滿山口以為陳（重兵封鎖隘口，布列陣勢），使敵不得進也。我可以出奇兵，彼不能以撓（阻饒）我。敵若先居此地，盈塞隘口而陳者，不可從也。若（敵）雖守隘口，俱不齊滿者（防守不嚴，兵力也不多），入而從（擊）之，與敵共此險阻之利（與敵爭奪這一有利地

形）。」

(5)險形。梅堯臣注：「山川丘陵也。」險，險峻難行。險形，山川險峻，不變通行的地帶。

①軍事意涵：險形之地，係指重要的山川丘陵，具有居高臨下之險峻形勢，一夫當關，萬夫莫敵。

②戰術運用：險阻地地形，不適於大軍行動。倘我先敵占據險地，「必居高陽以待敵」。占據高陽之地，則雖少數兵力，亦有瞰制敵人行動，挫折敵人士氣之利。倘若敵先我占據險地，則我應「引而去之，勿從也。」——引軍他去，愼勿與敵作正面之戰鬥，須力圖以迂迴行動，達成克敵制勝之目的；亦即若狀況許可，則以一部牽制正面之敵，主力行大規模之迂迴攻擊。杜牧注：「險者，山峻谷深，非人力所能作爲，必居高陽以待敵。若敵人先據之，必不可以爭，則當引去。」張預注：「平陸之地，尙宜先據，況險陀之所（何況地勢險要、兵家必爭之地），豈可以致於人（更不能被敵先占領，而受制於敵）？故先處高陽，以佚待勞，則勝矣。若敵已據此地，宜速引退，不可與戰。」

(6)遠形。遠，距離甚大，即遙遠。兩個距離遙遠，不相臨接的地理位置。

①軍事意涵：敵我相距遙遠之地，或遠挾著中間地域（如二次世界大戰，日俄之於西伯利亞，日美之於太平洋）。

②戰術運用：「遠形」之地，路途遙遠，轉輸困難，彼來我往均不利，所以說：「勢均，難以挑戰，戰而不利。」「勢均」有兩種涵義：一說爲兵勢相等；指敵對兩軍將帥的智勇、兵力的質量（素質與數量）、兵器的利鈍等彼此相等。李筌注：「力敵而挑（與敵力量相當而挑戰），則利未可知也。」孟氏注：「兵勢既均，我遠入挑（長途遠征前往挑戰敵人），則不利也。」陳皞注：「夫與敵營壘相遠，兵力又均，難以挑戰，戰則不利。故下文云：『勢均，以一擊十曰走』是也。夫挑戰先須料我兵眾強弱，可以加敵，則爲之。不然則不可輕進，自取敗也。」另一說爲地利形勢相等，即敵對雙方都沒有地利上的優勢。杜佑注：「遠形，去國遠也。地勢均等，無獨便利。」杜牧注：「譬如我與敵壘相去三十里，若我來就敵壘而延敵欲戰（接近敵營，誘敵出戰）者，是我困敵銳，故戰者不利。若敵來就我壘，延我

欲戰者，是我佚敵勞，敵亦不利，故言勢均。然則如何？曰：欲必戰者，則移相近也。」兩軍既然勢均力敵，故難以遠往挑戰，而誰先前往尋求會戰，就是勞師遠征，誰就處於敵佚我勞的不利地位。「挑戰」，召引、誘使敵軍出戰，即運用各種手段，尋求與敵會戰。曹操注：「挑戰者，延敵（迎擊敵人）也。」杜佑注：「挑，迎敵也。」梅堯臣注：「勢既均一，挑戰則勞，致（控制）敵則佚。」張預注：「營壘相遠，勢力又均，止可坐以致敵（只能嚴守待敵），不宜挑人而求戰（誘引敵人出戰）也。」

2. 結論：「凡此六者，地之道也，將之至任，不可不察也。」「道」，原則、方法；「地之道」，因地制宜的應用原則。「至」，大；「至任」，重大責任。對於六種地形的應用，乃為將者的重大責任，非深加審察研究不可。梅堯臣注：「夫地形者，助兵立勝之本，豈得不度（詳查了解）也。」

3. 地形的利用，究屬戰略範疇？抑或戰術範疇？一般而言，兩者皆是。譬如有戰略障礙，也有戰術障礙，〈行軍〉與〈地形〉所列的地形大都屬於戰術上的，〈九變〉與〈九地〉中之地勢或地略，就結合地形與戰術或兵略（戰略）而言，也屬戰略術的範疇。

(二)兵有六敗

　　故兵有走者，有弛者，有陷者，有崩者，有亂者，有北者；凡此六者，非天之災，將之過也。夫勢均，以一擊十，曰走。卒強吏弱，曰弛。吏強卒弱，曰陷。大吏怒而不服，遇敵懟而自戰，將不知其能，曰崩。將弱不嚴，教道不明，吏卒無常，陳兵縱橫，曰亂。將不能料敵，以少合眾，以弱擊強，兵無選鋒，曰北。凡此六者，敗之道也，將之至任，不可不察也。

【語譯】用兵作戰，有「走」、「弛」、「陷」、「崩」、「亂」、「北」等六種敗戰類型，這六種不是天時和地形所造成的災害，而是由於

將領指揮失當的人為錯誤所致。在勢均力敵的情況下，以一擊十而導致失敗的，叫做「走」。士卒強悍，而將帥懦弱無能，叫做「弛」。將帥強勇，而士卒懦弱，叫做「陷」。各級指揮官怨怒不服從命令，遇到敵人而擅自出戰，主帥又因不了解其能力而導致「兵敗如山倒」者，叫做「崩」。將帥懦弱無能，教導無方，官兵缺乏紀律觀念，作戰部署雜亂無章，叫做「亂」。將帥不能正確判斷敵情，以少擊多，以弱擊強，作戰又沒有精銳先鋒部隊，因而落敗的，叫做「北」。以上所說六種軍隊敗亡的原因，都是將帥責任之所在，不可不詳加究察之。

【闡釋】

1. 軍隊指揮與運用所需考量的因素，前節所述的六種地形屬於自然因素，本節孫子不再論地而論人。因為在戰爭中決定勝負者還是人，而地形只是「兵之助也」。地形這一戰爭要素固然重要，但孫子認為地形只是一種輔助，地形的有利和無利都是客觀存在的，要想掌握地利以防敗取勝，軍隊的將帥士兵也扮演著重要的角色——此即本節論述內容「兵有六敗」，即軍隊失利的情況。

2. 孫子認為導致軍隊（「兵」）失敗的因素，有「走、弛、陷、崩、亂、北」六種不同的敗象，並強調此六者非「天地之災」，而是人為因素，「將之過也」，蓋軍隊領導的成敗乃將領無可旁貸之責任。「災」，禍害。「天地之災」，自然環境所導致的災難。「過」：錯誤、過失。賈林注：「走、弛、陷、崩、亂、北，皆敗壞大小變易之名（根據軍隊不同失敗的程度，所作的不同稱法）也。」張預注：「凡此六敗，咎（過失原因）在人事。」

(1) 走——不量力（眾寡）之過：「勢均，以一擊十。」「勢均」者，勢均力敵，即敵我兩軍的素質、訓練、數量、武器及各種條件均略相匹敵。擔任指揮官者，未能集中兵力於決戰方面，卻憑恃自己的勇武，乃以僅有敵十分之一的兵力，前往迎戰敵人，如卵投石，必致敗走，故曰「走」。「走」，跑、奔，這裡指退卻、敗逃。何守法注：「走，兵刃未接（還未與敵戰鬥）而先逃。蓋恐被其圍故也。」「以一擊十」，謂以寡擊眾，自不量力。〈謀攻〉：「小敵之堅，大敵之擒也。」杜牧

注：「夫以一擊十之道，先須敵人與我將之智謀，兵之勇怯，天時地利，飢飽勞佚，十倍相懸（相差十倍；我軍素質優於敵人十倍），然後可以奮一擊十。」張預注：「勢均，謂將之智勇，兵之利鈍，一切相敵（相差無幾）也。夫體敵勢等（與敵力量相當），自不可輕戰，況奮寡以擊眾（更何況是以少擊多），能無走乎？」

(2) 弛——將吏懦弱之過：「卒強吏弱。」部隊官兵強悍，而指揮官庸懦無能，不能發揮統轄制馭之權，坐令軍紀廢弛，故曰「弛」。曹操注：「吏不能統（基層幹部無法統御士兵），故弛壞。」「卒」，士卒，指部隊。「強」，強悍，指不從號令、不服刑威。「吏」，下級軍官。「弱」，怯懦，指無力統御。「弛」，鬆弛，原指放鬆弓箭，弓身放鬆就無法將箭射出。軍紀鬆懈、渙散，不能約束、統轄，如鬆懈的弓而不能戰鬥，所以喻之為「弛」。劉寅注：「弛，如弓之弛（鬆弛），而不能張也。」《孫臏兵法·兵情》：「矢（箭），卒也。弩（弓），將也。」「弩張柄不正（弩張開時，弩臂不正），偏強偏弱而不和（強弱不協調），其兩洋（翼）之送矢也不壹（弩兩翼的射箭力量就會不一致），矢惟（雖）輕重得（在這種情況下，即使箭的結構得當），前後適（前後輕重合適），猶不中〔招也〕」（還是無法射中目標）。張預注：「士卒豪悍，將吏懦弱，不能統轄約束，故軍政弛壞（軍政廢弛，法紀敗壞）也。」

(3) 陷——士卒怯弱之過：吏強卒弱：反之，部隊士卒教育訓練不良，而指揮官勇強，倘若派遣這種部隊上前線作戰，指揮官雖率先勇進，士卒卻畏戰不能跟進，指揮官不得不孤身奮戰而力不能支，就如投於陷阱般，最終全軍亦覆滅，故曰「陷」。「陷」，失陷，指軍隊因缺乏戰鬥力而潰敗。「弱」，這裡指部隊平素缺乏訓練，臨陣退縮，戰鬥無力。幹部與士兵素質須由不斷的教育訓練而強化之。整體而言，「卒強吏弱」或「吏強卒弱」，都不利於作戰任務的遂行。陳皞注：「夫人皆有血氣，誰無鬥敵之心？若將乏（未有）刑德（刑罰與教化並重，即恩威並濟），士乏（缺乏）訓練，則人皆懦怯，不可用也。」賈林注：「士卒皆羸（羸弱不堪），鼓之不進，吏強獨戰，徒陷其身（白白送死）也。」張預注：「將吏剛勇欲戰（急欲作戰），而士卒素乏訓練，不能齊勇同奮（不能齊頭並進，奮勇向前），苟用之，必陷於亡敗。」

⑷崩——不能御將之過：大吏怒而不服，遇敵懟而自戰，將不知其能。
「大吏」，偏將、副將，指高級軍官而言。「將」，主將，指統兵將領
而言。「懟」，怨恨。主將不知部將的才能，用之不得其當，以致忿怒
不平，不受節制；及遇敵時，意氣用事，擅自行動，各自為戰，導致全
軍如同山崩一樣的潰敗，故曰「崩」。「崩」，倒塌、毀壞，比喻潰
敗、滅亡。「不服」，此指不服主將節制。「能」，才能，此指是否有
勝敵的才能。將領必須了解部屬，知其所長而用之，同時也要明白其
缺點，適切予以導正之。賈林注：「自上墮下（從上墜落下來）曰崩。
大吏、小將不相壓伏（主將無法統御部將，部將不服主將領導），崩
壞之道（原因）。將又不量己之能否，不知卒之勇怯，強與敵鬥，自取
賊害（自取滅亡），豈非自上而崩乎（豈不是自上而下的崩潰）？」王
晳注：「謂將怒不以理（任意發脾氣），且不知裨佐（部將）之才（作
戰能力），激致其兇懟（促使他產生怨恨心），（其後果）如山之崩壞
也。」張預注：「大凡百將一心，三軍同力，則能勝敵。今小將（部
將）恚怒（怨恨）而不服於大將（主將）之令，意欲俱敗（想使我軍與
敵人兩敗俱傷），逢敵便戰，不量能否（不管能否取勝，遇敵即與之交
戰），故必崩覆（土崩瓦解）。

⑸亂——將弱不嚴之過：將弱不嚴，教道不明，吏卒無常，陳兵縱橫。將
領懦弱，毫無威嚴，對於部隊教導無方，約束不嚴，任意變更部隊建
制、官士兵職務，以致臨戰部署，毫無章法，敗亡之徵，故曰「亂」。
「教道」，對官兵之教育訓練；「道」，通「導」。「吏卒無常」，
指部隊建制無章法，官兵職務無常規，經常被更換，任職時間不長，
亦即部隊沒有健全的組織編制。「無常」，沒有可以遵循的常法、定
規。「陳兵縱橫」，指用兵作戰，列隊布陣，雜亂無章。「縱橫」，錯
縱雜亂。張預注：「『將弱不嚴』，謂將帥無威德（缺乏威信與德行）
也。『教道不明』，謂教閱無古法（沒有按照既有的行之有效的辦法來
訓練、教育部隊）也。『吏卒無常』，謂將臣無久任（將領經常更換，
任職時間不長）也。『陳兵縱橫』，謂士卒無節制（不遵號令，各行其
是）也。為將若此，自亂之道（自取敗亡）。」《六韜·奇兵》云：
「將不強力，則三軍失其職。」杜牧注：「言吏卒皆不拘常度（不遵守
法紀），故引兵出陳（出戰），或縱或橫（陣勢不齊，雜亂無章），皆

自亂之（自亂其軍，自取滅亡）也。」

⑹北──不善指揮之過：將不能料敵，以少合眾，以弱擊強，兵無選鋒。

將領缺乏智謀，料敵無方，錯估敵軍戰鬥力，導致以寡戰眾，以弱對強，又未能選編精銳官兵，擔任前鋒部隊，先挫敵鋒，於是一與敵遭遇，就無法堅持戰鬥，立即背敵後轉而逃，故曰「北」。「北」，失敗、敗逃。《直解》：「北，奔北也，謂不能面鬥，但背之而走也。」「料敵」：判斷敵人虛實強弱之情。李筌注：「軍敗曰北，不料敵也。」「合」：猶擊。「選鋒」，挑選饒勇善戰的官兵，組成衝鋒陷陣的精銳部隊。「選鋒」之義理，即〈兵勢〉：「擇人而任勢」之論。杜牧注：「衛公李靖《兵法》有『戰鋒隊』（的記載），言揀擇勇敢之士，每戰皆爲先鋒。《司馬法》曰：『選良次兵，益人之強（挑選精良士兵，增強軍隊的戰鬥力）。』注曰：『勇猛勁捷（勇猛有力，行動敏捷的士卒），戰不得功（若在戰鬥中未立功），後戰必選於前（下次戰鬥必選派他們在陣前衝鋒），當以激致其銳氣（激發鬥志，鼓舞士氣）也』」。

又何氏注：「夫士卒疲勇（疲弱勇武），不可混同爲一：一則勇士不勸疲兵（如果混編一起，勇敢者無法提升疲弱者戰志），因有所容（使負面情緒瀰漫全軍），出而不戰（不能出擊奮戰），自敗也。故兵法曰：『兵無選鋒，曰北。』昔齊以伎擊強（武術技擊而強盛），魏以武卒奮（有武士而國威大振），秦以銳士勝（精銳士兵而取勝），漢有三河俠士、劍客、奇材。吳謂之（吳國稱爲）『解煩』，齊謂之『決命』，唐謂之『跳蕩』，是皆選鋒之別名也。兵之勝術，無先於此（軍隊勝仗要訣，首先就取決於此）。凡軍眾既具（軍隊集合後），則大將勒諸營（命令各營），各選精銳之士，須趫（矯）健出眾、武藝軼格（超群）者，部爲別隊（編組成精銳部隊），大約十人選一人，萬人選千人，所選務寡，要在必當（不求人多，務必少而精，各個皆符合嚴選之標準），擇腹心健將統率，自大將、親兵、前鋒、奇伏之類，皆品量配之（按照個人專長，賦予職責，派遣任務）也。」張預注：「設若奮寡以擊眾（以寡擊眾），驅弱以敵強，又不選驍勇之士，使爲先鋒，兵必敗北也。凡戰，必用精銳爲前鋒者，一則壯吾志，一則挫敵威也。故《尉繚子》曰：『武士不選（不挑選精銳武士擔任先鋒），則眾不強（軍隊

就無強盛的戰鬥力）。』」

戰例　377年，東晉大將謝玄率兵鎮守揚州，當時前秦苻堅兵力十分強大。謝玄在京口（今江蘇鎮江，當時稱北府）廣泛招募「勇勁」之士，擔任軍職，得劉牢之（後為東晉名將）、何謙等數人，都以「驍猛應選」（英勇善戰選募至軍中）。謝玄任劉牢之為參軍，常令其率領「精銳為前鋒」，與前秦軍作戰，「戰無不捷」，號稱「北府兵」。前秦軍非常害怕這支軍隊。「北府兵」因而所向披靡，無往不勝。（《晉書·劉牢之傳》）

3. 結論：凡此六者，敗之道也，將之至任，不可不察也。」陳皞注：「一曰不量寡眾（不分析敵我兵力數量），二曰本乏刑德（將帥沒有採取恩威並重的統馭手段），三曰失於訓練，四曰非理興怒（將帥無故對部將發怒），五曰法令不行，六曰不擇驍果（勇猛果敢之士組成先鋒），此名六敗。」上述六項，都為「敗之道」，即遭致戰敗的原因；「道」，此指原因。《潛夫論·勸將》：「夫將不能勸其士，士不能用其兵，此二者與無兵等。無士無兵，而欲合戰，其敗負也，理數也然。故曰：其敗者，非天之所災，將之過也。」至於又如何講求避免「六敗」，此為主將者責任之所在，故非詳加審察不可。即是說：第一項要量力，以防「走」；第二第三項對於軍官（各級幹部）與士卒要妥為配合；第四須要謀高級將領與基層軍官的融和；第五項要能御下；第六項要編組精銳部隊，以激勵全軍戰力。

㈢地形者，兵之助也

　　夫地形者，兵之助也。料敵制勝，計險阨遠近，上將之道也。知此而用戰者，必勝；不知此而用戰者，必敗。故戰道必勝，主曰：無戰，必戰可也；戰道不勝，主曰：必戰，無戰可也。故進不求名，退不避罪，惟民是保，而利於主，國之寶也。

【語譯】地形為用兵作戰之重要輔助條件。用兵的根本之道在於判明敵情，巧妙運用各種地形險阻，計算彼我距離的遠近，制定克敵勝敵的策略，這些都是第一流將領之所事。懂得這些理論而後用兵，必然會獲勝，不懂得這些道理而輕舉妄動，必然會失敗。所以，主將如權衡戰場之狀況，有必勝的把握，即使國君說不戰，也可以堅持力戰。如果主將權衡戰場之狀況，沒有制勝的條件，即使國君一定要戰，則應斷然中止作戰。所以進不謀求戰勝的名聲，退不迴避違命的罪責，一心一意只想到保全百姓，舉措符合國君（國家）利益，這樣的將帥，才是國家的至寶。

【闡釋】

1. 本節是對人地關係再作綜合論斷。即將前二節所述的地形因素與將領統御兩者歸納起來，以論對軍隊作戰的影響。必須指出的是，地形只是考量用兵的輔助條件之一，真正影響軍隊作戰成敗的主因，還是在「人」，即如何「用兵」，乃「將之至任」。何謂將之「至任」呢？本段孫子作了具體的陳述。

2. 量地用兵，料敵制勝。「任務」、「敵情」與「地形」三者，為指揮官決心之三大基礎。

   (1) 「地形者，兵之助也」。「助」，輔佐。地形是輔助用兵作戰的重要條件。孟氏注：「地利待人而險。」王晳注：「兵道則在人。」杜牧注：「夫兵之主，在於仁義節制而已。若得地形可以為兵之助，所以取勝也。『助』一作『易』。」賈林注：「戰雖在兵，得地易勝，故曰『兵之易也。』」山可障（高山可作屏障），水可灌（大水可淹敵軍），高勝卑（先據高地，容易擊敗位於低處之敵），險勝平（占領險要地，容易戰勝駐防於平地之敵人）也。」施子美注「所以制勝者在乎兵，所以佐勝者在乎地，用兵而不得地之利，何以為勝哉？夫用兵者，莫不有所資（憑藉）而以為助也。『以水佐攻者強，以火佐攻者明』（〈火攻〉），水火猶可以佐攻，況於地形乎！《孟子》曰：『天時不如地利』，地利固可以為兵之助也。」

   (2) 「料敵制勝」，就是敵情判斷，「料敵」，估量敵之虛實。「制勝」，取勝，即制服別人而使自己得到勝利。依據敵之虛實以取勝，這是知彼

知己之事。杜牧注：「饋用（糧草供應）之費，人馬之力（人馬出入進退），攻守之便（攻守方便與否），皆在險阨遠近（都取決於路途的遠近、地形的險要）也。言若能料此以制敵（若能針對上述條件來製定對敵戰術），乃為將臻極之道（將帥運籌帷幄、用兵作戰的本領就達到卓越不凡的程度了。）」張預注：「能審地形者，兵之助耳，乃未也，料敵制勝者兵之本也。」

(3)「計險阨遠近」，就是地形判斷。「計」，測量、估算。「阨」，險要。「險阨」，本指地勢險要之處，然而此處當與「遠近」詞例一律，反義復合詞，實際意義是「險易」。本句可視為〈始計〉：「地者，遠近、險易、廣狹、死生也。」的簡述。計量遠近險易，這是地形之事，即知地。王晳注：「料敵窮極之情（正確判斷敵軍弱點），險厄遠近之利害（衡量地形險要，路途遠近的利弊），此兵道也。」張預注：「既能料敵虛實強弱之情，又能度（衡量）地險阨遠近之形，本末皆知，為將之道畢矣。」

(4)上將（必勝）之道。根據精確的「敵情」與「地形」判斷，下適切之決心，必可獲得勝利，此「上將之道也」。「上將」，上等優良將材，亦即賢能之將、高明之將。「道」，指職責。故曰：「知此而用戰者，必勝，不知此而用戰者，必敗。」知「此」，指上將之道。「用戰」，指用兵作戰。兩句承上說，知上將之道則勝，不知上將之道則敗。梅堯臣注：「將知地形，又知軍政則勝，不知則敗。」張預注：「既知敵情，又知地利，以戰則勝，俱不知之，以戰既敗。」《百戰奇略‧計戰》說：「凡用兵之道，以計為首。未戰之時，先料將之賢愚，敵之強弱，兵之眾寡，地之險易，糧之虛實。計料已審，然後出兵，無有不勝。法曰：料敵制勝，計險阨遠近，上將之道也。」按東漢末年，劉備駐兵於新野時，曾三次親往諸葛亮處，請教復興漢室、統一天下的大計。諸葛亮提出具體方略，即著名的「隆中對」，後來的發展，果然是按照諸葛亮的謀劃進行的。

3. 將道典範。戰爭一經爆發，其勝敗關係國家民族興亡盛衰者至鉅，為將帥者受君命於危急之秋，決國運於疆場之上，故將帥之指揮權，不應受政府與輿論（主）的干涉，即〈九變〉所說：「君命有所不從」。將帥的決定完全以「戰道」為依據，「戰道必勝，主曰無戰，必戰可也；戰道不勝，

主曰必戰，無戰可也。」「戰道」，戰略評估；戰場的形勢（實情）。杜牧注：「主者，君也。黃石公曰：『出軍行師，將在自專，進退內御，則功難成。故聖主明王，跪而推轂曰：閫外之事，將軍裁之。』」張預注：「苟有必勝之道，雖君命不戰，可必戰也。苟無必戰之道，雖君命必戰，可不戰也。與其從令而敗事，不若違制而成功，故曰：『軍中不聞天子之詔。』」

蓋將帥一切之考慮以保國衛民為基礎，故「進不求名」，進而獲勝，非為求名；「退不避罪」，退而或敗，亦不避罪，此乃將帥武德之展現。惟其不以一己之「名」（功）、「罪」（過）為重，而「惟民是保，惟主是利（「利合於主」）」，有這樣的將帥誠可謂「國之寶也」。王晳注：「戰與不戰，皆在保民利主而已矣。」杜牧注：「進不求戰勝之名，退不避違命之罪也，如此之將，國家之珍寶，言其少得也。」梅堯臣注：「寧違命而取勝，勿順命而致敗。」張預注：「進退違命，非為己也，皆所以保民命而合主利，此忠臣，國家之寶也。」

㈣視卒如親

視卒如嬰兒，故可以與之赴深谿；視卒如愛子，故可與之俱死。厚而不能使，愛而不能令，亂而不能治，譬若驕子，不可用也。

【語譯】對待士卒有如對待嬰兒一般，士卒就會和長官共赴深淵，對待士卒如同對待自己的子女一般，士卒就會和長官同生死。假如只是厚待士卒而不能驅使作戰，溺愛士卒而不能使他服從命令，違紀亂法而不能懲治，這就如同被嬌生慣養的子女一般，是不能用來作戰的。

【闡釋】

1. 本節係孫子再論領導統御，其基本原則仍然是恩威並用。

2. 視卒如嬰。將帥愛護部屬，出之以「仁」，有如「嬰兒」、「愛子」一樣，呵護備至，官兵們必會銘心刻骨，感恩圖報，即使戰況慘烈，命懸一線，他們仍會義不容辭的衝鋒陷陣，誓死效忠，就如在情勢所逼之下，不

得不縱身萬丈深谷、千刃斷崖一般（「可與之赴深谿」），臨危不懼，心甘情願的與將帥共死生（（「可與之俱死」）。「視」，看待。「與」，同、共。梅堯臣注：「撫而育之，則親而不離；愛而晑之，則信而不疑。故雖死與死，雖危與危。」杜牧注：「戰國時，吳起爲將，與士卒最下者同衣食。臥不設席，行不乘騎，親裹羸糧（親攜個人配賦糧食），與士卒分勞苦。卒有病疽（身上長膿瘡），吳起吮（吸取膿汁）之。其卒母聞而哭之。或問曰：『子，卒也，而將軍自吮疽，何爲而哭？』母曰：『往年吳公吮其父，其父不旋踵而死於敵，今復吮此子，妾不知其死所矣！』」愛護士卒之心，可激發爲國戰死的決心，此報恩之心，人皆有之。「不旋踵」，形容迅速，言快得不待轉動腳跟。旋，旋轉。踵，腳跟。張預注：「將視卒如子，則卒視將如父，未有父在危難，而子不致死。故荀卿曰：『臣之於君也，下之於上也，如子弟之事父兄，手足之捍（保護）頭目也。』夫美酒泛流（好酒賞與全軍同飲），三軍皆醉；溫言一撫，士同挾纊（士兵如同穿了絲棉衣服一樣，倍感溫暖。挾纊，穿上絲綿衣服。纊，綿。比喻受人撫慰，感到溫暖。）。信乎以恩遇下，古人所重也。故《兵法》曰：『勤勞之師，將必先己，暑不張蓋，寒不重衣（兩件厚衣），險必下步，軍井成而後飲，軍食熟而後飯，軍壘成而後舍。』」

3. 但是對官兵不可愛護過度（不得其法），如愛之過分，致驕縱成性，將形成以下三個軍風：

   (1)「厚而不能使」，臨陣無法調度，是因厚遇的結果。「厚」，優厚的待遇。「使」，役使，意旨差遣、調度執行任務。

   (2)「愛而不能令」，無法指揮命令，是因溺愛的結果。「令」，號令、指揮。

   (3)「亂而不能治」，肆意違法亂紀，是因未能懲治的結果。「亂」，任意、隨便，這裡指賞罰不嚴。如此軍隊，驕惰成風，軍紀敗壞，則「譬若驕子，不可用也」。

   故曹操注：「恩不可專用（不能一昧用恩惠），罰不可獨任（也不能一昧用懲罰），若驕子之喜怒對目（就像對驕子，有時愛護備至，有時怒目相向，），還害（這樣，只有害處）而不可用也。」孟氏注：「惟務行恩，恩勢已成，刑之必怨。惟務行刑，刑怨已深，恩之不附。必使恩威相參，賞罰並用，然後可以爲將，可以統衆也。」杜牧注：「黃石

公曰：『士卒可下而不可驕。』夫恩以養士，謙以接之，故曰『可下（以禮相待）』；制之以法，故曰『不可驕』。《陰符》曰：『害生於恩。』……善無細而不賞，惡無微而不貶。……故能威克其愛，雖少必濟，愛加其威，雖多必敗。」張預注：「恩不可以專用，罰不可經獨行。專用恩，則卒如驕子而不能使。……在《易》之〈師・初六〉曰：『師出以律』，謂齊眾以法（以法紀約束官兵）也。九二曰：『師中承天寵』（軍中統帥剛毅堅強，出師吉祥，沒有災難），謂勸士以賞（以獎賞激勵官兵）也。以此觀之，王者之兵，亦德刑參任（並用），而恩威並行矣。尉繚子曰：『不愛悅其心者，不我用也（對部屬沒愛心的，我不重用）；不嚴畏其心者，不我舉（對部屬要求不嚴的，我不薦舉）也。』故善將者，愛與畏而已。」

(五)知己知彼，勝乃不殆；知天知地，勝乃可全

　　知吾卒之可以擊，而不知敵之不可擊，勝之半也；知敵之可擊，而不知吾卒之不可擊，勝之半也；知敵之可擊，知吾卒之可擊，而不知地形之不可戰，勝之半也。故知兵者，動而不迷，舉而不窮。故曰：知己知彼，勝乃不殆；知天知地，勝乃可全。

【語譯】只了解我軍能作戰，不了解敵軍是否能戰，勝利的機會只有一半；只了解敵人的弱點，而不了解我軍戰力不足以攻擊敵人，這樣勝利的機會也只有一半；既了解敵人弱點，也知道我軍的作戰能力，但卻不了解地形不適宜用兵作戰，勝利的機會仍然只有一半。因此，真正懂得用兵的將帥，其作戰行動不會被任何表象所迷惑，各項作戰措施可以運用自如、變化無窮。所以說：既了解敵人，又了解自己，則勝券在握；懂得地利，懂得天時，才可以獲得全勝。

【闡釋】

1. 本節為本篇之總結論斷：「知己，知彼，知天，知地」四知俱備，乃能全勝。

2. 半知半勝，全知全勝。孫子論「戰」，以「知」爲首，〈始計〉以「五
事」、「七計」作爲廟算知勝的要素與比較依據。概「知」乃戰時獲利取
勝與一切軍事行動的基礎。然而要獲得戰爭勝利，不僅限於一般「知」的
程度，必須要於求戰前「先知」，先知而後謀定，謀定後即可力行。孫子
所言「先知」者，〈謀攻〉說：「知己知彼，百戰不殆。」本篇又提：
「知彼知己，勝乃不殆，知地知天，勝乃可全。」實際上是求人事（知
彼、知己）、與天時地利之先知，在力、空、時的同時掌握下與考量下運
作，才能掌握全般戰局。

(1) 半知半勝。若爲將者只能半知：

　① 知己不知彼──「知吾卒之可以擊，而不知敵之不可擊」。

　② 知彼不知己──「知敵之可擊，而不知吾卒之不可擊」。

　③ 知彼知己，卻「不知地形之不可戰」。

　這三種情況的勝率最多只有一半（「勝之半」）。杜牧注：「可擊者，
　勇敢輕死也。不可擊者，頓弊怯弱也。」陳皞注：「可擊、不可擊者，
　所謂『兵眾孰強，士卒孰練，賞罰孰明』也。」「擊」，《說文解字》
　的解釋爲，擊者「擊之而傷也，故其字從手毀。」擊爲打擊、攻擊之行
　動，其目的在的毀人傷人，正符合作戰之目的在於殲滅敵人之有生力
　量，獲得作戰利益，並以保全我自己。曹操、李筌注：「勝之半者，未
　可知也。」

(2) 全知全勝。故「知兵者」，其戰前勝負分析必須符合四知條件，才能
　「動而不迷」，「舉而不窮」，達到「勝乃可全」的目標。惟能知彼知
　己，方可測彼我之虛實，而有勝利之把握，再加識天時，得地利，相機
　應敵，定可獲全勝之功。「知兵者」，指兼知自己、敵人、天時、地形
　四者狀況的將帥。「動」、「舉」，均指軍事行動。「迷」，迷惑、盲
　目。「窮」，困；「不窮」，指變化無窮。「動而不迷」，行動不盲
　目，即行動有計畫，目標明確，不會迷惑盲動。「舉而不窮」，運用自
　如，即用兵之法變化無窮，可根據情勢變化，採取因應的措施，不會陷
　於困窘。即〈兵勢〉：「善出奇者，無窮如天，不竭如江河。……戰勢
　不過奇正，奇正之變，不可勝窮。」的理哲。「全」，萬全，與全爭天
　下之意義同。「天地」之詳釋，見〈始計〉中。劉寅注：「彼之虛實，
　知我之強弱，戰則必勝，不至於危殆。知天時之順，知地利之便，戰勝

之功，又可以全得也。」

四知與勝率

己	彼	天地	勝率
不知己	不知彼		每戰必敗
知己 知吾卒之可以擊	不知彼 不知敵之不可擊		勝之半
不知己 不知吾卒之不可擊	知彼 知敵之可擊		勝之半
知己 知吾卒之可擊	知彼 知敵之可擊	不知地形之不可戰	勝之半 勝乃不殆
知己	知彼	知天知地	勝乃可全

作者參考《孫子兵法・謀攻篇》、《孫子兵法・地形篇》原文整理自繪

九地第十一

孫子曰：用兵之法，有散地，有輕地，有爭地，有交地，有衢地，有重地，有圮地，有圍地，有死地。諸侯自戰其地者，爲散地。入人之地不深者，爲輕地。我得則利，彼得亦利者，爲爭地。我可以往，彼可以來者，爲交地。諸侯之地三屬，先至而得天下之眾者，爲衢地。入人之地深，背城邑多者，爲重地。山林、險阻、沮澤，凡難行之道者，爲圮地。所由入者隘，所從歸者迂，彼寡可以擊吾之眾者，爲圍地。疾戰則存，不疾戰則亡者，爲死地。是故散地則無戰，輕地則無止，爭地則無攻，交地則無絕，衢地則合交，重地則掠，圮地則行，圍地則謀，死地則戰。

古之所謂善用兵者，能使敵人前後不相及，眾寡不相恃，貴賤不相救，上下不相收，卒離而不集，兵合而不齊。合於利而動，不合於利而止。敢問：「敵眾整而將來，待之若何？」曰：「先奪其所愛，則聽矣；兵之情主速，

乘人之不及，由不虞之道，攻其所不戒也。」

凡為客之道，深入則專，主人不克，掠於饒野，三軍足食，謹養而無勞，併氣積力，運兵計謀，為不可測，投之無所往，死且不北，死焉不得，士人盡力。兵士甚陷則不懼，無所往則固，深入則拘，不得已則鬥。是故，其兵不修而戒，不求而得，不約而親，不令而信，禁祥去疑，至死無所之。吾士無餘財，非惡貨也；無餘命，非惡壽也。令發之日，士卒坐者涕沾襟，偃臥者淚交頤，投之無所往者，則諸劌之勇也。故善用兵者，譬如率然；率然者，常山之蛇也，擊其首，則尾至，擊其尾，則首至，擊其中，則首尾俱至。敢問：「兵可使如率然乎？」曰：「可。」夫吳人與越人相惡也，當其同舟濟而遇風，其相救也如左右手。是故，方馬埋輪，未足恃也；齊勇若一，政之道也；剛柔皆得，地之理也。故善用兵者，攜手若使一人，不得已也。

將軍之事，靜以幽，正以治。能愚士卒之耳目，使之無知；易其事，革其

正治
2.貫徹決心：登高
去梯

謀，使人無識；易其居，迂其途，使人不得慮。帥與之期，如登高而去其梯；帥與之深，入諸侯之地而發其機，焚舟破釜。若驅群羊，驅而往，驅而來，莫知所之。聚三軍之眾，投之於險，此將軍之事也。九地之變，屈伸之利，人情之理，不可不察也。

(四)運用戰地，發揮戰力

　凡為客之道，深則專，淺則散。去國越境而師者，絕地也；四達者，衢地也；入深者，重地也；入淺者，輕地也；背固前隘者，圍地也；無所往者，死地也；是故散地吾將一其志，輕地吾將使之屬，爭地吾將趨其後，交地吾將謹其守，衢地吾將固其結，重地吾將繼其食，圮地吾將進其途，圍地吾將塞其闕，死地吾將示之以不活。故兵之情，圍則禦，不得已則鬥，逼則從。

四霸王之兵：國家戰略，全爭天下

　是故不知諸侯之謀者，不能預交；不知山林、險阻、沮澤之形者，不能行軍；不用鄉導者，不能得地利；此三者不知一，非霸王之兵也。夫霸王之兵，伐大國，則其眾不得聚；威加於敵，則其交不得合。是故不爭天下之交，不養天下之權，信己之私，威加於敵，故其

城可拔，其國可墮。施無法之賞，懸無
政之令，犯三軍之眾，若使一人。犯之
以事，勿告以言；犯之以利，勿告以
害；投之亡地然後存，陷之死地然後
生。夫眾陷於害，然後能為勝敗，故為
兵之事，在於順詳敵之意，併力一向，
千里殺將，是謂巧能成事。

五宣戰與序戰

　　是故政舉之日，夷關折符，無通其
使；屬於廊廟之上，以誅其事。敵人開
闔，必亟入之。先其所愛，微與之期，
踐墨隨敵，以決戰事。是故始如處女，
敵人開戶；後如脫兔，敵不及拒。

一、篇旨

1. 〈九地〉是《孫子兵法》現存十三篇中最長的一篇。所謂「九地」，即文
中所指的散地、輕地、爭地、交地、衢地、重地、圮地、圍地、死地等九
種不同的戰略地形，故曹操注曰：「欲戰之地有九」。前篇言地形，係就
戰術觀點以言戰場作戰，本篇名「九地」係就戰略政略以論戰爭全局；換
言之，本篇內容，在地理學上，應屬「區域地理」；在軍事學上，則屬於
「地略學」。

2. 如孫子直陳：「九地之變，屈伸之利，人情之理，不可不察也」，即明揭
本篇主旨，其論述要點如下：
   (1)界定「散地」等九種地勢之意義，並根據不同的地勢提出對策。
   (2)從「重地」、「圍地」、「死地」等之「屈伸之利，人情之理」，推論
   遠征作戰之指導要領──「投之亡地然後存，陷之死地然後生」；又特
   留意於危絕地勢對心理之影響，又以「常山之蛇（率然）」，「同舟共
   濟」、「登高去梯」、「方馬埋輪」、「焚舟破釜」等寓意其中。據以

研究部隊投入重地或死地的心理狀態（「人情之理」）與統御之道，以及戰略上應採之應變措施（「屈申之利」）。

(3)戰場領導要領──「將軍之事」，提出「靜、正、密、勇、智」五項將軍必須具有的統率修養。

(4)「霸王之兵」，國家爭勝於天下的全般戰略、軍略，戰場統御與用兵藝術。

(5)宣戰及序戰之要領。

3. 本篇的篇次，李筌注：「勝敵之地有九，故次〈地形〉之下。」張預注：「用兵之地，其勢有九。此論地勢，故次〈地形〉。」趙本學注：「上篇〈地形〉之地，排兵布陣之地也，以寬狹險易言也；〈九地〉之地，侵伐所至之地也，以淺深輕重言之。」

二、詮文
(一)地形九種

孫子曰：用兵之法，有散地，有輕地，有爭地，有交地，有衢地，有重地，有圮地，有圍地，有死地。諸侯自戰其地者，爲散地。入人之地不深者，爲輕地。我得則利，彼得亦利者，爲爭地。我可以往，彼可以來者，爲交地。諸侯之地三屬，先至而得天下之眾者，爲衢地。入人之地深，背城邑多者，爲重地。山林、險阻、沮澤，凡難行之道者，爲圮地。所從由入者隘，所從歸者迂，彼寡可以擊吾之眾者，爲圍地。疾戰則存，不疾戰則亡者，爲死地。是故散地則無戰，輕地則無止，爭地則無攻，交地則無絕，衢地則合交，重地則掠，圮地則行，圍地則謀，死地則戰。

【語譯】孫子說：用兵的法則，依作戰地區環境可區分為「散地」、「輕地」、「爭地」、「交地」、「衢地」、「重地」、「圮地」、「圍

地」、「死地」等九種地形。軍隊在自己國家境內作戰，為國破家亡而顧慮較多，使得官兵用心不專、士氣渙散，故稱作「散地」。進入敵國境內作戰而未深入其境，對敵人而言僅邊境被侵而易於恢復，故稱作「輕地」。敵我雙方占領某地，均對作戰有利而勢在必爭，故稱作「爭地」。敵、我兩軍都易於往來的地區，屬於雙方皆可運用之交通樞紐，故稱作「交地」。位於敵、我及他國之間的毗連地區，能先占其地者可以控制鄰近各國軍事行動或得到國際援助，故稱作「衢地」。軍隊已經深入敵國境內，占領的城鎮地區距離本國較遠而補給不易，稱作「重地」。高山、叢林、險峻、沼澤、湖泊等地形，軍隊不易通行，稱作「圮地」。進入的路徑狹隘，出去的道路迂迴，敵人可以少數兵力攻擊我大部隊的險惡地區，稱作「圍地」。處在速戰速決則可生存，不速戰速決將有敗亡可能的地區，叫做「死地」。所以在「散地」作戰，因為以本國為戰場，故對我不利而須避免為要。在「輕地」作戰，應長驅直入、不宜停頓；遇「爭地」之時，應行先占領，倘若敵人先我占領則不可貿然進攻。應善加利用「交地」，不可意圖破壞阻絕，因其交通便利而令阻礙效果有限；到了「衢地」，應運用外交活動爭取友國邦誼。深入「重地」時，因為距離本國較遠，就要進行物資徵用，以補充作戰糧秣物資之不足；遇到進退兩難的「圮地」，要迅速通過、不可久滯。陷入「圍地」時，要運用計謀以迅速突圍；到了「死地」，只有奮勇決戰才能死裡求生。

【闡釋】

〈九地〉將地勢區分為「散地、輕地、爭地、交地、衢地、重地、圮地、圍地、死地」九種，其全篇所論述者非僅地勢的分類而已，還包括如何掌握士兵心理，結合地勢與用兵的道理。

1.散地。

⑴定義：「散地」，逃散之地。在本國境內與敵人作戰（「諸侯自戰其地」），因士卒近家而有較多顧慮之故，致令戰志不堅、無必死決心並容易逃散，所以稱為「散地」。杜牧注：「士卒近家，進無必死之心，退有歸投（逃躲）之處。」何延錫認為「散地」有二義：

① 一般義，即戰場位於國境之內，「散地，士卒恃土（由於在境內作

戰），懷戀妻子（顧家），急（情況危急）則散走，是爲散地。」

② 就部隊據守之本國地理位置而言：

　　A. 地無關鍵（險要關隘），士卒易散走。居（駐防）此地者，不可數戰。

　　B. 地遠四平（戰地平坦寬廣），更無要害（無險可據），志意不堅而易離，故曰散地。」

(2)對策：「無戰」，即避敵鋒芒（銳氣），以守爲攻；換言之，「散地」作戰，士卒顧家，其意未專，戰則逃散，故「無戰」。梅堯臣注：「我兵在國（我軍在本國作戰），安土懷生（安於故土，求生心切），陳則不堅（出陣鬥志不堅），鬥則不勝（作戰無法取勝），是不可以（在散地）戰也。」《百戰奇略・主戰》：「凡戰，若彼爲客，我爲主，不可輕戰。爲吾兵安，士卒顧家，會集人聚穀，保城備險，絕其糧道。彼挑戰不得，轉輸不至，俟其困敝擊之，必勝。法曰：『自戰其地爲散地』」

2. 輕地。

(1)定義：「輕」，淺、易；「輕地」，離國不遠，易於返還之地。「入人之地而不深者」，即進入敵境尚未深入，距我邊境不遠，部隊仍可輕易撤回國內的作戰地區，稱之爲「輕地」。何氏注：「輕地者，輕於退也。入敵境未深，往返輕易，不可止息，將不得數動勞人（不得調動部隊，在敵我邊境頻繁往返，致使士兵疲憊不堪。）」杜牧注：「兵法之所謂輕地，出軍行師，始入敵境，未背險要（沒有險要地形可依憑），士卒思還，難進易退，以入爲難，故曰輕地也。」

(2)對策：「輕地則無止」，「止」謂駐止，滯留不進。按軍隊侵入敵境不深的地區，官兵因感前途難料，在軍心既尚未鞏固之際有「不勝則可速退」的僥倖念頭、無必勝決心。故杜牧以爲：「師出越境，必焚舟梁，示民無返顧之心」，即強調迅速深入敵境、擊破敵軍以固我軍心，「輕地則無止」，切勿滯留停止而致失銳氣。梅堯臣注：「始入敵境，未背險阻，士心不專，無以戰爲，勿近名城，勿由通路，以速進（迅速深入敵境）爲利。」杜牧注：「兵法之所謂輕地，出軍行師，始入敵境，未背險要（沒有險要地形可依憑），士卒思還，難進易退，以入爲難，故曰輕地也。當必選精騎，密有所伏，敵人卒至，擊之勿疑，若是不至，

踰之速去。」

3. 爭地。

(1)定義：「我得則利，彼得亦利者，爲爭地」，即兼具攻守之利，我得之則我利、敵得之則敵利的戰略要地，先占領的一方必然占最大的優勢的兵家必爭之地，故稱之爲「爭地」。曹操注：「可以少勝眾，弱擊強。」李筌注：「此厄喉守險地，先居者勝，是爲爭地也。」杜牧注：「必爭之地，乃險要也。」

(2)對策：「爭地則無攻。」既爲兵家必爭的戰略要域，誰先占領誰得利，必盡死力已固守之。故若敵人已先占據，我軍則不宜作直接（正面）之強攻，徒自「頓兵挫銳」而難以攻奪。梅堯臣注：「形勝之地，先據爭利。敵若已得其處，則不可攻。」。〈地形〉：「險形者，若敵先居之，引而去之，勿從也。」。

戰例 三國時期〔魏明帝青龍二年（234年）〕，蜀相諸葛亮率十萬大軍出斜谷北攻曹魏，且在蘭坑一帶墾田種地。此時，魏國大將司馬懿率兵駐屯在渭水之南，其部將郭淮推測諸葛亮一定要爭奪北原，便建議魏軍搶先占領該地，但在討論中多數人認為不必如此。郭淮向諸將進行情勢分析：

倘若諸葛亮跨過渭水而登上北原，再派兵控制了北部山區，就會切斷隴道，動搖民心，這將是不利於國家大計的。

司馬懿聽完郭淮的情勢分析甚為認同，於是派他率軍進屯北原。正當郭淮所部進占北原，構築工事之際，蜀軍主力已抵至，郭淮於是揮軍拒止其攻擊。數日後，諸葛亮大張旗鼓地調兵西行，郭淮的部將們都認為諸葛亮要攻打魏軍西部陣地，惟獨郭淮看出諸葛亮是用「示形」之法偽裝西進，以此誘使魏軍前去應戰，而其真實意圖則是向東進攻陽遂。當晚，蜀軍果然向陽遂發起進攻，但因郭淮預先有所準備，才使魏軍沒有戰敗。諸葛亮五伐曹魏未獲成功，其中一個主因就是，蜀軍未能先敵搶占北原要地以實現其「隔絕隴道」而陷魏軍於困境的戰略企圖。

4. 交地。

(1)定義：「我可以往，彼可以來者爲交地」。「交」，縱橫交叉；「交地」指敵我雙方來往便捷處而言，即道路縱橫、地勢平坦、交通便利，

敵我均有多條路線可以通達的地區，即〈地形〉中的「通形。」

(2)策略：「交地則無絕。」軍隊位處「交地」，因道路交錯，處處有被敵人攔擊的危險，故其因應之道是「無絕」：

① 先期占領之，防阻對方不得來。

② 保持戰地與後方之聯絡線暢通，不可被切斷，才能使行軍序列，依序機動，各級部隊得以相互策應。

「絕」，斷；「無絕」，不可以斷絕聯繫。梅堯臣注：「道既錯通，恐其邀截（恐敵攔腰截斷我軍），當令部伍相及（應命令部隊前後連接），不可斷也。」

5. 衢地。

(1)定義：「諸侯之地三屬，先至而得天下之眾者。」「衢」，四通八達。「衢地」，指有數個國家（包括敵、我、友）毗連交界，四通八達的地區；通衢之地，多國毗鄰，除與己對抗之敵國外，又有中立他國牽連其中，各方勢力相當；若能先控領該地，則可獲得國際的支持。「屬」，連接、毗鄰。「三屬」，多方毗連。「天下之眾」，指多數的毗連國。張預注：「衢者，四通之地，我所敵者，當其一面，而旁有鄰國，三面相連屬，當往結之，以為已援。先至者，謂先遣使以重幣約和旁國也。兵雖後至，已得其國助矣。」

(2)策略：「衢地則合交」。「合交」，結交；位處「衢地」，應加強外交活動，結交與國盟友，以為己援。

6. 重地。

(1)定義：「入人之地深，背城邑多者。」「重」，①深遠，與上「輕」相對；②寓意勢重難返。「背」，背對；此指穿過、穿越。「背城邑多」，背後有很多敵方城邑的地區。「重地」，深入敵境，穿過（背靠、背對）敵國眾多城邑，到了難以歸返的地區。另潘光建以為侵入敵國之境已深，後方聯絡線，必須通過敵方許多城鎮，如負重荷，稱為重地（《孫子兵法別裁》，頁351）。

(2)策略：「重地則掠。」「掠」，奪取；軍隊如深入敵境很深的地區，接濟困難，必須「因糧於敵」，就地解決糧食補給。孟氏注：「因糧於敵也。」梅堯臣注：「去國既遠，多背城邑，糧道必絕，則掠畜積以繼食（搶奪敵糧草、牲畜，以維持我軍糧食供應）。」王晳注：「深

入敵境，則掠其饒野（敵人糧食、畜產富饒的地區）以豐儲（有足夠的儲備存量）也。難地食少則危（在危難之地，糧草不足，處境就更危險）。」

7. 圮地。

(1)定義：「山林、險阻、沮澤，凡難行之道者，爲圮地」，指高山、叢林、湖泊等難以通行的地形，因進退困難而不便作戰，且易染疾病。梅堯臣注：「水所毀圮（被水毀壞的地方），行則猶難，況戰守乎？」張預注：「險阻，漸洳（低窪潮濕泥濘）之地，進退艱難，而無所依（沒有可供攻防依托之處）。」

(2)策略：「圮地則行。」「行」，迅速離去；行軍至「圮地」，應儘快排除障礙，早日走出這個陰濕晦暗、險阻困頓的環境，才不至被困死其中。梅堯臣注：「既毀圮不可依止，則當速行，勿稽留（停留）也。」何氏注：圮地者，少固（不牢固）之地也，不可爲城壘溝隍（建城壘、挖壕溝，修工事），宜速去之」；「溝隍」，水溝、護城河。

8. 圍地。

(1)定義：所由入者隘，所從歸者迂，彼寡可以擊吾之眾者。進入的道路狹隘，返回的道路迂曲，敵人堵塞隘口，或半途攔截，或依險設伏，可收以寡擊眾之效；簡言之，凡山勢環繞，進路狹隘，退路迂遠迴繞，稱之爲「圍地」。梅堯臣注：「山川圍繞，入則隘，歸則迂也。」何氏注：「圍地，入則隘險，歸則迂迴，進退無從，雖眾何用？」

(2)策略：圍地則謀。行軍時，以避免進入圍地爲常則，如不幸誤入，則宜從速設計脫離之，故曰：「圍地則謀」。梅堯臣注：「前有隘後有險，歸道又迂，則發謀慮以取勝。」張預注：「（處於圍地）難以力勝，易以謀取（應該以智取勝）也。」

9. 死地。

(1)定義：疾戰則存，不疾戰則亡者，爲死地。「疾」，速、力。疾戰，迅速力戰。「死地」，猶無生路之地，具體而言即前有強敵，後無退路，側方亦不易脫走之地；如曹操云：「死地者，前有高山，後有大水，進則不得，退則有礙」，軍隊既處死地即更較「圍地」危殆，惟決心速戰則可存，否者必亡。賈林注：「左右高山，前後絕澗，外來則易，內出則難，誤居此地，速爲死戰則生。若待士卒氣挫（士氣低弱，軍心渙

散），糧儲又無而持久（既無糧食，卻要進行持久戰），不死何待（只有死路一條）？」

(2)對策：死地則戰。「戰」，此指進行不惜生命的殊死戰，一決死生的戰鬥；李筌注：「殊死戰，不求生也」，陳皞注：「陷在死地，則軍中人人自戰（人人自動拚死戰鬥），故曰『置之死地而後生』也。」

(二)兵之情主速

古之所謂善用兵者，能使敵人前後不相及，眾寡不相恃，貴賤不相救，上下不相收，卒離而不集，兵合而不齊。合於利而動，不合於利而止。敢問：「敵眾整而將來，待之若何？」曰：「先奪其所愛，則聽矣；兵之情主速，乘人之不及，由不虞之道，攻其所不戒也。」

【語譯】古代善於指揮作戰的將領，能使敵人前後部隊無法相互策應，主力部隊與其一部之間無法互相協力，官兵之間不肯相互救援；上下之間指揮權責混亂而無法互相連絡，兵力分散而不能集中應戰，兵力集結卻不願協同作戰。故良將為達到上述目的，判斷認為有利就應盡力使用它，否則就不用，其行止完全以軍隊的利益為前提。試問：「如果敵人以優勢兵力，分進合擊，將要向我進攻，應如何對付之？」答曰：「先奪取其最愛惜、最重要的地區，例如戰術上的要點或後方連絡線等，使敵人陷於被動，即可使他聽從於我了。」一般戰爭的要訣，以速戰速決為首要，乘敵人措手不及之時，走敵人意料不到之路，攻敵人沒有戒備之處。

【闡釋】

1. 本節說明為「主」時之作戰要領，這裡所謂「主」可以現代軍語「內線作戰」來理解。內線作戰之惟一要訣，為乘敵在分進尚未達成合擊之時，各個擊破之，以先制與奇襲為主。

2. 孫子托古兵家之名（古之所謂善用兵者），提出「善用六不」，作為分離敵軍的基本策略，包括「不相及」、「不相恃」、「不相救」、「不相

收」、「離而不集」和「合而不齊」。孫子認為戰略上要擊敗敵軍，首先要分割敵軍兵力，從空間、時間、心理、指揮上，以各種手段分離之，而「兵之情主速」，即用兵以機動快速為首要，乘其不備而攻擊之。

(1)前後不相及：「前後」，先頭部隊、後續部隊；「及」，顧及、聯繫、策應。使敵人前後部隊不能相聯繫、策應救援，如敵半渡之際。

(2)眾寡不相恃：「眾」、「寡」分指主力大軍、小部隊，「恃」作依靠、憑藉義，謂使敵軍主力與支作戰部隊行動無法配合。申言之，即採取牽制——拘束與打擊的戰術運用，先拘束其「眾」，而後各個擊破其「寡」。在空間上，九地中之「圮」、「圍」、「死」地等，敵我均視為不利而不願接近的地區，可用為地障來分離敵軍，從而使敵「前後不相及」或「眾寡不相恃」，也就是使敵主作戰部隊與支作戰部隊受地障分離，不能互相策應或依恃。

(3)貴賤不相救：指心理上的分離。在心戰上，使敵官兵之間、高階層與低階層之間，相互猜疑、各懷異志，或思謀自保（保留實力）而不願相救應。「貴」，將校、長官；「賤」，士卒、下屬。

(4)上下不相收：謂心理上之分離；即使敵上下離心離德，不相呼應且各自為戰，導致指揮體系上分離、失去指揮功能。「上」、「下」，分指上級司令部、下屬部隊；「收」，聚集；是一種向心力，或信賴心。

(5)卒離而不集：謂「卒（兵）」（敵軍部隊）潰散後，不可使其有重新集結的機會。「離」，分、散；「集」，集結。

(6)兵合而不齊：使敵軍縱然重新集結，也因指揮體系、裝備、心志無法齊一完備而無力再戰。「合」，集中；「齊」，整齊、完備、協同一致。梅堯臣注：「或已離而不能集，或雖合而不能齊。」「兵合」另作接觸交戰義，〈兵勢〉：「凡戰者以正合」，意謂使敵人臨陣交戰，而不能協同一致。

按「不集」、「不齊」乃連續性的分割敵軍，即利用先制（主動）與奇襲（欺敵），造成敵軍潰散，繼之以阻其重整旗鼓，恢復戰力；張預注：「出其不意，掩其無備，驍兵銳卒（精銳部隊），猝然突擊（突襲敵未防備之軍）。彼救前則後虛，應（應付）左則右隙（出現疏漏、弱點）；使倉惶散亂，不知所禦。將吏士卒（全軍官兵），不能相赴（無法各就其戰守位置，各司其職）；其卒已散而不複聚，其兵雖合而不能

一。」又杜牧註解造成敵人「不集」、「不齊」的理則、方法與效能評估：

① 理則：「多設變詐（多多製造假象），以亂（迷惑、擾亂）敵人」。

② 具體作爲：A.「衝（攻）前掩（襲）後」；B.「驚（聲）東擊西」；C.「立僞形，張奇伏」（僞裝調派兵力，虛張聲勢，使敵誤判我有所設伏）；D.無形以合戰（神出鬼沒，全力拼戰）。

③ 效能評估：「敵則必備而眾分（多方防備，兵力分散），使其意懾離散（膽戰心驚，四處逃散），上下驚擾不能和，合不得齊集（即使重新集結，也無法重整旗鼓，積蓄力量）。」

3. 合于利而動，不合于利而止。以上「六不」，均爲各個擊滅敵軍的良機。雖然如此，若要進一步採取殲敵行動，善用兵者，還應具備犀利的洞察能力，藉以明確判定戰機的利與不利。有利則不惜一戰，無利則偃旗息鼓，絕不做無謂的流血和犧牲。「合」，符合。「動」，作戰。「止」，不戰。本句亦見〈火攻〉。李筌注：「撓之（以襲擾分離敵人），令致使（確實造成敵營紊亂失序）見利乃動，不亂（未造成擾亂失序）則止。」梅堯臣注：然能使敵若此（即使運用六不，造成敵軍紊亂失序），當須（也必須審酌對敵情之眞實影響）有利則動，無利則止。」。

4. 奪其所愛，制敵所愛。按「外線作戰」之要領，爲分進合擊，以防被敵各個擊破，而此處孫子自設問答：「眾整而來」者，即敵以優勢兵力、整然之形勢向我進攻，致使我軍對之無可乘之機也。夏振翼注：「『敢問』、『曰』者，設爲問答之詞。」「眾」，優勢兵力；「整」，軍容壯盛嚴整。「聽」，聽命、順從，指敵人受制於我，喪失行動自由。至於「所愛」，要害之所在。「奪其所愛」者，即攻擊其最重要與最感痛苦之處也，如敵之司令部、指揮官、通信中心、重點方面等。曹操注：「奪其所恃之利（奪取敵所依靠的有利條件）。若（敵）先據利地，則爲所欲必得（我必須搶占過來）也。」曹操所解，「所恃之利」是「所愛」的對象，構成敵之要害；「地利」是舉例，故前有「若」字。李筌注：「所愛」是敵人「便愛（所看重的人或事物），或財帛子女。」杜牧注：「便地」（有利地形）、「田野」（田野莊稼）、「糧道」（補給線），是「敵人之所愛惜倚恃者也。」王晳注：「利地」、「糧道」，張預注：「便地」、「糧食」是「敵所愛者」。陳皞、梅堯臣則認爲「愛者，不止所恃

利」，因此給「所愛」下了更廣泛的定義，即「但（只要是）敵人所顧
（關注、重視）之事」。

承上，陳皞、梅堯臣的註解堪稱全面而實用。按敵之所愛，一般以「地
利」、「糧道（糧食）」爲主，但因戰爭情勢各有不同，其所愛自也不盡
相同，關鍵要視當時、當際敵人最所迫切的需要和依恃以制其所愛。如果
敵人軍中缺糧，當然以糧食（或糧道）爲愛；如果缺水，當然以水源爲
愛……其他可以類推。敵人的「所愛」，還得視敵將的性格特質而定：其
人「愛民」則以「煩民」爲愛（〈九變〉：「愛民可煩」），重名者則以
清名美譽爲愛（〈九變〉：「廉節可辱。」）重情者則以子女情人爲愛，
貪財者則以金錢玉帛爲愛等，但因人而異（〈九變〉：「將有五危」）。
故潘光建以爲：「凡能使敵受制於我，陷於困境，限於被動的目標，都可
稱之爲敵之所愛者」，值得注意。

當敵人以「眾整」侵入我國境時，只要能夠制奪其所愛，就可使敵陷於困
境、喪失心理平衡（喪失有形無形的戰力，而陷於恐怖、危險、遲疑的情
境），從而受我支配脅制。梅堯臣注：「當先奪其所顧愛，則（我志（用
兵策略）得行）；然後使其驚撓散亂（派兵驚擾敵人，使其散亂失序），
無所不至（我軍則可完全支配戰場）也。」

5. 兵之情主速──兵貴神速。「兵」，此指用兵之道（理）、用兵之關鍵；
「情」，情理、原理、要訣。「主」，重在、力求、崇尚；「速」，迅
速、疾速。此句言用兵之道，以機動迅速爲至要（要旨）。陳皞注：「此
言蓋孫子之旨，言用兵貴疾速也。」上述深入「重地」或利用地障分離
敵軍，或「奪其所愛」，都應講求「疾速」，即任何軍事行動都能如
〈軍爭〉所言：「其疾如風」、「侵掠如火」，使敵人在「不及」、「不
虞」、「不戒」的狀況下，立即陷於分離，任憑我軍各個擊滅。此一觀念
亦即集中兵力、形成局部優勢之謂。「不及」，此就時間而言，來不及防
備，即措手不及。「虞」，預料；「不虞」，沒有預料到，意指沒能正確
判斷敵之意圖、可能行動、攻擊方向與攻擊路線。總之，「速」與「不
虞」者，都可視爲奇襲作戰之要領。至於「戒」，防備，如《說文解字・
廾部》：「戒，警也」；「不戒」，未加防備。

㈢齊勇若一，政之道也；剛柔皆得，地之理也

　　凡為客之道，深入則專，主人不克，掠於饒野，三軍足食，謹養而無勞，併氣積力，運兵計謀，為不可測，投之無所往，死且不北，死焉不得，士人盡力。兵士甚陷則不懼，無所往則固，深入則拘，不得已則鬥。是故，其兵不修而戒，不求而得，不約而親，不令而信，禁祥去疑，至死無所之。吾士無餘財，非惡貨也；無餘命，非惡壽也。令發之日，士卒坐者涕沾襟，偃臥者淚交頤，投之無所往者，則諸劌之勇也。故善用兵者，譬如率然，率然者，常山之蛇也，擊其首，則尾至，擊其尾，則首至，擊其中，則首尾俱至。敢問：「兵可使如率然乎？」曰：「可。」夫吳人與越人相惡也，當其同舟濟而遇風，其相救也如左右手。是故，方馬埋輪，未足恃也；齊勇若一，政之道也；剛柔皆得，地之理也。故善用兵者，攜手若使一人，不得已也。

【語譯】我軍深入敵國境內的作戰要領，乃是官兵越深入敵境越須團結奮戰，敵人則易士氣渙散而無力抵抗；因距離本國較遠，糧秣物資能於戰地徵用，軍隊補給就可確保充實無虞；部隊要注意休整，勿使過度疲勞，應培養士氣、蓄積體力；兵力部署計畫，須保持機密也勿暴露企圖，自可出乎敵人意料，並乘其不備而攻之；此時即使將全軍置於無路可退的境地，士卒都抱必死的決心而寧死不退，又怎麼能不作殊死戰呢？一般士兵心理，如深陷危險境地、無處可退，反而能無所畏懼，軍心也越加團結；越深入敵境，則行動越受拘束不敢散漫，到了不得已情況，則全軍將士不待警惕而自知警戒，不要求服從而自然服從，不待約束而親密合作，不待重申律令而得盡忠職守。祛除迷信的疑慮、禁絕敵人的流言以免擾亂軍心，如此即使到了必死的地步也無異心邪念。士卒不要財貨，並不是沒有物質

慾望：士卒不是不愛惜生命，而是心懷為國效死的決心。一旦作戰令下達，坐著的士卒淚濕衣襟，躺著的士卒淚流滿面，因為他們心懷悲壯、慷慨熱情，這樣的軍隊即使置身於無路可走的地方，都會像專諸、曹劌等勇士一般的奮勇殺敵。所以善用兵者，能如常山中叫作率然的蛇，當牠的頭、尾被打時會相救應，頭、尾也會一起救應被攻擊的身子。軍隊也能像率然一樣，吳、越兩國相互仇視，但當他們同乘渡船而遇上風暴時也可以彼此救助。故併聯戰馬、掩埋車輪並不可靠，卓越的統御是能協調勇者與弱者，良好的地理是能兼得剛、柔（陰、陽）之益。總之，善用兵者必須是能使士兵協同像是一人般。

【闡釋】

1. 本段為說明為「客」之作戰要領。「為客之道」，「客」字這裡指進入敵國境內作戰，和下文「主人」兩字相對。

2. 用兵應掌握部隊心理而運用之。我軍但深入敵境則鬥志必須專一，不容有僥倖退卻的心理；在自己國境內作戰，因擔心家鄉親人安全，反而不能集中心志，此種心理乃人之常情，領兵作戰要善於運用此種心理以鼓舞士氣。

3. 力求深入敵境——為客之道，深入則專，主人不克。「客」就是「外線作戰」，指深入敵境之遠征軍而言，即軍處「重地」；「主人」指自戰其地之敵軍而言，即軍處「散地」。「專」，專心一志；「克」，勝，「不克」，不能戰勝。凡攻伐部隊於侵入敵境之後，務深入重地，因為「入深則專，淺則散」，如是則全軍上下專志，將軍有必勝之心，而士卒無幸還之望；至於敵人則因處於「散地」，為渙散之軍。敵人和我方相較之下，無形中就處於極端不利的劣勢，故難以抵禦我之攻勢。杜牧注：「言大凡為攻伐之道，若深入敵人之境，士卒有必死之志，其心專一，主人（敵方）不能勝我也。『克』者，勝也。」張預注：「深涉敵境，士卒心專，則為主者（敵方、守方）不能勝也。客在重地，主在散地故耳。趙廣武君謂韓信『去國遠鬥，其鋒不可當』，是也。」

4. 就地補給，蓄積戰力。遠征作戰，首先遭遇的困難，莫過於物資的補給與戰力之維持。

⑴就地補給——掠於饒野，三軍足食。深入敵區，最大的危險是怕陷入持久戰中，因糧道被敵斷絕或千里轉輸而造成國貧民窮。解決之道可參見〈作戰〉「因糧於敵」之論，本篇前節以「重地則掠」承續其說。既然深入敵境重地，則「掠於饒野」，即就地徵集或掠取敵境資源豐饒地區，尤其是糧食以維持軍隊補給，更可免除勞民傷財的長途補給，也不至於因爲糧餉奇缺而發生厭戰潛逃的不良局面。「饒」，富足、豐盛；「饒野」，地質肥沃的原野，亦即物產豐饒的地區。

⑵蓄積戰力——謹養而無勞，併氣積力。「士氣與體力」之維護、調整，在遠征作戰中，應首先考慮。故遠征軍之任何行動，務必重視官兵是否獲得適當之休整，勿使官兵過度疲勞，出使徒勞無益的差勤或任務，以積蓄旺盛之氣勢。「併氣積力」，保持士氣，積蓄體力，即養精蓄銳之意。「謹」，謹愼，關注；「養」，休整。「併」，聚合，引申爲集中、保持之意；「積」，蓄積。

> **戰例**　戰國末年，秦以王翦爲將，率領六十萬大軍攻打楚國。王翦深知楚國地廣兵眾，難以速勝，因此進抵楚地後，採取堅壁不戰，以逸待勞之策（堅壁而守，不肯戰」），其具體作爲如下：「日休士卒洗沐（每日休整部隊，讓士卒沐浴健身），而善飲食撫循之（給予豐富的伙食，關懷身心健康），與士卒同甘苦。」同時暗中鼓勵「投石超距（跳遠）」的遊戲，以取代軍事訓練，引而提升了全軍士氣、體力與戰力。此期間，楚軍因「數挑戰而秦（軍）不出」，只好引軍東撤。王翦見時機成熟，立即轉守爲攻，趁楚軍師老兵疲後撤時，揮軍追擊，大敗楚軍（舉兵追之，大破荊軍），斬擊其將領項燕，並「乘勝略定荊（楚）地城邑」。（《史記・王翦傳》，《百戰奇略・養戰》）

5. 精計祕謀，使敵莫測——運兵計謀，爲不可測。「運兵」，調遣部隊、運用兵力；「計謀」，制定謀略。「爲不可測」，須嚴保機密，使敵人無法研判我之計策意圖；「測」，推想、揣度，即研判之意。「運兵」之目的在奇襲、誘敵或求決戰；「計謀」則是藉由「校計」（比較計算）敵我戰力、形勢，以及運用「詭道」欺敵誤敵。「爲不可測」：爲不可測度之形（策略）；或作「僞」解，詐僞不可測。敵人爲主，我軍爲客，我軍之行

止易爲敵人所知，故強調「爲不可測。」可見「謀」是以「計爲本而策定之，「謀」定而後動，即是「運兵」，故「運兵計謀」相互爲用：謀到深處、使敵無法判知，是謂「不可測」，此用兵之極致也。《淮南子・兵略訓》：「兵貴謀之不測也，形之隱匿也，出於不意，不可設備也。謀見則窮，形見則制。故善用兵者，上隱之天，下隱之地，中隱之人。」

6. 置官兵於危地必竭力赴戰──投之無所往，死且不北，死焉不得，士人盡力。依周密之計畫，投全軍於「無所往」之戰場，則可使全軍官兵都能抱必死之決心，雖犧牲殆盡亦不致退敗，可謂求其死所而不可得，故能盡全力於戰鬥。「投」，置；「無所往」，無生路可走之境地。「且」，亦；「北」，敗北。「焉」，謂指何處？「死焉不得」，句意爲何處不能死呢？其寓意爲在這樣的絕境下作戰，若想生還，惟有死戰，即「置之死地而後生」之哲理；簡言之，言必得官兵效死。「士」，戰士、官兵，「士人」則指全軍將士；「盡力」，竭力拼死奮戰。

7. 部隊心理之掌握。在遠征境遇中，處於四面皆敵之態勢，在心理上，惟有以「至死不屈」之精神勇往直前。此亦即孫子所謂「人情之理」──官兵陷於危地（重圍）與重地的心理狀態。

(1) 深陷敵境，則無懼於死──兵士甚陷則不懼。官兵陷於重地或重圍時，由於死裡求生心切，則恐怖之心自滅。「甚」，很、非常，「甚陷」指深陷危境之中；「不懼」，無畏死之心，即不怕死。《百戰奇略・危戰》說：「凡與敵戰，若陷在危亡之地，當激勵將士決死而戰，不可懷生，則勝。法曰：『兵士甚陷，則不懼。』」

(2) 處於危急，則戰志堅定──無所往則固。「固」，意志堅定，軍心穩固。

(3) 入敵越深，則自行團結──深入則拘。深入敵國四面皆敵，此時已無懼於生死，精神上更團結一致，所以能彼此相互支援。「拘」，受束縛，此指凝聚，即緊密團結，合作無間。

(4) 居於困境，則自能力戰──不得已則鬥。遠征軍深入敵境，在心理上已產生了上述「則固」、「則拘」的力量；人但有必死之心，作困獸之鬥乃勢所必然之理，故〈九變〉中有：「圍師必闕」，即以生路弱敵之鬥志。「不得已」，迫不得已，意思是時勢窮迫，不得不死裡求生。張預注：「士卒死戰，安不得志？尉繚子曰：『一賊仗劍擊於市（在街上想

行兇殺人），萬人無不避之者，非一人之獨勇，萬人皆不肖（懦弱）也，必死與必生不相侔（是貪生與怕死的區別。侔，對等）也。』士兵死戰，如何不得勝？」

(5) 不得已之勢，促使官兵自能律己同心奮戰。

① 不修而戒，紀律不待整飭督促，而自能警惕、戒備。「修」，整治、修明法令；「戒」，謹戒，指自我警惕，加強戒備。

② 不求而得，不待要求，而自能完成任務。「求」，要求；「得」，得其力，謂自動效力，達成任務。

③ 不約而親，不待約束，而自能團結。約，「約束」；「親」，親近、團結。

④ 不令而信，不待三令五申而自能遵守命令、服從指揮，即不令而令行；「信」，申，服從、信從。

以上本謂兵士修未必戒，求未必得，約未必親，令未必信；惟由不修、不求、不約、不令而得自我管束、自動效力、自相團結、自守法令者，是不得已之勢而使兵士自動參戰也。

(6) 禁祥去疑，即嚴辦妖言惑眾者，以免蠱惑軍心。「禁祥」者，禁除迷信鬼神也；「去疑」者，破除謠言流語也，如是則官兵「至死無所之」，雖死亦不願離去也。「至死」，即使面臨死亡；「之」，往，逃避。

(7) 公爾忘私，不愛財不惜死。由於一心一意奮鬥殺敵求生存，對於財貨及個人生命反而看輕了。但「吾士無餘財，非惡貨也；無餘命，非惡壽」，棄而不顧者，實乃身陷重地，抱持不戰則亡，不殺敵敵必殺我的壯志與決心，遂能置個人生命、財產於度外。「餘財」，除武器裝備此外的財物，至於「貨」，謂財貨物質；「惡」，厭惡。「餘命」，指貪生怕死；「壽」，長壽。

當下令與敵決戰之時，官兵既決心赴死，必然是悲壯的，「坐者涕沾襟，偃臥者淚交頤」，蓋因自身病創，恨不能持戈參戰殺敵，不禁悲憤交集也。「坐者」，指傷病輕者，尚可坐在床上；「涕沾襟」，眼淚浸透胸前衣襟。「偃」，倒伏、仰臥，「偃臥者」，指傷病重者，只能躺在床上；「涕」謂眼淚、鼻涕，「頤」指面頰，「涕交頤」，淚流雙頰，即淚流滿面。無論是「坐者」、「偃臥者」，都是指患病戰傷嚴重，只能臥病在床者；若是一般風寒輕症、皮肉之傷，只要服藥或裹

傷即能參戰。總之，使官兵投之險地則必有「諸（專諸）、劌（曹劌
（沬））之勇」。專諸曾刺吳王僚、曹劌曾以匕首威脅齊桓公歸還魯
地，以此比喻全軍官兵皆具勇敢奮戰精神；故如是之軍，投之於任何戰
地，皆必如專諸曹劌之勇，其鋒不可當也。

8. 運用心理促進團結。善於用兵的將帥少深入重地後，應循人情之理：一方
面掌握官兵心理，激起鬥志；一方面運用官兵心理，促進部隊團結，使相
互策應，協同一致，而以「常山之蛇」（「率然」），吳人越人同舟共濟
的事例爲譬喻。

(1) 常山之蛇。古代傳說產於會稽（今河北曲陰縣）常山的一種蟒蛇，以靈
敏著稱，若擊其首，則尾立至，擊其尾則首立至，擊其中則首尾俱至，
亦即無論攻其任何一部分，牠都能靈活的策應，故名之曰「率然」，言
其策應之速。故善用兵者，統軍作戰，縱然指揮百萬大軍，能使所率部
隊「前後相及、眾寡相恃，貴賤相救，上下相收」，如常山「率然」
般，首尾相策應。擊其「中」，指蛇之腹部。

(2) 同舟共濟。春秋時期，吳、越兩國的人，一直是世仇（「相惡」），若
某日他們「同舟而濟」（同船渡河），突遭暴風雨襲擊，一時波濤洶
湧，船隻顛簸欲沉，全船之人生死決於傾刻，則平時之仇恨均將暫時擱
置忘記，必能同心協力、相互救援以度過難關。此乃處於危境而自然產
生共同之行動，故其相救，能「如左右手」般，協同一致，相互扶持。
「相惡」，彼此互不和睦或相互仇恨；「濟」，渡河。張預注：「危難
之地，人自同力，不修而自戒慎，不求索而得情意，不約束而親上，不
號令而信命，所謂同舟而濟，則吳越何患乎異心也！」

9. 結論：戰場一般心理既如上述，故須善爲運用之，不可徒注意其形式。方
馬埋輪，未足恃也。「方」，束縛，「方馬」，併馬而縛之，即將馬匹相
互捆縛，使之無法分離；「埋輪」，埋車輪於地下，使之不得行動。「方
馬埋輪」，是譬喻以強制手段，(1) 使官兵有一致之行動；(2) 使官兵不動
搖，穩定軍心 (3) 阻止官兵退卻。遠征作戰中，官兵猶有逃散求生之心，而
「方馬埋輪」的強制作爲，並非將官兵投之於「無所往」的危境，無法
順勢激起官兵必死之戰志，所以說「未足恃」。「恃」，依靠；「未足
恃」，不足以依靠，即不可靠、沒用的作爲。張預注：「上文歷言置兵於
死地，使人心專固。然此未足爲善也。雖置之危地，亦須用權智使人（權

變智謀調遣部隊），令相救爲左右手，則勝矣。故曰：雖縛馬埋輪，未足恃固以取勝；所可必恃者，要使士卒相應如一體也。」

(1)齊勇若一，政之道也。故須把握統帥之要道，使萬眾齊勇一心。「齊」，齊一。三軍之眾，本勇怯不一。「齊勇若一」，是說使三軍之眾同勇如一，而無怯者。「政」，治也。「政之道」，治兵得其法，即治軍（領導統御）有方的結果。置三軍於無所往之地，勇怯皆盡力死戰，是由於領導統御有方，故曰「政之道也」。張預注：「既置之危地，又使之相救，則三軍之眾，齊力同勇如一夫，是軍政得其道（眞正掌握用兵作戰的道理）也。」

(2)剛柔皆得，地之理也。故須把握統帥之要道，使萬眾齊勇一心，且須明察地略形勢，兼得其剛柔之利，方爲良好之指揮官。「剛柔」，強弱，指士卒。「得」，得其用。「剛柔皆得」，是說強弱士卒都各盡其力。「地」，地勢。「地之理」，地勢得其理，即善用地勢的結果。《太白陰經·地勢》：「地不因險，不能轉圓石；石不因圓，不能赴深谿。故曰，兵者因地而強，地者因兵而固。」另有「剛柔」謂指用兵的彈性，也就是用兵部署要依地形、地勢、地略之狀況來決定，即「地形者，兵之助也」；如果知「地」之「理」而用共「利」，既可爲兵之助，即彌補兵力之不足，或使大軍處有利之態度，同時在戰略態勢上亦可保持優勢。（潘光建，孫子兵法別裁，頁267。）

(3)故善用兵者，攜手若使一人，不得已也。按雖統帥百萬大軍，猶如攜手如一人者，原因何在？此無他，在乎能洞悉統帥之權智（政之道），與握剛柔之地利（地之理），使其不得已而非戰不可耳。「攜手」，舉手指揮，意思是指揮三軍。「若使一人」，指軍心專一、勇怯相助、前後相赴、左右相趨，指揮三軍如指揮一個人；「不得已也」，指「兵士甚陷則不懼，無所往則固，入深則拘，不得已則鬭」，故若使一人是「不得已則鬭」的形勢促成的。

(四)九地之變，屈伸之力，人情之理，不可不察也

將軍之事，靜以幽，正以治。能愚士卒之耳目，使之無知；易其事，革其謀，使人無識；易其居，迂其

途，使人不得慮。帥與之期，如登高而去其梯；帥與之深，入諸侯之地而發其機，焚舟破釜。若驅群羊，驅而往，驅而來，莫知所之。聚三軍之眾，投之於險，此將軍之事也。九地之變，屈伸之利，人情之理，不可不察也。

【語譯】指揮軍隊作戰最重要的事，要態度沉著鎮靜、處事公正嚴明並恩威並濟，也要能蒙蔽士卒的視聽，使其對軍事行動毫無所知；須變更作戰部署、改變原訂計畫，使敵人無從判斷；不時變換駐地、故意迂迴前進，使敵人無從施計於我。統率大軍到預期的作戰地區，分派各級作戰任務要似登高樓而抽掉梯子般，藉以堅定決心、勇於赴戰。率領大軍深入敵國境內，要像弩機射出的箭一樣勇往直前，要有燒掉渡河的船、打破煮飯的器皿般以示死戰的決心。指揮作戰要如驅趕羊群一樣，使其只知服從命令往前走，卻不知要到哪裡去。能集結眾多軍隊，派遣到決勝地點的危險環境，這才是將帥的真本領。對條件及狀況不同的作戰環境、軍隊進退的利害得失，以及人員性情心理的考量，其間變化不可不詳加考察。

【闡釋】

1. 本段申論「將軍之事」，仍以「為客之道」作主題。前言人情之理於死地則自戰，且相應相救如常山之蛇、吳越之人同舟共濟，能為此者，則需賴將軍治軍統御之能力，故本段言「將軍之事」。

2. 將軍為三軍之司令，遠征在外，需洞察「九地之變，屈伸之力，人情之理」，故將軍必須具有「靜、正、密、勇、智」五項統率修養。命令既出，應要求部屬無條件的信賴與服從，驅之去即去，驅之來即來。這種部隊才能深入重地打勝仗。

　(1)靜——精神修養，即「治心」。「靜以幽」，態度沉著穩重，思慮幽深難測。「靜」，沉著冷靜。「以」，同「而」。「幽」，高深莫測。「靜」則可以決斷，「幽」則可以遠慮。張預注：「其謀事則安靜而幽深，人不能測。」

⑵正——治事能力。「正以治」，治軍公正嚴明，使軍隊井然有序。「正」，公正不偏，「治」，治理、有條不紊。梅堯臣注：「正而自治，人不能撓。」張預注：「其御下則公正而整治，人不敢慢。」

⑶密——密匿權謀。

① 能愚士卒之耳目，使之無知。並非蒙蔽欺騙，蓋將軍具有靜、幽、正、治之素養，深得全軍之信賴，並視卒如嬰兒愛子之親，可與之赴深谿俱死而不疑懼也。李筌注：「爲謀未熟，不欲令士卒知之，可以樂成，不可與謀始，是以先愚其耳目，使無見知。」「愚」，欺瞞。「耳目」，視聽。

② 易其事，革其謀，使人無識。既能達成「不知」之程度，則在作戰經過中，因狀況對原定計畫，加以改革，自然可以使其「無識」。「易」，改變，與「革」同義，這裡是經常變更之意。「事」，指用兵之計畫、謀略。「識」，知道。「無識」，無法識破。

③ 易其居，迂其途，使人不得慮。作戰計畫實施之同時，應經常變更部隊部署位置及前進路線，以期迂迴達成原定計畫，使敵人無法判斷我之企圖與「不得慮」。「易」，變更。「居」，駐軍或部署兵力之位置。

⑷勇——勇敢果決。

① 帥與之期，如登高而去其梯。「帥」，主帥。「之」，指官兵。「期」，即預期之作戰時日與作戰地區。「帥與之期」，善爲運用計謀之將帥，能於攻勢發動時間一到，即能令部隊開赴預期之戰場，恰如令士卒登上高台，而暗中抽去其梯，以示有往無回。

② 帥與之深，入諸侯之地而發其機。又能率領其部眾，深入敵境，如同發動弩機（扳機）射箭般，一往無前。

③ 焚舟破釜，若驅群羊，驅而往，驅而來，莫知所之。官兵應有「焚舟破釜」一往無回之氣概。這時候的統帥，如同驅趕群羊，驅之東則東，驅之西則西，而莫知所往。

⑸智，機權智謀。

① 爲將者之機謀，端在如何「聚三軍之眾，投之於險」——統率大軍，置之於戰場危地，使不得不協同奮戰以取勝，此乃將軍的重大責任（「將軍之事」）。「聚」，聚集，這裡指統率。「投」，置放，引

申爲部署兵力。「險」，危險、險境，前面所說，運用前述「登高去梯、發其機、焚舟破釜」的危境，以激勵官兵決戰之心。梅堯臣注：「措（置）三軍於險難而取勝者，爲將之所務（首要任務）也。」張預注：「去梯發機，置兵於危險以取勝者，此將軍之所務也。」

② 九地之變，屈伸之利，人情之理，不可不察也。置三軍於險境中作戰，必須權衡九地之利害，變害爲利，彈性運用，並深知人情之常理，不可不詳加考察而妄爲運用之。陳啟天注：「將軍之事，既投軍投險，則於九地之戰鬥須變異其法（衡量地勢，變化戰法），退守或進攻何者爲利？軍隊在九地之心理各爲如何？不可不詳爲講求矣。」

 A. 「九地之變」，各種地勢，有其相應之策略應用（戰法）。陳啟天注：「變，非謂於常法之外有變法，乃謂九地之戰法各有不同，不宜以一地之戰法適用於九地也。」

 B. 「屈伸」，彎曲與伸直，引申爲進退，軍事上指攻守進退，亦即是戰略上攻勢、守勢之選擇運用。「屈伸之利」，攻防進退的利害得失。王晳注：「言屈伸之利者，未見便則屈（未見利就採取守勢）。見便則伸（見利就採取攻勢）。」

 C. 「人情」，指情緒、心理因素。「人情之理」，指官兵在各種地勢中心理變化的常理。曹操注：「人情（之理）見利而進，見害而退。」趙本學注：「甚陷則不懼，無所往則固，深入則拘，不得已則鬥，同難則相救，無有知識、思慮則易使，此則……人情自然之理也。」張預注：「九地之法，不可拘泥（固守成規），須識變通，可屈則屈（不可進則退），可伸則伸（可進則近），審（端視）所利而已。此乃人情之常理，不可不察。」

(五)兵之情，圍則禦，不得已則鬥，逼則從

 凡爲客之道，深則專，淺則散。去國越境而師者，絕地也；四達者，衢地也；入深者，重地也；入淺者，輕地也；背固前隘者，圍地也；無所往者，死地也；是故散地吾將一其志，輕地吾將使之屬，爭地吾將趨其後，交地吾將謹其守，衢地吾將固其結，重地吾將繼其

食，圮地吾將進其途，圍地吾將塞其闕，死地吾將示之
以不活。故兵之情，圍則禦，不得已則鬥，逼則從。

【語譯】統率軍隊進入敵國境內作戰的要領，是必須深入敵境，使全軍意
志專一；若僅及於邊境，軍心容易渙散。所以凡是離開國土出兵遠征而與
本國隔絕為「絕地」；交通便利、四通八達的地為「衢地」；深入敵境的
地區為「重地」；進入敵國邊境的地方為「輕地」；背後有堅固地形，前
方道路狹隘，進退易受制於敵為「圍地」；無路可走的地區為「死地」。
因此，在散地作戰要團結全軍鬥志，在輕地作戰要使各部隊互相連接，在
爭地作戰要迂迴敵後行動，在交地作戰應當謹慎地防守，在衢地作戰應鞏
固各國邦誼，在重地作戰要注意糧秣物資的補給與保持，在圮地作戰要迅
速通過、不可久滯，在圍地作戰要堵塞缺口、鞏固軍心，至於在死地作戰
要有宣示必死的決心，士兵方能死裡求生。所以軍隊士卒的心理，若受到
包圍就會堅強抵抗；形勢迫不得已時，就會奮戰到底；環境惡劣、情況急
迫時，就會專心一致，奮勇直前。

【闡釋】

1. 本節敘述為「客」時，亦即遠征作戰，深入敵境後，地勢與官兵心理兩者
的關係——「凡為客之道，深則專，淺則散。」「深、淺」指入敵境深、
淺。「專、散」，指兵士鬥志專、散。三段「深入則專、主入不克」，是
說利用深入敵境的形勢可使兵士戮力死戰。這裡的「深則專、淺則散」，
是對客軍軍心的分析，主張利用地勢來鞏固軍心。這些義理在本篇第一節
論「九地」時已有說明。蓋每種地勢都有其特點與運用之法，端視將帥如
何採取適當措施，掌握常與變應對之。而本節則續論深入敵境作戰的地理
形勢對官兵心理之影響，以及相應對策。惟須留意的是，篇首列舉「九
地」，此處又增言一地——「絕地」。

⑴絕地：去國越境而師者。「去國」，離開本國。「師」，指出兵征伐，
即進軍。「絕地」所處位置有二說：

① 為除「散地」外越境作戰的情況。趙本學注：「去國去己之國，越境
越人之境。絕，絕望之意。此篇無絕地之文，此特因上文諸侯自戰其

地爲散地之句，而又審言之。」

② 處於「輕地」和「散地」之間的一種境況。梅堯臣注：「進不及輕
（地），退不及散（地），在二地之間也。」

(2)散地：吾將一其志。「散地」乃進軍初期，故當一志前進。

(3)輕地：入淺者；吾將使之屬。「輕地」入淺，但已到敵國，當往意上下
連屬，以固其心也。

(4)爭地：吾將趨其後。「爭地」，一般常於早期爲敵所占領，故不可由正
面攻擊之，宜迂迴其背後爲妥。

(5)交地：吾將謹其守。「交地」最爲重要，故當謹愼防守之。

(6)衢地：四達者；吾將固其結。「衢地」四通八達，事先即已合交，當再
「固其結」。

(7)重地：入深者；吾將繼其食。「重地」入深，糧道補給必將困難，惟軍
食接濟最爲重要。

(8)圮地：吾將進其途。「圮地」難行，作戰不利，應繼續進軍爲宜。

(9)圍地：背固前隘者；吾將塞其闕。「背」，後；「固」，堅。背固前
隘，謂後有山險前有隘路，即首段定義圍地「所由入者隘，所以歸者
迂」的意思。圍地「塞其闕」，是爲了鞏固軍心；「闕」，缺口，「塞
其闕」，堵塞缺口之意。圍地形勢險阨，故當自塞缺口，以堅士卒必死
之志。

(10)死地：無所往者；死地吾將示之以不活。「示不活」者，表示必死的決
心，如棄糧、焚輜重、塞井夷灶即是。死地無生路可走，故當「示之不
活」，以激勵官兵決一死戰。

2. 故兵之情，圍則禦，不得已則鬥，逼則從。「情」，心志。「禦」，抵
抗。「不得已」，是說被形勢逼迫。「過」，猶禍，是說陷於危難。
「從」，聽從，謂陷之危地、投之死地，則無所不從。四句總結上文，說
利用地勢可以鞏固軍心，與「深則專、淺則散」相照應。

(六)順詳敵之意，倂力一向，千里殺將

是故不知諸侯之謀者，不能預交；不知山林、險
阻、沮澤之形者，不能行軍；不用鄉導者，不能得地

利；此三者不知一，非霸王之兵也。夫霸王之兵，伐大國，則其眾不得聚；威加於敵，則其交不得合。是故不爭天下之交，不養天下之權，信己之私，威加於敵，故其城可拔，其國可墮。施無法之賞，懸無政之令，犯三軍之眾，若使一人。犯之以事，勿告以言；犯之以利，勿告以害；投之亡地然後存，陷之死地然後生。夫眾陷於害，然後能爲勝敗，故爲兵之事，在於順詳敵之意，併力一向，千里殺將，是謂巧能成事。

【語譯】凡不了解國際情勢與政治動向的人，就不能運用外交手段。凡不熟悉山嶺、森林、險要、湖泊、沼澤地理形勢者，就不能調度部隊行動。凡不懂得運用戰地民眾擔任嚮導者，就不能獲得地利之便。以上外交、行軍、地利三者，若有任一方面不盡通曉，就不能成就霸業。能成就霸業的軍隊，在征伐大國時能使敵軍無法動員集中，威嚇敵國時能使其外交陷於孤立無援；所以不必汲於爭取盟邦的外交關係，不必在諸侯國培養自己的勢力，只要能憑藉自己的企圖威嚇入侵的敵國，就可以攻取、毀滅敵人的城池、國家。採取超乎尋常的獎賞，頒布異於常規的法令，那麼指揮三軍就好像指揮一個人一樣容易。讓士卒執行任務不需說明究理，只告訴他們有利之事而不必告知其有害之事。把士卒置於危亡之地，才能轉危為安、起死回生；大凡軍隊陷入絕地，然後才能反客為主、贏得勝利。所以指揮軍隊作戰的方法，在於佯裝順從敵人的意向，乘其虛隙，集中優勢兵力攻擊敵之一部，這樣就可以千里奔襲，擒殺敵將。這就是所謂巧妙用兵、克敵致勝之道。

【闡釋】

1. 本節以「霸王之兵」爲名，從國家戰略、軍事戰略爲起始，論述遠征作戰實施指導要領，亦即爭霸之作戰指導。
2. 「霸王之兵」，霸者，強或長也。霸王者，諸侯之伯長（領袖），春秋時代有齊桓公、宋襄公、晉文公、秦穆公、楚莊王號稱春秋五霸。惟今日

「霸」字含有專橫、強暴、無理的意思，與古代之意義不盡相同。

3. 遠征作戰實施指導要領有四：國家戰略與軍事戰略運用要領；戰場領導統御要領；用兵藝術：詭道與奇襲；宣戰及序戰之要領（見下一節）等。

(1)國家戰略與軍事戰略運用要領。

① 研判鄰國戰略及地略。「不知諸侯之謀者，不能預交；……不能得地利」（闡釋見〈軍爭〉）。「霸王」之意義，既如上述，則霸王之兵，所以強者，非僅恃其武力強大，還需明地略，運用外交戰，三者互相配合，才能成為霸王之兵，若「此三者不知一，非霸王之兵也。」梅堯臣注：「伐大國能分其眾，分其眾，則權力有餘，權力有餘，則威加於敵，威加於敵，則旁國懼，旁國懼，則敵交不得合也。」

② 隔離原則，在外交上使敵陷於孤立。

A. 夫霸王之兵，伐大國，則其眾不得聚；威加於敵，則其交不得合。雄霸天下的威武之師平時對於敵對之大國，運用外交手段，使其陷於孤立，以掌握戰爭的主動權。一旦起兵攻伐敵國，便可使其措手不及，致使兵不得聚、人心散亂、軍無鬥志，而盟國也不敢馳援。「威加於敵，則其交不得合」，國家強大的威力施加在敵人頭上，使它在外交上無法聯合諸國。「聚」，聚集、集中。「其眾不得聚」，指敵國軍民來不及動員和集中。

B. 不爭天下之交，不養天下之權，信己之私，威加於敵，故其城可拔，其國可墮。此六句重申政治作戰尤其外交之重要性。「天下之交，諸侯中的盟國。「養」，培養。「不爭天下之交，不養天下之權」者，謂不善運用外交與政治手段爭取友國盟邦，與不培養懾服天下諸侯（國際）的權威。「信己之私，威加于敵。故其城可拔，其國可墮」者，謂但逞一己之私慾，不恃約信盟誓，只重自己的實力，妄以武力戰加於敵國，則有城破國亡之可能。「信」，伸；「私」，利。「信己之私」，只強求實力，兌現自己的利益；「墮」，同隳，毀也。第二次世界大戰中，德國與日本兩國家，均自恃兵力強大，不善運用外交，結取友國盟邦，但逞己之私，侵略橫行，發動戰爭，最後莫不城破國亡，即其例證。杜牧注：「信，伸也。言不結鄰援，不蓄養機權之計（不在他國培植勢力），但

逞兵威加於敵國，貴伸己之私欲，若此者，則其城可拔，其國可隳。」

總之，本段歷來有兩種註解，如張預注云：「不爭交援（不爭取結交外援），則勢孤而助寡；不養權力（不培植諸侯勢力），則人（眾國）離而國弱，伸一己之私，恣暴兵威於敵國，則終取敗亡也」，此其一；又「敵國眾既不得聚，交又不得合，則我當絕其交，奪其權（削弱其勢力），得伸己所欲（發展自己的力量），而威倍於敵國，故人城可得而拔，人國可得而隳也」，此其二。另賈林亦云：「諸侯既懼，不得附聚，不敢合從，我之智謀威力有餘，諸侯自歸，何用養交之也？『不養』，一作『不事』」。

⑵戰場領導統御要領。

① 「施無法之賞，懸無政之令」。「無法之賞」，破格獎賞，即現行軍法令以外的獎賞。「懸無政之令」，頒布現行軍政常規以外的命令，即頒布戰時特別法；「懸」，掛，此指頒布的意思。按戰爭者，非常事業也，故應處非常之事機、必用非常之手段；換言之，平常軍政軍令固當遵循辦理，但為了因應戰機而須通權達變，固應施破格之賞罰，或宣頒特別之法令，如是則可有「犯三軍之眾若使一人」的效用。曹操注：「軍法令不預施懸（頒布實施）之。《司馬法》曰：『見敵作（發）誓，瞻（論）功行賞。』此之謂也。」「『犯』，用也。言明賞罰，雖用眾若使一人也。」張預注：「法不先施，政不預告（戰前不預設戰時賞罰與特別軍令），皆臨事立制（啟動戰爭才頒布特別軍政軍令），以勵士心。」

② 蒙蔽士卒之耳目，然後能陷之於危境。

A. 犯之以事，勿告以言。下達命令，賦予官兵任務，不必說明命令或任務之理由；孔子說：「民可使由之，不可使知之。」亦屬此意。「犯」，動，驅使的意思。

B. 犯之以利，勿告以害。示以利而增加軍隊的必勝信念，不言害以防沮喪部隊之士氣。古諺云：「民可使樂成，不可與慮始。」其意義同。

C. 投之亡地然後存，陷之死地而後生_夫眾陷於害，然後能為勝敗。運用「不得已則鬥」的「人情之理」，置軍隊於危地，使作殊死決

鬥，往往因死得生，反敗爲勝也。「存」，生存。

(3)用兵藝術：詭道欺敵與奇襲制勝。

① 爲兵之事，在順詳敵之意。「爲兵之事」，用兵之道，即用兵作戰的
要領；「順詳敵之意」，即爲用兵作戰的要領，在於假裝地順從敵人
的意圖。杜牧注：「夫順敵之意，蓋言我欲擊敵，未見其隙，則藏形
閉跡，敵人之所爲，順之勿驚。假如強以陵我，我則示怯而伏，且順
其強，以驕其意，侯其懈怠而攻之。假如欲退而歸，則開圍使去，以
順其退，使無鬥心，遂因而擊之。皆順敵之旨也。」梅堯臣注：「佯
怯、佯弱、佯亂、佯北，敵人輕來，我志乃得。」

② 併力一向，千里殺將。「併力一向」：是說一旦發現有機可乘，然後
集中優勢兵力指向敵人的某一處。如是則雖有千里之遠，亦可殲其軍
殺其將，此即「巧能成事」，即巧於作戰以取勝利也。杜牧注：「上
文言爲兵之事，在順敵人之意，此乃未見敵人之隙耳。若已見其隙，
有可攻之勢，則須並兵專力以向敵人，雖千里之遠，亦可以殺其將
也。」

(七)後如脫兔，敵不及拒

　　是故政舉之日，夷關折符，無通其使；屬於廊廟
之上，以誅其事。敵人開闔，必亟入之。先其所愛，微
與之期，踐墨隨敵，以決戰事。是故始如處女，敵人開
戶；後如脫兔，敵不及拒。

【語譯】因此一旦決定對敵作戰，就要立即封鎖國境、禁止通使，不與敵
國往來；在廟堂上議政，須慎重議定軍國大事。如發現敵方有空隙，應立
即乘機攻擊之。先行奪取敵國最重要的地方，同時祕密準備作戰計畫，因
應敵情變化做相應調整，再決定軍事行動。總之，戰爭尚未開始之前，要
像處女般深藏閨中，使敵疏於防備；開戰之後，則如狡兔般猝然行動，使
敵措手不及，無從抵抗。

【闡釋】

1. 本節論宣戰及序戰亦即「政舉之日」的實施要領。「政」，軍政，指戰事；「舉」，立，決定、發動的意思。「政舉之日」，即決定征伐，對敵宣戰之日。

2. 一旦決定征討，對敵宣戰之時起，其宣戰後之啟戰及序戰要領如下：

   (1) 啟戰要領：斷絕兩國往來，不使本國機密外洩。

   ① 夷關拆符。封鎖關隘，廢止出入或通行證件。「夷」，封閉、封鎖；「拆」，斷毀。「符」，符節，古代使者往來的憑證。

   ② 無通其使。等於今日之勒令交戰敵國使節僑民回國之意；「使」，外交使節。

   ③ 厲於廊廟之上，以誅其事。「厲」：

   A. 厲，磨礪，這裡是指反復計議的意思。

   B. 合，謂君臣集合；「廊廟」，即廟堂、朝廷之意。「誅」者，決定也；「誅其事」，研究決定作戰大計。

   順佯敵意，而必先謀不外泄，使敵無所見聞。古時國之大事，惟祭與戎，故征伐宣戰，必祭告於祖廟，慎重決定戰爭大計。亦即〈始計〉所揭「廟算」，又《六韜‧三疑》云：「凡攻之道，必先塞其明」，另《三略‧上略》謂：「將謀泄，則軍無勢；外窺內，則禍不制。」

   (2) 序戰要領。

   ① 乘虛而入──敵人開闔，必亟入之。「闔」，門，此指關隘；「開闔」，關隘啟閉，亦含敵人出現虛隙、失誤之意。「亟」，急速；「入」，進入，侵入。發現敵有虛隙，則應不失時機，而迅速入侵敵境。

   ② 襲敵要害──先其所愛，先奪取其戰略要點或轟炸毀滅其政治經濟中心；「所愛」者，敵人最愛護之地與事也。

   ③ 密匿而戰──微與之期。「微」，無，即祕密進行；「期」者，預期準備，指我攻敵之日期。

   ④ 因敵而戰──踐墨隨敵，以決戰事。「踐」者，實行也，「墨」者，法度也，指預定作戰計畫而言；「隨敵」者，因應敵情也。作戰計畫必須因應敵情之變化而隨時加以改變，亦即根據戰場變化的情況靈活地改變戰法。杜牧注：「墨，規矩（用兵之法）也。言我常須踐履規

　　矩，深守法制（遵守兵法如同木匠用墨畫線製作物品），隨敵人之形
　　（再根據敵情變化，改變戰法，決戰取勝）。若有可乘之勢，則出而
　　決戰也。」

⑤ 奇襲制勝。始如處女，敵人開戶；後如脫兔，敵不及拒。「處女」，
　　未嫁女子，其態度之幽靜與含羞，這裡隱喻令人有柔弱不足慮之感；
　　「狡兔」之脫圍，猛且疾，這裡隱喻行動迅速，令人有猝不及防之
　　勢。用兵之直亦如是。此為本篇之名言，其比喻至為神妙。梅堯臣
　　注：「始若處女，踐規矩之謂也，後若脫兔，應敵決戰之速也。」

火攻第十二

孫子曰：凡火攻有五：一曰火人，二曰火積，三曰火輜，四曰火庫，五曰火隊。行火必有因，煙火必素具。發火有時，起火有日。時者，天之燥也。日者，月在箕壁翼軫也。凡此四宿者，風起之日也。

凡火攻，必因五火之變而應之。火發於內，則早應之於外。火發而其兵靜者，待而勿攻。極其火力，可從而從之，不可從而止。火可發於外，無待於內，以時發之。火發上風，無攻下風。晝風久，夜風止。凡軍必知有五火之變，以數守之。故以火佐攻者明，以水佐攻者強。水可以絕，不可以奪。

夫戰勝攻取，而不修其功者凶，命曰費留。故曰：明主慮之，良將修之，非利不動，非得不用，非危不戰。主不可以怒而興師，將不可以慍而致戰；合於利而動，不合於利而止。怒可以復喜，慍可以復悅，亡國不可以復存，死者不可以復生。故明君慎之，良將警之。此安國全軍之道也。

一、篇旨

1. 所謂「火攻」，顧名思義，就是以火攻敵，即用火作為攻擊敵人的武器。孫子將「火攻」作為一種配合兵力運用的輔助手段，是謂「以火佐（助）攻」。

2. 火是舊石器時代的發明，早就用於狩獵，至於何時用於戰爭，則難以判斷。最早的火攻戰例首見於《春秋公羊傳‧魯桓公七年（西元前705年）》「焚咸丘」的記載，何氏注：「魯桓公世，焚邾婁之咸丘（以火焚滅邾婁於咸丘），始以火攻也。後世兵家者流，故有五火之攻，以佐取勝之道也（用以助戰，奪取勝利）。」孫子的〈火攻〉，大概是先秦時期最早提出的火攻理論的兵書，其後還有《六韜‧虎韜‧火戰》。後世相繼也出現一些論火攻之兵書戰策，如唐李荃《太白陰經‧卷四戰攻具類‧火攻具》、唐杜佑《通典‧兵‧火攻》、宋曾公亮《武經總要前集‧火攻》、宋許洞《虎鈐經‧火利》及〈火攻〉兩篇，及清惠麓酒民《洴澼百金方制器‧火攻》。孫子雖然提出火攻五法：「火人」、「火積」、「火輜」、「火庫」、「火隊」，但是均只就原則上說明火的利用，至於用何種方法引火，以及用何種器械把火變成攻擊性武器，則並未言及。孫子後世之兵書即是在孫子火攻理論基礎之下對火攻器械、引火之法等做具體的論述。

3. 就現代軍事作戰之運用言，火攻可歸屬於特種作戰，或敵後特遣作戰方式之一。其目的在毀壞敵之物質、削弱敵之戰力、牽制敵之行動，尤其可擾亂並打擊敵之民心士氣，以策應主作戰任務之遂行。自工業革命以後人類火砲之發展日新月異，毀滅威力獲得了巨大的發展。現代陸海空三軍皆可使用燃燒彈、火箭及飛彈，尤其核子武器之問世，其殺傷力與焚燬破壞力，至為強大，故現代意義的「火攻」已成為現代戰爭所必然採用的作戰方式。

4. 本篇論述的議題可區分為二：

(1)「火攻方法論」：即將火攻作為一種戰爭手段與方式，其內容包括火攻的種類、實施的條件和具體方法。

(2)「安國全軍慎戰論」：即從火攻再引論〈始計〉：「兵者，國之大事，死生之地，存亡之道，不可不察也。」之慎戰思想。

蓋兵凶戰危，火攻尤為慘烈，如《左傳‧魯隱公四年（西元前719年）》所

記：「夫兵猶火也；弗戢（不加控制止息），將自焚（燒）也。」孫子有鑑於此，特於火攻方法論之後，提出具體、理性的愼重啟戰原則，藉以說明其愼戰核心價値──「安國全軍之道」，作爲十三篇之總結。

5. 本篇的篇次，張預解釋：「以火攻敵，當使奸細潛行（祕密活動），地里（目標）之遠近，途徑之險易（道路的平坦崎嶇），先熟知之，乃可往。故次〈九地〉。」何守法有更具體的闡述，要點如下：「火攻者，用火攻敵也，傷人害物莫此爲甚」，「仁人君子必不忍爲」。既然如此孫子爲何仍要在〈九地〉之後論〈火攻〉呢？火攻與戰爭都是「出於不得已」，運用火攻的理由是：

⑴「欲使速於戰勝，非火不可」。

⑵「使姦細潛行於敵以用火，亦非先知九地之形不能」；故次於〈九地〉，爲第十二」。

⑶孫子考慮到火攻殺傷慘酷，危害極大，然而火攻卻是「戰中一事，不得不言及之」，所以將〈火攻〉「列於最後」，乃是將火攻定位爲特殊戰法（「非常法」），亦即不將其視爲一般兵法（常法）運用，無非是希冀用兵者務必鄭重火攻，「以愼警爲戒」，不可任意妄用，或專恃火攻取勝，如同「醫之用毒，切切爲病者叮嚀」，「用兵者盍（如何能不）深思之哉？」

二、詮文
㈠火攻五種

孫子曰：凡火攻有五：一曰火人，二曰火積，三曰火輜，四曰火庫，五曰火隊。行火必有因，煙火必素具。發火有時，起火有日。時者，天之燥也。日者，月在箕壁翼軫也。凡此四宿者，風起之日也。

【語譯】孫子說：凡是對敵施行火攻可區分爲五種：一是焚燒敵軍營帳從而燒殺其人馬，二是焚燒敵人積聚的糧草，三是燬滅敵人的軍械、彈藥等軍需物品（輜重），四是焚燒敵人倉庫，五是焚燒敵人補給線路。火攻必

須注意其先決條件與各種相關因素，火攻器材必須預先準備。發動火攻要配合天時，選擇適當日期。所謂天時，指氣候乾燥的時候；所謂日期，指月球行經「箕」、「壁」、「翼」、「軫」四個星宿位置上的日期，也就是起風的日子。

【闡釋】

1. 火攻，為特種作戰的一種運用方式。〈軍爭〉論「迂直之計」（「間接戰略」）時，曾提及用兵作戰之「治氣」、「治心」、「治力」等精神方面的運用方法，本節則論施行火攻的種類、必須注意的先決條件與各種因素，藉由火攻手段，殺傷敵之人馬、焚燬敵之物質資源，從而削弱敵之整體戰力，以策應主力作戰任務之達成。

2. 火攻之種類：凡施行火攻，依選定之目標對象，可區分為「火人」、「火積」、「火輜」、「火庫」、「火隊」五種，其重點在摧毀敵人的人力、物力與補給線。

　(1)火人。火，動詞（下同），焚燒、焚燬。人，軍民。以燒殺敵軍民馬匹為目標，選擇營舍、民屋而焚燒之。李筌注：「焚其營，殺其士卒也。」杜牧注：「焚其營柵，因燒兵士。吳起曰 『凡軍居荒澤（荒野沼澤之地），草木幽穢（荊棘叢生，幽暗雜亂），可焚而滅。』（引自《吳起‧論將》）」

戰例　東漢中平元年（184年）二月，太平道教主張角，聚集信眾，組織軍隊，在全國設立三十六個軍區（兵力數十萬人），同時舉兵反漢，意圖建立新政權。當時軍隊成員都頭戴黃巾，作為標幟，當時世人稱為「黃巾賊」。黃巾軍所向皆捷，各地州郡無法抵抗，多數的官員都棄職逃亡，不到一個月時間，各地群起響應，京師（洛陽）大為驚動。三月，漢靈帝徵調全國精銳部隊，指派北中郎將盧植，討伐張角，左中郎將皇甫嵩、右中郎將朱儁討伐潁川（距離京師僅一百公里，情勢危急）的黃巾軍。

皇甫嵩、朱儁，共率四萬餘人，兵分二路，進擊潁川。黃巾軍在波才的領導下，大敗朱儁，乘勝圍困退守長社的皇甫嵩。黃巾軍聲勢浩大，據守長社城

官軍僅數千人，軍心恐慌，不敢出戰。波才率軍數次進攻未克。當時是仲夏，時有強勁的風勢，黃巾軍缺乏戰鬥經驗，「依草結營」（在草木叢生地帶紮營）。皇甫嵩偵獲敵軍紮營地帶，又時有強風，決定採取火攻。他召集軍官宣達決心：「兵有奇變（用兵作戰主要是奇正的變化運用），不在眾寡。今賊依草結營，易為風火（易於利用風勢火燒其營帳），若因夜縱火，必大驚亂，吾出兵擊之，其功可成。」當晚，皇甫嵩利用夜色掩護，實施火攻。（《後漢書‧皇甫嵩傳》：《百戰奇略‧火戰》）其作戰過程如下：

1. 派遣一部兵力手持火把登上城門。
2. 令突擊隊直衝黃巾營帳，一面縱火燒營，一面大聲呼喊；城上部部隊齊舉火把，呼喊相應。
3. 皇甫嵩親率主力，急擂戰鼓，出城攻擊，黃巾軍猝不及防，驚慌敗退。
4. 黃巾軍於敗退途中，被前來增援的騎都尉曹操堵截，損失慘重。
5. 皇甫嵩、朱儁、曹操三路會師，再興攻擊，大敗潁川黃巾軍。

(2) 火積。以敵人的糧秣爲目標，焚燬其屯積的糧食。「積」，囤積、囤儲，即「委積」（〈軍爭〉），指軍隊囤儲於堆積所（糧倉、草料場）的糧食、牧草、薪柴等軍需物資。古代糧倉分兩種，方的稱爲倉，圓的稱爲囷。「委積」是暫時隨軍囤儲的軍需物質，隨時可以取用，移防時隨軍移置。杜牧注：「積者，積蓄也，糧食薪芻（薪柴牧草）是也。」

(3) 火輜：以輜重補給爲目標，燬滅敵人的運送中的軍需物品。「輜」，本義是運送軍需物質的車，即輜車。輜重，隨軍運載糧草、衣被、營帳、器械、武器等的統稱。對敵輜重所行之火攻，雖與火積之目的近似，但前者之目標，大都在戰場後方，火輜之目標，則在戰線附近。

(4) 火庫：以敵人的倉庫爲目標，火燒其軍需物質。「庫」，駐地儲藏糧草、器械等軍需品的倉庫，或專指儲藏兵器、戰車的武器庫。「火庫」是對敵人物資供應固定目標之火攻。又杜牧對「輜」、「庫」的解釋：兩者所藏皆爲「器械、材貨及軍士衣裝」；其所不同者，「在車中上道未止（隨軍運載於道路）曰輜；在城營壘已有止舍（已有屋舍儲存）曰庫。」

(5) 火隊：「隊」的意義有三：

① 行列隊伍。燒殺集結地、陣地、營壘、戰船，或行軍中的敵軍部隊，其目的在殺傷敵戰鬥力或打亂敵野戰部隊的作戰序列。火隊的目標與「火人」相似，但後者泛指敵國境內軍民而言，而前者則純指位於戰場上的敵軍戰鬥部隊而言。杜牧：「焚其行伍，因亂而擊之（趁敵軍隊形紊亂之際而攻擊之）。」案：古代軍隊編制，五人爲「伍」，二十五人爲一「行」，後以行伍泛指軍隊。

② 「隊」與「隧」通，道路之意，指軍隊運補的交通要道與設施，如舟船、橋梁、棧道等。以敵軍部隊的補給線爲目標，切斷其後勤運補。賈林：「隊，道也。燒絕糧道及轉運也。」

③ 隨隊兵器。張預注：「焚其隊仗（刀箭等兵器），使兵無戰具。故曰：器械不利，則難以應敵也。」

(6) 「火人」與「火隊」以燒殺敵方人馬爲著眼。燒殺敵方大隊人馬，除了天候、風向等條件配合，還涉及其他因素，如三國時期，火燒赤壁（吳、蜀對曹操），黃蓋詐降成功，得以順利接近曹營，乃因心理上，戒備上之疏忽。火燒連營（吳陸遜對蜀劉備），乃因劉備情緒失控，「怒而興師」。此外，上述兩場戰役，失敗的一方都同樣忽略了陣地的防火安全，才能勝方一舉成功。

(7) 「火積」、「火輜」、「火庫」以焚毀敵人之糧秣補給爲著眼。焚毀敵人糧秣是作戰時經常採取的手段，自古以來幾乎無戰無之。火積，火輜，火庫三種攻擊，其目標性質大同小異，只有遠近之區別，亦即戰術性，戰略性之區別而已，皆爲使敵遭受我火攻後，陷於補給不繼、戰力不振，乃至於軍需民用供應匱乏，力屈，財殫之苦。梅堯臣注：「焚其輜重，以窘貨財，焚其庫室，以空蓄聚。」張預注：「焚其積聚，使芻糧（糧草，即牧草與糧食）不足。故曰：『軍無委積則亡。』（〈軍爭〉）曹操燒袁紹輜重是也。焚其府庫，使財貨不充，故曰『軍無財則士不來』。」

3. 施行火攻應具備的條件——「行火必有因」。「行」，實施、進行。「因」有二義：

(1) 依據、條件、要素，指運用火攻的條件。概略而言，施行火攻必須有人員（間諜、內應、火攻部隊）、物質（材料用具）、氣象（天候、風向）等因素之配合，同時還要了解敵軍駐防情況和兵力部署等問題（如

下節所論），然後指向適當之目標，才能發揮以火助攻的效能。杜牧注：「因姦人也；又因風燥而焚燒。」張育注：「凡火攻，皆因天時燥旱，營舍茅竹（用茅草竹子蓋成的營舍）、積芻聚糧、居近草莽（積儲的糧草堆積所靠近雜草叢生之處），因風而焚之。」

⑵「因」，指「間諜」、「內應」而言。〈用間〉：「鄉間者，因其鄉人而用之；內間者，因其官人而用之。」「火攻」既屬敵後特遣作戰，故施行火攻，須有敵後間諜、內應相配合，或有情報線索的依據，不可盲動。李筌注：「因姦人（奸細，間諜）而內應也。」

又〈火攻〉論施行火應具備的條件，可區分為物質條件與氣象條件。

① 物質條件：「煙火必素具」：火攻的用具材料，必須預先有準備。「煙火」，指火攻（引火）的器具、燃料，如火把、禾稈、柴草、膏油、硫磺等物。「素」，平昔、經常的意思。「具」，具備，準備妥當。「素具」，指平時預為準備之意。火攻的工具、燃料，在平時就要預為準備，甚至成為裝備的一部分，並非想到要用火攻，才臨時拼湊，所以稱為「素具」。張預注：「貯（裝）火之器，燃火之物，常須預備，伺便而發（等待有利時機，發起火攻）。」

另按古代所用火攻工具，通常利用人力投擲火把，或用弓矢帶射入敵陣，甚至利用禽鳥、走獸來進行火攻。在火藥尚未發明之前，作戰全仗人力、獸力，因此火攻工具也離不開人獸力量的運用範圍。杜牧注：「艾蒿、荻葦、薪芻、膏油之屬，先須修事（事先保養準備好）以備用。兵法有火箭、火簾、火杏、火兵、火獸、火禽、火盜、火弩，凡此者，皆可用也。」杜佑《通典・兵》（亦參見《太白陰經・戰攻具類》）記載火攻的工具如下：

A. 火箭：「以小瓢盛油，冠矢端（在箭頭貫穿葫蘆剖製的小容器，裝填煤油。），射城樓櫓（瞭望樓）板木上，瓢敗油散（葫蘆瓢破碎而油噴灑在木板上），因燒矢鏃內（納）簳中（然後再用燃燒著的火箭），射油散處（射向油散之處），火立然（燃）。複以油瓢續之（接著再以貫穿油瓢的箭續射著火處），則樓櫓盡焚。」內，納。簳，用細竹製成的箭桿。

B. 火弩：「以臂張弩射及三百步者（挑選臂力好，可以將強弓上的箭射達三百公尺遠的士兵），以瓢盛油冠矢端，以數百張（以數百張

這樣的弩），中夜（半夜），（引發火苗後）齊射敵營中芻草、積聚。」火弩與火箭類同，統稱爲「飛火」，都是遠距離以火攻敵攻城的兵器。北宋許洞，《虎鈴經・卷六・火利》：「攻城寇寨，風助順（順風向），利爲飛火。」

C. 火兵：「以驍騎（勇猛的騎兵）夜銜枚（防出聲），縛馬口（防嘶鳴），人負束薪（背負一捆柴草）、束縕（或一捆棉麻布料），懷火（攜帶火種）直抵敵營，一時舉火（立即縱火），營中驚亂，急而乘之（迅速乘機進攻）；靜而不亂，捨而勿攻。」

D. 火盜：「遣人音、服與敵同者（派遣與敵有同樣口音的人，穿著敵軍服），夜竊號逐便（於夜間盜用敵營口令，以便於進出敵營），懷火偷入營中，焚其積聚，火發，乘亂而出（逃出）。」

E. 火獸：「以艾熅火（用艾草包著點燃的火種），置瓢中（放置於剖開的葫蘆瓢裡），瓢開四孔，繫瓢於野豬、獐鹿項（脖子）上，針（燃）其尾端，向敵營而縱之，奔走入草（奔入草叢），瓢敗（破）火發。」歷史上第一次以火驅獸奔敵的方法是運用「火象」，而戰國時期的齊將田單運用「火牛陣」，成功擊敗燕軍，可說是運用「火獸」佐攻的典範案例。東漢時期則有運用「火馬」擊敗盜賊之例。

> **戰例** 西元前506年，吳伐楚入郢之役，楚國大敗，楚昭王逃出郢都時，為防止吳軍追來，命人乃放出宮中象群，將火把繫在象的尾巴上，迫使火象朝向吳國追兵奔去，吳兵陣勢大亂，楚昭王乘亂脫逃。（《左傳・定公四年》）

> **戰例** 戰國時期，齊湣王北敗燕國、南挫楚國、西攻秦國。燕昭王為湔雪前恥，禮賢下士，勵精圖治，以樂毅為將，聯合趙，楚、韓、魏四國，統領五國聯軍攻打齊國（西元前284年），出兵半年，接連攻下齊國國都臨淄等七十餘座城池，僅餘莒城（齊國新王齊襄王據守）、即墨（齊將田單據守）二城堅持固守，圍攻三年始終未能攻取。於是燕國國內，謗言漸起，質疑樂毅久攻不下齊國兩座孤城，是為了藉由燕軍軍威，逐漸屈服齊國民心，擁護其擔任齊王。燕昭王對樂毅信任有加，不但未因此懷疑樂毅有自立為齊王的

意圖，甚至直接封樂毅為齊王，惟樂毅沒有接受。兩年後（西元前279年），燕昭王死，其子惠王即位。惠王在當太子時就對樂毅有所不滿，據守即墨的齊將田單得知此事，就實施一連串的反（離）間計，以削弱燕軍實力，鞏固即墨軍民抗敵意志。

1. 首先派人到燕國散播謠言，說樂毅並不是無法攻下即墨和莒兩城，而是企圖收攬民心，自立為齊王。樂毅稱王，齊人不怕，只擔心燕軍統帥易人，齊國兩座城池很快就會被攻下。惠王本來就猜忌樂毅，因此對此謠言更加深信不疑，遂以騎劫代樂毅為將，造成燕軍官兵忿忿不平，士氣低落。

2. 聲言神授兵機，派遣神師下凡協助齊國（田單）抗燕——田單設計由一士兵擔任神師，將任何決策，都宣稱得自神師的指示：既強化自身領導地位，以安眾心，又可引起燕軍士兵疑懼。

3. 為堅定即墨軍心，田單又施反間計，派人散布謠言，說：「即墨人最恐懼的，是燕軍將投降或俘虜的齊國人，處以劓刑（割掉鼻子），排列城下示眾，那將使即墨守軍喪膽，不戰自敗（吾惟懼燕軍之劓所得齊卒，置之前行，與我戰，即墨敗矣）。」騎劫聽此謠言，立即照辦，即墨軍民見降俘者都被處以殘酷的劓刑，人人義憤填膺，決心堅守，與城共存亡，寧死不降。

4. 為激起即墨軍民同仇敵愾的戰志，田單又派人散布謠言，說：「吾懼燕人掘吾城外冢墓（祖墳），可為寒心（失望灰心；無心作戰）。」騎劫即命燕軍，挖掘城外墳墓，並焚燒屍體。即墨人在城上遙望，痛哭流涕，悲憤交集，戰志激昂，要求出戰。

反間計既達施計目標，田單見即墨民心可用，繼採身先士卒，示形欺敵，詐降惑敵之策略，使燕軍逐漸疏於戒備，以利其發動反攻復國之決戰。

1. 身先士卒：田單親自挖土築城，與官兵同甘共苦，加強防禦措施。將要妾全都編列在民兵之內，拿出全部家產，犒賞官兵。

2. 示形欺敵：把精銳部隊全部匿藏，讓老弱婦女據守城防，表示力量已竭。

3. 詐降惑敵：田單派使節向燕軍統帥騎劫，呈遞降書；又教即墨富豪贈送巨額賄款給燕軍將領，假意請託即墨城投降後，能維護其身家安全，以強化詐降的可信度。燕軍見勝利在握，戒備也就鬆懈。

田單一面實施欺敵作戰，一面為反攻復國決戰做準備。除加強精部隊的臨戰訓練外，又進行「火牛陣」的整備：首先，派人收取牛隻千餘頭，披上龍紋彩繡，牛角綁紮短劍利刃，牛尾捆紮用油浸過的樓葦草。其次，在城牆下密鑿數十個洞口。最後，選派精兵五千，待命攻擊。在約定的投降日的夜晚，田單發動歷史上第一場火牛陣攻勢，作戰過程如下：

1. 即墨軍首先點燃牛尾上的蘆葦草，縱牛出城洞，田單親率五千精兵祕密跟隨在後。一千多頭牛因牛尾燃燒，疼痛難抑的狀況下，只能往前狂奔，直向燕軍營壘衝去，牛尾火把將夜間照明如畫。由於事出突然，燕軍驚慌失措，眼見滿身花紋的成群怪物到處衝撞，凡被觸及到的人非死即傷，陷入一團混亂。

2. 田單乘勢於火牛陣後發起攻擊；同時，城中老弱婦女，齊擊銅器戰鼓，聲震天地，燕軍心驚膽裂，完全喪失戰鬥力，四散逃命，統帥騎劫，在混戰之中陣亡。

3. 田單乘勝一路追擊敗逃之燕軍；燕軍所占城邑，紛紛起義，驅逐燕軍，復歸順齊國。田單軍力因順利的逐城進擊，迅速不斷的獲得擴增；燕軍方面既無統帥，又無援軍，只能逃回燕國。齊國陷落六年之久的七十餘座城池，全部收復。

戰例 東漢靈帝光和三年（180年），蒼梧、桂陽兩郡的盜民結合一起叛亂，攻擊郡城縣城，一路即將攻至零陵郡時，該郡太守楊琔準備率軍征討。然而當時盜賊勢力強盛，零陵兵力單薄，官吏和百姓對此甚感憂懼。楊琔為縮小兵力差距，進行創意戰具的製作：特製馬車數十輛，車上放置滿裝石灰的布袋，並將綁布袋的活扣繩索，栓連於馬尾上（特制馬車數十乘，以排囊盛石灰於車上，繫布索於馬尾）；特製弓弩發射車，滿載弓箭（又為兵車，專彀弓弩，剋共會戰）。戰具既備，楊琔即率軍討伐叛軍。（後漢書・楊琔傳）作戰經過如下：

1. 攻擊開始時，命馬車在前衝鋒，由於馬尾擺動，將栓連袋口的繩索鬆開，引起石灰飛揚，致使叛軍眼睛無法張開，於是用火點燃布袋，馬驚狂奔，直衝敵陣（令馬車居前，順風鼓灰，賊不得視，因以火燒布，然馬驚，奔突賊陣）。

2. 弓弩發射車繼進，萬箭俱發，配合戰鼓震天動地，叛軍驚駭撤退，霎時即全軍崩潰，四散逃命（因使後車弓弩亂發，鉦鼓鳴震。群盜波駭破散）。楊琁追擊，殺傷無數叛軍，斬其統帥，全境遂恢復平靜生活（追逐傷斬無數，梟其渠帥，郡境以清）。

F. 火禽：以胡桃剖分，空中實艾火，開兩孔，復合（將胡桃剖開兩半，挖空後填入包著火種的艾草，並各鑿開一個小孔，再將胡桃合起來，穿上繩子），繫野雞項下（繫懸於野雞頸下），針（刺）其尾而縱（釋放）之，奔入草中，器敗（胡桃破掉）火發。

G. 「火杏」：又稱「杏雀」與「火禽」類同，《太白陰經・戰攻具類》：「磨杏子中空（將杏樹的果實挖空），以艾實之（填入艾草），繫雀足上（綁在麻雀腿上），加火（放入火苗），薄暮（傍晚）群放，飛入（敵人）城壘中棲宿（棲息），其積聚廬舍（其所聚集的屋頂），須臾火發（瞬間就可引發火勢）」。梅堯臣注：「　姦伺隙（派遣間諜潛入敵營，等候敵人露出破綻），必有便也（一定會出現有利於火攻的機會）。秉稭持燧（手拿的禾稭、火把），必先備也。傳曰：『惟事事有備，乃無患也』。」

戰例　東晉穆帝永和九年（353），東晉將領殷浩以部將姚襄為前鋒，率領七萬大軍北伐，準備攻占洛陽（前秦所據）。姚襄於進軍途中叛變，與殷浩軍相隔十里紮營對峙；殷浩派遣其長史（參謀長）江逌率軍攻打。江逌進抵姚襄營前後，觀察敵營駐紮環境，決定採取火攻。即令部隊捉取數百隻雞，用長繩相連，雞腳繫上易燃物，引燃之後將群雞驅放，部隊則隨後跟進（取數百雞以長繩連之，腳皆系火，一時驅放，以兵躡後）。群雞瞬間驚駭散飛，紛紛飛過壕溝，集結於姚襄營壘，引發火勢。江逌乘敵營混亂之際，發起攻擊，大敗姚襄軍（群雞駭散，飛過塹，集羌營，皆燃。因其驚亂，縱兵擊之，襄遂摧退）。不過，最後姚襄仍然擊敗了殷浩軍，脫離東晉。（《晉書・江逌傳》）

H. 火鐮：「火鐮（鋼制鐮刀形用具，用來擊打火石使產生火花）以鉤刀為刃……凡攻城將透（凡攻城有明顯的進展，就可採取火

攻），積薪草、松明（含有油脂的枯松木，用以作為生火的火種）、麻籸（麻渣，芝麻榨油後的渣滓）於地道中，加以膏油，縱火焚城。」（明茅元儀《武備志・攻具・火鐮圖說》）

最後，近代使用火器彈藥，亦可引發燃燒，如以火攻為手段，則有燒夷彈，汽油投擲等，即可命中目標而發火。所以，欲實施火攻，不僅備置周全的火戰工具，且應訓練縱火人員嫻熟工具的運用，以及縱火的技巧。

② 氣象條件：「發火有時，起火有日」。《孫子兵法》關於「地」與戰爭關係論述甚為詳盡，然而對「天」，即天候只在本篇略有論及——根據天時條件實施火攻——從「時」、「日」兩個因素作考量。張預注：「不可偶然（實施火攻不可碰運氣），當伺（等待）時日。」

A. 乾燥的天氣：時者，天之燥也。發動火攻，應選擇在氣候乾燥時進行。「時」，時機、天時，這裡指季節，即春夏秋冬「四時」之「時」。「燥」：指天氣乾燥。「天之燥」，乾燥的季節；久旱不雨，百物乾燥，自然易於引發大火，即是火攻良機。張預注：「天時旱燥，則火易燃。」

B. 有利的風向：日者，宿在箕、壁、翼、軫也。引燃火勢，更須選擇有利的日子，即起風的日子。「日」，日期，這裡是指起風之日而言。「箕、壁、翼、軫」，中國古代星宿之名稱，是二十八宿中的四個。「宿」，休止、停留；這裡指「月之所宿也」（杜牧注），即月球運行所在的位置。又按中國古代天文學，分天體全部之星為二十八宿，而合為一圓周，其分布及名稱如下：

(a) 東南方（青龍）：角、亢、氐、房、心、尾、箕。

(b) 東北方（玄武）：斗、牛、女、虛、危、室、壁。

(c) 西北方（白虎）：奎、婁、胃、昴、畢、觜、參。

(d) 西南方（朱雀）：井、鬼、柳、星、張、翼、軫。

月球環繞此二十八星而行，依次止於一星，因之稱為「宿」。古人以為月球運行至「箕、壁、翼、軫」這四個星宿位置時，即是「風起之日」。月在「箕」起東南風，月在「壁」起東北風，月在「翼、軫」起西南風。李筌注：《天文志》：「月宿此（箕、壁、翼、軫）者多風。」杜牧注：「宿者，月之所宿（月球運轉

所〔宿〕的位置）也。四宿者，風之使（讓風吹起）也。」張預注：「四星好風，月宿則起。當推步躔次（推算月球運轉的度次、位置），知所宿之日，則行火。」此爲古代觀察天文的經驗，自不能以迷信視之，不過就今日之氣象科學而言，能掌握起風之「時」（季節風），未必全能測定起風之「日」，因爲氣流之變化因季節、地形、雲層、雨量之變化隨時改變，「（月）宿在箕、壁、翼、軫」不過是概括性的天文知識而已。張預註解這一段話時曾提道：「取雞羽重八兩，掛於五丈竿上，以候風所從來。」則不失爲一種較科學的方式，至少對測定風向、風速，有相當的幫助。

(二)五火之變

凡火攻，必因五火之變而應之。火發於內，則早應之於外。火發而其兵靜者，待而勿攻。極其火力，可從而從之，不可從而止。火可發於外，無待於內，以時發之。火發上風，無攻下風。晝風久，夜風止。凡軍必知有五火之變，以數守之。故以火佐攻者明，以水佐攻者強。水可以絕，不可以奪。

【語譯】凡是進行火攻，必須依據以上五種火攻所引起的情況變化，適時運用兵力策應。如果從敵人內部縱火，要及時派遣兵力從外部配合接應；若火勢已經燃起，敵軍仍然保持鎮靜，應稍加觀察等待，不可貿然發動攻擊。等到火勢燒到旺盛時，再視情況，可以進攻就進攻，不可以進攻，就應停止行動。若能在敵軍外部縱火，不必等待內應，只要時機成熟，就可縱火。從上風縱火時，不能從下風處進攻；白天起風，時間較久，夜晚起風，通常到天亮時才會停止。軍隊指揮官必須懂得靈活地運用上述五種火攻情勢，準確掌握實施火攻的時數（月球運轉週期、天候變化）。所以，用火來協助進攻，效果顯著，用水來幫助進攻，其威勢強大；但是水只可以阻絕敵人的聯繫與補給，卻不能達到奪取或殲滅敵人的目的。

【闡釋】

1. 本節論述實施火攻的作戰指導——火只是一種工具，若無適當的兵力部署與戰術運用，則火攻並不能發揮其威力，因此要充分發揮火攻之效能就必須將其與兵力相策應。策應的基本原則就是：「凡火攻必因五火之變而應之。」——凡是實施火攻，應根據前節所論的「五火」來進行，然後觀察敵軍的動靜（對敵情所造成的影響），而靈活的部署兵力，選擇戰術加以配合策應之，以擴大戰果。「因」，根據、利用。「五火」，指火人，火積，火輜，火庫，火隊。「變」，變化，這裡指影響。「應」，策應、配合、因應之對策，這裡是指火攻應與兵力相策應（配合）。張預注：「因其火變，以兵應之。五火即人、積、輜、庫、隊也。」李贄《孫子參同》：「因字從變字出，應字自因字來，有見可而進，知難而退、相機制宜、不容執滯意。」

2. 因應「五火之變」的五項對策：

(1) 裡應外合——火發於內，則早應之於外。裡應外合乃實施火攻的基本戰術，旨在牽制敵人救火，使其內外無法兼顧。「裡應」，就是從敵內部縱火；「外合」，就是作戰部隊及時策應發起攻擊，此即：「火發於內，則早應之於外。」若我方間諜能在敵軍內部縱火，則我軍應提前將部隊埋伏於敵營（火攻目標）周圍加以接應，趁著火勢一起，敵人來不及防備、滅火、陷入混亂之際，立即發起攻擊。若有所延遲，未能趁火勢及時攻擊，則敵人可能已經將火撲滅，於是攻擊也就難能有效了。「發於內」：指使間諜、內應縱火於敵營之內。「早」，提前。「早應於外」：提前在外部加以配合策（接）應。杜牧注：「凡火，乃使敵人驚亂，因而擊之，非謂空以（僅用）火敗敵人也。聞火初作（火勢一燒起）即攻之、若火闌眾定（火熄人定）而攻之，當無益，故曰『早』也」。張預注：「火才發於內，則兵急擊（迅速發起攻擊）於外，表裡齊攻（內外夾攻），敵易驚亂。」《孫臏兵法・十陣》：「以火亂之，以矢雨之，鼓噪敦兵，以勢助之。」

(2) 防敵有備：火發而其兵靜者，待而勿攻。若火勢已經燒起，敵軍內部卻能鎮靜應對，沒有驚慌失措的跡象，說明：

① 敵軍戒備森嚴，訓練有素，能夠沉著應對火攻。

② 敵必有準備，攻之必反受其害。

③ 敵方預先偵知我火攻信息，預設圈套，故意縱火誘我入伏。

面對這種敵情，應「待而勿攻」——暫待形勢推移，判斷敵軍動向，再定行止，不可貿然進攻，以免中敵伏兵之計。「火發」：火勢燒起；靜：安定不動，這裡指沒有驚慌失措的跡象。「待」：等待。何氏注：「火作而敵不驚呼者，有備也。我往攻，則反或受害。」

(3)攻勢配合——極其火力，可從而從之，不可從而止。爲進一步偵知敵方軍情，可等待火勢燒到最旺盛（火攻威力達到最高點）、局勢更爲明朗之時，依照情況決定行動，若有機可乘（混亂失序），隨即發起攻擊策應之。如敵有準備或其他不利我之行動時，則停止攻擊，而不可輕舉妄動，此即所謂「可從則從之，不可從則止。」「極」，頂點、最終。「極其火力」：①火勢燃燒至極旺盛（火勢沖天）之時；②火勢燒完之時。「從」：跟隨，這裡指隨火勢用兵進攻。杜牧注：「俟火盡已來（等火熄滅後），若敵人擾亂則攻之；若敵終靜不擾，則收兵而退也。」

(4)無待內應——火可發於外，無待於內，以時發之。古代火攻，多利用間諜潛入敵營縱火，同時在敵營外部署兵力配合策應。若從外部縱火較爲便利，如天候乾燥，或風向合宜（月宿四星）等有利天時，以及敵營四週有荒草叢林可燃性之物質時，就不需要派人潛入敵營內縱火，既無被敵人察覺之失，又可掌握主動，選擇最有利時機。「無待於內」：不必等待內應。「以時發之」：根據氣候（天之燥）、月象（月在箕壁翼軫、）的情況實施火攻。「以」，根據、依據。「時」，指有利天時。陳皥注：「以時發之，所謂天之燥，月之宿（運行的位置）在四星也。」又指敵人有可乘之隙。上文說火須「發於內」，這裡說「無待於內、以時發之」，這就是應變。杜牧注：「上文云『五火變須發於內』。若敵居荒澤草穢，或營柵可焚之地，即須及時發火，不必更待內發作（不必在內部放火），然後應之（再派遣兵力從外策應），恐敵人自燒野草，我起火無益。」張預注：「火亦可發於外，不必須待作於內，但有便（只要條件成熟，便可見機行事），則應時而發（伺機縱火）。」

> **戰例**　漢武帝天漢二年（西元前99年），李陵率步騎五千人遠征匈奴。匈奴單于率三萬騎包圍李陵，李陵率軍奮戰，殺敵數千人，單于大驚，立即投入所有部隊八萬騎兵，攻打李陵軍。寡不敵眾，李陵且戰且退，到達一大澤蘆葦中。單于決定火攻，令其屬從上風處縱火，李陵則令部隊放火燒光周邊蘆葦，成功將火勢隔絕（「匈奴從上風縱火，李陵亦令軍中縱火以自救」）。惟李陵最終仍因寡不敵眾，箭盡路絕，兵敗投降。（《漢書‧李陵傳》）

(5)審度風勢：火發上風，無攻下風。「上風」，風向的上方（順風）；「下風」，風向的下方（逆風）。火攻必須懂得如何運用風向，策應火攻的兵力，如果未能正確處於防火的位置，不但無法殲滅敵人，還可能讓自己的部隊遭受損害。一旦自上風（順風）處引發火勢之後，切不可從下風（逆風）處進擊敵人，理由如下：

① 俾免反遭火患。大火帶來濃煙瀰漫，順風吹來，居下風者將先受其害，既辨不清敵人，反自遭火患而陷於混亂，予敵可乘之機。杜牧注：「若是東（東風）則焚敵之東（東面），我亦隨以攻其東（也順風向從東面攻擊敵人）。若火發東面攻其西，則與敵人同受（大火之害）也。故無攻下風，則順風（應順風而擊）也。若舉東可知其它也（由順東風縱火則從東面進攻，可依此類推其他方向，有如此）。」

② 敵必死戰。張預曰：「燒之必退（用火燒敵，敵必退避），退而逆擊之（敵人退避，我軍逆火勢而攻），必死戰，則不便（於我軍不利）也。」

　　至於「晝風長，夜風止」，白晝與夜間之天空氣流不同，故晝間起風較久，夜風多不久而易止，此乃火攻者須注意之點。因火須風力發揮其火勢，部隊須藉火以助攻勢；三者結合，方能達到火攻之目的。

(6)結論：掌握變數，應敵有方。五火之目標不同，其運用自異，「凡軍必知五火之變」，凡用兵者，必須熟悉上述五種火攻作戰要領之變化；同時又能「以數守之」——能夠通曉天候季節的循環週期，去推算易於起風而有助火攻之時日氣象，來掌握火攻的時機與條件，既可藉以趁機對敵實施火攻，又可據以嚴防敵人以火攻我。蓋我可以用火攻人，人亦可

以用火攻我也。「軍」，指軍隊、指揮官或用兵作戰而言。「數」，星宿運行度數（週期、數據），此指月球行經四星宿時之日期數據，即前所述之「發火有時，起火有日」（天候、風向）等氣象資訊，亦即是適合火攻的天時與日期。就現代意義而言，「數」可說是對實行火攻的知識管理與與運用，以正確判斷最佳火攻之時機。「守」，①掌握、執行、實施；②防備。「之」，指火攻。蔣百里注：「用兵者尤必當知五火之變，不可止知以火攻人，亦當防人之以火攻我，當知時日、晝夜、風向之數，而謹守之。」張預注：「不可止知以火攻人，亦當防人攻己。推四星之度數，知風起之日，則嚴備守之。」

3. 水火「佐攻」之比較：孫子特別提出「佐攻」一詞，強調水火都只是輔助工具。

(1)火攻的效能──以火佐攻者明。用火作為輔助軍隊進攻的手段，對敵人殺傷力大，特別是進攻敵駐紮營地，先用火攻可以擾亂敵人陣營，可以燒掉敵人糧草輜重和武器，可以燒斷敵人援軍之路，其效果尤為顯著，故火攻常是兵家用兵作戰的重要輔助選項。「明」，①效果顯著；②夜戰照明的作用。「佐攻」，配合作戰部隊達到作戰目的。張預曰：「用火助攻，灼然（很明顯的）可以取勝。」《百戰奇略·火戰》：「凡戰，若敵人進居草莽，營舍茅竹，積芻聚糧，天時燥旱，因風縱火以焚之，選精兵以擊之，其軍可破。」

(2)水攻的效能：以水佐功者強。「強」：威勢強大；水勢浩蕩的緣故。王晳注：「強者，取其決注之暴（將河堤決開，讓大水洶湧奔流）。」火攻，可用星星之火，引發燎原之勢；而水攻受制於地形，不能用涓涓之水，造成廣大之氾濫，必利用洶湧澎湃的水流才能形成強而有力之勢。故用水佐攻時，必須確知水勢的強弱、灘水流向（水流或氾濫方向不可危害我軍）、地勢的高下，居高臨下，造成龐大的水勢淹沒敵軍，以水佐攻始能奏效，而不至反受其害。須知，一旦洪流滔滔，敵人固遭淹沒，我軍也不易渡越。

承上，引水佐攻，雖威力無比，但與火攻相較，水攻有其限制：「水可以絕，不可以奪。」「絕」：阻斷、分離。「奪」：奪取、殲滅。用水助攻，固然可以分割敵軍（分散敵兵力），切斷敵補給（聯絡）路線、阻敵救（增）援、阻敵退卻（敗逃）、甚至阻敵發動攻勢，然而水攻通

常也會造成分隔敵我的一條鴻溝，或構成汎濫區形成地障，以致無法用水攻奪取有利地形或敵人軍需物質。曹操注：「水佐者，但可以絕敵道（糧道），分敵軍，不可以奪敵蓄積。」杜牧注：「水可絕敵糧道，絕敵救援，絕敵奔逸（退卻、敗逃），絕敵衝擊（發動攻勢），不可以水奪險要、蓄積也。」李筌注：「軍者必守術數而佐之水火，所以明強也。光武之敗王莽，魏武之擒呂布，皆其義也。以水絕敵人之軍，分為二則可，難以奪敵人之蓄積。」

此外，再就致勝效能而言，水攻明顯略遜火攻一籌。水攻受水勢、地形之拘限，雖足以阻斷敵人交通補給，孤立或掩沒敵軍，卻無法在洶湧的水勢中，乘勝追擊敵軍或爭奪敵陣，取的是一時之勝。火攻則不然，只要時機得當，可瞬間焚毀敵軍所有糧食、委積、輜重，造成敵軍自亂陣腳，戰志全面瓦解，從而不戰自潰，故火攻是徹底消滅敵軍、促使戰爭獲得決定性勝利的取勝之法，亦即火攻易收徹底殲敵，速戰決勝之功。可見火攻是比水攻更優越的戰術，孫子因此以專章詳論火攻之法，而僅於其中略述水攻。張預注：「水止能隔絕敵軍，使前後不相及，取其一時之勝，然不若火能焚奪敵之積聚，使之滅亡。若韓信決水，斬楚將龍且，是一時之勝也。曹公焚袁紹輜重紹，因以敗，是使之滅亡也。水不若火，故詳於火而略於水。」

戰例　楚漢相爭期間（西元前203年），漢將韓信率軍（約十萬）襲擊齊國，攻陷齊都臨淄。齊王田廣率軍敗退至高密，派遣使臣向項羽請求救援，項羽派遣部將龍且率軍二十萬救援齊國，與齊軍會師於高密。有人向龍且提出制勝策略：面對韓信孤軍應採用長期堅壁固守的戰略，迫使韓信缺糧自潰，自動投降。但龍且素來輕視韓信，早存輕敵之心，又貪功近利，急於與韓信決戰，於是率領齊楚聯軍前往濰水與漢軍隔岸布陣對峙。

韓信詳察濰水周邊地理形勢，決計運用濰水，創造利於己而不利於敵的作戰態勢。作戰過程如下：

1. 會戰前一夜，韓信命令部隊趕製一萬多個麻袋，裝滿沙土，堵截濰水上游的水流，製造濰水斷流的假象。

2. 次日，韓信以主力設伏於岸邊，自己親率一部兵力（數千人）越過枯竭的濰水，襲擊龍且軍。龍且率軍迎戰，韓信軍即佯敗退卻，以誘使龍且渡河追擊。果然，龍且大喜過望，直認他沒錯估韓信果然個膽小畏戰的將領，遂立即揮軍渡河追擊，以擴大戰果。

3. 韓信等待龍且軍一部分已逐漸過河上岸了，立即將上游決堤促流，河水頓時急湧而下，將龍且軍結成兩半，此時，僅龍且率領的部分軍隊上岸，而後面的主力無法再渡河。

4. 漢軍對已渡河部分的龍且軍不僅在數量上、精神士氣上都形成了絕對的優勢。韓信掌握戰機，迅速揮軍反擊，全殲已渡河的齊楚聯軍，龍且陣亡。

5. 滯留於濰水東岸的齊楚聯軍，見大勢已去，陷入混亂，紛紛逃散，韓信乘亂追擊（至城陽），俘獲齊王，完全占領齊地。（《史記・淮陰侯傳》、《百戰奇略・水戰》）

濰水之戰是「水可以絕」的著名戰例。由此得知，現代水利基本建設所築水庫，不論其規模大小，在戰時必須加強警戒，防敵破壞，反以為害。用兵者既須知以水佐攻之利，也須知以水佐攻之害。

(三)安國全軍之道

　　夫戰勝攻取，而不修其功者凶，命曰費留。故曰：明主慮之，良將修之，非利不動，非得不用，非危不戰。主不可以怒而興師，將不可以慍而致戰；合於利而動，不合於利而止。怒可以復喜，慍可以復悅，亡國不可以復存，死者不可以復生。故明君慎之，良將警之。此安國全軍之道也。

【語譯】凡戰勝攻取之後，而不能鞏固勝利成果者，是非常危險的，枉自耗損國家的財力、兵力，這叫作為「費留」。所以，明智的國家元首，必須要慎重思考此一問題；優良的將帥，必須認真研究此一問題。對國家沒有利益，不要採取軍事行動；沒有勝利的把握，不要輕率用兵；不到危急

關頭，不要輕啟戰端。國家元首不可因一時惱怒而興師宣戰，將帥不可因一時憤恨而出兵應戰。符合國家利益，才可採取軍事行動，不符合國家利益，就要停止軍事行動。一時的憤怒，可以平復轉為歡喜，一時的怨恨，可以化解轉為高興；可是國家亡了，卻無法恢復，陣亡的將士，也無法復活。所以明智的國君，對戰爭要特別慎重，賢明的將帥，也要格外警惕，這是保障國家安全和維護軍隊有生力量的根本原則。

【闡釋】

　　按《孫子兵法・始計》開宗明義的第一句話就是「兵者，國之大事，死生之地，存亡之道，不可不察也」，肯定戰爭既為國家大事，自當詳加審查、不可輕啟戰端，故有「先計後戰」、「因利制權」的「廟算決策論」；本節則更明揭「安國全軍慎戰論」，蓋兵凶戰危，水火佐攻危害更是慘烈，所以當「慎修之於始，免悔之於終。」假令窮兵黷武、輕啟戰端，恐有自焚之禍，孫子反覆提出「慮之」、「修之」、「慎之」、「警之」等慎戰警語，告誡戰爭決策者在發動戰爭前，切戒受「怒」、「慍」之情緒支配，應秉持理性，惟利是爭。故明主良將於廟堂之上，朝議之中，決定戰爭時，應以「利、得、危」三前提作為決策之依據與準則，用以呼應〈始計〉「廟算決策」的慎戰思維。如決議發動戰爭，則惟有「貴勝不貴久」，並注意於戰勝「修其功」，而勿陷於「費留」之凶境，以免被戰火反噬。綜上所論，乃「安國全軍之道」，為本篇之結論，亦即是全書之總結論。可見孫子的慎戰思想，脈絡一貫，前後呼應，貫穿其兵法宗旨。

1. 戰勝修功，力避費留。

(1) 戰勝修功（固勝）：孫子對於戰爭的指導是全程的，其慎戰思想涵蓋啟戰前的「廟算」決策，啟戰後的「不戰」、戰爭遂行中的「善戰」及戰爭結束後的「修功」——戰後重建或戰後和平，也就是終戰指導。

檢討歷史上「贏了戰場（鬥），輸掉戰爭（Winning the battle, losing the war）」的戰例，可謂不勝枚舉。這是因為一般的戰爭指導者，往往只考慮戰爭能否取勝，卻忽略了戰後可能出現的情勢以及相應的處置對策。戰爭總有勝敗，戰勝者固然可獲得「戰勝攻取」之利，但對戰敗者所造成創傷損害卻是不易癒合的。孫子主張在軍事上取得勝利或勝勢之

後，應考慮到後果，及時「修功」固勝——運用各種途徑，主導局勢，鞏固勝果，獲得和平，諸如爭取民心、重建秩序、恢復經濟、安定生活、肅清殘敵，擴張戰果，論功行賞，激勵士氣等勝利後的各項善後工作，以收「勝敵益強」之傑效，「全軍破敵」之宏功。「戰勝攻取」，會戰勝利，成功奪取目標。「修」，修治，處理，引申為治理、鞏固。「功」，功效、功業，這裡指戰果、勝利成果。「修其功」則謂指及時論功行賞（杜牧、張預注）、.鞏固勝利成果、乘勝擴張戰果，以及妥善結束戰局等意義。趙本學注：「修，戢也，勝而不戢之義。《左傳》曰：『兵猶火，不戢（將兵器收藏，引申收斂、止息）將自焚。』」言戰既勝，攻既取，則當自戢其攻，不然者凶之道也。」

(2)力避費留：若戰爭指導者在「戰勝攻取，而不修其功」，將置國家於極不利的「凶」境——僅重視當前軍事目標的奪取，卻未能「懸權而動」，進行適切的和戰指導：既未迅速擴張戰果，不給敵人喘息的機會；亦忽視「戰後重建」（或「戰後維和」）工作，未對本國與敵方，採取應有的善後措施，致使戰事一再牽延，始終無法結束戰局；既陷戰爭泥淖，礙難停戰（撤軍）復員，則久戰，勞民、喪財，後患無窮，敵我無法享受和平安寧，這樣的凶險危境，稱之為「費留」。「凶」，禍患；危險。「費」，消耗資源。「留」，①通「流」，付諸東流，比喻前功盡棄、徒勞無功；②軍隊長期久留戰場。「費留」，

① 白費之意，即所消耗之戰爭資源（人力、財力、物力），如流水般一去不復還，於國無利。曹操注：「若水之留（流），不復還也。」

② 長期浪費金錢與人力，而作無益之久戰，不僅前功盡棄，也將遺留無窮之後患。

③ 指若不及時賞賜，將士不用命，致使戰事遲延或失敗，軍費將如流水般逝去。

張預注：「戰攻所以能必勝必取者，水火之助也。水火所以能破軍敗敵者，士卒之用命也。不修舉有功而賞之，凶咎（不吉、危險）之道也。財竭師老而不得歸，費留之謂也。」李筌注：「賞不踰日，罰不踰時。若功立而不賞，有罪而不罰，則士卒疑惑，日有費也。」杜牧注：「修者，舉也。夫戰勝攻取，若不藉有功舉而賞之，則三軍之士，必不用命也。則有凶咎。徒留滯費耗，終不成事也。」

(3)總之，孫子認為僅贏得戰場的勝利，卻無法鞏固戰果，迅速結束戰局，則徒有戰術的、局部的「戰勝攻取」之名，而無整體的、全局的終戰和平之功，犯了嚴重的戰略性錯誤，陷入戰爭泥淖，結果必定「全盤皆輸」，實與災難無異。既然「戰勝修功，力避費留」對戰爭之後果，有如此重大之影響，除非是窮兵黷武者，恣意用兵，發動戰爭，任何理性的戰爭決策者都不會將戰爭本身視為戰爭之目的，而會將戰爭作為達成政策（政治）目的的手段。所以，開戰前就應周密考慮到如何結束戰爭、謹慎構思如何鞏固戰果，乃國家元首擬定戰爭決策、高級將領執行戰爭任務時的中心議題，此即孫子所說：「明主慮之，良將修之。」「慮」：謀慮、思考。「修」：治也，處理之意。「之」：指「戰勝攻取而不修其功者凶」。張預注：「君當謀慮攻戰之事，將當修舉克捷之功。」

2. 理性決策，惟利是爭。孫子的慎戰思想是理性而務實的，即慎戰並非一昧的避戰或隱忍下去，而是有其限度有標準的。故孫子在〈始計〉提出「五事七計」作為廟算決策的具體依據，在〈火攻〉則提出啟戰三前提，作為發動戰爭的準則。

(1)非利不動。「利」：實質益處，這裡指萬全、長遠的國家利益。「動」，採取軍事行動、發動戰爭；以下之「用、戰」意義概同。所謂「勝利」，其意義是「勝」而有「利」，方是勝利；最佳之勝利為「全勝」——「兵不頓而力全」（〈謀攻〉）。如勝後敗者殘破，而勝者也損失慘重，只能能稱之為「勝害」（慘勝、得不償失的勝利），不能稱為「勝利」。《兵經百篇》：「兵之動也，必度益國家，濟蒼生，重威能（提高國家的威望與實力）。苟得不償失即非善利者矣。」（〈中卷・法部・利〉）

(2)非得（有所獲）不用（兵）。「得」，獲、取。與「失」相對而言，這裡指獲勝、勝券在握。經過比較分析，沒有獲勝的把握，即無法獲得戰爭目標或國家目標者，絕不用兵開戰。杜牧曰：「先見敵人可得（預判可以戰勝敵人），然後用兵。」賈林曰：「非得其利，不用也。」

(3)非危不戰。從「危」的字義而言，「危者，正也」。例如「正襟危坐」，有端正之意；「危言，危行」，有「正直、正義」之意。故「非危不戰」就是「非正義不戰」，亦即是「非師出有名不戰」。又「危」

亦可指不安全的處境，即國家正面臨「危急存亡之秋」的緊要關頭；故「非危不戰」就是不到國家生死存亡的關頭不發動戰爭。梅堯臣曰：「凡用兵，非危急不戰也，所以重凶器也。」（李啟明，《不戰而屈人之兵：孫子戰略學》，頁106）張預注：「兵，凶器；戰，危事。須防禍敗，不可輕舉。不得已而後用。」

3. 管理情緒，止怒抑慍。從啟戰決策三前提可知孫子是一位標準的理性主義者，乃主張戰爭在「非利、非得、非危」之狀況下，不得輕易發動之。啟戰三前提，既屬於戰爭決策之一部分，孫子又注意到情緒對決策歷程的重大影響。蓋戰爭與火從來就是分不開的，兩者的性情也十分相似：如果不加約束，任由其在混沌中滋長，就會成為一種毀滅一切的力量。《左傳·隱公四年》有言：「夫兵（戰爭），猶火也，弗戢（不加以控制），將自焚也」。而「戰火」之「火」不僅是「火焰」，也代表看「心火」，或是說「怒火」。這種精神上的「火」與現實中的「火」一樣，都帶有極大的破壞性，如俗諺所說：「擊水成波，擊石成火，激人成禍。」

敵我之間必然存在著對立的關係，這種對立之極致就是對敵人懷有深切的憎惡（仇恨）感，想要置敵人於死地。但是，戰爭乃攸關國家存亡、軍民生死的大事，不能單憑個人喜怒而戰；當一個人被怒火埋沒理智時，通常會影響其理性思考，從而做出錯誤的判斷，進而喪失正確決策的能力。故肩負戰爭決策的國家領導者，必須做好情緒管理，保持情感與理智上的平衡，避免自己的決策被情緒所左右，國家元首絕「不可怒而興師」，將領亦「不可慍而致戰」。「興」，發動、挑起。「致」，招引，導致。「怒」，氣憤；「慍」，忿恨、生氣，都屬於一己的負面情緒。「怒而興師、慍而致戰」，是為洩私憤，不是理智的，故曰「不可」。戰爭的決策要以國家利益為重，必「合於利而動，不合於利而止」，不可因個人的情緒好惡而率性為之，否則，就會自食惡果。「利」，承上「非利、非得、非危」而省「得」、「危」，實指利、得、危。杜佑注：「人主聚眾興軍，以道理勝負之計，不可以己之私怒。將舉兵則以策，不可以慍恚之故而合戰也。」張預注：「不可因己之喜怒而用兵，當顧利害所在。《尉繚子·兵談》曰：「兵起非可以忿也，見勝則興，不見勝則止。」

4. 敬慎戒警——安國全軍之道。孫子完全了解在戰略領域中惟一的考慮即為利害得失，而絕無感情用事之餘地。對付敵人，孫子主張「怒而撓之」

（〈始計〉）、「忿速可辱」（〈九變〉），令敵失態。對待自己，則要謹防敵人怒我。「怒」、「慍」為一時情感之衝動，時過境遷，總可平復化解——「怒可以復喜，慍可以復悅」，然而戰敗亡國，則難以復存；人員戰死，則不可復生。所以在進行戰爭決策時，明智的君主，務必格外慎重（「慎之」），優秀的將帥，務必小心警惕（「警之」），兩者應隨時保持理智性的心理平衡，不可受情緒之衝擊而輕舉妄動，這是元首與將帥應有的精神修養，更是「安國全軍之道」——置國家如磐石般安定之境，並能保全軍力的兵法原理。慎「之」：指「不可以怒而興師」、「不可以慍而致戰」。杜牧曰：「亡國者，非能亡人之國也。言不度德，不量力，因怒興師，因慍合戰，則其兵自死，其國自亡者也。」杜佑曰：「凡主怒興軍伐人，無素謀明計，則破亡矣。將慍怒而鬥，倉卒而合戰，所傷殺必多。怒慍復可以悅喜，言亡國不可復存，死者不可復生者，言當慎之。」張預曰：「君常慎於用兵，則可以安國。將常戒於輕戰，則可以全軍。」

戰例 東漢末年，歷經「黃巾之亂」（184年，以宗教意識，結合農民，反抗政府），董卓專政後，形成「群雄割據」的時代。經過相互攻伐兼併後，漢獻帝建安四年（199年）袁紹最終消滅了公孫瓚，據有冀、青、并、幽四州之地，結連烏桓，盡有黃河以北之地，意欲南向以爭天下。而在黃河以南，漢獻帝建安元年，曹操迎天子（即漢獻帝），遷都許昌，挾天子以令諸侯（「奉天子以令天下」），先後消滅了呂布、袁術，擊敗劉備於徐州，控領黃河以南兗州、豫州和徐州三州之地，成為黃河以南的最大勢力，隔河與袁紹對立，並為北方二雄。一河難阻曹、袁逐鹿中原，官渡之決戰乃勢所難免。官渡之戰可區分為白馬之戰、延津之戰、官渡決戰三個階段。

㈠白馬之戰

建安四年（199年），袁紹在消滅公孫瓚（割據幽州）後，動員步兵十萬，騎兵一萬，準備南下進攻許昌，消滅曹操，以實現其「南向以爭天下」的雄心。曹操為防備袁紹攻擊許昌，以主力駐防官渡，以部將于禁（屯守黃河南岸重要渡口延津）、劉延（駐守白馬）各領一部與官渡主力結為犄角。

正當此時，原來投順曹操的劉備突然背叛，殺徐州刺使車冑而自據徐州，並結盟袁紹，反抗曹操。曹操分析情勢，「劉備人傑也，今不擊，必為後患。而袁

紹雖有大志，卻缺乏智略，容易應付（袁紹雖有大志，必不動也）。」於是決定先擊滅劉備，然後在迎擊袁紹。曹操親征劉備，歷時不過一個月，即迅速擊敗劉備（投效袁紹），擒獲關羽；徐州復定後，曹操回師官渡。曹操率軍攻打劉備之時，袁紹謀士田豐力勸袁紹襲擊曹操之後，袁紹不從，喪失一次可以擊敗袁紹的時機。

曹操返駐官渡後，袁紹這時才正式計畫進攻許昌。建安五年（200年），袁紹先向各州郡發布檄文聲討曹操，再率精兵十萬，騎萬匹，舉兵南下，駐軍黃河北岸重鎮黎陽，目標許昌，與位於官渡之南的曹軍形成對峙。袁紹派遣大將顏良進軍圍攻白馬（曹軍東郡太守劉延駐守），企圖奪取黃河南岸要點，以掩護主力渡河。沮授建議：「良性促狹（個性急躁、容易慌亂），雖驍勇，不可獨任（不具備統帥的條件，不可獨當一面）。」袁紹未能理會。

曹操為爭取主動，準備率官渡軍主力北上解救白馬之圍。謀士荀攸認為敵眾我寡，應先分散袁紹兵力，才有取勝的可能（「今兵少不敵，分其勢乃可」），他向曹操提出聲東擊西的戰略：

1. 先進軍延津，佯示渡河北上襲擊袁紹的後方，以誘使袁紹分兵向西阻截（「公到延津，若將渡兵向其後者，紹必西應之」）。

2. 派遣輕騎（張遼、關羽統軍）急襲圍攻白馬的袁軍，攻其不備，必可擊敗顏良（然後輕兵襲白馬，掩其不備，顏良可禽也）。

曹操採用謀士荀攸的計策。袁紹獲報曹軍在延津企圖北渡黃河，立即從黎陽（位於白馬對面）袁軍主力，分遣兵力西向應戰，削弱了黎陽方面的兵勢。曹操成功分散袁軍兵力後，迅速率軍，日夜兼程，直趨白馬。顏良發覺時，和曹軍相距只有十餘里，大吃一驚，只能倉促迎戰。（按〈虛實〉云：「能以眾擊寡者，則吾之所與戰者，約矣。」）曹操命張遼、關羽為前鋒，關羽望見顏良的元帥軍旗，一馬當先，迅速迫近顏良軍陣，衝進萬軍之中，顏良於陣間措手不及，被關羽斬殺，袁軍驚愕，立即潰敗，白馬之圍遂解。

㈡ 延津之戰

曹操解白馬之圍後，遷徙白馬的百姓沿黃河向西撤退。袁紹則率主力渡河至延津，一面在延津以南構築營壘，一面派大將文醜與劉備率軍追擊西撤南下的曹軍。與此同時，曹操也將部隊駐紮於延津南面的高坡，只有騎兵六百，而袁軍

達五、六千騎，步兵在後跟進。面對優勢敵軍，曹操準備「以利誘敵」，設伏殲敵，即令騎兵解下馬鞍，把馬放開，並故意將從白馬繳獲的輜重棄置於路旁，以引誘袁軍搶掠。諸將不解曹操之意，紛紛認為敵人騎兵眾多，應該退守營壘。只有荀攸了解曹操這些馬鞍、輜重是用來「餌敵」的。布設完誘餌之後，曹操領軍設伏，嚴密注意袁軍動態。不久，文醜與劉備率軍陸續抵達曹營附近，部眾見道路有曹軍遺留的輜重物質，紛紛脫隊爭搶，行軍序列立即陷入紊亂。曹操乘機揮軍攻擊，大敗袁軍，斬殺文醜。

按〈兵勢〉：「善戰者，求之於勢，不責於人，故能擇人而任勢。」從白馬之戰到延津之戰，曹軍戰略態勢固不如袁軍，故先形塑戰場守勢，再擇勇、怯（謹慎）之人分任攻（張遼、關羽任攻擊）守（于禁、劉延任固守）之任務。相對地，當袁紹部署攻圍白馬時，謀士沮授以顏良個性輕躁勸諫：「雖驍勇，不可獨任。」惟袁紹不聽，即不能「擇人任勢」中連折大將，士氣自是沮弱。（按〈軍爭〉：「三軍可奪氣，將軍可奪心。」）

㈢官渡決戰

曹操在白馬、延津接連告捷之後，退守官渡，袁軍進據陽武，兩軍對陣相峙。袁紹大軍僅歷兩次會戰，便折損顏良、文醜兩位名將，士氣低弱。謀士沮授向袁紹提出採取持久作戰，以消耗曹軍戰力的建議：

「我軍雖然眾多而勇猛卻不如曹軍，曹軍雖精而糧食儲備卻不如我軍：曹軍利於速戰，我軍利於堅守：最好曠日持久地堅守下去，待曹軍糧盡，不戰自退，我軍便可乘機追襲，必獲全勝。」

袁紹否決此議，遂揮師進至官渡，依沙堆築營，構成數十里寬的作戰正面進逼曹軍。面對袁軍，曹操也將兵力向兩翼展開，構築陣地（亦作廣正面部署），分營抵禦。

曹軍幾次主動出擊，均未獲勝，於是退守營壘。由於曹軍營壘固實，袁軍雖然勢大，一時亦難以攻入。袁紹命部隊在曹營周邊推土山，在上建造高櫓（箭樓），由弓弩手登樓射箭攻擊曹營：曹軍完全暴露於敵人射程內，官兵都用盾牌遮身而行：又命人挖地道偷襲曹營。曹操為反制袁紹箭樓、地道之進攻，乃建「霹靂車」，用巨石反擊袁紹的弓箭部隊，摧毀其箭樓：「霹靂車」，即一種拋石車，車上裝有石塊，扣動扳機，可將巨石射出。另在營內挖掘深深的「長塹（溝）」，以阻斷袁軍的地道襲擊。

曹、袁兩軍在官渡對峙月餘，曹軍逐漸陷於困境。曹軍兵力缺糧，官兵精疲力盡；官兵多有叛變，後方不穩定：許昌的官員和軍中的將領，有些暗中與袁紹通信，意圖歸降；百姓在重稅壓迫下，紛紛叛離，投奔袁紹；曹軍糧道數次被袁軍襲擊。曹操面對如此危急形勢，一籌莫展，甚為憂慮，甚至連自己也有所動搖，準備撤軍返回許昌，或可引誘袁紹深入，扭轉當前不利形勢。謀臣荀彧諫言不可，理由如下：

1. 袁紹將所有部隊集中官渡，就是要與我軍一決勝負。我以極劣勢兵力對抗極優勢兵力之敵，若不能制伏敵人，必然被敵人制伏，當前乃「決定天下大勢的關鍵所在」。

2. 目前我軍糧秣雖然缺乏不足，還沒到當年楚、漢在滎陽、成皋對峙那種程度。當時儘管形勢險惡，劉邦、項羽誰都不肯先退，因為兩者深知，一旦先向後退，形勢立即轉弱。

3. 我軍以一當十，扼守要衝使袁軍不能前進，僵持歷時半年，情勢即將明朗，不久就會發生重大的轉變，這正是出奇制勝的時機，絕對不可坐失。

曹操接受荀彧建議，決心繼續嚴密防守，尋求有利機勢，擊敗袁紹。曹操的這一決策，甚為關鍵。因為戰局已到勝敗轉折點，誰能堅持下去，誰就會有獲勝的希望。如果放棄官渡，退守許昌，很可能造成「先退則勢屈」的不利局面；一退即潰，給袁紹以捕捉而殲滅的機會。

不久，曹操獲報袁紹運送糧秣的輜重車隊數千輛，抵達官渡，並偵得其護送之將韓猛，雖然勇猛卻大意輕敵，如果劫奪其糧車，必然成功。於是派遣徐晃、史渙於半路襲擊，果然成功，燒毀袁軍輜重糧車數千輛。

及後，袁紹有更龐大的運糧輜重車隊到達作戰地區，並遣淳于瓊率軍一萬餘人護送糧草，紮營於袁紹大營（陽武）以北四十里處（約二十餘公里）的烏巢。謀士沮授提出安全之策：「應派遣將軍蔣奇率軍，擔任支隊，在烏巢外圍巡邏，嚴防防曹軍偷襲。」袁紹未予採納。另一謀士許攸向曹操提出奇襲許昌的建議：

1. 曹操兵力單薄，而全軍出動來抵禦我軍，許昌的防務必定空虛。如果我們分遣輕騎，星夜南下襲擊許昌，定能攻下。攻取許昌，便可奉迎天子，討伐曹操，曹操勢必束手就擒。（曹操兵少而悉師拒我，許下餘守，勢必空弱。若分遣輕軍，星行掩襲，許可拔也。許拔，則奉迎天子以討操，操成禽矣。）

2. 即使不能攻下許昌，也可讓曹操救前救後，疲於奔命，最後還是可以將其擊
敗（如其未潰，可令首尾奔命，破之必也）。

袁紹未採用許攸奇襲許昌的建議，仍堅持「我要當先取操（擒拿曹操為第一要
務）」的決心。與此同時，許攸更接獲家人犯罪被捕入獄的消息，憤而連夜投
奔曹操，向曹操進獻火攻袁軍糧食之計，內容如下：

1. 袁軍糧食運補狀況：輜重車隊，一萬餘輛，囤於烏巢，戒備並不嚴密（「今
袁氏輜重有萬餘乘，在故市烏巢，屯軍無嚴備。」）。

2. 作戰構想與效益評估：以輕裝精兵，發動突襲，必定能出敵意料之外，無從
防備，然後放火燒糧。三日之內，袁軍就會自行潰敗（「今以輕兵襲之，不
意而至，焚其積聚，不過三日，袁氏自敗」）。

許攸提供的這項情報，正符合曹操尋求戰機，出奇制勝的作戰意圖，他當機
立斷，決心夜襲烏巢，焚燒袁紹的糧草。他以曹洪領五千人留守大營，防止
袁軍襲擊，自己親率步騎兵五千人，偽裝成袁軍，持用袁軍旗號，人銜枚（竹
筷），馬縛口，攜帶乾草，乘夜密從小路出擊烏巢。曹軍抵達烏巢後，立即展
開包圍，乘風縱火，袁軍陷於驚慌混亂。此時，天剛破曉，守將淳于瓊未做積
極之反擊，即退守營壘，曹操下令全面攻營。袁紹獲報曹操襲擊烏巢後，當即
決定派遣部將高覽、張郃直攻曹營，使曹軍「無所歸。」謀士郭圖亦極力附和
直攻曹營，張郃則力諫烏巢才是戰局關鍵，應全力救援。袁紹不採張郃先攻烏
巢之計，仍執意以主力直攻曹營，僅派遣輕裝騎兵前往烏巢救援，而用主力攻
擊曹營，果然曹營堅固，始終無法攻克。

在烏巢方面，曹操不顧增援之袁軍進逼烏巢，仍堅決果敢，鼓舞士氣，集中兵
力，猛攻袁軍營壘，將士用命，遂大破袁軍，斬其將淳于瓊等，將袁軍物資全
部焚毀，並將所俘袁軍千餘人，皆割鼻；俘虜的牛馬，則割嘴、舌，然後驅逐
他們奔回袁紹大營（攻心戰）。袁紹本營官兵獲知烏巢失陷，糧秣盡被燒毀，
又目睹慘象，大為震恐，軍心動搖，內部分裂。此時攻打曹營的高覽、張郃兩
將忽聞烏巢守軍淳于瓊戰敗，而張郃也被構陷對於烏巢之敗幸災樂禍，因袁紹
未能用其計所致：在又驚又怒的心境下，兩將便棄械歸降曹營。曹操乘勝立即
向袁軍本營發起全面攻擊，袁軍驚慌失措，不能抵禦，霎時全線崩潰，官兵四
散逃命。袁紹見大勢已去，便與其子袁譚，率領僅剩的八百騎兵，渡河北逃。

官渡之戰是我國古代歷史上以寡擊眾的三大著名戰例之一（官渡之戰、赤壁之戰、淝水之戰）。此戰為曹操統一北方的大業打下了紮實的基礎，也使驕橫的袁紹一敗塗地，失去江山。本戰最終，曹操以寡擊眾；致勝關鍵之一是能運用「軍無糧食則亡」之理，以火攻奇襲袁紹烏巢糧倉，動搖其軍心，因而大勝。火攻烏巢，實現「火人」、「火積」、「火隊」三目的，印證「以火佐攻者明」的效能評估。

戰例　東漢建安十三年（208年），曹操一統北方，率軍（號稱八十萬，實際約略二十五萬之眾）南征，奪取荊州。協防荊州的劉備（駐軍樊城），為避曹操之追擊，率領部眾從襄陽往南退卻，曹操親率五千輕騎日夜追趕，在長坂擊敗劉備，占領江陵（南郡），劉備則渡過沔（漢）水，進抵夏口，駐軍樊口；此時曹操準備率領大軍自江陵順長江而下。劉備派遣諸葛亮至柴桑見孫權，謀劃與其共同抗曹；孫權決定接受建議，聯合抗曹，於是孫、劉組成五萬聯軍（孫權三萬兵力；劉備二萬兵力），共抗曹操，爆發了著名的赤壁之戰。

周瑜率領東吳戰船直抵赤壁，與曹水軍遭遇。曹軍當時已有很多人感染疾疫，戰力應戰，逐退守於江北烏林，周瑜則據守南岸。曹操在烏林，部署千艘的艨衝、鬥艦，建立水上要塞，與在赤壁沿岸布陣的孫劉聯軍隔江對峙。曹軍多為北方人，不習水戰，戰船一經顛簸，便頭暈嘔吐。於是將大小船艦串連成排，以鐵環連鎖，減少搖動，使曹軍人馬得以在船上如履平地的往來。周瑜雖發動了幾次小規模的攻擊，但是船艦相接的曹操水師防守相當嚴密，所以每次都被擊退。老將黃蓋審察全般狀況，提出建議：

「今寇（敵）眾我寡，難與持久（長期對峙作戰）。然觀軍船艦首尾相接（曹軍艦隊，採密集隊形），可燒而走也（可以火攻擊滅）。」

周瑜採納黃蓋火攻之策，併用詐降計。一面由黃蓋致書曹操詐降。一面進行火攻之整備。曹操獲黃蓋降書，信以為真。黃蓋遂於期約投降之日，率領快速戰艦二十艘，滿載蘆葦乾柴，灌以魚油，上舖硫磺焰硝等引火物，各用青布篷幔遮蓋，向北岸曹營駛去，至距離曹營2里時，此時正吹起東南風，黃蓋命各艦同時引火，直撲曹軍艦群，風猛火烈，一片火海隨即蔓延到北岸營寨，士兵、馬匹或彼燒死，或墜入長江溺死，死傷不計其數。周瑜則率領水軍乘勢從南岸發起進攻，曹軍不能抵抗、霎時潰散。

赤壁之戰以曹操失敗告終，也成為一場著名的以少勝多的歷史戰役，其影響與經驗教訓如下：

1. 孫劉聯盟戰略成功：孫權、劉備能夠正確分析敵我形勢，定下聯合抗曹的正確決策，不但贏得了赤壁之戰的勝利，而且奠定了爾後三國鼎立的基石。

2. 曹操主觀上犯了驕傲輕敵的嚴重錯誤。他過高地估計自己的力量，只看到己方部隊在北方久經戰陣的勝利，又收編了劉表的水軍，兵多將廣，而未真正顧慮到其軍隊的弱點：

    (1) 北方將士：

        ① 勞師遠征，士卒疲憊：諸葛亮分析：曹軍如「『強弩之末勢不能穿魯縞』者也，故兵法忌之，曰『必蹶上將軍』」〈軍爭〉」。

        ② 不習水戰。

        ③ 水土不服，周瑜分析：「又今盛寒，馬無蒿草，驅中國士眾遠涉江湖之間，不習水土，必生疾病。」切中曹軍要害：北軍戰馬缺糧草，而南方無以供應：北方戰士水土不服，軍中疫病流行，戰力大損。

        〈行軍〉：「凡軍好高而惡下，貴陽而賤陰，養生而處實；軍無百疾，是謂必勝。」據考證，曹操赤壁之敗，與軍中疫情有甚大之關聯。

    (2) 荊州的水師新附，心有懷疑，內部不穩，戰志不堅。曹操雖然攻取了荊州，人心未附，而長江天塹，北馬克服不了南船，沒有優勢可靠的水師，是不能順流而東下的。

3. 在戰略部署上，曹操當時占領了長江北岸的廣大地區，又有優勢兵力，正應該多路進軍，迫使孫權分兵應付，不能集中全力與劉備會合，同曹軍決戰於赤壁。（過度自信，僅用正兵）

4. 曹操亦犯了袁紹在官渡之戰中，以十萬大軍使用於一個戰略方向（江陵、赤壁）的錯誤，且輕敵冒進，既打劉備，又擊孫權，促使孫劉兩家緊密聯盟，增加了自己的敵對力量，並以己之短（不習水戰的陸軍）去擊孫劉之所長（長於水戰的水軍），決勝負於波濤洶湧的長江之上。（不明敵我虛實）

5. 曹操不能評估「諸侯（孫劉）之謀」，用兵不能「奇正」相用，又過度自信不明察敵我「虛實」之勢，是以招致赤壁大敗。

6. 善用「天時」（風向），黃蓋「詐降」，「出其不意」，運用「火攻」，毀敵艦隊及營地。〈火攻第十二〉：「發火有時，起火有日。時者，天之燥也：日者，……風起之日也。」

戰例　三國時期（219年），蜀漢荊州守將關羽率軍北伐曹軍據守之樊城，東吳將領陸遜乘隙襲擊荊州南方江陵要塞，關羽回防失利，兵敗麥城被擒殺，東吳軍攻占荊州。劉備既失荊州，又痛失愛將關羽，盛怒之下，放棄聯吳制魏的大戰略，決計攻打東吳，部將趙雲勸諫劉備說：「國賊是曹操，非孫權也，且先滅魏，則吳自服。……不應置魏（不應置大敵魏國於不顧），先與吳戰：兵勢一交，不得卒解（戰爭一經發動，不可能很快結束）。」當時，諸葛亮及群臣也曾勸阻，劉備一概不聽，並拒絕前來求和的東吳使者。221年，劉備命諸葛亮留守成都，親率約十萬大軍進攻東吳；孫權面對蜀軍的大舉進犯，一面向曹魏帝曹丕卑辭稱臣，一面令鎮西將軍陸遜為大都督，統率五萬軍抵禦蜀軍，史稱夷陵之戰。

蜀漢軍一路進展順利，接連攻占巫縣、秭歸等邊境城鎮。222年，劉備留置一部分部隊，率軍從秭歸出發，屯兵長江兩岸維護後方安全，置重點於將江北，以防曹魏軍襲擊。另派遣侍中馬良深入荊州南方武陵郡，招納五溪蠻夷，使其派兵從荊南向荊北進攻，與蜀漢形成東西夾擊東吳軍之勢。劉備則親率主力，沿著長江南岸，翻山越嶺，進擊東吳軍，駐軍於猇亭。面對蜀漢軍攻勢，陸遜率軍退至猇亭、夷道（猇夷防線）一帶，以主力駐紮猇亭東岸，同時令水軍控制長江水道，又以一部（部將孫桓）守夷道，然後通令各軍，固塞堅守，不得出戰，乃與蜀軍形成對峙之局。對東吳軍而言，猇夷（夷陵）防線是防守荊州之要地，絕不可失，如若有失，則荊州難保，故堅守猇夷防線甚為重要。惟東吳軍諸將不耐久峙，紛紛請命出戰，陸遜以蜀軍銳氣始盛、求勝心切及乘高守險等緣故，決定固守避戰，再相機決戰，其情勢分析與決策如下：

1. 就敵情而言：劉備舉軍東進，進展順利，銳氣方盛（「備舉軍東下，銳氣始盛」）。

2. 就地形而言，無論敵我均易守難攻：

　(1) 對敵軍而言：蜀漢軍據高守險，難以擊退：縱使能夠擊退他們，也無法將其全部殲滅。萬一出戰失敗，就會使我軍喪失整個有利態勢，造成難以挽回的局面。（「乘高守險，難可卒攻，攻之縱下，猶難盡克，若有不利，損我大勢，非小故也。」）

⑵對我軍而言：若是與敵軍在平原曠野對峙，就可能面臨敵軍經常襲擊，而需時時備戰反擊的困擾。當前，敵軍是在山區行軍部署，戰力無法充分發揮，反而會困於山林亂石之間，被拖得筋疲力盡，我們應耐心等待敵人露出弊端後，即可制敵取勝。（「若此間是平原曠野，當恐有顛沛交馳之憂，今緣山行軍，勢不得展，自當罷於木石之間，徐制其弊耳。」）

3.因應措施：目前只有專注於避戰固守，加強臨戰訓練，獎賞官兵，激勵士氣，充分研究制勝策略，靜觀敵情變化，以智取勝（「今但且獎勵將士，廣施方略，以觀其變。」）

陸遜所論，並未獲得諸將的信服，咸認為陸遜根本是畏敵怯戰，「各懷憤恨」。

相對地於陸遜堅守猇亭防線，劉備屢攻不下，為兼顧攻守之計，乃令蜀漢軍自巫峽建平結營至夷陵界，沿江紮寨，建立數十個營屯，又用樹柵連營，防敵偷襲，綿延七百餘里。由於東吳軍堅守，蜀漢軍欲進不得，兩軍對峙於高山大川之間達六個月之久，彼此不得決戰。戰事拖得越久，對遠征的蜀漢軍就越不利，劉備為突破僵局，決定採取誘敵之計，企圖以設伏殲敵取勝。於是，派遣部將吳班率數千人在平地駐紮，並暗埋伏兵八千人，欲引誘東吳軍來攻而殲滅之。東吳諸將認為這是攻打蜀漢軍的良機，但陸遜不同意出擊，他認為如此於平地安營紮寨的孤軍，必定有詐，應再觀察敵情變化。劉備在得知誘敵之計失敗後，只能令吳班撤軍回營。

歷經半年多的對峙，苦無決戰機會的蜀漢軍，已逐漸露出疲態，而陸遜對劉備的謀略與用兵素養已有所掌握。就用兵素養而言，劉備「歷次出軍，多敗少勝，以此看來，不足為憂」。就用兵謀略而言，劉備本應採「水陸俱進」的戰略，但卻捨棄船艦，專用步兵，不擇地利，處處紮營（「捨船就步，處處結營」），觀察其對戰線部署的指導，可以了解即使情勢有所變化，劉備必定也不知變通，採取因應之用兵策略（「觀其布置，必無他變」）。

陸遜見時機成熟，準備對蜀漢軍發動攻擊。然而諸將卻不贊同，理由如下：「攻打蜀漢軍的最佳時機，乃是在其年初進犯邊境之時。如今蜀漢軍已深入荊州境內五、六百里，而兩軍對峙已有七、八月之久，敵軍所攻陷的要塞，都已加強守備，這時向漢軍進攻，毫無獲勝的希望。」陸遜反駁諸將觀點言道：

「劉備是一個老練的統帥，久歷戰事，不易對付的強敵。蜀漢軍進攻我領土之初，部隊集中，必已擬妥周詳的作戰，我軍出擊應戰並無多大的勝算。然而現今戰事陷於膠著狀態，蜀漢軍將士疲憊已極，又無任何突破僵局的策略，所以現在正是殲滅蜀漢軍的絕佳時機。」

陸遜在大舉進攻之前，先對對蜀漢軍一個營壘作試探性的攻擊，結果敗陣失利而歸。諸將議論：「這是白白犧牲士兵的生命（「空殺兵耳」）。」陸遜卻說：「我已經知道破敵的辦法了（「吾已曉破之之術」）。」藉由試探性的攻擊，陸遜發現：蜀漢軍營寨材料都是就地取材，砍伐樹木做成柵欄；又時值氣溫炎熱盛夏之際，蜀漢軍為能避暑，而將營寨設於樹木茂盛之處，便決定採用火攻之計。

陸遜令東吳軍士兵各執一束茅草，乘夜突襲到蜀漢軍營，順風放火，蜀軍大亂。乘火勢蔓延，陸遜下令全面出擊，擴大戰果，一連攻破蜀漢軍營寨四十多座，並用水軍切斷長江兩岸的聯絡。劉備全軍已敗，乃登馬鞍山，集結部隊，四面防衛，陸遜督促諸軍四面圍攻之，歷時一日一夜，蜀漢軍不能抵擋，遂土崩瓦解，劉備率領輕騎，乘夜突圍，脫離戰場，逃至白帝城。

本戰，蜀漢軍損失慘重，戰死者數萬，「舟船、器械，水、步軍資（水陸軍用物質），一時略盡（霎時喪失將盡），屍骸塞江而下（屍首浮滿長江，順流而下）。」面對慘烈敗局，劉備憂慚愧憤慨的說：「吾乃為陸遜所折辱（挫敗羞辱），豈非天（天意）耶！」

用間第十三

孫子曰：凡興師十萬，出征千里，百姓之費，公家之奉，日費千金，內外騷動，怠於道路，不得操事者，七十萬家。相守數年，以爭一日之勝，而愛爵祿百金，不知敵之情者，不仁之至也，非人之將也，非主之佐也，非勝之主也。故明君賢將，所以動而勝人，成功出於眾者，先知也；先知者，不可取於鬼神，不可象於事，不可驗於度；必取於人，知敵之情者也。

故用間有五：有鄉間、有內間、有反間、有死間、有生間。五間俱起，莫知其道，是謂神紀，人君之寶也。鄉間者，因其鄉人而用之。內間者，因其官人而用之。反間者，因其敵間而用之。死間者，為誑事於外，令吾聞知之，而傳於敵間也。生間者，反報也。

故三軍之事，親莫親於間，賞莫厚於間，事莫密於間；非聖智不能用間，非仁義不能使間，非微妙不能得間之實。微哉！微哉！無所不用間也！間事

未發而先聞者，間與所告者皆死。

凡軍之所欲擊，城之所欲攻，人之所欲殺；必先知其守將，左右，謁者，門者，舍人之姓名，令吾間必索知之。必索敵人之間來間我者，因而利之，導而舍之，故反間可得而用也。因是而知之，故鄉間、內間可得而使也；因是而知之，故死間爲誑事，可使告敵；因是而知之，故生間可使如期。五間之事，主必知之，知之必在於反間，故反間不可不厚也。

昔殷之興也，伊摯在夏；周之興也，呂牙在殷。故明君賢將，能以上智爲間者，必成大功，此兵之要，三軍之所恃而動也。

四間諜工作，特重反間

五結語：能以上智爲間者，必成大功

一　篇旨

　　本篇篇題，間（音見），即間諜，古時又稱「細作」。《爾雅・釋言》郭璞注曰：「《左傳》謂之『諜』，今之『細作』也。」《說文》注曰：「間，隙也。」劉寅注：「間，罅隙（漏洞、缺陷）也。令人乘敵罅隙而入，以探知其情也。」所謂「用間」，也就是運用間諜，蒐集敵人之情報。曹操、李筌注曰：「戰者必用間諜，以知敵之情實也。」《孫臏兵法・篡卒》謂：「不用間，不勝。」

　　「用間」既是本篇的篇題，也是本篇的中心論題，其內容首先敘述用間的重要性，次述間諜的類別，再論用間實施的條件（要訣）、方法，以及注意事項等議題；本篇以現代軍語可稱之爲「戰略情報研究」，或以「情報戰」、「間諜戰」稱之亦可。情報依時空作用，可區分爲戰略情報、戰術情報及戰鬥

情報，而戰略情報依戰略階層又可區分爲國家、軍事、野戰戰略情報三種。凡敵國內部之靜態資料或影響深遠之動態資料，多半屬戰略情報。《孫子兵法》關所論大抵涵蓋戰略（國家、軍事）與作戰（野戰戰略）層面的情報：

1. 戰略情報：對敵國、鄰國，以至列國之政經措施、外交活動、軍事戰力與動態等資料之蒐集；平時供政府研判狀況、決策定計之需，戰時據以策劃用兵，指導戰爭之用。如〈始計〉：「校之以計，而索其情」，〈軍爭〉：「不知諸侯之謀者，不能豫交」，以及〈用間〉：「殷之興也，伊摯在夏。周之興也，呂牙在殷」是也。

2. 作戰情報：對敵情、地形、天候、人文因素等資料之蒐集，以供統軍將帥，判斷情況，指揮作戰，以達成克敵制勝之用。如本篇「軍之所欲擊，城之所欲攻，人之所欲殺……」，如〈謀攻〉、〈行軍〉、〈地形〉等篇以爲：「知彼知己，勝乃不殆；知天知地，勝乃可全。」

　　關於本篇的篇次，是《孫子兵法》的最後一篇。孫子爲何以〈用間〉作爲其著作的最後一篇呢？從孫子的用兵概念而言，最高明的戰略，是運用「伐謀」、「伐交」，不戰而屈敵，達成我之意志；若不得以而「伐兵」，戰則必速，且能「勝敵而益強」。然無論使用何種用兵手段，都需先知己知彼，始可百戰不殆，此即先計後戰之理。陳啟天注：「〈謀攻〉云：『知彼知己，百戰不殆。』〈地形〉云：『知彼知己，勝乃不殆。』可見知彼知己爲戰爭之要務，亦爲戰爭之先務。本書以〈計〉開宗明義者，乃首示知己之必要，而以〈用間〉殿全書者，乃專示知彼之必要也。戰爭之事，計與間貫徹始終，而復互爲關聯。非有計，則不能用間，非有間，則不能定計，計始於戰爭之前，間亦用於戰爭之前。計用於戰爭之中，間亦用於戰爭之中。其所以先計而後間者，誠以不先求知己，雖知彼亦無益耳。先求知己，復求知彼，作戰之能事，得其大半矣。關於知彼之事，〈計〉以下各篇雖曾偶涉及之，然非專論，故終之以〈用間〉云。」

　　由此可知，〈用間〉與首篇〈始計〉是前後呼應，邏輯連貫，從而構成完整的兵學體系。先計後戰，故「校之以計，而索其情：主孰有道，……賞罰孰明」，若不知敵之情，如何「索其情」？由於戰爭決策需要大量的敵情資訊，然後才能知敵虛實、「踐墨隨敵」、「避實擊虛」、「因敵制勝」，既可降低社會成本，又能提高戰爭效率。如何確知「敵之情」呢？對於敵情之蒐集，一是可透過「示形誘敵」，如〈始計〉的「詭道」十二法，〈虛實〉的「策、

作、形、角」四法，探查敵情虛實。二是根據戰場環境的動態變化，從中掌握判斷敵情，如〈行軍〉的「相敵」三十二法。三是透過「用間」，即戰前派遣間諜，直接深入敵境，蒐集敵情。顯然「用間」是詳查敵情最可靠之手段，程國政說：「孫子開卷談〈始計〉，是知己知彼的通盤考量，卷終論〈用間〉，是知敵察敵的致勝手段，知己知彼思維與知敵察敵手段首尾相顧，呈現了《孫子兵法》相生相成的系統架構。」誠爲至當之論。

二、詮文

(一)先知者，必取於人，知敵之情者也

　　孫子曰：凡興師十萬，出征千里，百姓之費，公家之奉，日費千金，內外騷動，怠於道路，不得操事者，七十萬家。相守數年，以爭一日之勝，而愛爵祿百金，不知敵之情者，不仁之至也，非人之將也，非主之佐也，非勝之主也。故明君賢將，所以動而勝人，成功出於眾者，先知也；先知者，不可取於鬼神，不可象於事，不可驗於度；必取於人，知敵之情者也。

【語譯】凡是動員千萬軍隊，赴千里之遠作戰，百姓的耗費、國家的開支，每天都要花費千金，全國內外動亂不安，民夫成卒疲奔於道路，不能從事正當耕作者，多達七十萬家。這樣敵我對峙幾年下來，只是為了爭取最後一天的勝利，若是只知道愛惜個人爵祿和吝嗇金錢，而不肯重用間諜，以致不明敵情，導致失敗，這是最不仁慈的事，如此就不配作軍隊的將領，國君的輔佐，更不配作成功的明君。所以，明智國君和賢能將帥，作戰之所以能勝利成功，功業之所以能超凡出眾，就在於事先能了解敵情所致。所謂事先了解敵情，不可用向鬼神祈問的方法取得，不可用過去的經驗妄加類比推測，也不可用夜觀星象之法去求證明，必須要取之於人，經由人為的偵知，探取敵情，才是可靠的。

【闡釋】

本段主論藉由利害觀點，分析透過用間手段獲取先知敵情的重要性。

1. 用兵之害：

(1) 大軍遠征之害：資財耗費，舉國奔勞、農事荒廢。「凡興師十萬，出征千里，百姓之費，公家之奉，日費千金，內外騷動，怠於道路，不得操事者，七十萬家。」這段話是本篇論「用間」的導語，孫子以動員「十萬之師」規模的戰爭爲例，說明一場戰爭的經濟消耗之巨和對社會生活干擾之大。這個觀點是繼〈始計〉的政治本質──「國家存亡」，〈作戰〉的經濟本質──「勞民傷財」，再次從社會衝擊的角度來揭示戰爭的第三本質──「怠耕耗時」。蓋十萬大軍遠征千里之遙，其害有三：

① 興師動眾，日費千金鉅款。

② 舉國忙亂，百姓疲憊奔忙於補給線上，以支援前線作戰。

③ 農事荒廢：國內社會因受戰爭影響的估量，荒廢農務本業的民家達七十萬家，可見整體社會的動員程度相當驚人，代價是極其高昂的。

古時行井田制，以八家爲鄰，一家從軍，七家供養之，故興兵十萬，受到影響的即達七十萬家。曹操注：「古者八家爲鄰，一家從軍，七家奉之，言十萬之師舉，不事耕稼者七十萬家。」又張預說：「井田之法：八家爲鄰，一家從軍，七家奉養，興師十萬，則輟耕作者，七十萬家。」由此推算可知，戰爭對國家社會與人民生活的影響，至爲深遠。

「費」：耗費；百姓之費，指百姓在兵役賦稅方面的耗費。「奉」：供給；公家之奉，指國家的軍事開支。「內外」：國內國外；「騷動」：擾攘不安。「怠」：疲憊、懈怠；「怠於道路」，是說軍隊疲於行軍，民伕疲於運輸。「操事」：從事農務。值得注意的是，「興師十萬」、「日費千金」的觀點在〈作戰〉已經提出，本篇再次重申，當有不同之訴求角度，程國政的闡釋如下：「第二篇是以財政耗費的『帶甲』、『饋糧』來描述（「帶甲十萬，千里饋糧」），到了本篇卻是以社會騷動的『興師』、『出征』來形容（「興師十萬，出征千里」），足以說明兩段文字的訴求有所不一。」

(2) 不知用間之害：造成不明敵情而使作戰失利。孫子藉由社會成本的計算，量化戰爭的龐大動員，目的是彰顯出情報工作的重要性。孫子非常

重視間諜的作用，認爲它是作戰取勝的一個關鍵，軍隊往往依靠間諜提供的情報採取應對的作戰方案。他說：與敵「相守數年，以爭一日之勝」，意指國家興師動眾，與敵長期對峙，耗資費財，付出極大的社會成本，就是爲了爭取決戰的勝利。「守」，相持、對峙之意，指敵對雙方整軍備戰，劍拔弩張的對峙狀態。「一日之勝」：指決定勝負的關鍵時刻。

倘若君王將帥只捨得興師動眾，「日費千金」的龐大戰費，卻「愛爵祿百金」的情報費用，不願派遣或收買間諜獲取敵情，導致「不知敵之情」而使部隊蒙受慘重損失與最終戰敗，則因小失大、罔顧軍民生命之罪莫過於此，可謂「不仁之至」。「愛爵祿百金」：不捨得以爵位、俸祿和錢財經費，派遣間諜，執行蒐集敵情的任務。「愛」，吝惜；「爵祿」：指給間諜的爵位俸祿；「百金」：錢財經費；與戰爭的鉅額開支（「日費千金」）相比，用在派遣間諜的經費只是一筆小費用。「不仁之至」：極不仁道的行爲；「至」，極點。

孫子更以「非人之將，非主之佐，非勝之主」等嚴詞譴責這一類因吝惜爵祿金錢而誤國誤民的君王與將帥。劉邦驥注：「此間（用間）之所以用兵之要，而爲將者、爲佐者、爲主者，絕不可愛惜爵祿百金，以節省偵探之經費也。」「非人之將也」：沒有資格擔任軍隊的統帥或將領。「非主之佐也」：沒有資格擔任輔佐君王進行戰爭指導的謀略者。「佐」，輔佐、協助。「非勝之主也」：

① 「主」，指君王，沒有資格擔任求取國家勝利的君王。

② 「主」，主導、支配，沒有資格成爲勝利的主導者；即言無法主宰戰場，獲取勝利。

夏振翼注：「非將、非佐、非主，謂君臣皆失（君臣都有過失），重言以傷之（使用強烈的措辭來譴責）也。」

2. 用兵之利──先知與用間：

(1)先知則易勝。明君賢將之所以能「動而勝人，成功出於眾」，就在於先知敵情，而易於勝敵。「動而勝人」：「動」，舉動，此處指出兵、興師。一出兵就能戰勝敵人。「出」：特，即超出；「眾」：常人，一般人。「先知」，預先洞察敵情。梅堯臣注：「主不妄動，動必勝人；將不苟功（不妄動爭功），功必出眾。所以者何也？在預知敵情也。」何

氏注：「《周官》：『士師掌邦諜（主管國家間諜事務）』，蓋異國間伺之謂（負責保防、派遣我方間諜到別國暗中偵察軍情等任務）也。故兵家之有四機二權，曰事機，曰智權，皆善用間諜者也。故能敵人動靜，我預知矣。」張預注：「先知敵情，故動則勝人，功業卓然，超絕群眾。」

(2) 用間料敵。「先知」是「勝人」、「成功」的基礎，然則明君賢相如何能夠先知呢？孫子認為成事在人，謀事亦在人，他以務實而合理的答案回答這個問題：「先知者，不可取於鬼神，不可象於事，不可驗於度。必取於人、知敵之情者也。」

① 先知前提：三不可。

    A. 不可取於鬼神。「取」，求助。「鬼神」：指卜筮、祭祀、祈禱等迷信手段。儘管戰略運用上，鬼神可用來欺敵誤敵，但是孫子認為敵情獲得和情報研判處理，仍須在真實的基礎上，不能求神問卜，畢竟戰爭是現實的。

    B. 不可象於事。「象」，相像、類似；這裡是動詞，指類推、類比、比擬，即對相似事物（偶而吉凶的事）進行類比、推測。杜牧曰：「象者，類也。言不可以他事比類而求（不能用其他相類似的事情推想敵情）。」

    C. 不可驗於度。驗：驗證；「度」，是指度數之意，意為日月星辰運行的位置：「驗於度」，是指以日月星辰在天空運行的位置度數（位置）占卜吉凶禍福。另解：「度」，常規；「不可驗於度」，不能從一般常規推論敵情。

② 先知之道──以情報人員為核心力量：「必取於人，知敵之情者。」「人」：指間諜；不直說「間」，而稱「人」，強調有別於「鬼神」、「事」、「度」。張預注：「鬼神、象類（相似事物）、度數皆不可以求先知，必因人（透過間諜偵察）而後知敵情也。」

㈡用間五種

　　故用間有五：有鄉間、有內間、有反間、有死間、有生間。五間俱起，莫知其道，是謂神紀，人君之寶

也。鄉間者，因其鄉人而用之。內間者，因其官人而用
之。反間者，因其敵間而用之。死間者，為誑事於外，
令吾聞知之，而傳於敵間也。生間者，反報也。

【語譯】間諜之運用有五種方法：即鄉間、內間、反間、死間、生間。這
五種間諜如能一齊使用，使敵莫測高深，這種神妙的道理，是國君克敵致
勝的法寶。所謂「鄉間」，就是誘使敵國的鄉人作間諜，為我所用。所謂
「內間」，就是誘使敵國官吏作間諜。所謂「反間」，就是使敵人的間諜
能為我所用。所謂「死間」，就是利用我方間諜故意洩漏假情報給敵人，
使敵中計。所謂「生間」，就是將我方間諜派至敵國，以利隨時回傳敵情
者。

【闡釋】
　　情報可能是敵放出的「假情報」，故須謹慎處理，多方驗證。求證無誤才
叫「先知」。為求偵獲最精確的敵情，情報人員之派遣必須多元而廣泛，孫子
將間諜分為五種：即鄉間、內間、反間、死間、生間，號為「五間」。這五種
間諜，前三種是利用敵方人員，後兩種是由我方派遣潛入敵人內部的。其運用
方式是「五間俱起」，即在敵人國境裡、官場內、間諜中，同時布建了我方的
「耳目」，就會使敵人「莫知其道」——使敵人不知我方獲取情報的管道。孫
子認為要了解敵情，就必須全面使用間諜，擴大情報的來源，以獲取完整、精
確、周密的情報，並根據這些情報採取相應的軍事行動，使敵茫然無所適從，
進而使我軍取得戰爭勝利。如此用間之效，「是謂神紀，人君之寶」。「神
紀」，神妙莫測之理。「紀」，綱紀、準則、條理。「寶」，珍貴、重視。梅
堯臣注：「五間俱起以間敵，而莫知我用之之道，是曰神妙之綱紀（神祕莫測
之道），人君之所貴也。」張預注：「五間循環而用，人莫能測其理，茲乃神
妙之綱紀，人君之重寶也。」
1. 「鄉間」：鄉間者，因其鄉人而用之。「鄉間」亦稱「因間」，運用敵國
　　一般民眾作間諜。因，憑藉，利用。「鄉人」，泛指敵區的人民，或是敵
　　將的家鄉人。杜佑注：「因敵鄉人知敵表裡虛實之情，故就而用之，可使

伺候（偵候、偵察）也。」陳啟天注：「鄉間乃就敵國熟習鄉土狀況之普通國民以充用之也。此類鄉間，即〈九地〉所謂『鄉導』之類。我軍在敵國境內行軍作戰時，最需用之，偵察敵國之普通消息，有賴於鄉間者亦尚多，故鄉間不可或無也。」

戰例　東晉將領祖逖率軍北伐，志在收復中原。太興三年（320）七月，他率軍進駐雍丘（今河南杞縣），體恤下屬，愛護百姓，即使是普通地位低下的百姓，也都能照顧周到，以禮相待（愛人下士，雖疏交賤隸，皆恩禮而遇之）。當地有許多豪強大戶曾在胡人（後趙石勒）那邊做事，祖逖不予追究，任由他們兩面順從，一樣加以關懷照顧。為了不讓胡人懷疑當地豪強大戶心存二心，還經常派游擊軍虛假搜查，給敵人顯示出他們並沒有完全歸附晉朝（時遣游軍偽抄之，明其未附）。這些豪強大戶對祖逖感恩戴德，胡人軍營稍有動靜，就祕密向祖逖提供情報（諸塢主感戴，敵有異圖，輒密以聞）。祖逖以善待敵占領區之人民，而獲得許多「鄉間」，使祖逖未出戰就能充分掌握敵情，每戰皆穩操勝券。祖逖北伐守邊多年，不斷獲勝，陸續收復晉國黃河以南的土地，與其善用「鄉間」有很大的關係。

2. 「內間」：內間者，因其官人而用之。內間，就是吸收敵國政府官員做間諜。「官人」，敵方的官吏。杜牧注：「敵之官人，有賢而失職者，有過而被刑者，亦有寵嬖（君王寵妾）而貪財者，有屈在下位者，有不得任使（不被重用而鬱鬱寡歡）者，有欲因敗喪（執行任務失敗）以求展己之材能者，有翻覆變詐（缺乏忠誠度，反覆無常，可為求仕途發展而欺騙造假）、常持兩端之心（心懷不軌，常有不良意圖）者；如此之官，皆可以潛通問遺（祕密吸收），厚貺金帛（饋贈豐厚金銀財寶）而結之，因求其國中之情（回報該國政情內幕），察其謀我之事（查清對我方之密謀），復間（挑撥）其君臣，使不和同也。」陳啟天注：「內間乃就敵國熟悉政情內幕之公務人員以充用之也。公務人員或為現任者，或為去職者，但求其熟悉敵國政情內幕即可。欲偵察敵國之重要軍政消息，須專賴此類內間。欲離間敵國之執政，或破壞敵國之企圖，尤須賴有此類內間。故內間之有無，繫於戰爭之勝敗甚大也。」

戰例　戰國末年（西元前229年），秦國以王翦為將，率軍攻趙國，趙王派李牧、司馬尚率兵抵禦。趙將李牧善用兵，屢敗秦軍，殺秦將桓齮。秦將王翦十分惱怒，遂運用反間計，「多與趙王寵臣郭開等金（送給趙王寵臣郭開等人很多金錢財物）」，讓郭開等人在趙王面前散布謠言說：「李牧、斯馬尚欲與秦（與秦聯合）反趙，以多取封於秦（他們已從秦國得到不少封地）。」趙王心生疑惑，改派趙蔥、顏聚為將，同時「斬李牧，廢司馬尚。」三個月後（西元前228年），王翦對趙國發動猛烈攻擊，趙軍大敗，「殺趙蔥，虜趙王遷及其將顏聚。」（《戰國策·趙四》）郭開身為趙官，為秦所收買，成為秦的「內間」。

戰例　唐高宗武德四年（621年），秦王李世民率軍征討竇建德，進圍洛陽，城中守禦甚嚴，圍攻旬日不克。竇建德發兵十餘萬，準備從武牢關（即虎牢關，在今河南滎陽汜水鎮）西救洛陽。李世民乃以一部（齊王李元吉與屈突通）繼續圍困洛陽，自率主力（與尉遲敬德等）進占武牢關，以阻止竇建德增援。竇建德被阻於武牢，其謀臣凌敬提出避實擊虛的「上策」：

1. 作戰方案——向唐軍後方進軍，震撼關中，以解除洛陽之圍：

    (1) 大軍渡越黃河，攻取懷州、河陽，派重將把守。

    (2) 率軍高舉戰旗，擊鼓助威，過大行，入上黨，先聲後實，傳檄而定。

    (3) 漸趨壺口，勢壓蒲津，收復河東之地（指山西全境）。

2. 效能評估——以迂為直的間接路線，有三利：

    (1) 入無人之境，師有萬全（行軍如入無人之地，軍隊可獲保全）。

    (2) 拓土得兵（拓展領土，增加兵力）。

    (3) 鄭圍自解（洛陽之圍自然解除。鄭，即洛陽）。

竇建德準備從計而行。王世充聞知，派長孫安世密送金銀珠玉賄賂竇建德的幾個將領，要他們阻止竇建德實施凌敬的計策（「王世充之使長孫安世陰齎金玉，啗其諸將，以亂其謀」）。眾將俱對竇建德說：「凌敬書生耳。豈可與言戰乎？」竇建德聽信了他們的話，出來對凌敬說：「今眾心甚銳（求戰心切，士氣旺盛），此天贊（幫助）我矣。因此決戰，必然大捷。已依眾議，不得從公言（不採用你的計策）也。」凌敬還要據理力爭，建德怒，以杖趕出，不理凌敬。於是，建德率全軍進逼武牢，唐太宗率軍迎頭痛擊，挫其銳氣。建德中槍，逃到牛口渚，被車騎將軍白士讓、楊武威俘獲。

3. 反間者，因其敵間而用之。「反間」，就是運用收買等各種手段，使敵之間諜爲我所用。陳啟天注：「反間乃就敵國對我之間諜，使其反爲我用，以偵察敵情，並離間敵事也。敵間本用以間我者，而我反用之以間敵，故稱爲『反』。」「反間」有兩種情況：

　⑴利誘敵間，成爲我方間諜。杜佑注：「敵使間來視我，我知之，因厚賂重許，反使爲我間也。」

　⑵利用敵間，傳播虛假情報。杜牧註：「敵有間來窺我，我必先知之……佯爲不覺（裝作不知），示以僞情而縱之（提供假情報，讓他信以爲眞，放任其回報），則敵人之間反爲我用也。」在軍事上，這兩種反間方式都廣爲人們使用。

孫子認爲「反間」之計十分重要，他說：「因是而知之，故鄉間、內間可得而使也。」有了「反間」才能實現「鄉間」（即「因間」）和「內間」，因此是五間中最重要的，他說：「五間之事，主必知之，知之在於反間，故反間不可不厚也。」（本段詳解見㈣反間不可不厚段）

戰例　楚漢相爭期間，項羽與劉邦雙方在滎陽對峙，項羽處於優勢地位，對滎陽漢軍形成包圍。劉邦十分擔憂，提出割讓滎陽以西領土作爲與項羽和解的條件，項羽拒絕接受。劉邦的謀士陳平（剛擔任護軍尉）認爲項羽爲人忌賢多疑，與其臣屬間缺乏互信的關係，這讓項羽陣營，存在著動搖的因素，可採取反間計，離間其君臣，不但可解除滎陽危機，還可趁勢擊敗楚軍。他說：「顧楚有可亂者（我看項羽軍中有動搖的因素，我們可以乘機利用，擾亂其軍），彼項王骨鯁（正直敢言）之臣，亞父（范增）、鍾離眜、龍且、周殷之屬不過數人耳。大王能出捐數萬斤金（提撥巨額經費），行反間，間其君臣，以疑其心（離間他們君臣關係，使項羽對他們產生懷疑）。項王爲人，意忌信讒（多疑多忌，容易相信讒言），必內相誅（必使內部產生內鬨失和）。漢因舉兵而攻之，破楚必矣。」劉邦認爲此計甚佳，拿出四萬斤金給陳平，任他花費，不過問如何支出運用（「恣所爲，不問出入」）。陳平在獲得巨額經費後，立即施行反間計：

1. 散布謠言，離間君臣關係：派人在楚軍中散播謠言，說：「鍾離眜等爲項王將功多矣（功績不可勝數），然終不得裂地（分封土地）而王，欲與漢爲一（意圖與漢王合謀），以滅項氏，分王其地（瓜分項王土地稱王）。」項羽十分多疑，對這謠言信以爲眞，因此，凡軍中之事皆不與鍾離眜等人商議。

2. 怠慢項羽使臣，加重項羽對范增等大臣的猜忌：劉邦請求議和，願把滎陽以東之地給項羽。於是項羽派遣使者虞子期來與劉邦談判，並趁機刺探漢軍虛實。陳平則運用宴席的食物等級來提高謠言的可信度，過程如下：⑴虞子期來到漢營後，陳平便拿出「太牢之具（山珍海味）」殷勤款待。當進入使館準備會餐時，陳平一見使者後：「即陽（佯，假裝）驚曰：『吾以為亞父使，乃項王使也！』」⑵陳平隨即態度大為轉變，將食物端了回去，並換上「惡草（粗茶淡飯）」款待使者。⑶使者回去，「具以報項王（將漢營整個款待過程據實報告項羽）」，項羽本早有聽聞范增與劉邦有所通聯，如今更是確信不疑（果大疑亞父）」。

3. 范增受疑，憂憤而死。范增認為久戰兵疲，應「急攻下滎陽城，項王不信，不肯聽（不肯採用范增計策）。」范增得知項羽竟然懷疑他的忠誠度，非常生氣的說：「天下事大定矣，君王自為之。」於是自動請辭，告老還鄉（彭城）；不料，在歸鄉（彭城）途中，就因背部生了惡瘡而死（未至彭城，疽發而死）。」

4. 成效：自此項羽身邊的才能之士紛紛離開，其他部屬也離心離德，項羽漸處劣勢，終至失敗。而劉邦能成功脫離滎陽之圍，皆靠陳平的計謀，進而平定楚軍，統一天下（「卒用陳平之計滅楚也。」）。

戰例 戰國時期（西元前284年），燕昭王以樂毅為將，率領五國聯軍攻打齊國，出兵半年，接連攻下齊國七十餘座城池，僅餘莒城（齊國新王齊襄王據守）、即墨（齊將田單據守）二城，仍在固守，圍攻三年始終未能攻下。燕昭王對樂毅信任有加，未因此對樂毅有圖謀自立為齊王的懷疑，甚至認為他有資格自立為齊王。兩年後（西元前279年），燕昭王死，其子惠王即位。惠王在當太子時就對樂毅有所不滿，齊將田單得知此事，就採取反間計，派人到燕國散播謠言（齊王自為太子時，嘗不快於樂毅。及即位，齊之田單聞之，乃縱反間於燕曰）：

「齊王已死，城之不拔者二耳（齊國僅剩莒城、即墨兩城未被攻下）。聞樂毅與燕新王有隙（嫌隙不滿），畏誅（樂毅害怕被惠王殺害）而不敢歸（不敢儘速滅齊回國），以伐齊為名，實欲連兵南面而王齊（實際上是要繼續率軍留

齊，伺機占齊稱王）。齊人未附（目前齊人尚未歸順），故且緩攻即墨，以待其事（等待齊人歸順而王齊）。齊人所懼，惟恐他將之來（燕國改派其他將領），即墨殘矣（即墨必被燕軍攻破）。」

惠王本來就猜忌樂毅，又聽信齊國的反間計，遂以騎劫代樂毅為將，造成燕軍軍心渙散，士氣低落（惠王固已疑樂毅，得齊反間，乃使騎劫代將。燕將士由是憤惋不和）。田單又施反間計，說：「吾懼燕人掘吾城外冢墓（祖墳），可為寒心（失望灰心）。」騎劫即命燕軍，挖掘城外墳墓，並焚燒屍體。即墨人在城上遙望，痛哭流涕，悲憤交集，戰志激昂，要求出戰。於是大破燕軍，收復了被占的七十多座城池（即墨人激怒請戰，大破燕師，所亡七十餘城悉復之）。

戰例 戰國末年（西元前270年），秦軍圍趙閼與城（今山西和順），趙惠王派將趙奢救援。趙奢率兵出國都三十里後，不再前進。秦派間諜來探情況，趙奢以美食善語招待他。秦間回報秦將，認為趙軍膽小軟弱，害怕秦軍，不敢前進（秦間來，奢善食遣之，間以報秦，將以為奢師怯弱而止不行）。趙奢隨即整肅軍馬，長驅直入，大破秦軍。

戰例 戰國末期，秦昭襄王採宰相范雎之建議，對六國行「遠交近攻」之策。秦國首先對東鄰的韓國採取攻勢，切斷韓國最北端上黨郡通往韓都新鄭的「連絡線」，使上黨完全陷於孤立。但上黨軍民不願歸秦，乃以「城市邑十七」投降趙國。於是，趙國（孝成王）就派兵占領上黨，以廉頗為將，駐於該郡之長平（太行山西麓）附近。秦國不甘上黨輕易落入趙國之手，派遣左庶長王齕攻韓，奪取上黨，上黨居民逃向趙國所據守的長平，接受廉頗的安置與保護。秦、趙兩國逐於長平一帶爆發大戰，史稱「長平之戰」（西元前266年）。

秦軍遠來，利在速戰速決，惟趙將廉頗採取守勢，堅壁不戰，使兩軍陷入對峙與膠著局面（廉頗堅壁以待秦，秦數挑戰，趙兵不出），戰略態勢對「遠輸」之秦軍甚為不利。然而，趙孝成王卻認為廉頗堅壁不戰根本是膽小退讓，於是秦相范雎派人持千金行反間計於趙，散布謠言說：「秦之所惡（不希望），獨畏趙括耳。廉頗軍易與（容易對付），且降（況且已算投降）矣。」趙王既怒

廉頗多次失敗，士兵死傷不少，反而堅壁不戰，又中了秦國的反間計，以趙括代廉頗為將（趙王既怒廉頗軍多亡失，數敗，又反堅壁不戰，又聞秦反間之言，因使括代頗）。秦國聞知，以白起為上將軍，攻趙，射殺趙括，坑降卒四十餘萬

戰例　漢章帝章和元年（87年），班超率于闐諸國部隊兩萬五千人，向一直抗拒中國的莎車國，發動最強大的一次總攻擊。龜茲（今新疆庫車縣一帶）王則徵調各部落作戰部隊，約五萬人，前往莎車救援。班超因應如下：

1. 聲稱兵力不敵，難以取勝，撤軍不攻。班超召集將校及于闐王，商議對策。班超沮喪的決議：「今兵少不敵（無法應戰），其計莫若各散去（各自撤軍）。于闐從是而東（向東返回本國），吾亦於此西歸（向西返回駐地），可須（等待）夜鼓聲而發（夜半鼓聲響起一起出發）。」
2. 故意疏於防備，縱放敵俘逃走，洩漏撤軍訊息（陰緩所得生口）。龜茲王從歸俘中獲知班超即將撤軍大喜，即停止前往莎車增援，而轉用兵力於阻擊班超及于闐之退軍（龜茲王自以萬騎於西界遮超，溫宿王〔龜茲左將軍〕將八千騎兵東界徼〔攔截〕于闐王。）。
3. 獲知龜茲前來阻截後，立即停止佯退，祕密集結部隊，馳赴莎車軍營，向其發起拂曉攻擊：密召諸部勒兵，雞鳴馳赴莎車營，敵大驚亂，奔走，追斬五千餘級，大獲馬畜財物。莎車遂降。龜茲等因各退散。從此，班超威震西域。（《後漢書·班超傳》）

4. 死間者，為誑事於外，令吾間知之，而傳於敵間也。「誑」，迷惑欺騙之意，以虛假的消息，透過間諜傳至敵國，惟當敵知悉為假情報時，必殺之，故稱作「死間」。杜牧注：「誑者，詐（欺騙）也。言吾間在敵，未知事情（我方派至敵方的間諜，在未獲取情報前），我則詐立事跡（我方先製造一些假象），令吾間憑其詐跡（假象），以輸誠（提供）於敵，而得敵信也。若我進取（我軍行動），與詐跡不同，間者不能脫，則為敵所殺，故曰『死間』也。」張預對「死間」提出了更詳細的解釋與例證：
(1) 欲使敵人殺其賢能，乃令死士持虛偽以赴之（令死士擔任我方間諜，攜帶假情報到敵國）。吾間（死士）至敵，為彼所得，彼以誑事為實（一

定將假情報信以爲眞），必俱殺之（必定將吾間與敵臣一起殺害）。

戰例　北宋名將曹瑋（973-1030年），任職太尉其間，曾寬免一人死刑，讓他僞裝僧人，口含蠟丸，潛入西夏，擔任死間之任務。此一僞僧不久被西夏人發現囚禁，在審訊中招供口含蠟丸，西夏人令其吐出，原來是一封密信。打開一看，是寫給某大臣的。西夏王大怒，殺死大臣，也殺了僞僧。

⑵使吾間詣敵約和，我反伐之，則間者立死。酈生烹於齊王，唐儉殺於突厥，是也。」

戰例　秦末漢初（西元前204年6月），劉邦派遣酈食其遊說齊國歸順於漢，齊王田廣接受，遂對漢解除戰備。在此之前，韓信先已奉命率軍東進攻齊，並不知劉邦另派酈食其前往齊國遊說歸順一事，直到渡黃河前，才獲知酈食其已說服齊國順服於漢，準備停止渡河東進，辯士蒯徹建議韓信仍應繼續東進，理由有二：

1. 如果韓信停止攻打齊國，就是不遵守劉邦的命令（「將軍受詔擊齊，而漢獨發間使下齊，寧有詔止將軍乎？何以得毋行也？」）
2. 韓信征戰數年不過奪取五十餘城，酈食其僅憑遊說就獲得平定齊國七十餘城的大功，這將凸顯韓信功績遠不如酈食其的。（「酈生，一士，憑三寸之舌，下齊七十餘城，將軍以數萬之眾，歲餘乃下趙五十餘城。為將數歲，反不如一豎儒之功乎？」

於是，韓信迅速渡河攻城，奇襲齊國邊境，消滅齊軍主力，攻陷齊國都臨淄。齊王田廣大怒，認為酈食其出賣他，於是將他烹殺。（《史記》〈酈食其列傳〉、〈淮陰侯列傳〉）

戰例　唐朝初年，北方突厥部族經常侵犯邊境，掠奪財物。貞觀四年（630年），唐太宗趁突厥內亂，派遣李靖率軍攻伐，大敗突厥軍。突厥王頡利可汗率殘餘部眾萬餘人，敗逃至鐵山（陰山南部），另派遣使者到唐朝請罪，承諾舉國歸附於唐朝。唐太宗一面派遣李靖率軍前往迎接，一面派遣唐儉前往安撫突厥。李靖準備率軍認為這是奇襲突厥，徹底擊滅突厥的最佳時機，副將張公瑾提出異議：「上已許約降，行人（外交人員）在彼，未宜討

擊。」李靖回覆說：「此兵機也，時不可失，韓信所以破齊也。如唐儉等輩，何足可惜！」遂督軍疾進，進軍至陰山，遇到突厥偵搜部隊，將其全部俘獲，命與唐軍同行。頡利可汗因唐使臣正在本軍營帳中，對唐軍沒有戒備。等到李靖大軍進抵頡利可汗營帳7里遠的地方，才被發覺，突厥軍不知所措，立即震驚潰逃。唐軍斬殺突厥軍1萬多人，俘虜男女十多萬人。頡利可汗率萬餘人向漠北奔逃，被唐將李世勣所阻，被俘，突厥從此滅亡，大唐領土一下從陰山向北擴張至漠南。本戰，唐儉幸而逃脫，沒有喪命，但卻不自覺地成了李靖的「死間」。

5. 生間者，反報也。「反」同「返」字，我方間諜派至敵國，可經常回傳情報者。杜佑曰：「擇己有賢材智謀能，自開通於敵之親貴，察其動靜，知其事計，彼所為己知其實，還以報我，故曰生間。」杜牧對生間的才貌性格有所描述：「往來相通報也。生間者，必取內明外愚、形劣心壯、趫捷勁勇，閑於鄙事、能忍饑寒垢恥者為之。」按「生間」與「死間」相對應，凡是我方派往敵方的間諜，能活著回來報告敵情的，都是「生間」。

戰例 十六國時期（397年），後涼王呂光，因西秦王乞伏乾歸反覆無常（既向呂光稱臣而又後悔），遂兵分三路，向西秦王國發動大規模攻擊。西秦王群臣提議應先東撤至成紀，以避敵鋒芒。由於西秦王對後涼軍隊與將領素質早已瞭如指掌，對於群臣東撤之議此不以為然，他認為「軍之勝敗，在於巧拙（在於能否靈活運用兵法），不在眾寡。」而後涼王的軍隊存在者以下弱點：

1. 整體而言，「雖眾而無法（沒有卓越的戰法）」。
2. 主將呂延（後涼王弟）「勇而無謀」，而「精兵盡在延統領（卻統領所有精銳部隊）」，因此制勝關鍵在呂延軍，「延敗，光自走矣（若能擊敗呂延軍，即能連動瓦解後涼其他攻擊軍）」。

後涼三路攻擊軍入侵後秦境內後，所向皆捷，其中呂延軍更連續奪取三座城池。西秦王為扭轉戰局，施出反間計，派人向呂延呈獻假情報：「西秦王部眾崩潰，將向東奔逃至成紀。」呂延信以為真，準備親率輕裝騎兵追擊。行軍參謀耿稚勸阻，理由如下：

1. 乾歸勇略過人（西秦王勇氣謀略，都超過常人），安肯望風自潰（怎麼可能被敵人氣勢所震懾，未作戰就潰敗了）！
2. 前破王廣、楊定，皆贏師以誘之（歸納他從前的致勝策略可知，他善於運用示形（弱）誘敵之術）。
3. 今告者視高色動（神色有異，眼光上飄，臉面表情不自然），殆必有姦（詐）。

建議應採取以下行動方案：

1. 整陣而前（在高度戒備下，步步進推）。
2. 使步騎相屬（密切配合）。
3. 俟諸軍畢集（等到各路大軍集結完成），然後擊之，無不克矣。

呂延不接受勸阻，立即率軍追擊，果然陷入先秦王的埋伏，呂延被殺。其他諸路軍隊亦敗退回師。

戰例　西魏大統三年（537年），東魏丞相高歡發兵二十萬，進攻西魏之沙苑。西魏丞相宇文泰命部將達奚武深入敵營偵查敵情。達奚武偵查敵情的經過如下：

1. 率領三名偵查騎兵，換穿東魏軍服（武從三騎，皆衣敵人衣服）。
2. 在傍晚時進抵距敵營百步之外的地方，下馬潛聽，得敵當晚進出口令暗號（至日暮，去營數百步，下馬潛聽，得其軍號）。
3. 上馬進入敵營，如東魏軍官巡視營區，有不守軍紀者，就予以鞭打，從而獲得詳實東魏軍情（因上馬歷營，若警夜者。有不如法者，往往撻之。具知敵之情狀）。

西魏既獲知敵情動向，即於敵進軍路線，預置埋伏兵力，一舉擊潰東魏軍隊，將其逐出沙苑地區；本戰，斬殺敵八萬人，獲鎧仗十八萬件。至於達奚武受令到前線偵察敵情，又能返回向上級偵獲之敵情，此即孫子所謂的「生間者，反報也」。

(三)無所不用間

故三軍之事，親莫親於間，賞莫厚於間，事莫密於間；非聖智不能用間，非仁義不能使間，非微妙不能得

間之實。微哉！微哉！無所不用間也！間事未發而先聞
者，間與所告者皆死。

【語譯】所以在軍隊中，沒有比間諜更親近的，賞獎沒有比對間諜更豐厚
的，任務也沒有比他們更隱密的。非才智過人者，不懂得運用間諜；非仁
慈慷慨者，不知如何指使間諜；非心思細密者，不能分辨情報的真偽。微
妙啊！微妙啊！真是無時無處得使用間諜。間諜的任務尚未進行，便洩漏
祕密於外者，則間諜與傳密者，都要處死刑。

【闡釋】

　　兵不厭詐，反間、死間，是其中最險最詐的手段，也是最有效的手段。不
過，水能載舟，亦能覆舟。間能利事，亦易敗事。間諜戰，敵我俱用，我反間
敵人，敵人亦反間我，若掌握不善，會適得其反。李靖說：「水所以能載舟，
亦有因水覆沒者。間所以能成功，亦有憑間而傾敗者。」（《通典》卷一五一
引）因謂「孫子用間，最為下策。」（《李衛公問對・卷中》蘇洵亦說：「故
五間者，非明君賢將之所上（崇尚）。」（《權書・用間》）但若因詭道不
為，因噎廢食，也是不可取的。故用間之要領，在於善於利用和控制。「利
用」是指能讓間諜心悅誠服的為我所用的方法，孫子提出結恩、重賞、保密三
要領。「控制」，是指統御間諜者應具備用間的素養，才能善於用間，孫子認
為運用間諜的君主或將帥，必須具備「聖智」、「仁義」、「微妙」三個素
養。
1. 利用間諜三要領：
　　⑴結恩——親莫親於間。在軍中，將帥與間諜之間，具有親不可分的關
　　　係，其表現形式：
　　　① 對間諜的任務指導、溝通或命令，都是在將帥個人的空間進行。杜牧
　　　　注：「受辭指蹤（溝通授命，指派行動），在於臥內。」梅堯臣注：
　　　　「入幄（內室）受詞，最為親近。」
　　　② 將間諜當作「心腹」（親信、知己）來對待，超越了對三軍將士以上
　　　　對下的體恤照顧。張預注：「三軍之士，然皆親撫，獨於間者，以腹
　　　　心相委（心腹相對待），是最為親密也。」。「莫」，沒有。親，親

近、親密。親於見,對間諜非常的親密。

⑵ 重賞──賞莫厚於間。毫不吝惜的給予間諜最高的待遇和賞賜。梅堯臣曰:「爵祿金帛,我無愛焉(我方毫不吝惜)。」張預曰:「非高爵厚利,不能使間。陳平曰:『願出黃金四十萬斤,間楚君臣。』」

⑶ 保密──事莫密於間。凡涉及諜報工作,均應列為「絕對機密」。若無法確保用間事務達到最高機密度,情報資訊被敵人截獲,就會陷軍隊於戰敗、國家於危亡。梅堯臣注:「機事不密則害成。」(語出《易經‧繫辭上》)

2. 統御間諜者三素養:

⑴ 「聖智」──非聖智不能用間。「聖智」:聖明機智,即才智遠遠超過常人。擁有「聖智」者才能夠在用間事務上:①無事不通曉;②預見於事先;③明瞭事情發生之經過;④知人善任。張預注:「聖則事無不通,智則動照機先(幾、跡象、徵兆),然後能為間事。或曰:聖智則能知人。」如何知人?杜牧注:「先量間者之性(德性),誠實多智,然後可用之。厚貌深情(相貌忠厚,而城府很深),險於山川(陰險狡詐的間諜),非聖人莫能知。」

⑵ 「仁義」──非仁義不能使間。仁義所以待人,故能使役間諜。陳皞注:「仁者有恩以及人,義者得宜而制事(依據義理行事)。主將者,既能仁結而義使(以仁結交,以義派遣),則間者盡心而覘察(偵察敵情),樂為我用也。」孟氏注:「太公曰:『仁義者,則賢者歸之。』賢者歸之,則其間可用也。」梅堯臣注:「撫之以仁,示之以義,則能使。」王晢曰:「仁結其心,義激其節;仁義使人,有何不可?」張預曰:「仁則不愛(吝惜)爵賞,義則果決無疑(處事果斷堅決,用人不疑),既啗(誘使,賞賜)以厚利,又待以至誠,則間者竭力。」

⑶ 「微妙」──非微妙不能得間之實。「微妙」,所以能測度間事之虛實。即精細機敏的心路歷程,包括思慮的精深,判斷的準確,以及手段的巧妙。「實」,指真實、有價值的情報。惟思慮周密的人,才足以徹底明察秋毫,鉅細靡遺,從間諜哪裡得到真實的情報。這裡包括兩層意義:

① 間諜本身是否認真負責,不受利誘,堅定可靠,須要明察。杜牧注:「間亦有利於財寶(有的間諜只是貪財),不得敵之實情,但將虛

辭以赴我約（以假情報搪塞），此須用心淵妙（仔細辨別，用心思考），乃能酌（評估）其情偽虛實也」。

② 「五間俱起」，來源多途，情報不一，對情報要有個去粗取精，去偽存真的斟酌。這些都得靠將帥頭腦的清醒和眼光的敏銳。梅堯臣注：「防間反爲敵所使，思慮故宜幾微臻妙（所以必須周密思考評估，天衣無縫，不漏破綻）。」

「微哉！微哉！」再次申明強調「用間必細微精妙」。「無所不用間」，言敵人的任何行動徵候，都必須加詳察蒐集。郭廷羅注：「食息（飲食作息）起居之間，皆有兵機（用兵的謀略）。」福棠注：「言一動一靜無不可使間，以伺（暗中偵察）敵之情也。」

3. 用間須極密，洩密必嚴懲：情報工作，是一項極機密的工作，「敵情欲其悉（完整），己情則欲其密」，明敵情，則我可以制人；不洩密，則敵無法制我。做好反間諜工作使我方永遠處於主動地位，讓敵人總是處於被動地位。若用間計畫已經擬定，然而還未實施，就有聽聞者前來告發，對於告發者、洩密者、間諜都必須嚴懲，絕不寬赦，孫子說：「間事未發而先聞者，間與所告者皆死。」陳皞注：「間者未發其事，有人來告；其聞者、所告者、亦與間者俱殺以滅口，無令敵人知之。」嚴刑重懲的理由，如何氏注：「兵謀大事，泄者當誅。告人亦殺，恐傳諸眾。」張預以戰國時期秦趙長平會戰爲例解釋：「間敵之事，謀定而未發，忽有聞者來告，必與間俱殺之一，惡其泄，一滅其口。秦已間趙（長平會戰前夕，秦國實施反間計），不用廉頗（使趙不用廉頗爲將），秦乃以白起爲將，令軍中曰：「有洩武安君（即白起）將者，斬。」此是已發其事，尚不欲泄，況未發乎？」

(四)反間不可不厚

凡軍之所欲擊，城之所欲攻，人之所欲殺；必先知其守將，左右，謁者，門者，舍人之姓名，令吾間必索知之。必索敵人之間來間我者，因而利之，導而舍之，故反間可得而用也。因是而知之，故鄉間、內間可得而使也；因是而知之，故死間爲誑事，可使告敵；因是而

知之，故生間可使如期。五間之事，主必知之，知之必
在於反間，故反間不可不厚也。

【語譯】凡是我軍所要攻擊的目標，所要攻取的城邑，所要殺弒的敵方人
員，必須要先蒐集其將領、僚屬、守衛、隨從等人的姓名、性格等情報，
並由我方間諜探索清楚。更須搜查出敵方間諜，視情況收買而利用之，經
過教導後作我之反間，就可以為我所用了。藉著反間的利用，於是鄉間、
內間也就變得容易多了；再藉著反間，又可以由死間傳播假情報給敵人；
再由反間推知，可由生間按計畫完成任務。這五種間諜的情報工作，國君
都必須明瞭，所以反間是不可不厚重賞賜的。

【闡釋】

　　本節論述五類情報（間諜）工作實施（鑑定）要領在於「交織過濾，鑑定
真偽」。在五類間諜運用中，以「反間」為最重要，故對「反間」特別重視。
1. 敵情蒐集，人事為先。發動戰爭之前，若想順利達成所設定之作戰目
　　標——「軍之所欲擊（野戰目標），城之所欲攻（攻城目標），人之所欲
　　殺（斬首目標）」，首先最重要的就是熟悉敵方人事狀況。因此臨戰之前
　　應要求「吾間必索知」敵人「守將，左右，謁者，門者，舍人之姓名。」
　　從中了解這些人之能力、性格、習慣等，以制定亂敵、弱敵的對策，掌握
　　戰爭的主導權。「索」，尋求，探索，這裡指設法取得。「守將」，鎮守
　　之主將。「左右」：國君、將領的親信、隨從、侍衛。「謁者」：掌管傳
　　達通報的官員，另一說是指接待交際的人員。「門者」：負責警衛安全
　　人員；守城門者。李靖說：「決勝之策者，在於察將之材能，審敵之強
　　弱。」（《通典》卷一五○引《大唐衛公李靖兵法》）蘇洵說：「凡兵之
　　動，知敵之將，而後可以動於險。」（《權書·心術》）杜牧注：「凡欲
　　攻戰，先須知敵所用之人賢愚巧拙，則量材以應之。」可見自古言兵者都
　　以知敵之將為首要任務。試想如果連交戰對象的性格、素質都不清楚，又
　　怎能因敵制權呢？

> **戰例**　秦末（西元前205年），漢王劉邦以魏王豹不肯歸附為理由，派遣韓信、曹參、灌嬰領軍攻擊魏王豹，在大軍出發前，漢王詢問謀士酈食其有關魏王主要將領的姓名：
>
> 1. 「魏大將誰也？」酈食其回答：「柏直。」漢王評論：「是口尚乳臭，不能當韓信（不是韓信的對手）。」
> 2. 漢王續問：「騎將誰也（騎兵將領是誰）？」酈食其回答：「馮敬。」漢王評論：「是秦將馮無擇子也；雖賢，不能當灌嬰。」
> 3. 漢王又問：「步卒將誰也（步兵將領是誰）？」曰：「項它。」曰：「是不能當曹參，吾無患（擔憂）矣。」（杜牧注）
>
> 漢王將敵我主要將領一一比較，知道其部將都勝過對方，因而有十足知勝算，可見漢王平日即對敵情，尤其是敵軍將領素質的掌握甚為確實。

2. 五間俱用，反間為基。間諜有五，其中以「反間」最為重要，是其他四種間諜得以發揮作用的基礎。孫子說：「五間之事，主必知之，知之必在於反間，故反間不可不厚也。」「厚」，後待，有重視之意。杜牧注：「鄉間、內間、死間、生間，四間者，皆因反間知敵情而能用之，故反間最切，不可不厚也。」孫子為何認為「反間」為用間的基礎呢？鈕先鍾的解釋值得參考：「在古代的封閉社會中，我方所派出的間諜要想深入敵國內部是非常不容易，其所能蒐集的資訊幾乎都是只限於表面化的，而不可能獲得真正的機密。因此，孫子遂特別重視反間的利用。甚至於可以說，反間是一切間諜情報蒐集活動的總樞紐。」

　　如何運用「反間」呢？首先是「索敵人之間來間我者」，偵察敵方派遣至我方的間諜。其次是「因而利之，導而舍之」，誘之以利，待之以禮，巧妙地進行誘導、策反，使其「可得」，為我「而用」。「利」，指重金收買。「導」，引導，誘導。「舍」，住宿，稽留；另一解為舍與赦通，赦免、釋放，謂赦免其罪，釋放歸去，使其繼續為敵我雙方工作。

3. 根據「反間」提供的敵情（「因是而知之」；「是」，指反間），再啟用「鄉間」、「內間」、「死間」和「生間」展開策反與諜報活動，並完成各自領受的任務。
   (1)鄉間、內間可得而使。張預注：「因是反間（根據反間提供的情報），

知彼鄉人之貪利者，官人之有隙者（君主與官員間、官員間有相互猜疑者），誘而使之（可以利相誘為我所用）。」

(2)死間為誑事，可使告敵。張預注：「因是反間，知彼可誑之事（我方知道哪些情報可以欺騙敵人），使死間往告之。」

(3)生間可使如期。梅堯臣注：「生間以利害覘敵情（生間受利益所驅去打探敵情），須因反間而知其疏密（必須根據反間提供的情況，得知敵人是否防守嚴密），則可往得實，而歸如期也（才能前往敵營，獲得準確情報，按時返回報告敵情）。」「如期」，按時，按期。

(五)以上智為間者，必成大功

昔殷之興也，伊摯在夏；周之興也，呂牙在殷。故明君賢將，能以上智為間者，必成大功，此兵之要，三軍之所恃而動也。

【語譯】從前商朝的興起，因為有伊尹曾在夏朝為官；周朝約興起，因為有姜尚曾在殷朝謀事。所以英明的國君，賢能的將帥，如能用有高明智慧的人作間諜工作，一定能成就偉大的事功。這是用兵的要訣，也是軍隊作戰一切行動方針之重要憑藉。

【闡釋】

孫子最後論述選用間諜的標準問題為結。即「以上智為間」，如「伊摯」、「呂牙」可稱為「上智」的典範人物。由於他們分別對夏、商的情況瞭若指掌，因此，在被商湯王和周文王任用為宰相和軍師以後，對滅夏、滅商的戰爭產生了關鍵作用。孫子由此而得出結論道：用間當為「兵之要」，故「三軍所恃而動也」。

1. 昔殷之興也，伊摯在夏：伊摯即伊尹；史載伊尹三就桀而不能用，乃佐湯伐桀而滅之。湯於軍國大計，多諮詢於伊尹，並尊稱伊尹為「阿衡」。

2. 周之興也，呂牙在殷。呂子牙，本姓姜，從封姓為呂，名尚，字子牙。牙，其簡字也。呂尚年七十餘，紂不能用之，而釣於渭濱以自娛，周文王訪得之，立為師，尊稱為太公望。武王復尊稱為師尚父。賴其力一舉而滅

紂，功成而封於齊，齊之開國祖。

3. 「上智」：指智謀很高的人。陳啟天注：「間諜何以必須上智者爲之？蓋以上智者既能見其大，復能見其微，而不徒務一己之富貴利達也。能見其大，始不爲瑣事所紛擾；能見其微，始不爲表象所迷誤。不徒務一己之富貴利達，然後乃眞能獻身爲國，非敵人所能威逼利誘矣。」

4. 此兵之要，三軍之所恃而動。間諜是三軍行動的耳目，是勝利的基本保障，因此孫子譽之爲「兵之要」。「要」：關鍵。「恃」：依靠。杜牧曰：「不知敵情，軍不可動；知敵之情，非間不可。故曰三軍所恃而動。」李筌曰：「孫子論兵，始於計而終於間者，蓋不以攻爲主，爲將者可不愼之哉？」

綜論《孫子兵法》
的思想體系

　　中國古代兵學思想是伴隨著先秦政治社會的發展，並以戰爭經驗與文字出現爲基礎應運而生的。經過長期戰爭經驗的累積，人們開始了對戰爭規則與行爲規範進行理性的認知。到了春秋時代晚期，亦即孫子身處的年代，是戰爭最頻仍，諸侯兼併最劇烈的的時代，中國古代兵學思想也從而獲得很大的發展。春秋以前的兵書僅能從各類文獻中窺其一二，像《左傳》中引述的《軍志》、《孫子兵法》中引述的《軍政》、《管子・兵法第十七》中引述的《大度之書》等軍事箴言與語錄性的文獻，其年代都可追溯到西周，算是中國最早的兵書，可惜均已亡佚，僅留片段遺文。春秋末期產生的《孫子兵法》則是現存最早的兵書，也開啟了兵學著作的序幕，此後，吳起、孫臏、尉繚等兵學家及其著作的出現，奠定兵學學術發展的基礎。被後世尊爲「武經」的七部兵書中，就有《孫子兵法》、《吳子兵法》、《司馬法》、《六韜》、《尉繚子》五部產生於這個時期。另有一部是曾亡佚數世紀，久已失傳，於1972年再度被發現的《孫臏兵法》，亦是此一時期的兵書。

　　孫子是中國最傑出的兵學大師，《孫子兵法》則是一部體系完備，思想精闢，文采斐然，影響深遠的兵學著作，不但開中國兵學先河，後人著作的兵書，亦無出其右者，明代茅元儀在《武備志卷一・兵訣評》中說：

　　　　自古談兵者，必首《孫武子》。……先秦之言兵者
　　　　六家，前《孫子》者，《孫子》不遺；後《孫子》
　　　　者，不能遺《孫子》，謂五家爲《孫子》註疏可
　　　　也。[1]

　　可見《孫子兵法》實在是中國承先啟後的一部重要兵書。

　　雖然孫子並未專就戰爭之原理及戰略戰術原則闡述說明，但是我們可以就散見十三篇兵法中，孫子對於戰爭所抱持的態度和方式，予以歸納，找出這些觀點，而形成孫子之戰爭原理與戰略原則。

---

[1]　明・茅元儀輯，《武備志》（臺北市：華世，1984年5月），頁1-2。

一、孫子的戰爭原理

　　孫子之戰爭原理，可概括分為四項，即：「慎戰」、「先知」、「先勝」、「主動」。「慎戰」是不輕戰、不厭戰；「先知」是戰前的知己、知彼；「先勝」是先求自保，而後圖全勝之功；「主動」是致人而不致於人。孫子對於戰爭的觀點，大體以此四項為基礎，亦可以說是孫子的戰爭原理。

㈠慎戰原理

　　「慎戰」即謹慎從事戰爭，是對戰爭的一種態度與價值觀，亦即是「戰爭觀」。「態度」是一種主觀的認知與選擇，而對戰爭的價值認定主要來自人們對戰爭的態度與認知，由此形成了不同的戰爭觀。戰爭觀概可分為反（厭）戰論、慎戰（義戰）論與黷武（好戰）論。從思想之傾向言，中國先秦諸子大多屬於慎戰論者，因此也可說是我國固有之戰略文化，孫子自不例外。

　　孫子的戰爭觀，係以〈始計篇〉「兵者，國之大事」為起始，說明戰爭之本質，導引戰爭為「死生之地，存亡之道，不可不察也」的慎戰思想。這裡所謂的「兵」，就是指戰爭而言，這種視戰爭為國家大事的觀念古已有之，《左傳・成公十三年》記：「國之大事，在祀與戎。」韓非子說：「戰者，萬乘之存亡也。」（《韓非子・初見秦》）都是強調戰爭關係國家之存亡，百姓之生死。

兵者，國之大事，死生之地，存亡之道，不可不察也。

War is a matter of vital importance to the State; the province of life or deeth; the road to survival or ruin.

軍民	政權或國家
both soldiers and people	governs or country

「地」ground:	「道」the way:
1.所在，所繫arena	1.規律、理則law, principle, or reason
2.戰場battlefield	2.政策、戰略policy, strategy
「死生之地」：	「存亡之道」：
戰場獲勝vietory→生life	成功suceess→國存survial
戰敗defeat→死death	失誤mistake→國亡ruin

作者參考《孫子兵法・始計篇》原文整理自繪。

「不可不察」：戰爭是必須要徹底加以研究的。

In is madatory that it (art of war) be thoroughly studied.

孫子的慎戰思想Reflection On War

➡

戰爭是重大的事情。

War is a grave matter,

孫子提心人們未經深思熟慮而開戰。

One is apprehensive lest men embark upon it without due reflection.

⬆

〈始計篇〉此一開篇之論是我們理解其哲學思想的基本線索。

The opening verse of Sun Tzu's classie is the basie to his philosophy.

作者參考《孫子兵法・始計篇》原文整理自繪

　　戰爭既為國家大事，消耗甚鉅，〈作戰篇〉：「十萬之師，日費千金」；且會造成百業蕭條，〈用間篇〉：「興師十萬，出征千里……內外騷動，怠於道路，不得操事者，七十萬家。」。孫子擔心人們未經深思熟慮而啟戰，故特別強調戰前「不可不察」。又於〈火攻篇〉後半篇提出「安國全軍慎戰論」，蓋兵凶戰危，水火佐攻危害更是慘烈，所以當「慎修之於始，免悔之於終。」假令窮兵黷武，輕啟戰端，恐有自焚之禍，孫子反覆提出「慮之」、「修之」、「慎之」、「警之」等慎戰警語，告誡戰爭決策者在發動戰爭前，切戒受「怒」、「慍」之情緒支配（「主不可以怒而與師，將不可以慍而致戰」），應秉持理性，惟利是爭。

　　故明主良將在平時即應「修道保法」，蓄積實力，立於不敗之地，達到「以道勝」——「為勝敗之政」的目的（〈軍形篇〉）。決定戰爭前應先謀定而後動，「因利而制權」——即廟算較計（「經之以五事，校之以計，而索其情」；「廟算多，得算多」），精密計畫與評估。並以「利、得、危」三前提作為決策之依據與準則。如決議發動戰爭，則惟有「貴勝不貴久（〈作戰篇〉）」，並注意於戰勝「修其功」，而勿陷於「費留」之凶境，以免被戰火反噬（〈火攻篇〉）。

　　綜上所論可知，孫子的慎戰原理，是以〈始計篇〉「兵者，國之大事」，「先計後戰」，「廟算決策」為本源，繼於〈火攻篇〉以「安國全軍之道」，作為其慎戰原理之總結論。可見孫子的慎戰思想，脈絡一貫，前後呼應，貫穿其兵法宗旨。

理性用兵	Start a war based on reason

1. 謀定而後動Look before you leap：廟算較計，精密計畫與評估。

Therefore we should analyse and compare the conditions of ourselves and an enemy from five factors in order to forecast if we will with before the beginning of war.
The five factors are as followe:

道Moral influence
天The Heavens (Weather)
地Terrain (The Earth)
將The Generalship of Commanders
法Doctrine (The Organization and Discipline)

作者參考《孫子兵法・始計篇》、《孫子兵法・火攻篇》原文整理自繪

2.因利制權（開戰原則）CH.12火攻ATTACK BY FIRE：
According as circumstances are favorable, one should modify one's plans.
⑴ 非利不動If not in the interests of state, do notact(not begin war).
⑵ 非得不用If you can not sueceed, do not use troops(not resort to war).
⑶ 非危不戰If you are not in danger, do not fight.

主不可以怒而興師，將不可以慍而致戰。
A sovereign cannot raise an army because he is entaged, nor can a general fight because he is resentful.

亡國不可復存：A state that has perished cannot be restored,
死者不可復生。nor can the dead be brought back to life.

合於利而動，不合於利而止
If it is your advantage, make a forward move; if not, stay where you are.

核心價值 core value

明君慎之，良將警之，
Hence the enlightened ruler is heedful, and the good general full if caution.
此安國全軍之道也
This is the way to keep a country at peace and an army intact.

作者參考《孫子兵法・始計篇》、《孫子兵法・火攻篇》原文整理自繪

(二)先知原理

　　孫子的兵學思想同時具有未來導向和行動導向，而「知」是思與行的基礎，故孫子對「知」的問題甚爲重視。據鈕先鍾的統計，「知」字在《孫子兵法》全書中不僅出現次數相當頻繁（共爲七十九次，在十三篇中只有〈兵勢篇〉和〈行軍篇〉全無「知」字），而且在思想方法上也具有極高度的重要意義。此外，與「知」字密切相關的字也很多，如「智」（七次），「計」（十一次），「謀」（十一次）等。

　　可見，孫子論「戰」，以「知」爲首，〈始計篇〉以「五事」、「七計」作爲廟算知勝的要素與比較依據，此即爲「先知」之道。概「知」乃戰時獲利

取勝與一切軍事行動的基礎，然而要獲得戰爭勝利，不僅限於一般「知」的程度，必須要於求戰前「先知」，先知而後謀定，謀定後即可力行，孫子說：「明君賢將所以動而勝人，成功而出眾者，先知也。」（〈用間篇〉）「動而勝人」，指取勝之公算，「成功而出眾」，指勝利之戰果。

　　孫子所言「先知」者，乃在提供決策者「一切與戰爭決策有關的資訊」（情報），是「百戰不殆」和「全勝」的基礎。〈謀攻篇〉說：「知己知彼，百戰不殆。」「知彼」，之敵之情。「知己」，除度德量力外，還要由戰爭要素（五事七計所列因素）中力求改進。〈地形篇〉又提：「知彼知己，勝乃不殆，知地知天，勝乃可全。」「知天知地」，與戰爭中、軍事行動有關的天時（自然、歷史條件）、地理（地緣）知識；「先知」者，即是求人事（知彼、知己）、與天時地利之先知，在力、空、時的同時掌握下與考量下運作，才能掌握全般戰局。

　　至於如何而能「先知」，綜合孫子所論的先知之道如下：

1. 正確獲取情報：
   (1) 正確的運用間諜（〈用間篇〉）。
   (2) 根據客觀環境變化推測：相敵三十三法（〈行軍篇〉）如「半進半退者，誘也」；「殺馬肉食者，軍無糧也」。
   (3) 利用戰術行動偵測而得：〈虛實篇〉提出了「策之」（推算敵計）、「作之」（挑撥試敵）、「形之」（示形誘敵）、「角之」（角力探敵）四種測敵虛實的方法。

2. 比較計算：「五事七計」與「知勝五法」。從〈始計篇〉「校之以計，而所其情」的「廟算」過程可知，「知其事」是廟算的先決條件。「知其事」就是要求決策者要「知己知彼」，其方法是從比較中計算得來的。而〈始計篇〉的「五事七計」、〈謀攻篇〉的「知勝五法」（五種知勝之道）都是先知之道。事實上，〈謀攻篇〉列舉的「知勝五法」，其理論基礎又分見於〈始計篇〉與〈軍形篇〉。「知可戰與不可戰」，乃知戰機，是根據「廟算」而獲得的結論；「識眾寡之用」即「兵眾孰強」的比較；「上下同欲」即「令民與上同意」；「以虞待不虞」即「修道而保法」（〈軍形篇〉）；「將能而君不御」，就是國君對軍事不妄加干涉，否則即為「縻軍」，並有「亂軍引勝」之虞。

3. 先知三不可（〈用間篇〉）：

　　⑴不可取於鬼神：不可靠祈求鬼神（如占卜算卦）來獲取情報。

　　⑵不可象於事：不能用以往的經驗或類似的事情去推測情報。

　　⑶不可驗於度：不可企圖用日月星辰的運行規律去解釋或預測情報。「必取於人，知敵之情者也」，情資必取自於人的「理性」的知，實事求是的知。

　　「先知」的目的在於知敵之可敗，我之可勝。假如已知敵之可敗，但是自己沒有可勝的實力，這種「知」實無助於克敵，因此孫子之「先知」含有知而行之必勝，不知而行之必敗的意義。〈謀攻篇〉中說：「知己知彼，百戰不殆；不知彼而知己，一勝一負；不知彼不知己，每戰必敗。」其所以能「百戰不殆」，是因為能充分了解敵人的弱點，又能改進自己的缺點及發揮自己的優點；其所以「一勝一負」，是因為能改進自己的缺點及發揮自己的優點，但是不明敵人的弱點；至於「每戰必敗」，則是對敵人、對自己完全無所知，自然非失敗不可了。戰爭需要軍事知識，也需要預知敵情，更需要這兩方面的「知」不斷改進，孫子的先知原理實在是寓行於知的真理。

㈢先勝原理

　　孫子在〈始計篇〉從政治風險出發，警告戰爭如果失利，將會導致國家滅亡；於〈作戰篇〉接著從財政風險出發，警告戰爭將大量損耗經濟資源，如果戰事延宕，將導致國貧民困，孫子因此主張「兵貴勝，不貴久。」他對於「用兵之害」的論述可歸納為「兵久四危」：1.軍力受挫：「鈍兵、挫銳」；2.國貧：「屈力、殫貨」、「久暴師則國用不足」；3.民窮：「遠輸、貴賣，百姓財竭」；4.引發外患：「諸侯乘其弊而起」；最終導致救亡無策（「雖有智者，不能善其後」）（〈作戰篇〉）。因此戰爭要求其速勝、易勝，用最少的代價，換取最大的戰果。

　　但是速勝和易勝仍然要經過作戰的過程，多少總有傷損，未免美中不足，所以孫子提出先勝的概念。「先勝」是指若欲戰勝敵人，就必先於戰前創造必勝的力量與條件，如孫子所說：「勝兵先勝，而後求戰」。從〈軍形篇〉可知「先勝原理」是以「自保全勝」為核心思維。主張軍事勝利是以實力占優為基礎，善戰者絕不輕啟戰端，必先透過敵我（主客）力量的評估，努力提升（整備）我方之實力，既能「自保」（「先為不可勝」、「先立於不敗之地」），

然後盱衡形勢，善用攻守之策，又能達到「全勝」（「勝於易勝」、「勝已敗者」）的境界。此乃承接〈謀攻篇〉的「全勝」思想而來，就是要以「先勝」的戰略部署來達到「全勝」的理想目標。即透過「知己」、「知彼」的情資，運用「謀攻四策」（〈軍形篇〉主論「伐兵」－「攻守」），務期以最少損耗

兵久四危：救亡無策　The dangers of prolonged war

軍力受挫 military setback	國窮 country is poverty	民貧 people are poor	引發外患 foreign aggression
鈍兵、挫銳 weapons are blunted and morale depressed	屈力、殫貨 strength exhausted and goods depleted	百姓貧 the wealth of the common people exhausted	諸侯乘弊而起 other lords will take advantage of your debility and rise up

救亡無策：雖有智者，不能善其後
And even though you have wise counsellors, nonre will be able to rectify the aftermath.

What is the highest (real) excellence victory?

凡用兵之法，全國為上，破國次之
The art of warfare is this: To keep an entire state intact is best, to ruin it is second beat.
全軍（旅、卒、伍）為上，全軍（旅、卒、伍）次之。
To keep an entire army intact is best, to destroy it is second best; to keep an entire battalion, company, or five-man squad is best, to destroy it is second best.

「全」優於「破」　Intact better then ruin (destroy)

百戰百勝，非善之善也
For to win one hundred victories in one hundred battles is not the acme of skill.

不戰而屈人之兵，善之善者也。
To subdue the enemy without fighting is the acme of skill.

作者參考《孫子兵法・作戰篇》、《孫子兵法・謀攻篇》原文整理自繪

獲致最大戰果，終極臻於「不戰而屈人之兵」的理想。綜合上述，可將「先勝」做如下定義：「先求勝形，再捕捉戰機以制勝。」「形」，軍形，主要由戰爭要素（力量）、戰略（攻守）態勢、兵力結構與部署（配置）所構成。

　　先勝之態勢取決於萬全之準備，亦即是透過「先勝部署」，先使自己在整體態勢上「立於不敗之地」－孫子說：「故用兵之法，無恃其不來，恃吾有以待之；無恃其不攻，恃吾有所不可攻也。」（〈九變篇〉）。這就是在建軍備戰上與戰略規劃上，先求完備萬全，然後再俟敵情，掌握戰機，克敵致勝。先勝部署的要領如下：

1. 「先為不可勝」。戰爭是雙方綜合實力的較量，孫子認為戰爭之首要就是先能「自保」，不被敵人所敗，方有取勝於敵（擊敗敵人）之可能；亦即一國之戰爭政策，應從增強自身的實力為起始，須在各種條件（政經軍心）上，先立於不敗之地，使敵人無可乘之隙，不被敵人所戰勝。上述「不可勝」的戰備條件，我方是否已先立於不敗之地，端視自己對各種戰略因素（「五事」）的經略程度而定，所以說「不可勝在己」。

2. 不失敵之敗。隨時掌握敵情，及時發現敵之弱點，不錯失時機擊敗敵人，

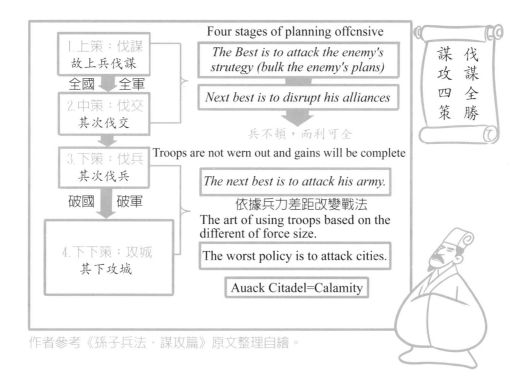

作者參考《孫子兵法‧謀攻篇》原文整理自繪。

亦即是「以待敵之可勝」的更進一步說明，因為一切的先勝部署都是為了等待這個時機的到來。孫子據此有如下之論斷：「是故勝兵先勝，而後求戰；敗兵先戰，而後求勝。」

3. 以形勝。孫子說：「勝者之戰，若決積水於千仞之谿者，形也。」（〈軍形篇〉）「形」是整體的形勢，勝兵與敗兵的分別，就是勝兵能掌握住先勝要領，作萬全部署，其所發動的攻勢，猶如「決積水於千仞之谿」，就是要先把兵力（水）集中（積）在決定點上（千仞之谿），然後以洪水般迅猛之勢，將軍隊投入戰場（決積水），敵人根本無從抵抗。這種優勢之所以能出現，即由於兵力部署（形）之適當。簡言之，交戰之前的兵力部署實為決定勝敗之基礎。

　　總之，戰爭之勝負，不僅取決於戰時，尤其要注意先勝於戰前，不戰而屈人之兵的全勝，固然是先勝原理的最高境界，但是立不敗之地的先勝部署，同樣也可達到速勝、易勝的要求，孫子的先勝原理的確是制敵機先的最佳途徑。

㈣主動原理

　　所謂「主動」，乃以我之自由意志，支配敵人之意志，使追隨我之行動，為克敵制勝之首要條件。在戰爭的過程中，掌握戰場主動權，常為左右戰局之重要契機。孫子說：「致人而不致於人」，以今語譯之，就是爭取主動，支配敵人，而不陷於被動，受到敵人的支配。用兵之法，避實而擊虛，自守以實，攻敵以虛，故善戰者務必採取先制，爭取主動，使我常實而敵常虛，此即「致人而不致於人」的要義。我常處於主動——常實的地位，並能陷敵於被動——常虛的地位，則我逸而敵勞，我實而敵虛，俾得以實擊虛。

　　如何爭取主動呢？孫子提出「避實擊虛」，「因敵制勝」，作為爭取主動，支配敵人的要領與方法。孫子認為作戰雙方軍事實力的眾寡、強弱、治亂等虛實態勢，是客觀存在的。然而「兵無常勢」，敵我的虛實態勢並非凝固不變的，其關鍵在於掌握虛實彼己的主動權，即探明敵我虛實現勢，採取優勢作為，轉變敵我虛實之勢以利於我，使我軍在決戰前處於比敵優（即「避實擊虛」）的戰略態勢，進而針對敵人謀動行止，採取相應對策，「以實擊虛」，取得戰爭的勝利，這即是「因敵而制勝」。如能做到「致人而不致於人」，那的確可說是用兵如神了。

彼我虛實之法的原則　➡️　the principle of emptiness and fullness of others and self.

致人而不致於人

Imposes his will on the enemy, **but** does not allow the enemy's will to be imposed on him.

支配敵人　➡️　dominate the enemy　不被敵人支配　➡️　not dominated by the enemy

| 先處戰地而待敵者，佚（逸） | 後處戰地而趨戰者，勞 |

He who occupies the filed of battle first and awaits his enemy is at ease.　He who comes later to the scene and rushes into the fight is weary.

主動initiative與先制preemptive

作者參考《孫子兵法・虛實篇》原文整理自繪

　　就具體的戰術運用而言，則無論是攻擊、防禦、追擊、退卻等都能掌握戰與不戰的主動權，孫子說：「進而不可禦者，衝其虛實也；退而不可追者，速而不可及也。故我欲戰，敵雖高壘深溝，不得不與我戰者，攻其所必救也；我不欲戰，雖畫地而守之，敵不得與我戰者，乖其所之也。」（〈虛實篇〉）

　　正因為主動權在我，所以我能「衝其虛」，攻其無備，乘虛而進。而且一旦達成任務之後，我可以迅速脫離敵人勢力範圍，敵人無法對我施以追擊，此即「速而不可及」。況且，我掌握了主動，就可在我所選擇的時間、地點發動攻勢；或者在一定範圍之內，預期的時間之中，採取守勢，敵人雖想盡辦法，也奈何不得。正如孫子所說：「故善攻者，敵不知其所守，善守者，敵不知其所攻，微乎！微乎！至於無形，神乎！神乎！至於無聲，故能為敵之司命。」（〈虛實篇〉）掌握主動必須做到「無形」、「無聲」，所謂「無形」，是沒有形跡，即敵人看不出我的行動；所謂「無聲」，沒有聲息，隱喻敵人猜不透我的意圖，都是用以比喻攻守的運用，非常隱密神速，到達無形無聲的境界，這是爭取先制，掌握主動的必要條件，致使敵人難以偵知與因應我軍的攻防行動，故能「為敵之司命」，成為敵人命運的主宰，即處處採取主動，處處支配敵人。由此可知，設法使軍事行動達到「隱真」、「示假」的欺敵偽裝效果至為重要。

　　歷史上許多以寡擊眾，以少勝多的戰例，都是因為能夠爭取主動，掌握主動，才獲致成功的。孫子說：「古之善用兵者，能使敵人前後不相及，眾寡不相恃，貴賤不相救，上下不相收，卒離而不集，兵合而不齊。」使敵人「不相及」、「不相恃」、「不相救」、「不相收」、「離而不集」、「合而不

不致於人：作戰方式Not dominated by the enemy: modes of operations

總則general principles：出其所不趨，趨其所不意

Appear at places to which he cannot hasten; move swiftly where he does not expect you.

行千里而不勞者，行於無人之地也。

That you may march a thousand *li* without wearying yourself is because you travel where there is no enemy.

善攻者，敵不知其所守：

againse those skilled in attacek, an enemy does not know where to defend.

進而不可禦者，衝其虛也。

He whose advance (pursuit) is irresistible plunges into his enemy's weak positions;

善守者，敵不知其所攻。

against the experts in defence, the enemy does not know where to attack,

退而不可追者，速而不可及也。

he who in withdrawal cannot be pursued moves so swiftly that he can not be overtaken

微乎微乎！至於無形；神乎神乎！至於無聲，故能為敵之司命。

Subtle and insubstantial, the expert leaves no trace; divinely mysterious, he is inaudible. Thus he is master of his enemy's fate.

作者參考《孫子兵法・虛實篇》原文整理自繪

齊」，全賴主動；也惟有主動能使戰力發揮極致，收克敵制勝之效，所以主動實在是孫子最重要的戰爭原理。

二、孫子的戰略原則

「戰略」（strategy）一詞爲近代之軍事術語，然而戰略觀念則自古已有之，若追溯希臘相關字源可知，「戰略」一詞有「將軍或領袖」（strategos）、「戰役或將道」（strategeia→英文generalship）、「將軍的知識」（strategikeepisteme→general's knowledge）、「將軍的智慧」（strategonsophia→ general's wisdom）。此外還有「strategama」一字，譯成英文就是「strategems」，其意義爲「戰爭中的詭計」（ruses de guerre），換言之，即孫子所謂「詭道」，也可譯爲「謀略」。綜合而論，戰略原意是指將軍之學，智慧的運用。中國古代逕稱之爲「略」，如孫子說：「上兵伐謀」，可見，戰略是鬥智之學，伐謀之學。戰略所思考的範圍是僅限於戰爭，與戰爭無關的問題則不包括在內，而最先翻譯「strategy」這個名詞的人在「略」字前面再加一個「戰」字的理由是：戰爭中所使用的主要工具就是武力，也就是「兵」，所以我國古代把戰略稱爲兵學，簡言之，戰略爲用兵之學，作戰

（operation）之學（紐先鍾，《西方戰略思想史》，臺北：麥田，1999年，頁14-16）。

時至今日，學者對於「戰略」一詞的定義各有所見，本書則引用國軍各階層戰略戰術之標準定義，所謂「戰略」，為：

建立力量，藉以創造與運用有利狀況之藝術，俾得在爭取同盟目標、國家目標、戰爭目標、戰役目標或從事決戰時，能獲得最大之成功公算與有利之效果。

依上述定義，戰略可區分為：

1. 大戰略：建立並運用同盟力量，爭取同盟目標者。
2. 國家戰略：建立並運用國力，爭取國家目標者。
3. 軍事戰略：建立並運用三軍之軍事力量，以爭取軍事目標者。
4. 野戰戰略：運用野戰兵力，以爭取戰役目標，或從事決戰，而支持軍事戰略者。

將「戰略」區分為這些種類，雖然是現代化的軍事概念，但是卻可以幫助我們了解孫子的戰略原則，而且自「大戰略」、「國家戰略」、「軍事戰略」、「野戰戰略」，各有其適用層次和對象，以這四種區分歸納孫子的戰略原則，較易得到完整而有系統的印象。

㈠大戰略原則

「大戰略」為建立並運用同盟力量，藉以創造與運用有利狀況，俾得在爭取目標時，能獲得最大成功公算，與有利之效果。因此大戰略實在是一種國家集團之分合運用，國家與國家之間，或因政治利益之關聯，或因地理形勢之連鎖、或因共同安全之威脅、或因某種利害之所繫，結成為集團，爭取共同的目標，戰國時代的「合縱」、「連橫」可以作為例證。

在「國家利益」的戰爭使命下，孫子制訂決策是採「政治」、「經濟」、「軍事」、「社會」等多因素決策，抗爭對象則是採多敵化意識，如「諸侯乘其弊而起」（〈作戰〉）、「威加於敵，則其交不得合」（〈九地〉）等，不斷強調在戰爭中必須密切關注第三國的企圖與動向。籌畫戰事則運用「廟算」、「謀略」、「外交」、「地緣」、「諜報」等多元致勝手段，在這種多因素決策、多敵化意識、多元致勝手段的決策意識下，才可為戰爭全局做長遠打算。由此可知，「大戰略」實為國際形勢之全盤考慮、設計、部署。

　　孫子在〈謀攻篇〉中說：「上兵伐謀，其次伐交。」又在〈軍爭篇〉中說：「不知諸侯之謀者，不能豫交。」這裡所說的「謀」和「交」就是「大戰略」。「伐謀」的實質是對敵人正在計畫或剛剛開始實行其謀劃時，便能窺破其謀，揭穿其謀，破壞其謀，藉以實現己方的政治軍事目的。曹操曾根據自己用兵的作戰經驗，對此解釋道：「興師深入長驅，據其城廓，絕其內外，敵舉國來服爲上。」「伐交」，外交戰，利用外交策略，分化敵人之盟友，聯合我方之友邦，使敵人陷入孤立無援，而放棄交戰企圖。綜合而論，大戰略的運用，即聯合自己的友邦，拉攏中立的第三國，以分化敵人的與國，造成全盤性的國際政治壓力，使敵人陷於孤立無援的境地，即所謂「不越樽俎之間，折衝千里之外」（《晏子春秋・內篇雜上第五》）。

　　「伐謀」「伐交」是謀略、外交手段，使敵人認識到戰爭無益，以達成全勝的目標；這是大戰略及國家戰略最高戰略目標。其運用要領如下：

1. 「大戰略」是一長期性的遠程戰略計畫：「伐謀」、「伐交」是先勝部署，任何一個國家無論在戰時或平時，均應審愼考量，預爲籌畫，所以「大戰略」是一長期性的遠程戰略計畫，如果平時沒有考慮施行，一旦變生禍起，就緩不濟急了。孫子說：「是故不爭天下之交，不養天下之權，信己之私，威加於敵，故其城可拔，其國可隳（毀）。」（〈九地篇〉）這就是說明不謀求爭取與國，以孤立敵國；不建立同盟力量，以削弱敵國力量；只企圖以自己的兵威制敵，必有毀滅的可能。

2. 正確分析諸侯國的意向，「不知諸侯之謀者，不能豫交」。「豫交」，指與各國結交；亦可解釋爲預先制定外交方針。孫子認爲在會戰前，對外交部署，及鄰國態度須特別重視。因此在會戰計畫中，一定要考慮到國際局勢，了解各國政情和策略，爭取支持，至少做到陷入兩面作戰，或多面作戰的情況中，所以必須運用外交配合作戰計畫。

3. 以利害支配敵國。「伐謀」與「伐交」都屬「全國」、「全軍」之策，著重於精神或心理壓力，使敵國陷於進退兩難，不知所措的癱瘓境地，而我方乘此良機，予取予求。孫子說：「是故智者之慮，必雜以利害，雜於利而務可信也，雜於害而患可解也。是故屈諸侯者以害，役諸侯者以業，趨諸侯者以利。」（〈九變篇〉）這就是以政治外交活動對敵國產生利害因素，藉以達到屈服、擾亂、支配敵國之目的，使其無法對我造成威脅。惟特應注意者，「大戰略」是遠程的計畫，眼前的利益，在時過境遷之後，

往往反成禍害，而眼前之禍害，在國際形勢改變後，又可能成為利之所在，因此設計「大戰略」時，必雜以利害，深謀遠慮，才能算智者之慮。

4. 掌握外交的重點（地緣政治）。〈九地篇〉：「諸侯之地三屬，先至而得天下之眾者，為衢地」；「衢地則和交」；「衢地吾將固其結。」。「衢地」，指有數個國家（包括敵、我、友）毗連交界，四通八達的地區；通衢之地，多國毗鄰，除與己對抗之敵國外，又有中立他國牽連其中，各方勢力相當；因此不但要加強外交活動，結交與國盟友，以為己援外，而且要使接壤之各國勿起紛爭。或者，此一地區為我所先得，接壤諸國或有所疑懼，或有意染指，因此必須妥為籌策，使各國不致與我為敵，這就是「固其結」的大戰略部署。其他如「爭地」、「交地」亦同，不能單持武力奪取，必佐以外交手段。這些都因地理位置之連鎖，而發生多國的地緣政治關係。

5. 編列大量經費從事輿論戰。戰爭籌畫中要將「賓客之用」列入軍費計畫之內，不惜「爵祿百金」，廣泛使用遊說者（輿論）、間諜，支配他國外交意向。

(二)國家戰略原則

「國家戰略」為建立及運用國力，藉以創造與運用有利狀況，俾得在爭取國家目標時，能獲得最大之成功公算，及有利之效果。因此國家戰略是在國家目標的統一策畫之下，與「大戰略」互相配合運用，「國家戰略」透過外交手段即與「大戰略」銜接，兩者是互為表裡的。不過「大戰略」與「國家戰略」是現代區分方法，古代並無如此精細之分割。

孫子之國家戰略原則，如先知、廟算、先勝、速勝、主動等，均已見於其戰爭原理之中，不再重複。這裡則從

1. 國家戰略要素：「道」、「將」、「法」。「國家戰略」首重國家力量之建立，孫子在〈始計篇〉所說「五事」中，「道」、「將」、「法」三者即為國力培養之戰略要素。

⑴「道者，令民與上同意。」是使全國軍民與政府之間，具備共同的信念（思想、目標），能在此一信念之下，使政府與人民間同心協力。關鍵在「令」，「道」是「令」民與上同意的基礎。政府先有「道」而後才能「令」民與上同意。令，有為所欲為之意，政府之本領、價值全在於

此。「可與之死，可與之生」，則是「令」的成效驗收，就是「道」的內涵。

(2)「將者，智、信、仁、勇、嚴。」在戰場上，將帥身負指揮全局的重任，同時也是軍旅團結之中心，其才能之高下，影響戰局之成敗甚大，因此將帥本身的素養極爲重要將帥非人人可爲，須具備「智」、「信」、「仁」、「勇」、「嚴」五種德行，才算是合格的將才。

(3)「法者，曲制、官道、主用。」即爲有關國防軍事的一切法令規章和管理系統，包括軍事組織、部隊編制（曲制）；人事制度（官道）；軍費預算、軍需後勤的供應管理（主用）等，使之能適應作戰情況。另外，綜合「五事」、「七計」的「廟算」，更是國家力量的整體評估。

2. 「國家戰略」的運用：

(1)善用謀攻四策——「伐謀」、「伐交」、「伐兵」、「攻城」。「伐謀」與「伐交」都是沒有戰場的戰鬥，都是利用敵人的心理弱點及現實利害，步步進逼、處處主動，因此在實行過程中，很難區分其先後層次，不過善「伐謀」者必善「伐交」，善「伐交」者亦必善「伐謀」，兩者常交互爲用。例如蘇秦、張儀之合縱、連橫，是謀略戰與外交戰的統合運用，「謀」著眼於政略方針，「交」著眼於利害取捨，各有重點，但是在實際運用上，須相互配合，才能收相得益彰之效果。「伐謀」與「伐交」固然是戰爭的最高境界，但是必先具備可勝之戰力與決心，否則一味空談謀略、外交，沒有軍事戰力做後盾，就會流於虛張聲勢。

(2)修道而保法。先勝部署之首要就是藉由政治部署——「修道而保法」的手段，蓄積實力，立於不敗之地，達到「以道勝」——「能爲勝敗之政」的目的。此處所謂的「道」與「法」，一般是指〈始計篇〉「令民與上同意」之「道」與「曲制、官道、主用」之「法」。「政」，同「正」，引申爲「支配」、「主宰」的意思；「勝敗之政」，支配戰爭的勝敗結果。戰爭與政治實爲不可分的關係，西方兵學家克勞塞維茨說：「戰爭無非是政治通過另一個手段的繼續。」平時施政方略，盡力於修明政治，以獲民心；建立法治，充實國防，則一至戰時，方有獲勝之可能。

(3)建立良好的軍文關係。孫子一方面認爲君王統御軍事的第一要務就是「擇將輔國」，而領導人與輔佐者關係是否理想對戰爭勝負影響甚鉅，

即將之「輔周」、「輔隙」攸關「全勝」思想能否貫徹而奏全功。其次是必須建構良好的君將關係，以今與而言就是建構良好的軍文關係。將帥統軍，負國家之重任，繫天下之安危，惟君王作爲一個政治領袖，在授予將帥軍事大權時，往往會有諸多顧忌，所以對軍權的授予常懷戒心，因此形成了軍權無法獨立的問題。孫子深知其弊，而有「干軍三患」之論。他認爲國君若侵犯軍隊之「進」、「退」，軍務之「事」、「政」、「權」、「任」等統帥權，將產生：「糜軍」、「惑軍」、「疑軍」三種禍患，並導致「亂軍引勝」的結果（〈謀攻篇〉）。

　　孫子的論述，也相當程度印證了現代民主國家所熱烈討論的文武關係。簡言之，將領與國君之間，彼此若能互信互賴（周）則國必強；若不能致此（隙）則國必弱。此與現代文武關係中，主張軍事組織必須服膺文人政府的領導，文人政府必須尊重軍事專業，兩者相輔相成，嚴守份際，國家始能長治久安的道理相通。

(三)軍事戰略原則

　　「軍事戰略」爲建立武力，藉以創造與運用有利狀況，以支持國家戰略，俾得在爭取軍事目標時，能獲得最大之成功公算與有利效果。

1. 速戰決勝。用兵作戰，以速戰獲勝爲第一要務。孫子看到戰爭對國家經濟的耗損與破壞，尤其是時間越長，損害就越大，而有「不盡知用兵之害，則不能盡知用兵之利」之論。「用兵之害」是指戰爭所造成的經濟風險，尤其是長期作戰，即使獲勝，仍然不免於害。凡戰爭耗費甚鉅，運輸補給艱難，若久戰必然造成國貧民窮等四項危害（見先勝原理；〈作戰篇〉）。所以孫子說：「兵久而國利者，未之有也」。知用兵之害，然後能知其利之所在，從而避害以取利（或轉害以得利），「用兵之利」，在〈作戰篇〉的指涉二：一指速勝，如「其用戰也，貴勝」；「兵聞拙速，未睹巧久」；「兵貴勝，不貴久」。速戰決勝的目的在節約時間，任何一個軍事目標必然同爲敵我雙方所亟待爭取的，誰能掌握迅速的原則，搶先一步，誰就能居有利的態勢，故「善戰者，其勢險，其節短，勢如張弩，節如機發。」（〈兵勢篇〉）快如張弩機發，必然一發中的，敵人自然防不勝防了。從經濟的觀點，「速勝」旨在「節流」，節約戰爭成本，即是以速戰速勝的方式，撙節開支，減少國家資源（人力、物力、財力）之耗費。二

| 兵久四危 | 戰爭造成國貧、民窮的原因 | The dangers of prolongel war |

1. 維持遠征作戰expeditionary operations的補給線，必然耗費大量資金。
2. 大軍集結地區（戰區）army assembly area (a theater of operation)，會導致物價昂貴，通貨膨脹inflation，人民生必困難。

國家財政枯竭，必急於對人民派捐增稅強迫徵用

國之貧於師者遠輸，遠輸則百姓貧。近於師者貴賣，貴賣則百姓財竭，財竭則意於丘役。When a country is impoverished by military operations it is due to distant transportation. Transport supplies to a distant place, then the populace will be impoveished.

The country's finances are exhausted, and it musr be anxious to increase taxes on the people and force them to requisition.

戰爭持久之害 ▶

因戰爭持久與遠輸而消費於公私者，平均都在百分之六、七十以上之多，其影響人民生計與國家財政之重大，可知矣。

力竭財殫，中原內虛於家，百姓之費，十去其七。公家之費，破車罷馬，甲冑矢弓，戟楯蔽櫓，丘牛大車，十去其六。
With strength thus depleted and wealth consumed, the houses in the heartland will be empty. The expenses (toll) of the populace will amount to seven-tenths of their property. As to government expenditures, those due to broken-down chariots, worn-out horses, armours and helmets, arrows and crossbows, halberds and shields, draft oxen and great carts will amount to sixty percent of its budget.

「百姓之費，七去其七，公家之費，十去其六。」諸句，極言其影響於人民生計與國家財政也
Extremely speaking, ut affects the people's livelihoods and national finances。

作者參考《孫子兵法・作戰篇》原文整理自繪

奇襲運用要旨：勢險節知

1. 勢：險如激水漂石：張弩（面）
   態勢＋速度＝勢

激水之疾，至於漂石者，勢也
When torrential water tosses boulders. it is because of its momentum.

2. 節：短如鷙鳥毀折；發機。（點）
   距離＋力量＋速度＝節；時機恰到好處

鷙鳥之聲（突擊），至於毀折者，節也
When the strike of a hawk breaks the body of its prey, it is because of timing.

毀折：折毀小鳥之骨翼

3. 進軍態勢銳不可擋，攻擊節奏精確

是故善戰者，其勢險，其節短；勢如張弩，節如發機。

Thus the momentum of one skilled in war is overwhelming, and his attack precisely regulated.
Energy may be likened to the bending of a crossbow; decision, to the releasing of a trigger.

作者參考《孫子兵法・兵勢篇》原文整理自繪。

指以戰養戰（「因糧於敵」），以及據此衍生而得的激勵戰志（「殺敵者，怒也」；「取敵之力者，貨也」），善待俘虜（「卒善而養之」）等戰場領導要領，除可抵銷戰損外，更能創造「勝敵而益強」的效益。

2. 策劃軍事戰略五要訣。〈軍形篇〉：「兵法：一曰度，二曰量，三曰數，四曰稱，五曰勝。地生度，度生量，量生數，數生稱，稱生勝。」這是策畫軍事戰略的五個要訣。

(1)「度」判斷戰區或戰場地理形勢，即依「遠近，險易、廣狹，死生」（〈始計篇〉）等形勢而產生的「地形判斷」。決定任何軍事行動都必須以地理為基礎，一個成功的戰略指導者，必須經常而充分的認知和掌握地理環境；建軍宜考慮國土面積，用兵須注意戰場地理形勢。

(2)「量」是計畫持續作戰之能量。即根據地理形勢（戰場大小；險易、遠近、廣狹、死生等地形狀態）來推測不同地區可部署的兵力容量，此即「用兵構想」、「用兵腹案」或「戰略構想」；如某一作戰區的機動空間能容納多少數量之部隊？集結地區能集中多少部隊？

(3)「數」是根據戰場的容納量，來決定兵力部署的數量。

(4)「稱」是指對敵我雙方綜合國力與軍備素質的衡量比較。

(5)把以上四項合計起來，便是「勝」。

在制定軍事戰略時，應先就軍事目標（地）考慮戰區戰線，再由戰區戰線考慮持續能量，再由持續能量考慮投入人力物力的數量，再就雙方之能量數量加以比較，即得出勝利之公算。因此，「度」、「量」、「數」、「稱」、「勝」五要訣，實為軍事戰略之作業程序，即使在現代戰爭中，此種作業程序仍有其價值。

3. 關於戰爭藝術的發揮，孫子提出了四個範疇，分別為「分數」、「形名」、「奇正」、「虛實」。「分數」，軍隊的組織編制；「形名」，指揮管制通信系統，即指揮體系；「奇正」，是排兵列陣的戰術編組（兵力部署）與運用（作戰方式）；「虛實」，即避實擊虛的作戰指導；這四者的先後順序，非隨意排列。「分數」、「形名」，就是建立力量、建軍備戰，然後而有「攻守」之能力，也才能有「奇正」、「虛實」之用。

就《孫子兵法》篇章順序言：〈軍形第四〉言「攻守」，〈兵勢第五〉論「奇正」，〈虛實第六〉述「虛實」。→先能有「攻守」之「形」，才能運用「奇正」之「勢」，以我之「實」，制敵之「虛」。張預之註解可供參考：「夫合

創造與運用兵勢（有利態勢、布局）的基礎

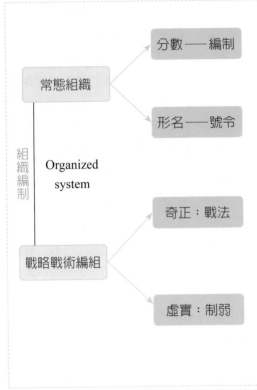

凡治眾如治寡，分數是也。 *management of many is the same as management of few. It is a matter of dividing up their number.*

鬥眾如鬥寡，形名是也。 Launching many into combat can be like launching few. This is a matter of instituting signs and signals.

三軍之眾，可使必受敵而無敗者，奇正是也。 *the army is certain to sustain the enemy's attack without suffering defeat is due to operations of the extraordinary and the normal forces.*

兵之所加，如以碬投卵者，虛實是也。 *Troops thrown against the enemy as a grindstone against eggs is an examplke of a solid acting upon a void. This is effected by the science of weak point and strong.*

作者參考《孫子兵法・兵勢篇》原文整理自繪

軍聚眾（整合、集結部隊）先定分數（健全組織）；分數明，然後習形名（熟習號令、指揮體系）；形名正，然後分奇正（靈活兵力部署與戰術運用）；奇正審，然後虛實（敵我虛實的態勢）可見矣。」

(四)野戰戰略原則

「野戰戰略」為運用野戰兵力，創造與運用有利狀況，以支持軍事戰略，俾得在爭取戰役目標，或從事決戰時，能獲得最大之成功公算與有利之效果。《孫子兵法》中對於野戰戰略講得最多，占全書一半以上；野戰戰略之中，地形又講得最多，幾占一半左右，因此只能摘要列舉。

1. 主動與彈性原則——攻戰六法。一旦採取「伐兵、攻城」的軍事手段，首先要考慮的是敵我兵力優劣因素，孫子提出「攻戰六法」作為野戰（作戰）兵力運用指導原則，即〈謀攻篇〉所說：「故用兵之法，十則圍之，

五則攻之，倍則分之，敵則能戰之，少則能守之，不若則能避之，故小敵之堅，大敵之擒也。」野戰用兵之首要課題就是依據敵我戰力（現有兵力數量）的差距改變戰法：「十圍」「五攻」「倍分」，均為優勢兵力之戰法，適當指揮自能獲勝；「能戰」「能守」「能避」者，必須以優良之指揮，方能達成「戰」「守」「避」之目的，否則即有慘敗被殲之危險。「圍之」、「攻之」、「分之」、「戰之」、「守之」、「避之」，無一不是主動原則和彈性原則的運用，依據敵我兵力之優勢，判斷何時用「圍」、「攻」、「分」，何時用「戰」、「守」、「避」，而贏取最後的勝利；此即「「識眾寡之用者勝。」

依據兵力差距改變戰法

Absolutely superior 絕對優勢 攻弱 Attack the weak	Minor superior or equal 較小優勢或均勢 善戰 Unusual tacties	Inferior 劣勢 避強 Avoid strong
Ten to the enemy's one 10:1十則圍之 Surround him	Double his strength 2:1倍則分之 Divide him	Weaker numerically 1:5少則能守之 Derfense (Withdawing)
five times his strength 5:1五則攻之 Attack him	Equally matched 1:1敵則能戰之 Engage him	In all respects unequal 1:10不若則能避之 Eluding him (Avoid war)

主動與彈性

作者參考《孫子兵法・謀攻篇》原文整理自繪

2. 集中與節約原則。

作戰雙方之兵力，通常是指「相對（局部）優勢」。即使是軍隊人數較少的一方，也可運用各種欺敵方式來達到相對的優勢，使原本居優勢的敵軍因暴露行動而喪失其優勢地位；有了相對的優勢兵力，乃有可勝之機。〈虛實篇〉說：「故形人而我無形，則我專而敵分，我專為一，敵分為十，是以十攻其一也，則我眾而敵寡。能以眾擊寡者，則吾之所與戰者，約矣。」這就是野戰戰略上的集中與節約原則。由於我之虛實，敵無法測知，故敵必分兵備我，形成「我專而敵分」的有利態勢。在這樣的情況

戰略戰術通則

凡戰者，以正合，以奇勝

Generally, in battle, use the normal force to engage; use the extraordinary to win.

張預：兩軍相臨，先以正兵與之合戰；徐發（穩當的派遣）奇兵，或擣（猛擊）其旁，或擊其後以勝之。

When two armies approach each other, first send forth orthodoc troops to engage them; deputing the remainder as unorthodox troops (steadily develop indirect tactics).

→Some will pound their flanks,

→others suddenly strike their rear in order to conquer them.

擣其旁
pound their flanks

擊其後
strike their rear

奇兵
unorthodox troop

Enemy

first send forth orthodox troops to engae

作者參考《孫子兵法・兵勢篇》、《十一家注孫子》原文整理自繪

下，我方之兵力可以集中於一地（「我專為一」），而敵人則必須分散於數地（「敵分為十」），於是我方遂能在決定點上造成「十比一」（「以十擊一」）的壓倒性數量優勢，有利於攻其一點，各個擊滅。

3. 機動與奇襲原則。〈九地篇〉：「兵之情主速，乘人之不及，由不虞之道，攻其所不戒也。」是說用兵之道，以機動迅速為至要（要旨），這是機動原則。〈始計篇〉中說：「攻其無備，出其不意。」這是奇襲原則。「無備」，即未設防－攻擊敵人無準備、無防備，部署不充實而虛弱之地方。「不意」，我之行動，出乎敵人想像及意料之外，使敵措手不及，不能應付－乃於未料之時間或地點而受到奇襲之謂。機動是手段，奇襲是目的，為求達到奇襲之效果，其方式如下：

(1)常佐之以牽制的方式，如〈兵勢篇〉中說：「凡戰者，以正合，以奇勝。」，用兵作戰，從正面牽制（拘束）敵軍，然後出奇以制勝。

(2)採取間接路線，擇抵抗力最小，期待性最少的作戰路徑運動，如〈軍爭篇〉中說：「軍爭之難者，以迂為直，以患為利，故迂其途而誘之以利，後人發，先人至，此知迂直之計者也。」

(3)採用欺敵手段與誘敵手段，如〈虛實篇〉中說：「能使敵人自至者，利之也。能使敵人不得至者，害之也。」此為利誘法，使敵追隨我之行動，即以有利的情況（讓敵人以為有利可圖）來誘動敵人；亦見〈始計

篇〉：「利而誘之」，〈兵勢篇〉：「以利誘之」。因此，機動與奇襲原則是野戰戰略中最重要的部分，一切牽制、迂迴、欺敵、誘敵，最終目的皆在達成奇襲之目的。故本身能夠維持高度的機動，則奇襲之公算必相對提高；反之，若行動緩慢，失去時效，奇襲時機一失，一切手段必歸無效。

4. 外、內線作戰原則。〈虛實篇〉：「故知戰之地，知戰之日，則可千里而會戰。不知戰地，不知戰日，則左不能救右，右不能救左，前不能救後，後不能救前，而況遠者數十里，近者數里乎。」這是孫子對「外線作戰」原則的提示[2]，在預定的部署，一定的時間之內，由兩個或兩個以上的方向，向同一目標採取攻勢，軍隊預期作戰之地點、時間，務須絕對機密，使敵無法判定我主力準備在何處、何時與其決戰（敵不知戰地、不知戰日），從而必須處處防備，看似萬無一失，實際卻造成處處薄弱——「備前則後寡，備後則前寡……，無所不備，則無所不寡」——備多力分的困境，此即「無所不備，則無所不寡」——敵人處處防備，必然處處兵寡力弱，陷入被動，則我無形中已占優勢，就可以「以我之眾」擊「敵之寡」，所以「行動祕密」，也是優勢形成的手段。因此，〈九地篇〉中也說：「古之善用兵者，能使敵人前後不相及，眾寡不相恃，貴賤不相救，上下不相收，卒離而不集，兵合而不齊。」這是以「內線作戰」破「外線作戰」的原則[3]，「內線作戰」的優點是戰區狹，戰線短，能迅速在敵人沒有合擊之時，使之隔離，然後各個擊破。不過這並非意味「內線作戰」必優於「外線作戰」，事實上，「以迂為直」，「以正合，以奇勝」也都可以算做「外線作戰」的另一型態，只要能把握機動與奇襲，照樣可以奏效。

5. 善用地形。在野戰戰略中，孫子最重地形，他認為：「夫地形者，兵之助也。料敵制勝，計險阨遠近，上將之道也。」又說：「知吾卒之可以擊，而不知地形之不可以戰，勝之半也。」可見地形對勝負影響之鉅。地形可輔助兵力之不足，亦可以使戰力只能發揮一半，因此在制定野戰戰略時，地形是考慮的第一因素。孫子分別在〈軍爭〉、〈九變〉、〈行軍〉、

---

[2] 「外線作戰」則是從兩個或兩個以上的方向，向居中央位置之敵發動攻擊。

[3] 「內線作戰」是在中央位置，面對兩個或兩個以上方向之敵來作戰。

〈地形〉、〈九地〉各篇中，將「山、水、澤、陸」，「澗、井、牢、羅、陷、隙」，「通、掛、支、隘、險、遠」，「散、輕、爭、交、衢、重、圮、圍、死」等二十五種地形，分別詳細說明，可見他對地形利用之重視程度了。

家圖書館出版品預行編目(CIP)資料

孫子兵法通詮／厲復霖、康經彪、張文杰著.
-- 初版. -- 臺北市：五南圖書出版股份有
限公司, 2025.02
面；　公分
ISBN 978-626-423-013-1(平裝)

1.孫子兵法　2.研究考訂

92.092　　　　　　　　　113018848

1XPG

孫子兵法通詮

編 者 著 — 厲復霖、康經彪、張文杰

編輯主編 — 黃惠娟

責任編輯 — 魯曉玟

封面設計 — 韓衣非

出 版 者 — 五南圖書出版股份有限公司

發 行 人 — 楊榮川

總 經 理 — 楊士清

總 編 輯 — 楊秀麗

地　　　址：106台北市大安區和平東路二段339號4樓

電　　　話：(02)2705-5066　　傳　　真：(02)2706-6100

網　　　址：https://www.wunan.com.tw

電子郵件：wunan@wunan.com.tw

劃撥帳號：01068953

戶　　　名：五南圖書出版股份有限公司

法律顧問　林勝安律師

出版日期　2025年2月初版一刷

定　　　價　新臺幣620元

經典永恆・名著常在

五十週年的獻禮——經典名著文庫

五南，五十年了，半個世紀，人生旅程的一大半，走過來了。

思索著，邁向百年的未來歷程，能為知識界、文化學術界作些什麼？

在速食文化的生態下，有什麼值得讓人雋永品味的？

歷代經典・當今名著，經過時間的洗禮，千錘百鍊，流傳至今，光芒耀人；

不僅使我們能領悟前人的智慧，同時也增深加廣我們思考的深度與視野。

我們決心投入巨資，有計畫的系統梳選，成立「經典名著文庫」，

希望收入古今中外思想性的、充滿睿智與獨見的經典、名著。

這是一項理想性的、永續性的巨大出版工程。

不在意讀者的眾寡，只考慮它的學術價值，力求完整展現先哲思想的軌跡；

為知識界開啟一片智慧之窗，營造一座百花綻放的世界文明公園，

任君遨遊、取菁吸蜜、嘉惠學子！